Braine-le-Comte. — Imprimerie Ve Lelong.

TABLE DES MATIÈRES

LE

MONDE INVISIBLE

DÉVOILÉ

RÉVÉLATIONS DU MICROSCOPE

RACONTÉES

Par H. Ph. ADAN

Ouvrage enrichi de 24 grandes planches

CONTENANT PLUS DE 300 FIGURES

ainsi que des gravures intercalées dans le texte

DEUXIÈME ÉDITION

BRUXELLES
LIBRAIRIE EUROPÉENNE C. MUQUARDT
Merzbach et Falk, Éditeurs
Libraires de la Cour

PARIS
LIBRAIRIE A. MARESCQ AINÉ
20, rue Soufflot, et rue Victor Cousin, 17
(Près le Panthéon)

LEIPZIG, LIBRAIRIE C. MUQUARDT

1880

LE
MONDE INVISIBLE
DÉVOILÉ

II

QUADRUPÈDES ET QUADRUMANES

III

L'OISEAU

IV

LES REPTILES

V

LES POISSONS

VI

LES CRUSTACÉS

VII

LES INSECTES

Première section

VIIbis

LES INSECTES

2e section

VII[ter]

LES INSECTES

3e section

VIII

LES MOLLUSQUES

IX

LES ÉCHINODERMES

X

LES ANNELÉS

XI

LES ÉPONGES

XII

LES POLYPES

XIII

LES INFUSOIRES

XIV

LES FORAMINIFÈRES ET LES POLYCISTINES

XV

LES VÉGÉTAUX

Organes élémentaires

XVI

ORGANES DIVERS

XVII

CRYPTOGAMES

XVIII

LES MUSCINÉES

XIX

LES HÉPATIQUES

XX

LES CHAMPIGNONS

XXI

LES ALGUES FLORIDÉES

XXII

LES ALGUES CONFERVES

XXIII

LES ALGUES DESMIDIÉES

XXIX

LES DIATOMÉES

XXV

LES MINÉRAUX

XXVI

LA CRISTALLISATION

XXVII

LA POLARISATION

APPENDICE

ERRATA

Page 18, ligne 26. — Au lieu de l'*objet*, lisez l'*objectif*.

Page 61, ligne 4. — Au lieu de **entamostracés,** lisez **entomostracés**.

Page 64, ligne dernière. — Au lieu de *labials*, lisez *labiaux* ou mieux encore *labiales*. (Le 1er adjectif est *savant*, le 2e est *français*.)

Page 350, note (1). — Au lieu de p. 356, lisez p. 353.

Page 443, ligne 8. — Supprimez le trait mis au commencement de l'alinéa.

AVANT-PROPOS

En livrant à la publicité, sous une forme nouvelle, l'œuvre première accueillie naguère avec tant d'indulgence, je me suis vu amené à lui chercher un autre titre. Il ne s'agit pas, en effet, d'une simple reproduction, de quelques corrections futiles, mais bien d'une transformation, d'un remaniement total. Dans un premier essai, j'avais, je l'avoue, marché à l'aventure, glanant de ci de là ce qui me semblait mériter l'attention, négligeant l'ordre et la méthode, confondant les règnes de la nature, ne respectant aucune des classifications préconisées par la science, et omettant surtout bon nombre de créations dignes cependant d'arrêter les regards.

Encouragé par le succès, et ne pouvant me décider à garder *de Conrard le silence prudent,* il m'a pris fantaisie de publier à cette heure une œuvre un peu complète, passablement coordonnée, et dans laquelle les grandes lacunes seraient plus ou moins comblées.

Ce livre n'est donc plus un *coup d'œil discret* mais bien un *coup d'œil fort indiscret,* sur le monde invisible, et dès lors, l'ancien titre ne pouvait être conservé.

Que personne ne s'y trompe cependant; non plus qu'autrefois, je n'ai pas aujourd'hui l'outrecuidance de vouloir enseigner ici l'histologie, la zoologie, l'entomologie, la botanique, la minéralogie, ni aucune des divisions si nombreuses de l'histoire naturelle; je n'affiche pas davantage la prétention d'expliquer par le menu le mécanisme de l'instrument auquel est due la connaissance des secrets de la nature. Sur l'un et l'autre de ces sujets les publications abondent et il ne me convient pas de devenir un simple compilateur. Non; le but que je me suis proposé est tout autre. Le voici :

Il y a de par le monde bon nombre de personnes qui ne se soucient en aucune façon du microscope, d'abord parce qu'un bon instrument coûte cher, ensuite parce qu'elles n'ont ni le temps ni la volonté de se livrer à des observations souvent ardues, et puis encore parce qu'elles craignent, bien à tort assurément, mais enfin, elles craignent de compromettre leur vue; et cependant, la curiosité aidant, elles ne seraient peut-être pas fâchées de savoir ce qu'en fin de compte le microscope, dont les adeptes vantent à cor et à cri les mérites, peut bien avoir à révéler.

Eh bien, ce livre est en partie écrit pour donne à ces indifférents cette suprême satisfaction et pou leur permettre de se rendre compte, sans avoir recour à aucun objectif, des diverses merveilles de la nature de celles qu'elle cache à tous les yeux dans ce qu'ell a produit de plus admirable, depuis l'homme jusqu' la pierre.

Cependant, on le conçoit, je n'ai pu m'astreindre m'adresser aux lecteurs de cette première catégori seulement; il en est d'autres qui désirent s'initier d plus près aux mystères du monde invisible. Or, y réussir sans être préparé, n'est pas chose facile, et le publications parues à ce sujet ne sont pas toujour assez élémentaires pour être comprises des profanes J'ai donc également voulu venir en aide à ces curieu en essayant de leur tracer la voie, de les guider dans l dédale de ces innombrables créations inconnues, révé lées par le microscope. Sans doute, cet écrit n'est pa de nature à former des savants, mais peut-être pourra t-il bien inspirer le désir de le devenir, et, quoi qu'i arrive, le lecteur ne fermera pas le livre, sans êtr édifié sur les secrets les plus intéressants de la nature

Quant à la forme de l'œuvre, je dois redire ce qu j'écrivais en publiant mon premier essai :

« Le style — si toutefois on veut bien reconnaîtr » ici un style quelconque — n'est-il pas trop familier

» N'y a-t-il pas abus de digressions, de citations, d'anec-
» dotes, d'historiettes? — Je ne sais; mais, préoccupé
» avant tout du soin d'éviter l'ennui, voulant essayer
» par tous les moyens de joindre l'agréable à l'utile et
» d'intéresser à la lecture de ces pages éphémères, j'ai
» pensé ne pouvoir y réussir en suivant les sentiers
» battus. — Après cela, Samson Carrasco m'a depuis
» longtemps averti : un jour, il vous en souvient, peut-
» être, ce joyeux bachelier, tour à tour désarçonné
» par le vaillant Don Quichotte ou le désarçonnant,
» causant avec lui de bonne amitié, disait : « *Celui-là*
» *s'expose à un grand danger qui se décide à publier*
» *un livre, car il est complétement impossible de le*
» *composer tel qu'il satisfasse tous ceux qui le liront.* »

Je devrai donc m'estimer heureux si, ne pouvant espérer plaire à tout le monde, je ne me suis pas exposé à ne plaire à personne.

H. P. A.

INTRODUCTION

Le microscope est peu en faveur en Belgique. A part les savants et de rares amateurs, personne ne se soucie de cet instrument merveilleux (1). Cette indifférence doit-elle être attribuée à l'absence de constructeurs indigènes? Je ne le crois pas; il est si facile aujourd'hui de se pourvoir à Paris, à Londres, à Postdam, à Iéna, etc.; mais ce qui nous manque, ce sont des publications assez attrayantes pour inspirer aux profanes le désir de s'initier aux mystères de la science, de pénétrer dans les secrets innombrables de tout un monde nouveau, alors cependant qu'il suffit de quelques petits morceaux de verre pour pouvoir l'admirer.

Les savants ont droit à toute notre reconnaissance, à notre admiration même; grâce à eux, les découvertes s'accumulent, le champ du connu s'agrandit;

(1) Cet état de choses est peut-être à la veille de se modifier, grâce aux efforts d'une Société de microscopie récemment établie à Bruxelles, et dont les publications accusent des observations sérieuses dignes d'intérêt.

mais, qu'ils ne s'y trompent pas, la volonté de les suivre dans leurs laborieuses recherches, ils ne la font pas toujours naître; négligeant l'éclat du style, la délicatesse du langage, trop souvent ils rebutent les novices par la sécheresse, l'aridité, je dirai même la barbarie de leurs termes techniques; affectant un mépris souverain pour les beautés de la forme, ils ne font état que de la seule exactitude des analyses et haussent les épaules de pitié quand on évoque devant eux le souvenir d'anciens écrivains dont le péché originel, irrémissible à leurs yeux, est d'avoir négligé les interminables nomenclatures, les froides définitions de la science moderne.

Parlez donc devant ces messieurs, de Bernardin de Saint-Pierre, de Buffon même; aussitôt un sourire de dédain se dessine sur leur face hautaine; et pourtant, s'ils voulaient bien recueillir leurs souvenirs, ne serait-ce pas dans les pages si imagées de ces immortels écrivains, aujourd'hui dédaignés, qu'ils se rappelleraient avoir trouvé le premier attrait d'une science à laquelle ils ont depuis voué leur vie entière? On ne change pas la nature de l'homme : pour l'intéresser, il faut savoir le charmer, et comment y réussir si l'on se contente de lui mettre sous les yeux des descriptions sèches et arides, si l'on ne prend aucun souci de semer sur le chemin ardu de la science quelques fleurs recueillies dans le champ des observations et rendues plus aimables par un style élégant et harmonieux.

Ah! si messieurs les savants disposaient, pour étaler leur science, de la plume si féconde, si éloquente et si correcte mise par George Sand au service d'une mauvaise cause, c'est alors que l'on verrait la foule se précipiter sur leurs pas, c'est alors que la science, soutenue par le charme de la parole, brillerait de tout l'éclat que la beauté du langage et l'intérêt des descriptions peuvent seuls lui donner.

Hélas! il n'en est point ainsi; les savants s'entêtent presque toujours à demeurer des savants, sans plus; l'opinion des ignorants ne les inquiète guère, et trop tôt ils oublient qu'eux-mêmes ont commencé par l'être.

Je voudrais bien prêcher d'exemple; par malheur je ne le puis; la raison, je ne l'avouerai pas, mon amour-propre aurait trop à en souffrir, et comme le bégaye Brid'oison : « On peut se dire à soi-même ces sortes de choses-là, mais..... » Toutefois, rien n'empêche peut-être de montrer ou tout au moins de faire entrevoir la voie qu'il faudrait suivre pour rendre la science aussi aimable qu'elle est imposante.

Mais, avant d'entrer en matière, avant de passer en revue les curiosités les plus remarquables que le Créateur a jugé convenable de cacher à nos yeux imparfaits, il me faut bien parler un peu de l'instrument révélateur, et ne pas négliger d'éclairer ma lanterne; la leçon du singe de la fable ne doit pas être perdue.

Je ne m'arrêterai pas, cependant, à décrire le microscope simple qui, tout compte fait, n'est qu'une loupe perfectionnée, et j'aborde de prime-saut l'examen du véritable microscope, dit *microscope composé*.

Cet instrument se compose de deux parties bien distinctes, la partie mécanique et la partie optique.

La première comprend un tube principal formé parfois de deux fractions s'emboîtant l'une dans l'autre et se glissant ensemble, soit à la main, soit au moyen d'une vis à crémaillère, dans un second tube (1) attaché par un coude à un troisième, fixé à demeure sur la platine, le tout reposant sur un pied dont la forme varie à l'infini.

C'est généralement dans ce dernier tube que se trouve un mécanisme d'une sensibilité extrême et dont l'office est de permettre à l'observateur de rapprocher d'une quantité infinitésimale le tube principal de l'objet à examiner. Chaque constructeur a ici son système particulier, et la plupart de ces mécanismes ne laissent rien à désirer.

Sous la platine apparaît une cuvette mobile sans fond, destinée à recevoir certains accessoires, et elle est souvent pourvue d'un diaphragme à plusieurs ouvertures de différentes dimensions; enfin, un miroir réflecteur, pouvant se mouvoir dans tous les sens quand l'instrument est construit pour répondre à toutes les exigences, est également attaché sous cette même platine. — Celle-ci, à son tour, est fixe ou tournante, et tout le corps de l'instrument, non compris le pied immuable, est tantôt établi à demeure, tantôt construit de façon à pouvoir s'incliner jusqu'à prendre la position horizontale. Voilà tout pour le moment.

On connaît une foule de modèles de microscope; lequel est le meilleur? — Je ne sais; si vous êtes né

(1) Les constructeurs anglais n'admettent qu'un tube unique principal.

Grand microscope de Ross d'après le dessin du Dr Van Heurck.

sous une heureuse étoile, si les dons de la fortune vous sourient sur cette terre, prenez un microscope anglais; Thomas Ross, Beck, Powel et Lealand, Swift, etc. vous en fourniront d'excellents. Cela vous coûtera un peu cher, par exemple, la bagatelle de 5 à 6,000 francs; mais vous aurez ainsi un appareil complet, dont toutes les parties sont parfaitement agencées, et il vous suffira de tourner tantôt une vis, tantôt une autre pour obtenir les résultats désirés.

Les microscopes français et allemands, sortis des ateliers des habiles constructeurs Nachet de Paris, Hartnack de Potsdam, etc. (1), sont infiniment plus simples, et peut-être sont-ils par cela même préférables, car le maniement en est plus facile, et puis ils présentent cet avantage considérable, par le temps calamiteux qui court, d'être d'un prix bien moins élevé, leurs instruments les plus complets valant tout au plus 1,800 à 2,000 francs.

A la rigueur, pas n'est même besoin de disposer d'un de ces grands monuments à platine tournante et pouvant s'incliner à volonté. Pour résoudre toutes les difficultés, il suffit en général du modèle le plus simple, vertical et fixe, et, moyennant la somme de 5 à 600 francs, on peut se procurer chez l'un ou l'autre de ces maîtres, un microscope assez parfait pour faire pénétrer dans les arcanes les plus secrètes de la nature.

En faisant ici mention de ces prix si différents, je

(1) Hartnack a une maison à Paris dirigée par son associé le savant Prazmowski.

ne veux pas dire que ce sont ceux de la seule parti
mécanique du microscope. Jusqu'ici, à ma connais

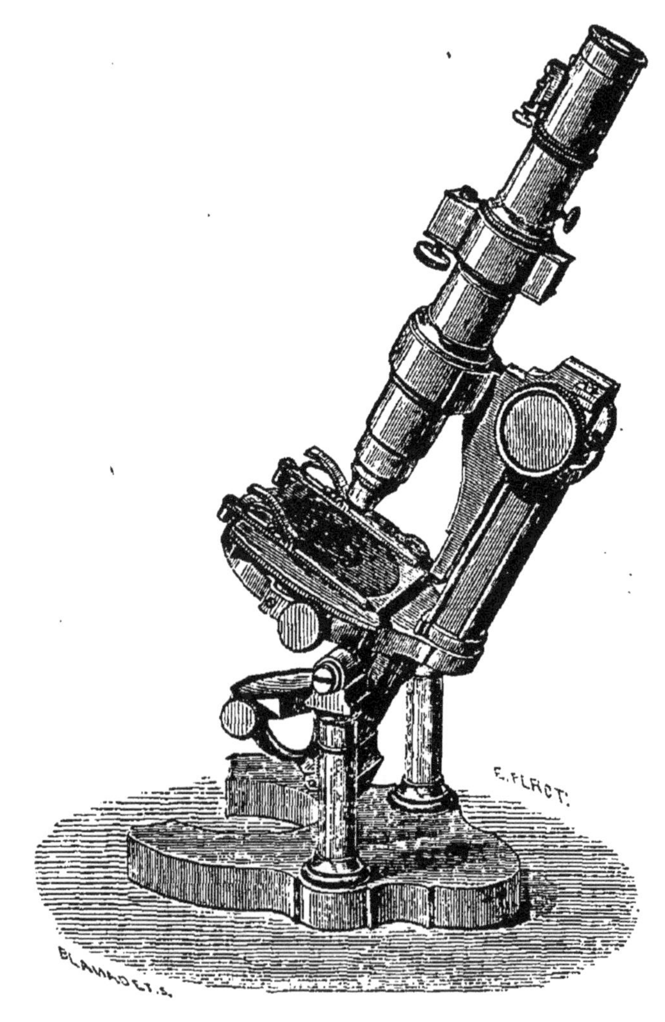

Grand microscope de Nachet d'après le dessin du Dr Van Heurck.

sance du moins, les constructeurs n'aiment pas à livrer celle-ci isolément et, bon gré mal gré le plus souvent, il nous faut prendre le tout ensemble, optique et mécanique à la fois.

Pour en revenir au choix du modèle, voici la vérité en cette matière : le meilleur est celui avec lequel on a pu se familiariser. Choisissez donc parmi les bons celui qui vous plaira davantage, peu importe lequel ; seulement, il faut rejeter sans pitié ces instruments de pacotille étalés chez nos marchands de lunettes, et pouvant servir tout au plus à amuser les enfants.

Mon observation ne s'applique toutefois qu'à la partie mécanique. Pour la partie optique dont je vais parler, c'est tout autre chose, et ici le talent et l'habileté du constructeur sont d'une importance capitale.

Voici d'abord l'*oculaire ;* c'est un petit tube à deux lentilles, l'une plano-convexe fixée en tête et de laquelle l'œil de l'observateur doit s'approcher ; l'autre, nommée *verre de champ*, est reléguée au bas, et le tout doit s'insinuer à la main dans l'orifice supérieur du tube principal. Les bons instruments ont ainsi plusieurs oculaires de rechange dont la dimension varie entre deux et cinq ou six centimètres, et dont le pouvoir amplifiant est plus ou moins accentué.

Le second appareil optique dont nous avons à nous occuper est sans contredit le plus important de tous ; on le nomme *objectif* parce que c'est lui qui doit être rapproché de *l'objet* à examiner. On en connaît un grand nombre ; chaque constructeur en produit au moins douze ou quinze et même davantage, tous différents les uns des autres, et dont le pouvoir amplifiant varie de cinq diamètres à 4,000, et même au delà.

Cet objectif, formé de deux, de trois et même de quatre

lentilles vissées au-dessus les unes des autres, est u petit appareil à part qui se rattache au bas du tul principal. Si Messieurs les constructeurs voulaiei bien s'entendre, ils adopteraient le même pas de vi: et ainsi tous les objectifs pourraient être, à volont montés sur un seul et même instrument. Hélas ! il s'e faut de beaucoup ; les Français ont leur pas de vis, l Allemands ont le leur, les Anglais et les Américains e ont un autre absolument différent, et, pour pouvo utiliser mes objectifs sur mes divers instrument: je me suis vu condamné à faire confectionner plusieu petits cônes que j'adapte au bas du tube principal dont les pas de vis variés se prêtent au montage d toutes les lentilles sans distinction.

La première question posée par les personnes étra gères à ces études tend toujours à connaître le gro sissement obtenu, et elles jugent du mérite de l'in trument d'après le degré plus ou moins considérab de l'amplification, indice certain de leur incompétenc ou de leur inexpérience, car rien n'est plus indifférer d'ordinaire ; une patte de mouche, par exemple, vı au microscope composé, et grossie seulement à 60 o 70 diamètres, se montre infiniment mieux que si el était observée au microscope solaire venant la grand à un ou deux mètres. — Non, là ne gît pas le lièvre il faut, étant donné un instrument convenable, po voir disposer de bons oculaires et d'objectifs parfai dont la force de pénétration et la puissance de défin tion ne laissent rien à désirer. Sous ce rapport les le tilles objectives de Hartnack et de Nachet, si parfo elles ont été égalées, n'ont peut-être jamais été dépassées par celles construites en Angleterre, en Allemagne et même en Amérique.

L'emploi des objectifs faibles est des plus faciles ; à la rigueur un enfant pourrait se tirer d'affaire; les difficultés commencent alors seulement que l'on utilise ceux d'une certaine puissance. Dans le principe cependant, les opérations n'étaient pas trop compliquées ; les objectifs étant tous construits pour être employés à sec, et les lentilles étant immuables, il s'agissait seulement de les rapprocher de l'objet à la distance voulue, et de bien éclairer; mais on ne tarda pas à s'apercevoir que, malgré toutes les précautions, on n'atteignait pas le but ; alors des constructeurs habiles et savants imaginèrent *la correction* et *l'immersion*.

Le mérite transcendant de l'*immersion* est d'augmenter à la fois la clarté et la distance focale, c'est-à-dire que, tout en donnant plus de lumière, cette immersion permet de laisser la lentille frontale un peu plus éloignée de l'objet, et ce n'est pas là un mince avantage, croyez-le bien, car on évite ainsi de toucher la préparation et de la briser. — Après cela, ce mot *immersion* ne doit pas effrayer le moins du monde; il ne s'agit pas, comme on serait tenté de le supposer, de plonger l'objet dans l'eau et de s'exposer ainsi à le détériorer, mais de déposer tout simplement une seule petite goutte de ce liquide (distillé) sur la lamelle de verre qui recouvre l'objet, et de mettre la lentille frontale en contact avec elle, sauf à essuyer avec le plus grand soin après l'observation. Vous le voyez, c'es d'une extrême simplicité.

Suivant le degré d'épaisseur de ces petites lamelle de verre dont je viens de parler et connues des adepte sous le nom de *couvre-objets,* tel objectif semble supé rieur à tel autre; les savants vous expliqueront l pourquoi; ils vous diront comment cette supériorit relative dépend de la distance entre chacune des len tilles qui le composent. Eh bien, d'ingénieux construc teurs ont remédié au mal en imaginant *la correctio* simple ou double. Au moyen d'un mécanisme délica comme celui d'un chronomètre, on arrive ainsi à éloi gner ou à rapprocher à volonté les lentilles les une des autres, et de cette façon tous les objectifs ayan reçu ce perfectionnement peuvent atteindre le but

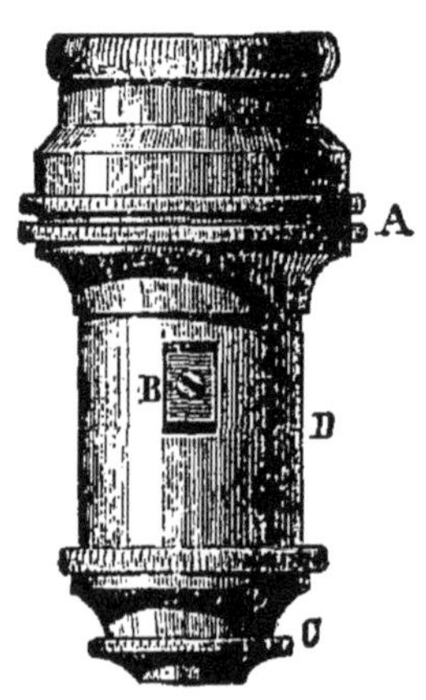

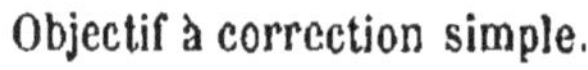
Objectif à correction simple.

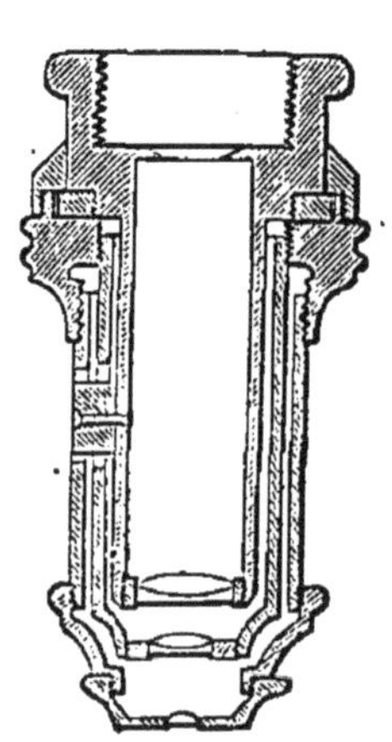
Coupe verticale d'un objectif à correction double.

Aujourd'hui les adeptes font un cas extrême de l moindre modification apportée à la construction de objectifs, et j'en connais qui ne jurent plus que par le 8e de pouce de Powell et Lealand, ou par les nouveaux systèmes de Hasert, de Seibert, de Zeiss, de Spencer et de Swift.

J'avoue humblement ne pas être de cette école, parce qu'en réalité, si même ces objectifs sont les seuls à montrer les secrets les plus cachés de la nature, ce dont je me permets de douter, et pour cause, il n'existe peut-être pas, dans tout l'univers, vingt à trente objets pour l'examen desquels ces nouveautés seraient indispensables. Dès lors, vaut-il la peine, quand la plupart des systèmes connus peuvent donner la solution facile de milliards de créations, de se mettre l'esprit à la torture pour rechercher un perfectionnement presque toujours superflu?

Les savants, les constructeurs doivent être constamment à l'affût de toute innovation et je n'ai garde de les en blâmer; à leur point de vue, ils ont parfaitement raison; mais moi dont l'unique désir est de faire connaître la plupart des merveilles du monde invisible, il doit me suffire de constater ici que les bons objectifs déjà connus font suffisamment ressortir ces curiosités, pour que personne ne puisse se tromper sur l'admirable conformation de celles-ci.

Laissons donc à ces savants et à ces habiles le soin de faire la comparaison des divers appareils, de tenir note des différences les moins appréciables, et puisque me voici sur la voie des conseils, j'engagerai les simples curieux à se contenter du petit modèle de Hartnack ou de celui de Nachet, en y faisant joindre, du premier, les objectifs 2, 4, 7 à sec et 9 ou 10 à immersion, ave les oculaires 2 à 5 ; du second, les objectifs 0, 1, 3, 5 sec et 8 à immersion, avec les oculaires 1, 2, 3 (1) Ainsi outillés, rien de réellement important ne leu demeurera caché, je puis en répondre.

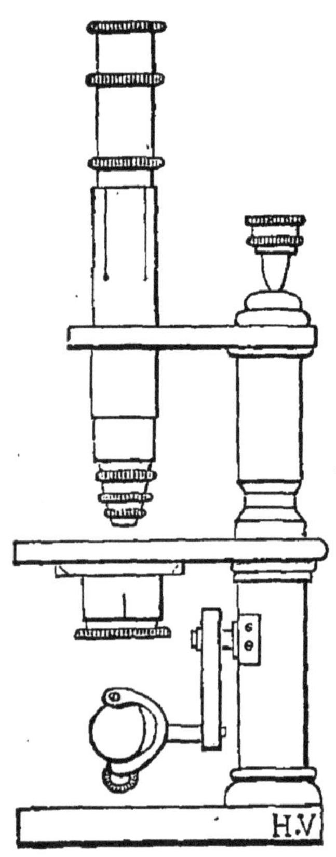

Microscope de Hartnack, petit modèle dit n° 8.

Les meilleurs oculaires réunis aux objectifs les plu

(1) L'objectif n° 2 de Hartnack donne, suivant l'oculaire employé, un amplification de 25 à 40 diamètres.

Le n° 4, de 60 à 225.

Le n° 7, de 200 à 800.

Le n° 9, de 440 à 1600.

parfaits ne donnent cependant aucun résultat, si les objets soumis à l'examen ne sont pas convenablement éclairés. J'ai parlé tantôt du miroir réflecteur faisant partie intégrante du corps de l'instrument; c'est ce miroir qui doit recevoir les rayons lumineux pour les diriger *par dessous* sur la préparation et la traverser; sans ce procédé élémentaire, vous pourriez dire avec le poète :

Je ne vois que la nuit...

C'est encore ce même miroir qui, pouvant se mouvoir dans tous les sens, fait arriver à volonté la lumière *obliquement* sur l'objet et permet ainsi de distinguer des détails rebelles à la lumière centrique.

Les préparations transparentes les plus délicates exigent aussi parfois un éclairage exceptionnel; les constructeurs les plus habiles ont pourvu à cette nécessité en imaginant une foule de petits appareils qui s'adaptent sous la platine et qu'ils ont nommés *concentrateurs*. On en connaît de plusieurs formes et de constructions variées, mais aucun ne paraît supérieur au *condenser* inventé par l'Anglais Swift, si ce n'est peut-être celui de l'Allemand Zeiss.

S'il s'agit d'un objet opaque, le réflecteur est sans pouvoir, l'objet devant naturellement être éclairé *par*

De même, l'objectif n° 0 de Nachet donne une amplification de 30 à 60 diamètres.

Le n° 1, de 80 à 150.

Le n° 3, de 280 à 520.

Le n° 5, de 430 à 750.

Le n° 8, de 800 à 1650.

dessus, et comme la simple lumière du jour ou de la lampe ne suffit pas, les opticiens ont construit une lentille plane-convexe montée sur un pied et qui vient concentrer les rayons lumineux sur la préparation dont elle doit être très-rapprochée, la surface plane étant tournée vers la préparation.

Cette lentille peut être remplacée par un miroir concave qui s'adapte au bas du tube principal et qui est connu sous le nom de *miroir de Lieberkhun ;* mais cet appareil ne peut servir que pour l'examen de petits objets montés à jour, parce qu'il doit pouvoir recevoir les rayons lumineux émanés du réflecteur, pour les renvoyer sur ces mêmes objets.

Enfin, que vous dirais-je? Il y a ainsi une foule d'accessoires plus ou moins utiles et parfois nécessaires. Voici, par exemple, le chariot adapté à la platine ou faisant corps avec elle et qui permet de faire mouvoir mécaniquement la préparation dans tous les sens, afin d'amener sans peine l'objet désiré, sous l'œil de l'observateur. Puis il y a l'appareil de polarisation, l'appareil binoculaire, le compresseur, la chambre claire à dessiner, le micromètre à mesurer les objets, une quantité de petits diaphragmes, etc., etc. Les grands microscopes anglais comprennent ainsi un nombre considérable d'accessoires dont on n'a pas de peine à connaître la destination et le mode d'emploi.

Les instruments les plus perfectionnés ne peuvent toutefois faire atteindre le but si les objets à examiner n'ont pas été, au préalable, préparés spécialement pour l'observation. Prenez, par exemple, la première feuille d'arbuste venue, la moindre patte de mouche; déposez l'une ou l'autre sans préparation aucune sur la platine du microscope, et celui-ci, fût-il le plus parfait du monde, c'est à peine si vous pourrez apercevoir un amas confus de cellules superposées, ou bien une sombre silhouette dont l'aspect sera loin de vous plaire.

La science des préparations est une science à part à laquelle il faut s'initier par la pratique, mais dont on ne peut se passer. Pour se rendre compte, par exemple, de la structure de cette feuille, il faut avoir le talent d'en isoler les épidermes supérieurs et inférieurs, et savoir les imbiber de glycérine, après les avoir laissés séjourner dans l'acide acétique. De même, la patte de mouche doit être imprégnée de baume du Canada ou de térébenthine de Venise, si l'on veut lui donner la transparence voulue.

Après cela, sans doute, il y a des préparations dites temporaires, qui ne demandent pour ainsi dire aucuns soins; telles sont celles des écailles d'ailes des papillons. Il suffit, en effet, d'humecter le porte-objet d'un peu d'haleine, et d'y déposer l'aile en appuyant du doigt; après un instant, vous enlevez délicatement celle-ci, vous recouvrez d'une petite lamelle de verre la *poussière* qui s'est attachée à ce porte-objet, et dès lors l'observation peut se faire le plus aisément du monde; mais c'est ici l'*A B C* du métier, et il y a bien d'autres secrets à dévoiler.

Mon sujet ne comportant pas ces enseignements, vous pourrez les puiser dans une foule de publications spéciales, par exemple :

Le Traité du Microscope, par Ch. Robin. Pari Baillière.

Le Microscope, par le Dr Pelletan. Paris, Masson.

Le Microscope, par le Dr Van Heurck. Bruxelle Ramlot, 1878.

Le Microscope, par Schacht, traduit par Dalimie Paris, Savy.

The Micrographic Dictionary, by Griffith and He frey. London, J. Van Voorst.

The Microscope, by Carpenter. London, Churchill.

The Microscope, by Hogg. London, Routledge, et

Mais surtout sachez compter sur vous-même suivre le conseil du plus grand des fabulistes :

> Travaillez, prenez de la peine,
> C'est le fonds qui manque le moins,

et qui rapporte le plus, gardez-vous d'en douter.

J'ai pris le soin d'indiquer toujours l'objectif dont me suis servi pour chaque observation, et comn je connais plus particulièrement le fort et le faible de lentilles de Nachet et de Hartnack, je les ai noté de préférence, me contentant de donner le numéro d système avec l'initiale du nom de ces constructeu célèbres. Je sais bien ne pas préciser ainsi la valeu exacte du grossissement, puisque celui-ci dépend e grande partie de l'oculaire utilisé; mais la plupart d temps, quelques diamètres de plus ou de moins n faisant rien à l'affaire, j'ai préféré nommer tout d suite l'objectif utile, sauf à vous à essayer les différen oculaires afin d'arriver à reconnaître le plus convenable.

Les amplifications étant d'ailleurs renseignées dans la note de la page 21, il est facile de se retrouver au milieu de ce dédale, comme aussi de savoir quel est l'objectif d'un autre constructeur dont il faut faire usage.

Mon unique ambition, je vous l'ai déjà dit, se borne à faire connaître les principales merveilles que le microscope peut révéler. Quant à les faire connaître toutes à tour de rôle, il n'y fallait pas songer ; la vie d'un homme, fût-elle plus longue que celle de Mathusalem de biblique mémoire, n'y suffirait pas à beaucoup près. Seulement, j'ai cherché à ne rien négliger d'essentiel. Débutant par le règne animal, je montre, tout d'abord, certains secrets de structure de l'homme, ce Roi de la Création

Étant de ces gens-là qui sur les animaux
Se font un chimérique empire,

pour aboutir en fin de compte et en descendant successivement les divers degrés de l'échelle, aux avortons les moins perceptibles, aux mystérieux infusoires.

J'ai agi de même pour les végétaux, et j'ai pu arriver ainsi sans encombre, il faut l'espérer, aux créations privées de vie ou paraissant l'être, aux curieux minéraux, comme aussi aux cristallisations les plus brillantes.

On m'a souvent demandé comment il se faisait que, pour l'examen des infiniment petits, je n'utilisais pas de préférence le microscope solaire ? Le grossissement, dit-on, est bien plus considérable, le champ es plus étendu, et cet instrument présente l'avantage d permettre l'observation à un grand nombre de curieu à la fois. — Oui, j'en conviens, tout cela est vrai et l'aspect général est plus brillant et plus grandiose mais l'observateur consciencieux n'est pas pleinemen satisfait, voyez-vous, car ce n'est pas l'objet lui-mêm qu'il a ainsi sous les yeux, c'est uniquement son image sa silhouette, et il ne peut, de cette façon, résoudr avec certitude les points litigieux. Après cela, le solei est parfois capricieux ; à chaque instant, il lui pren fantaisie de se voiler la face, et l'étude est ainsi forcé ment interrompue, ce qui me met, moi, dans tous me états, comme diraient nos belles dames. Je le sai bien, on peut remplacer les rayons de l'astre du jou par la lumière électrique ou même par celle du gaz mais les aménagements sont difficiles, les appareil coûteux, l'emploi de ceux-ci plus ou moins dangereux et les préparatifs exigent trop de temps pour qu'u pauvre diable, n'en ayant pas à perdre, puisse le utiliser sans trop d'inconvénient. — Au reste, peu importe le choix de l'un ou de l'autre système d microscope; mes révélations à ce sujet n'en peuvent êtr affectées. Sans plus tarder, entrons donc résolûment si vous le voulez bien, dans ce monde inconnu, au milieu duquel nous vivons depuis l'origine des temps sans nous être doutés de son existence.

RÈGNE ANIMAL

I

L'HOMME

A tout seigneur tout honneur ! — C'est bien le moins de nous occuper d'abord de *l'homme,* malgré la singulière origine que d'aucuns prétendent lui assigner de nos jours, car, *sous* ou *sur* son enveloppe parfois si belle, mais souvent aussi hélas ! si peu avenante, le microscope sait faire découvrir des organes mystérieux, des structures étonnantes dont, avant l'invention de notre instrument d'optique, on ne pouvait avoir aucune idée.

Le sang. — Voyons d'abord le sang, cet élément essentiel de la vie, de cette vie dont trop souvent nous ne craignons pas de mésuser. La moindre piqûre infligée à l'épiderme, vous le savez de reste, laisse échapper une gouttelette d'un liquide rouge. Il s'agit alors si l'on est curieux, d'ajouter à ce liquide cinq ou six fois son volume d'une solution de sulfate de soude, ou d'eau très-sucrée ; puis de déposer une petite parcelle du mélange sur le porte-objet et de recouvrir le tou d'une lamelle de verre mince. Aussitôt, l'objectif 5 N 7 H. vient montrer ce liquide nommé *serum* ou *plasm* par la science, tout rempli d'une quantité prodigieus de corpuscules plus ou moins arrondis. Suivant De Parville, un millimètre cube de sang en contient quatre millions, mais le docteur Pelletan en compte un million de plus (1). — Lequel des deux a raison? Je ne sais.

Chacun de ces corpuscules semi-diaphanes a la forme d'un disque aplati, dont la teinte est d'un rouge jaunâtre et dont la dimension atteint à peine 8 millièmes de millimètre. En remontant un tantinet le tube de l'instrument, vous pouvez voir apparaître, au milieu de chacun de ces disques, une tache presque noire; si, au contraire, vous le descendez, le centre s'éclaircit et le bord prend une teinte sombre, preuve évidente que ces corpuscules accolés parfois les uns aux autres et présentant en pareil cas l'image de piles de monnaie, sont des façons de lentilles bi-concaves. (Pl. 1, fig. 1.)

Ce n'est pas tout; versez du sang dans un petit flacon de verre ou de cristal; après quelques heures, le liquide se séparera en deux parties, celle de dessous contenant les disques rouges, et celle de dessus montrant un serum limpide. Armez-vous alors d'une pipette de verre, puisez à la surface de la partie inférieure, et vous apercevrez, à l'aide du même objectif, d'autres disques différents, d'un blanc sombre, en forme de sphères, nommés *leucocytes* et montrant, chacun, de toutes petites protubérances opaques ou *nucléoles,* au nombre de 4 à 10 (Pl. 1, fig. 1.) provenant du chyle

(1) De Parville. *Causeries scientifiques*, 12e année, page 316. Pelletan. *Le Microscope*, page 214.

en train de se convertir en disques, car, il faut le savoir, le chyle est précisément le fluide qui forme le sang.

Après cela, je ne puis vous le cacher, tout le monde n'est pas d'accord sur la nature de ces corpuscules blancs car d'aucuns n'hésitent pas à reconnaître en eux des infusoires de l'ordre des *amibes*, agissant à la façon des Protées dont je parlerai en temps et lieu (1). Quant à moi, n'ayant jamais pu découvrir sur ces atomes la moindre trace d'organes de locomotion, de manducation, ou d'absorption, je me refuse de la manière la plus formelle à les tenir pour des animaux.

Ce serum ou plasma contient en outre du gaz oxygène, de l'acide carbonique, de l'azote, de l'hématosine ou hématoïdine composée de cristaux colorateurs et ferrugineux qui, seuls de tout ceci, méritent d'être observés à l'aide de l'objectif 7 N. 8 H. ; le reste importe peu.

Mais, nous n'avons pas fini : d'aucuns prétendent que, dans le sang humain, il y a des vers, et ces habiles leur ont même donné le nom d'*hématozoaires* preuve irrécusable de leur conviction à ce sujet. Pour ma part, j'ai bien vu ainsi des façons de filaires s'agitant, contournant les corpuscules sanguins et se promenant au milieu d'eux, comme nous pourrions le faire dans un parterre anglais, en évitant de marcher sur les plates-bandes; mais de plus savants ou se disant tels soutiennent que ces prétendus vers sont tout bon-

(1) *Revue des cours scientifiques*. Année 1865-66, pp. 15, 18.

nement des concrétions fibrineuses minces et allongées, douées d'un mouvement inexpliqué, et ce qui semble donner raison à ces derniers, c'est que les êtres humains chez lesquels ces filaires apparaissent, même en nombre très-considérable, ne s'en portent pas plus mal.

Suivant l'opinion des experts, les disques du sang des divers animaux, tout en ayant entre eux une certaine ressemblance, présentent cependant des différences assez notables. Ah ! si celles-ci étaient toujours bien accusées, de quel secours ne serait pas le microscope pour la justice répressive ? — Voici un homme soupçonné d'un meurtre ; son linge est taché de sang. — C'est le sang d'un porc, dit-il, pour se justifier. — A d'autres ! pourrait répondre le juge instructeur ; voici le microscope venant montrer des disques de sang humain. — Nous n'en sommes pas arrivés là, quoi qu'en pense le docteur Pelletan (1), mais qui sait ? on y viendra peut-être. En attendant, tous ces corpuscules sont dignes d'être vus ; ils le sont d'autant plus que notre admirable instrument d'optique en démontre la circulation dans les veines, dans les artères, et jusque dans les moindres vaisseaux capillaires, circulation inconnue des anciens, quoi qu'on ait pu dire de la connaissance du phénomène par Hippocrate, ce père vénéré de la médecine, et par le sage roi des Juifs Salomon, mais devinée tout au moins, si non même découverte par le célèbre anglais Harvey en 1619. Ah ! ceci fit un beau

(1) *Le Microscope*, p. 216.

tapage en ces temps déjà loin de nous, et à ce propo nous pouvons nous souvenir encore du *Malade imaginaire* :

MONSIEUR DIAFOIRUS.

« Mais, sur toute chose, ce qui me plaît en lui (son fils), c'est qu » jamais il n'a voulu comprendre ni écouter les raisons et les expé » riences des prétendues découvertes de notre siècle, touchant l » circulation du sang, et autres opinions de même farine.

THOMAS DIAFOIRUS.

» J'ai, contre les circulateurs, soutenu une thèse qu'avec la permissio » de monsieur, j'ose présenter à mademoiselle, comme un hommag » que je lui dois des prémices de mon esprit. »

Aujourd'hui, grâce au microscope, cette circulatio est devenue patente, et nous pouvons tous, avec l'aid de notre magicien, assister à ce spectacle mystérieux en clouant la patte d'une grenouille vivante, sur u instrument de torture inventé pour la circonstance e digne des temps les plus barbares.

Les poumons. — Cet organe, de structure spongieuse, molle, flexible, compressible et dilatable, es bien fait assurément pour donner à réfléchir. — Combien d'entre nous succombent à ses lésions! Le moindre échauffement, une course rapide, un refroidissement soudain amènent trop souvent hélas! l'inflammation des cellules pulmonaires; parfois, alors, de ulcères se déclarent; ils rongent ce tissu délicat gagnent de proche en proche, jusqu'à ce qu'enfin l malade épuisé, hors d'haleine, passe de vie à trépas, faute de pouvoir aspirer l'air indispensable à son existence, car, vous ne devez pas l'ignorer, c'est le poumon qui reçoit et rejette alternativement cet air atmosphérique dont la mission est de convertir le sang veineux en sang artériel. Phénomène digne de remarque d'ailleurs, cet organe commence à fonctionner à l'heure de la naissance pour ne s'arrêter qu'au moment fatal des suprêmes adieux; à la moindre hésitation de sa part, la vie nous abandonne; c'est le mouvement perpétuel ne cessant son va-et-vient qu'alors seulement que la machine arrive à se briser ou à se détraquer.

Je me garderai bien de parler ici des divers éléments dont se composent les poumons; ce sujet est trop peu réjouissant; mais, dans votre intérêt, je dois cependant montrer la structure intime de cet organe; j'ai mes motifs pour cela.

Donc, un tout petit fragment de poumon vu au microscope, d'abord à l'aide de l'objectif 1 N. 4 H, se présente sous forme d'une espèce de tissu composé de cellules irrégulières ressemblant assez bien à celles d'une éponge, avec ses ouvertures ou lacunes grandes et petites (Pl. 1, fig. 2); si ensuite nous prenons l'objectif 5 N. 7 H, ce tissu apparaît finement strié, et les lacunes, comme de raison, ont grandi d'une façon démesurée.

L'ensemble est réellement spongieux comme l'affirme la science, et l'on comprend aisément en ayant la chose sous les yeux, à quel point il doit être difficile d'empêcher les ulcères, ces solutions de continuité des parties molles du corps, de gagner du terrain et, de fil en aiguille, d'envahir tout l'organe sans lequ la vie est impossible. En voyant de près sa délicat composition, on veillera, je l'espère, à user de pru dence et l'on ne s'exposera plus à s'échauffer outr mesure par des courses ou des danses folles, et sur tout, quand on a bien chaud, à affronter le vent d bise, à boire frais, etc. — Vous voici avertis; mette à profit les leçons du microscope, et souvenez-vou de ces beaux vers d'un grand poète :

C'est alors que souvent la danseuse ingénue
Sentit, en frissonnant, sur son épaule nue
Glisser le souffle du matin.
Aux chansons, succédait la toux opiniâtre,
Au plaisir rose et frais, la fièvre au teint bleuâtre,
Aux yeux brillants, les yeux éteints.

Pourquoi donc l'auteur de tant d'admirables poésie n'a-t-il pas toujours conservé le respect de son bri lant et glorieux passé?

Les os. — Savez-vous combien vous comptez d'o dans la charpente de votre individu? — Deux cen cinquante-six au juste, et vous devez être tout heu reux de l'apprendre, car c'est là un trésor de la po session duquel vous ne vous doutiez pas le moins d monde suivant toute probabilité. Pour ma part, hum blement je l'avoue, j'étais à cet égard d'une ignoran extrême jusqu'à ce jour, et je sais un gré infini à science de m'avoir renseigné à ce sujet. En suis-je pl heureux? Ceci est une autre question dont la soluti est laissée à votre sagacité.

Les os, disent les experts, se composent d'une trame gélatineuse et molle, imprégnée d'un sel de chaux et de phosphore venant leur donner la solidité qui les caractérise. Si, après cela, j'ajoute qu'il y entre de la soude, de la magnésie, de l'ammoniac, du fer, de la silice, de l'albumine, j'aurai dit à peu près tout ; aussi vais-je me hâter d'initier à leur structure intime, ce qui, à notre point de vue, est bien autrement intéressant.

Vous connaissez le *radius*, celui des deux os de l'avant-bras qui en forme la partie externe. Eh bien, une tranche mince de cet os, prise en travers, présente au microscope (obj. 3. 5. N. 5. 7. H.) une image bien faite pour nous surprendre. On dirait voir des façons d'écailles d'huître placées côte à côte, transparentes, ayant un nodule rond ou ovale au centre, et d'où s'échappent en rayonnant des canalicules innombrables, brisés, d'une ténuité extrême, assez irréguliers (Pl. 1, fig. 3), et entrecoupés, de ci de là, par des corpuscules opaques qui, grâce à ces mêmes canalicules, semblent autant d'araignées (Pl. 1, fig. 3 bis). Vous en seriez-vous jamais doutés?

Tous les os se ressemblent plus ou moins ; il serait même fastidieux de noter les différences. —Et penser qu'après la mort, si nous n'y prenons garde, la rapace industrie, n'y regardant pas de si près, s'empare de ces créations et, dérision amère, elle en fait des manches de couteau, des jouets d'enfant, des boutons, une foule de brimborions, si même elle ne va pas jusqu'à les calciner pour les utiliser à l'amendement des terres ou à la fabrication du sucre! Oui, voilà le sort réserv le plus souvent aux productions les plus remarquabl de la nature.

Les cheveux. — Ces ornements du crâne, ornemen dont je déplore l'absence sur le mien, nonobstant l'op nion d'un de mes amis, chauve comme moi, mais sou tenant avec conviction que rien n'est plus gênant, n plus coûteux (voir la fable *le Renard et les Raisins*) les cheveux, dis-je, présentent au microscope, quan on sait s'y prendre, une image réellement charmante

Loin de moi la pensée de donner à ce propos un description scientifique des éléments dont les cheveu se composent : la racine, le bulbe, les papilles, le conduits sécréteurs des glandes sébacées, etc., etc. c'est à peine même si je consens à arrêter un instan vos regards sur le corps du cheveu dont l'épiderm extérieur, orné de lignes horizontales ondulées (obj 5 N. 7 H.), englobe à la fois, au centre, la moell colorée chez les jeunes et blanche chez les vieux, e tout autour de cette moelle, une couche corticale fait de plaques minuscules striées verticalement (Pl. 1 fig. 4). — Mais, me direz-vous peut-être, j'ai bea regarder, je n'aperçois pas ici l'ombre de lignes ondu lées. — Vrai! vous ne les voyez pas? Eh bien, c'es fort possible, et cependant ces lignes doivent exister seulement, vous aurez eu la main malheureuse; vo cheveux auront été, chaque jour, bien peignés, bie lissés, et les ustensiles de la toilette auront enlevé ce produits délicats. Si vous vous étiez adressé à un chevelure inculte, il en eût été tout autrement, et les lignes ondulées n'eussent pas fait faute de se montrer.

Après tout, ceci importe peu; il s'agit pour nous d'assister à un spectacle bien autrement curieux; pour y réussir, nous prendrons de tout petits fragments de cheveux de diverses nuances, bruns, blonds, noirs, roux, blancs; nous les déposerons sur un porte-objet, en veillant à ce qu'ils ne se recouvrent pas trop les uns les autres, et à ce qu'ils soient bien maintenus à demeure par une lamelle de verre. Puis, le microscope étant armé d'un objectif faible (1 N. 4 H.) et l'appareil de polarisation étant mis en place, nous n'aurons plus qu'à regarder et à admirer tous ces fragments de cheveux, brillant, sur un fond noir, des couleurs les plus variées, les plus éclatantes du monde; le rouge, le bleu, le jaune, le vert s'y disputeront à l'envi. Dites-moi, n'est-ce pas joli?

Oui, ce n'est pas mal, diront les experts; mais, en somme, c'est là un pur enfantillage. — Enfantillage, soit; l'image que l'on a ainsi sous les yeux en est-elle moins digne d'admiration?

Les muscles. — Ces organes, dont les gymnasiarques font étalage avec tant de fierté et d'orgueil, sont de deux espèces ; les uns obéissent à la volonté et, par reconnaissance, nous les avons nommés *muscles volontaires;* les autres, au contraire, font la sourde oreille et se montrent d'une indépendance absolue, n'obéissant jamais à aucun commandement, mais seulement à certaines irritations étrangères auxquelles nous n'a vons en conscience aucune part; aussi les avons-nou qualifiés de *muscles involontaires*. Vus au microscope ces derniers sont assez insignifiants, car, étant lisses ils ne peuvent, par cela même, présenter aucun attrai particulier; mais il est loin d'en être ainsi des pre miers; ceux-ci apparaissent striés de la manière l plus ravissante du monde; on dirait voir de vrais res sorts (Pl. 1, fig. 5), dont l'objectif 5 N. 7 H. fait par faitement apprécier l'admirable conformation, et, e les voyant, on se rend aisément compte de la sou plesse de nos membres et de la bonne habitude pris par la plupart d'entre eux, de faire tout ce qui leu est ordonné. Vous expliquer ces mouvements mysté rieux, je n'ai garde de l'essayer; Dieu seul, notre Divi Créateur, pourrait révéler le secret de ce mécanisme lui seul pourrait dire comment, à cette heure, m main trace ces lignes sur lesquelles vous daigné arrêter vos regards ; comment elle agence successive ment divers caractères de l'alphabet pour en forme des mots, des phrases, etc., et cela par la seule raiso que telle est ma volonté. Nous sommes habitués à c phénomène banal, et nous n'y prêtons guère d'atten tion; mais quand on se donne la peine d'y réfléchir, a-t-il un miracle plus stupéfiant que celui de l'empir de cette volonté sur nos muscles volontaires? Ne pou vant, dans mon ignorance, parvenir à y voir jour, j me suis donné la peine, pour m'éclairer, de consulte les écrits les plus savants, les plus profonds; mai hélas! nulle part je n'ai rencontré le flambeau de l vérité, nulle part je n'ai trouvé une solution raisonnable de la question.

Voici, par exemple, pour vous édifier à ce sujet, l'opinion du célèbre Descartes : « Nos volontés sont de » deux sortes : les unes sont des actions de l'âme qui » se terminent en l'âme même, comme lorsque nous » voulons aimer Dieu..... ; les autres sont des actions » qui se terminent en notre corps, lorsque, de cela » seul que nous avons la volonté de nous promener, » il suit que nos jambes se remuent et que nous mar- » chons. » Et ailleurs : « La seule cause de tous les » mouvements des membres est que quelques muscles » s'accourcissent et que leurs opposés s'allongent ; et » la seule cause qui fait qu'un muscle s'accourcit plu- » tôt que son opposé, est qu'il vient tant soit peu plus » d'esprit du cerveau vers lui que vers l'autre (1). »

Là ! avez-vous compris ? — Pour ma part, j'ai fait de mon mieux, sans pouvoir y réussir. Aussi, jusqu'à plus ample informé, suis-je enclin à penser que l'action de la volonté sur les muscles est un de ces secrets qu'il ne nous est pas donné de pénétrer. Je n'en suis pas moins heureux, croyez-le bien, d'avoir pu vous montrer l'élasticité de ces organes, malgré mon impuissance à en expliquer les mouvements.

Tout ceci, il faut en convenir, est assez curieux ; eh bien, les organes si nombreux de l'homme offrent tous un intérêt analogue ; et toutefois je m'arrête, car s'il me fallait absolument ne rien omettre, le volume

(1) Descartes. *Les passions de l'âme.*

y passerait tout entier, et nous avons bien d'autre choses à voir. Qu'il me suffise donc, pour finir, d'appe ler votre attention sur le tendon d'Achille (obj. 1 N 4 H.), les cartilages des côtes (5 N. 7 H.), les glandes d rectum (2 N.), les glandes sudorifères et les dents (5 N 7 H.), la peau (1. 2. N. 4. 5. H.), l'estomac et le ne sciatique (5 N. 7 H.), certains corpuscules remuants qu je n'ose nommer (8 N. 10 H.), et sur une foule d'autre organes venant révéler à ceux qui ont des yeux pou voir, la féconde ingéniosité de la nature.

II

QUADRUPÈDES ET QUADRUMANES

Fibres musculaires. — Dans les quadrupèdes, tou aussi bien que dans les quadrumanes, nous retrou vons des éléments d'une nature identique, et leu organes sont même le plus souvent parfaitement an logues à ceux de l'homme, non pas, comme l'enseign une nouvelle école, parce que l'unité de plan révélera l'unité de création, mais bien, suivant moi, parce qu la structure mécanique des animaux aura porté Divin Maître à recourir à des procédés semblables. - Et cela allait de soi : pour des fonctions commune ne fallait-il pas des organes communs? Cela tombe sou le sens.

Vous connaissez tous le *Porc,* vulgairement nomm Cochon. Au dire de Buffon, c'est bien l'animal le pl brut, le plus stupide du monde; sa sensation dom nante serait, à en croire ce brillant écrivain, une gou mandise brutale qui lui fait dévorer tout ce qui se présente ; les sens du goût et du toucher seraient chez lui fort oblitérés, mais en revanche ceux de la vue, de l'ouïe et de l'odorat auraient reçu de la nature un développement extraordinaire. Pline le naturaliste n'était pas de cette opinion quant à l'intelligence ; il lui en accordait même beaucoup, et il va jusqu'à citer le fait d'un troupeau de porcs qui, ayant été volés par un batelier, firent chavirer sa barque afin de pouvoir, par ce moyen, se jeter à l'eau et rejoindre à la nage leur maître désespéré, les appelant de la rive (1). Et moi-même, n'ai-je pas été témoin, dans notre province du Luxembourg, du retour de porcs de la pâture, alors qu'à l'appel du soir, chacun d'eux savait parfaitement retrouver l'étable, son abri habituel et tutélaire, ce qui n'est pas déjà si bête ou *si brut* pour me servir du mot de Buffon.

Eh bien, les *fibres musculaires* de cet animal immonde, dont les Juifs et les Orientaux se privent si religieusement, se rapprochent tellement des nôtres, qu'observés au microscope (obj. 5 N. 7 H.), les plus experts, s'ils n'y prennent garde, sont sujets à s'y tromper ; comme ceux de l'homme, ces organes ont l'aspect de vrais ressorts striés avec une délicatesse charmante et fort curieux à connaître, je vous assure. Seulement, et en ceci gît peut-être l'unique différence, le diamètre des premiers l'emporte un peu sur celui des seconds. Tenez-vous pour avertis.

(1) Pline l'ancien. Livre VIII, § 77, n° 4. Collection Nisard, T. I, p. 353.

Muscle occipital. — Et puisque nous en sommes aux muscles, avant d'abandonner ce sujet, jetons en passant un coup d'œil sur celui de ces organes connu de la science sous le nom de muscle occipital, cette couche musculaire très-mince venant revêtir la partie postérieure et inférieure de la tête, et voyons ce que peut nous offrir d'intéressant ce même organe chez le *lapin*, animal vulgaire s'il en fût, grand mangeur, grand destructeur de choux et d'une foule d'autres légumineuses, assez borné au demeurant, fort poltron de sa nature et n'étant parvenu à se faire une certaine réputation que par son aptitude à jouer du tambour dans les foires! — Toutefois, s'il faut encore en croire Buffon, cette bestiole se distingue par une qualité dont il serait à désirer que la race humaine fût toujours pourvue au même degré ; au dire du grand écrivain, le respect des lapins pour leurs ancêtres passe toute croyance ; dans une garenne, c'est le plus âgé, père, grand-père, bi- ou trisaïeul, qui commande, et dont l'autorité impose la bonne harmonie à tous les descendants ; si par hasard l'esprit d'insubordination vient à se manifester dans la colonie, si une feuille de salade y devient un brandon de discorde, à l'instant, le doyen s'interpose et administre aux récalcitrants une solide et verte correction pour rétablir la paix dans le ménage. C'est au mieux ; ils n'ont qu'à se tenir tranquilles.

Au microscope, le muscle occipital de ce rongeur présente une image assez curieuse ; observé à l'aide de l'objectif 7 H., oculaire 2, à la lumière directe il paraît seulement strié en long; mais si l'on substitue à cet oculaire le n° 4, avec le secours de cette même lumière, toutes les stries longitudinales apparaissent coupées à angle droit par d'autres stries transversales d'une finesse, d'une ténuité sans égale, tandis que l'ensemble est sillonné capricieusement par de petites veines d'une grande délicatesse.

Le même résultat peut également être obtenu à l'aide de l'oculaire n° 2, mais, en ce cas, il faut avoir recours à la lumière oblique.

Moelle épinière. — Cette substance, vous ne pouvez l'ignorer, occupe l'épine dorsale ou colonne vertébrale... à votre choix. Molle, douce et grasse, elle est renfermée dans l'intérieur des os dont elle remplit le centre, scientifiquement nommé le canal médullaire. A l'œil nu (obj. 5 N. 7 H.) la moelle épinière du singe, cet ignoble ancêtre de l'humanité d'après Darwin, apparaît composée de deux éléments, l'un central d'une teinte grise, l'autre périphérique et presque blanc; mais, au microscope, la moelle se montre sous forme de petites vésicules ou cellules rondes, uniformes, agglomérées, et renfermant des granules d'un liquide huileux. Cherchez à vous en procurer un fragment convenablement préparé, et vous aurez sous les yeux une façon de tissu présentant à l'observation un intérêt considérable. (Pl. 1, fig. 6.)

La moelle épinière du *veau* se rapproche beaucoup de celle-ci; seulement les vésicules sont plus ou moins irrégulières, entremêlées, et montrent une espèce nucleus au milieu. (Même objectif.)

En fin de compte, toutes les moelles ont entre ell une certaine analogie et il faut une observation bi attentive pour distinguer celle de l'homme de celle singe; mais au demeurant, et en admettant même u similitude parfaite qui n'existe pas, qu'est-ce que ce pourrait prouver ? — Cela prouverait, comme je cesserai de le redire, que, dans sa sagesse, le Créate a jugé convenable de se servir d'éléments homogèn pour produire des êtres différents, et rien de plus.

Les poils. — Je vous ai parlé des cheveux l'homme. Chez les animaux, les poils tenant lieu ces tubes capillaires, sont évidemment d'une nature d'une structure analogues; toutefois la forme et la co sistance en sont des plus variées. A la rigueur, l'obse vation au microscope de ces filaments cornés présen sans doute un certain intérêt; tantôt, en effet, on l voit sous forme de tubes montrant des corpuscul intérieurs parfaitement rangés et se suivant à la fil comme le font voir les poils du dos du *castor;* tant ils ressemblent à ceux de la larve du Dermeste dont sera question plus tard, à l'exception de la pointe guise de fer de lance qui manque ici totalement; t sont les poils de la *chauve-souris;* tantôt, enfin, sont striés en travers comme le sont les jars du *mo ton,* etc., etc. Généralement ces tubes capillaires d vent être observés à l'aide de l'objectif 5 N. 7 H.; ma malgré leur diversité, dois-je en faire l'aveu, on en vite assez; aussi m'abstiendrai-je d'en parler davantage. L'intérêt réel naît ici alors seulement qu'il s'agit de découvrir les fraudes, les sophistications des fabricants s'avisant de substituer le poil de la chèvre à celui du mouton, etc., et il ne vous plaira pas sans doute, plus qu'à moi, d'entrer dans les arcanes de la contrebande industrielle. Ce sujet est trop sérieux, trop peu réjouissant, et il nous éloignerait pas mal du nôtre.

Cependant il est une remarque que je ne puis passer sous silence : vous avez vu les cheveux de l'homme présenter sous l'appareil de polarisation le spectacle le plus somptueux ; eh bien, généralement, les poils des animaux sont insensibles à ce phénomène. Explique qui pourra la cause de cette différence ; quant à moi, je suis inhabile à donner la clef de l'énigme.

Corne. — Eût-on jamais cru, avant la trouvaille du microscope, que le sabot du *cheval*, la plus noble conquête de l'homme, au dire de Buffon, pouvait offrir une image digne d'arrêter nos regards ? — Il en est cependant ainsi ; une coupe mince de ce sabot, observée à l'aide de l'objectif 1 N. 4 H. et du double appareil de polarisation, représente un tapis brillant de toutes les couleurs de l'arc-en-ciel, formé d'ovales placés côte à côte, striés en ovale également, et dont les stries vont ainsi en se serrant au fur et à mesure qu'elles se rapprochent du centre en forme de noyau ; puis, chacun de ces ovales se montre traversé dans le sens de la longueur par une bande noire dont je suis impuissant à donner une définition. L'ensemble est réellement d'un aspect enchanteur, et, en voyant ces menus détai venant se multiplier à l'infini chez les mammifères, o ne peut se défendre de s'incliner devant l'omnipotenc de Celui qui les a créés.

III

L'OISEAU

Qui fait l'oiseau ? C'est le plumage.

Ainsi s'exprime le grand fabuliste, et c'est aussi plumage que je veux vous montrer au microscope.

Pour en faire apprécier la structure, je laisse de cô les plumes les plus grossières dont, à la rigueur, o peut se rendre assez bien compte à l'œil nu ou à l'aid d'une simple loupe, et je vais attirer vos regards su les plus délicates entre toutes, sur les plumes d *colibris*.

Vous connaissez tous ces oiseaux ravissants dont taille dépasse à peine celle du bourdon (Pl. 1, fig. 7 et vous en avez vu dans nos musées, plus ou moi artistement empaillés, comme aussi, de nos jour hélas! sur les coiffures des élégantes. Ils appartiennen vous le savez peut-être, à la famille des passereaux ne se distinguent guère des oiseaux-mouches si n'est par le bec, un peu arqué vers l'extrémité che les premiers, et tout droit chez les seconds. Vou n'aurez pas manqué, d'ailleurs, d'admirer l'éclat m tallique de leur plumage, ces reflets chatoyants rapp lant le pourpre, l'or, le rubis, la topaze, etc., et vous savez aussi peut-être que ces charmants habitants du céleste empyrée se nourrissent de petits insectes happés au vol avec une adresse, une dextérité incomparable, comme aussi du suc des nectaires des fleurs qu'ils pompent ou lèchent au moyen d'une jolie petite langue très-effilée. Pour ma part, je ne connais rien dans toute la création de plus gracieux, de plus élégant que ces oiseaux si mignons. Voici, par exemple, le *cynnyris* du Sénégal ou *souï-manga* comme on le nomme là-bas ; une seule de ses petites plumes déposée sous le microscope (obj. 1. 5 N. 4. 7 H.) représente une plume d'abord avec ses barbes effilées ; puis, vers l'extrémité supérieure, des tuyaux divisés en plusieurs parties superposées et dominés par un corps d'une nature toute particulière en forme de lame de couteau, d'un rouge orangé éclatant, et finement ponctué. C'est ravissant.

Les plumes des oiseaux, en général, ont entre elles une grande analogie, tout en accusant des différences plus ou moins marquées. C'est ainsi, pour en donner un exemple, qu'un autre colibri, dont j'ignore le nom, est couvert de plumes (Pl. 1, fig. 8) qui, outre des barbes charmantes et d'une régularité parfaite, présentent à leur base, une foule de filets d'une structure indéfinissable et des plus curieuses quand ils sont vus à l'aide de l'objectif 5 N. 7 H. Il faut l'avouer, tout ceci est stupéfiant.

Puisque nous parlons de la gent emplumée, avant d'abandonner ce sujet, laissez-moi vous redire une petite histoire, racontée d'une manière charmant dans *Les Mondes* de l'abbé Moigno, n° du 10 septembr 1874, p. 51.

HISTOIRE D'UN NID DE CHARDONNERET

« Un jour, pendant mon absence, les enfants, qu depuis longtemps sans doute guettaient leur proie s'aidant de je ne sais quel engin, s'attaquèrent à me pauvres protégés. Les dénicher et, malgré les cris de parents affolés de douleur, les enfermer dans une cage tout cela fut l'affaire d'un instant.

» A mon retour, je grondai bien fort; je montra ces pauvres petits oiseaux du bon Dieu devenus e quelque sorte orphelins; je parlai de la tristesse d père, du désespoir de la mère, privés des enfant qu'ils chérissaient si tendrement.

» Mes marmots, dont le cœur n'était point mauvais s'attendrirent à mes paroles, et comme, à cet âge tout se traduit par des larmes, j'eus bientôt la preuv que leur repentir était sincère; mais, comment répa rer le mal qui avait été fait? Impossible de rendre l liberté aux prisonniers : leurs plumes poussaient à peine; il fallait donc les garder provisoirement, et l'on me promit d'en avoir le plus grand soin.

» Au dehors, les gémissements ne discontinuaien pas, la désolation était à son comble. Le chardonnere et sa compagne, les plumes hérissées, le regard anxieux, furetant à droite et à gauche, réclamaien leur progéniture à tous les buissons d'alentour.

» Par un heureux hasard, il arriva que la fenêtr

de l'appartement demeura entr'ouverte. Aux lamentations des parents, répondirent de petits cris plaintifs.

» La mère les entend; elle ne s'y trompe point : ce sont eux, ce sont ses chers petits qui l'appellent. N'écoutant que son amour maternel, la pauvrette accourt; elle cherche à s'accrocher aux vitres, car, dans sa joie, dans son trouble, elle ne s'aperçoit pas qu'un passage lui est ouvert. Elle le voit enfin, et sans s'inquiéter du danger qu'elle peut courir elle-même, elle s'élance, et d'un coup d'aile arrive aux barreaux de la cage, que nous nous étions empressés de lui ouvrir.

» Je laisse à penser quelle fète ce fut alors!

» Le chardonneret, plus prudent sans doute, peut-être plus égoïste, qui le sait? craignant pour ses jours ou pour sa liberté, s'agite au dehors, remplit l'air de ses cris; il semble hésiter entre les sentiments de la conservation et celui du devoir. Enfin, ce dernier l'emporte; le chardonneret rejoint sa famille.

» Alors la fête fut complète, générale; car, dissimulés dans un coin de la chambre, mes enfants et moi nous prenions part de tout notre cœur à celle qui se célébrait au sein de la cage.

» Tout à coup, le père fuit à tire-d'aile; mais il ne part point seul. A notre stupéfaction, il emporte un de ses petits qui se débat en vain, et va le déposer dans son nid, au haut du cyprès. Puis il revient, et trois fois de suite il fait ce voyage, chargé de son précieux fardeau.

» Alors la mère, n'ayant plus rien qui la retienne, se hâte de rejoindre sa nichée.

» Quelques jours après, il y avait de nouvelles e fraîches chansons dans la charmille, et les enfants le écoutaient tout attendris. » — (Picheney, du 2e hussards

Une chose me chiffonne dans cette ravissante nar ration. En général, les petits dénicheurs s'emparent d nid tout entier, contenant et contenu à la fois, et j me demande où le chardonneret a pu alors dépose ses petits? Et puis, ce gentil volatile est-il asse robuste pour emporter, en volant, sa progéniture? Ce réserves faites, j'applaudis des deux mains au senti ment qui a dicté cette histoire.... ou cette fable.

IV

LES REPTILES

Les couleuvres. — Pour ne rien omettre d'essen tiel, parlons un peu des *Reptiles*, et arrêtons-nous u instant aux *Couleuvres,* ces serpents non venimeux de la classe des *Ophidiens*, vivant isolés dans les bois les prairies humides, comme aussi au bord des ruis seaux. Souvent peut-être ces innocentes créatures vou ont-elles effrayé en dardant avec vivacité une langu noire et fourchue ; mais votre peur était vaine, ca jamais elles ne peuvent faire aucun mal, leurs dent nombreuses et fines étant absolument inoffensives ; leurs yeux, d'ailleurs, l'homme est assez indifférent elles ne l'aiment qu'à charge de réciprocité, et tou leurs soins se bornent à se nourrir de vers, d'insecte de petits poissons, etc. Le préjugé populaire les accus il est vrai, de sucer le pis des vaches, des brebis, des chèvres, mais c'est encore là une de ces erreurs capitales dont les observations font bonne justice.

Voici le *serpent d'eau* connu sous le nom de *couleuvre à collier*, bien qu'il n'y ait pas là plus de collier que sur la main ; mon vieil ami Bourgogne père m'en a préparé une section transversale des plus parfaites. Vue à l'aide de l'objectif 5 N. 7 H. cette préparation fait ressortir des détails fort curieux ; on y voit des muscles striés, d'une délicatesse inouïe, des façons de cellules mignonnes au possible, des lobes ravissants, etc.

A un autre point de vue, ce qui doit faire aimer les innocentes couleuvres, c'est qu'elles s'apprivoisent avec la plus grande facilité. Un de mes anciens condisciples en avait toujours les poches pleines, et il lui suffisait de siffler pour les faire accourir, venir s'enrouler autour des mains et y prendre la pâture. Eussiez-vous jamais pu croire à la possibilité de soumettre à l'obéissance, des animaux de cette famille ?

Les lézards. — Un jour d'été, je me promenais solitaire dans notre splendide bois de la Cambre ; accablé par la chaleur, je m'étais reposé tout auprès de ce pont rustique construit à grands frais, à l'aide d'énormes blocs de pierre amenés de bien loin ; nonchalamment étendu sur le sol, j'admirais les vertes pelouses étalées à mes pieds, sillonnées de chemins artistement tracés et enrichies, de ci de là, de groupes d'arbres séculaires. Insensiblement, mes regards s'étaient portés sur les objets avoisinants : les fougères, les sapins les genêts odorants, et une foule d'autres végétau croissant dans les anfractuosités de ces gros bloc de pierre, quand tout à coup mon attention fut appe lée sur un petit lézard joli au possible et que je recon nus aisément pour être le lézard gris des muraille (*Lacerta muralis*) ; il allait, venait, grimpait, s'arrê tait, gobait par-ci par-là une mouche en passant dégringolait au moindre bruit, disparaissait dans so antre, se montrait de nouveau, me regardait de se petits yeux vifs et animés, et recommençait sans cess son gracieux et gentil manége.

Une chose m'intriguait pourtant : à l'une de se pattes de derrière était attaché un fragment de chiffon de loque si vous aimez mieux, qui semblait le gêne beaucoup dans sa marche ; j'étais à me creuser la têt pour deviner ce que pouvait être, lorsque le chiffon vin à s'accrocher aux épines d'une ronce ; l'animal, sentan de la résistance, se mit à tirer de toutes ses forces e fit si bien, en pesant sur ses quatre petites pattes, qu'i parvint à se dégager et, tout joyeux, à laisser la loqu appendue à la ronce en guise de trophée.

Comme vous pouvez le penser, aussitôt le lézar retiré dans son trou, je n'hésitai pas à m'emparer d sa dépouille ; je dépliai celle-ci, l'examinai sous toute ses faces, mais ne pouvant parvenir à reconnaître sa nature, je l'emportai chez moi pour l'étudier à loisir — Jugez de ma surprise : ce chiffon, vu au microscop (obj. 1 N. 4 H.), offrit à mes yeux un tissu délicat formé de lobes arrondis, et dont les détails, composé de façons de cellules, étaient réellement merveilleux ; l'objectif 5 N. 7 H. me montra de plus chacune de ces cellules striée avec une délicatesse extrême. Or, voulez-vous savoir ce que j'avais là ? ni plus ni moins que la vieille peau de la bête, l'épiderme de la saison dernière, dont l'animal s'était débarrassé avec bonheur après en avoir revêtu un nouveau, dans le but apparemment de chercher à plaire à sa compagne fidèle.

On assure, mais je n'en sais rien, que les *mains* et surtout l'extrémité des *doigts* des Caméléons, principalement des Platy-, des Ptyo-, des Gymno-dactyles, ainsi que la peau du lézard connu sous le nom de *Varan de Bell*, présentent aussi beaucoup d'intérêt à l'analyse microscopique; et je le crois sans peine, car, partout et toujours, la nature fait preuve d'une ingéniosité inépuisable; mais, quoi qu'il en puisse être, n'ayant aucune prédilection marquée pour les reptiles en général et ayant même une horreur profonde des serpents, des crapauds, etc., je n'irai pas plus loin dans l'examen de cette classe d'animaux, malgré tout l'intérêt scientifique offert par la circulation du sang dans la patte de la Grenouille. — Pauvre bête ! A quel supplice n'a-t-il pas fallu la condamner pour donner satisfaction à Messieurs les savants, venant lui clouer les pattes sur une espèce de chevalet, dans le seul but de parvenir à dévoiler ce secret ? Après tout, c'est leur affaire ; reste seulement à savoir si, depuis la célèbre découverte, l'humanité en est plus avancée.

V

LES POISSONS

La sole. —Vous connaissez tous la *sole*, ce poisson de la famille des *Pleuronectes*, du genre des *mélacoptérygiens subbrachiens* (cette dénomination est-elle assez jolie?), et plus d'une fois, sans doute, vous vous êtes fait servir ses *filets* préparés à la sauce normande ou au gratin; mais saviez-vous que le côté supérieur de cet habitant des ondes amères, est entièrement recouvert d'écailles ravissantes? Chacune d'elles, en effet, d'une dimension de quatre millimètres de long sur deux de large, vue au microscope (obj. 1 N. 4 H), montre une façon de diadème formé de pointes acérées, rangées artistement, puis, au-dessous, des granules sillonnés dans le sens de la longueur par des stries très-fines et fort irrégulières; puis enfin, pour terminer, des espèces de boudins juxta-posés, striés transversalement et ressemblant, à s'y méprendre, à ces appendices que nos belles dames s'attachaient naguère au bas du dos, pour simuler un excès de protubérance dont la nature n'a pas jugé convenable de les gratifier (Pl. 2, fig. 1).

L'anguille. — Ce poisson appartenant au genre *murène*, au corps grêle, cylindrique, d'une souplesse sans égale, et couvert d'une peau grasse et gluante, vous le connaissez aussi, bien que ses procédés de reproduction soient encore un mystère, et bien souvent sans doute, il a également comparu sur votre table; peut-être même l'avez-vous rencontré, rampant à l'instar des reptiles, dans les prés marécageux, car ce poisson, tout poisson qu'il est, jouit de la faculté de pouvoir abandonner le fond vaseux des étangs, son séjour habituel, pour vivre en plein air et circuler sur le sol. Eh bien, toute la peau de cet animal est couverte de petites écailles de cinq millimètres de long sur un millimètre de large, et, vue au microscope (obj. 5 N. 7 H.), chacune d'elles est composée d'une quantité considérable d'espèces de cellules rondes ou ovales, se suivant à la file et présentant l'image de rubans juxta-posés, de plus en plus étroits à mesure qu'ils se rapprochent du centre. L'observation est des plus intéressante, gardez-vous d'en douter (Pl. 2, fig. 2).

Les baleines. — Ces animaux gigantesques paraissant appartenir à un autre monde, ne sont pas des poissons, je le sais, malgré le milieu dans lequel ils vivent; la science les a même rangés, sous le nom de *cétacés*, parmi les mammifères, tout comme les bœufs, les chevaux, les moutons, les chèvres et l'homme lui-même! —Qu'est-ce donc que le microscope, destiné à montrer les infiniment petits, peut bien avoir de commun avec un monstre aussi colossal? Ne vous hâtez pas de croire à l'incompatibilité de ces deux extrêmes; voici, par exemple, les *fanons* tenant lieu de dents à ce mammifère aquatique, et dont sa mâchoire supérieure est seule pourvue. Nos élégantes, vous ne l'ignorez pas, savent en tirer parti pour s'emprisonner la taille, et l'objet est trop commun pour nous arrêter longtemps; mais une coupe mince d'une de ces lames cornées, présente au microscope (obj. 1 N. 4 H.), une image réellement jolie; ce sont toutes ouvertures rondes, plus ou moins grandes, entourées chacune de stries circulaires très-serrées vers le centre et allant en s'espaçant un peu à mesure qu'elles s'en éloignent (Pl. 2, fig. 3). — Vous le voyez, notre instrument d'optique, destiné à révéler les mystères des êtres les plus infimes, sait aussi, sur les plus énormes, montrer des détails curieux qui, sans son aide, demeureraient ignorés jusqu'à la fin des siècles.

VI

LES CRUSTACÉS

S'il a jamais existé dans l'air, dans l'eau ou sur la terre, des animaux qui m'aient fait maugréer, ce sont bien certainement les *crustacés*. —Oh! je le sais, vous aimez sans doute la chair des homards, des langoustes, des écrevisses, des crabes, des crevettes, etc. mais ceci ne fait pas mon affaire; il me faudrait connaître et pouvoir révéler les mœurs, les habitudes de ces créatures, et non pas me borner à montrer les curiosités invisibles de leur conformation. Or, j'ai eu beau dévorer des volumes très-savants; j'ai bien appris ainsi que ces animaux respirent par des branchies au lieu de poumons, qu'ils n'ont pas de système nerveux cérébro-spinal ni de squelette intérieur, mais qu'ils en ont un extérieur composé d'anneaux placés bout à bout et enrichi de membres articulés ; j'ai appris également qu'ils ont dix ou quatorze pattes, des antennes, des yeux, etc.; mais, en définitive, quel attrait ces détails peuvent-ils nous offrir? Ce qu'il me faudrait savoir, je n'en ai rien découvert, si ce n'est que ces singulières créatures sont très-carnassières, qu'elles vivent dans les mers et les eaux douces, et que d'aucunes d'entre elles peuvent marcher sur la terre. La belle affaire vraiment!... Toutefois, puisque me voici condamné, faute de recherches suffisantes ou d'observations plus minutieuses, à vous parler des crustacés, sans pouvoir les faire agir avec plus ou moins d'intelligence, je me contenterai de montrer certaines structures particulières, comme aussi des spécimens complets de quelques membres de la famille.

Le crabe. — Voici la carapace du *Crabe*. Particularité bien remarquable, une coupe mince de ce tégument, vue à l'aide de l'objectif 1 N. 4 H. rappelle assez bien la conformation secrète des fanons de la baleine ; c'est également une façon de tissu parsemé de rosaces; seulement, au lieu d'un centre vide, c'est un centre plein ; et puis, si vous prenez l'objectif 5 N. 7 H., ces nodules du centre apparaissent entourés de stries concentriques coupées à angle droit par d'autres stries d'une ténuité incomparable et présentant dans leur ensemble l'image de petits carrés les plus mignons du monde.

La crevette. — Quant à la carapace des *Crevettes* c'est une autre affaire; on dirait voir les simulacre d'araignée des os de l'homme (obj. 1 N. 4 H.).

Les entamostracés. — Après tout, cependant, ce n'est rien en comparaison des membres de toute un famille spéciale de ce genre d'animaux, famille laquelle la science a infligé le nom stupéfiant d'*Ento mostracés*, autrement dits *coquilles coupées*. (Ne voilà t-il pas une jolie dénomination! et quelle idée de l chose peut-elle bien nous donner?) — Combien j regrette de ne pouvoir connaître les mœurs de ce mirmidons, dont la taille varie d'un demi-millimètr à deux millimètres au plus, car, vus au microscope (obj. 1. 2. N. 4. 5. H.), ils sont vraiment fort curieux et se rapprochent même beaucoup des infusoires connu sous le nom de rotifères dont je parlerai plus tard, sau qu'au lieu de cils rotatoires, ils ont souvent des simu lacres de bras attachés près de la tête, armés de cils et qu'ils font manœuvrer de manière à se donne l'aspect le plus drôlatique du monde.

Voyez, par exemple, le monocle à quatre cornes o *Cyclops quadricornis*, n'ayant qu'un œil comme l'un des célébrités de nos jours. Ne vous donnez cependan pas la peine de lui chercher ces cornes ; vous ne le trouveriez pas, car l'animal en est privé ; seulement il possède quatre antennes articulées et poilues, deu relativement grandes et deux fort petites, toutes nom mées cornes, je ne sais trop pourquoi. En outre, la partie postérieure du corps se montre également articulée et munie de poils raides. (Pl. 2, fig. 4.)

Un autre monocle ou cyclops, connu sous le nom de *Canthocamptus minutus,* dont la taille ne dépasse guère un demi-millimètre, représente assez bien, en petit, une langouste; je ne puis en donner une meilleure description. (Obj. 3 N. Pl. 2, fig. 5.)

Si le cœur vous en dit, vous pouvez examiner encore le *Nebalia bipes* (Pl. 2, fig. 6.), le *Moina rectirostris,* (Pl. 2, fig. 7), le *Daphnia pulex* (Pl. 2, fig. 8.), etc., etc., tous petits animaux des plus drôles, mais dont je m'ennuie à vous parler, par suite de mon ignorance de leurs faits et gestes. Après tout, en voici bien assez, je pense, pour mettre les curieux sur la voie et donner satisfaction suffisante aux indifférents.

VII

LES INSECTES-

1re section

Organes divers

Après avoir parcouru quelques-uns des chemins de l'histoire naturelle, tels qu'ils ont été tracés par certains classificateurs de la science, me voici arrivé, tant bien que mal, aux vulgaires Insectes. — A envisager ces créatures-ci au point de vue microscopique, elles présentent un intérêt bien autrement considérable; aussi vais-je m'y arrêter davantage, sans même en demand la permission. Plus tard, je l'espère, on m'en saura gr

Avant tout, il nous faut remarquer dans la confo mation de ces petits animaux trois parties parfaitemen distinctes. D'abord la tête portant les antennes, l yeux et la bouche; le thorax ensuite, autrement d la poitrine ou le corselet divisé en deux segment auxquels sont attachées, par-dessous les pattes par-dessus les ailes; enfin le ventre ou abdomen divi en plusieurs sections (dix au plus) montrant sur l côtés, les organes de la respiration et, à l'extrémit ceux de la génération. (Pl. 2, fig. 9). A tout prendr vous le voyez, c'est d'une simplicité extrême.

La tête. — Commençons par la tête; mais ici, mon grand regret, je me vois amené à entrer dans d nouveaux détails; la science, en effet, distingue sur tête des insectes, en premier lieu, une *partie mobi* comprenant la bouche et les antennes; en second lieu une *partie immobile* nommée le crâne ou boîte céph lique, dont les différentes pièces, connues sous l dénominations arbitraires de front, joues, tempes, etc sont éclairées par les yeux. A partir de ce momen vous savez à quoi vous en tenir.

Avant, cependant, d'aborder l'examen des secrets d ces différents organes, je dois vous dire encore qu l'innombrable famille des insectes se divise en deu grandes classes, celle des *broyeurs* et celle des *suceur* Dans la première, brillent les *Coléoptères* : les scar bées, les hannetons, etc.; dans la seconde, les *Diptère* les mouches, les cousins, etc. Or, c'est parmi les insectes broyeurs qu'il faut rechercher surtout les diverses parties de la bouche dans leur état complet, primordial. Si on les retrouve encore chez les suceurs, elles y ont pris un aspect si différent qu'il faut toute l'autorité de la science pour ne pas y voir des organes nouveaux.

Organes buccaux. — Chez les broyeurs, la bouche comprend le *labre* ou lèvre supérieure assez souvent dentée ; puis les *mandibules*, deux corps durs en forme de tenailles, mus horizontalement par des muscles puissants, placés en face l'un de l'autre, dentés parfois aussi à l'intérieur, et munis accidentellement d'une brosse à la base ; puis encore les *mâchoires* ou lames aplaties placées au-dessous des mandibules et portant chacune un palpe, organe dont je vais parler. — Vient ensuite la *lèvre* ou *labium* fermant la bouche par-dessous et se divisant en *menton*, ou plaque située en avant de la pièce du crâne nommée *basilaire*, et *languette*, petit organe disposé au devant du menton, lui adhérant, ressemblant parfois à un pinceau et portant également un palpe de chaque côté. Enfin, arrivent ces *palpes* dont je viens de faire mention ; ce sont de tout petits filets articulés, mobiles, faisant saillie hors de la bouche, et dont la destination est plus ou moins incertaine ; quand ils tiennent aux mâchoires, la science les désigne sous le nom de *palpes maxillaires ;* quand, au contraire, ils adhérent à la lèvre inférieure, elle les nomme *palpes labials ;* les

premiers sont toujours au nombre de deux ou c
quatre; les derniers ne dépassent jamais celui c
deux (1).

On le dit avec raison : la critique est aisée, l'art e
difficile ; je me plaignais, au début, de la sécheress
des descriptions scientifiques et voici que, moi-même
j'entre dans des détails dont je ne me dissimule aucu
nement l'aridité; mais patience, nous verrons de
jours meilleurs, il faut l'espérer. En attendant, pou
vous récompenser de votre longanimité à me suivre
je veux vous conter une histoire surprenante don
l'animal qui va bientôt nous montrer sa bouche est
vaillant héros. Vous arriverez ainsi peut-être à prend
intérêt à ce qui, isolément, n'en présente guère.

Il s'agit d'un scarabée portant un nom bien lugubre
on l'appelle le *Necrophorus investigator* (porte-mo
chercheur).

Il faut savoir que cet intéressant animal est gran
amateur de petits cadavres; souris, taupes, surmulot
grenouilles, tout lui est bon; non qu'il veuille le
manger, bon Dieu! mais il les destine à devenir
berceau de sa tendre progéniture, c'est-à-dire, en te
mes vulgaires, qu'il dépose ses œufs dans leu
entrailles en décomposition. Or, si, après leur avo
confié l'espoir de sa race, il les abandonnait étend
sur le sol, prévoyant comme il l'est, il n'a garde d'o

(1) Ces divers organes peuvent être séparés et préparés isoléme
Cette remarque peut paraître puérile, mais elle a son importance po
les non-initiés; j'ai bien souvent été fort embarrassé pour ne l'avoir p
faite.

blier que les vampires de l'entomologie, les industrieuses fourmis, les auraient bientôt dévorés ou endommagés (1). Alors, que fait-il? il enfouit ce berceau étrange et, pour y réussir, on le voit travaillant d'arrache-pied, des mandibules et des pattes, jusqu'à ce que la besogne soit terminée à sa pleine satisfaction, jusqu'à ce que toute trace d'enfouissement ait disparu.

Le but n'est pas toujours facile à atteindre ; pour le contrarier, on lui joue plus d'un tour ; mais le prendre sans vert n'est pas donné à tout le monde. Veuillez m'écouter :

Il y avait une fois (ceci n'est pas un conte de fée, je vous prie de le croire) un savant naturaliste qui avait résolu de confier à des fourmis le soin de disséquer une grenouille, et l'on sait que, pour une semblable opération, celles du genre *Atta* surtout en remontreraient au plus habile praticien. Une première tentative ayant échoué, parce que, sans crier gare, les nécrophores s'étaient emparés du sujet, mon savant prend une autre grenouille, et, pour plus de sûreté, il la cloue sur une planche avant d'en faire le dépôt à proximité des greniers de nos hyménoptères. Peu de temps après, voulant s'assurer du degré d'avancement de la besogne, il se rend sur les lieux, et, jugez de sa surprise, plus rien : planche et grenouille, les nécrophores avaient tout enterré. Mieux avisé alors, mon naturaliste s'empare d'un troisième batracien ; il l'immole sans pitié, et, cette fois, le cadavre est attaché au bout d'un bâton

(1) *Histoire des Hyménoptères*, par Lepeletier de Saint-Fargeau. Tome 1er, page 128. Paris, Roret, 1836.

fiché verticalement en terre, de telle façon que le suj demeure élevé à plus d'un pied au-dessus du sol. S croyant bien assuré ainsi contre l'envahissement d noirs fossoyeurs, l'expérimentateur s'en va, la con cience tranquille, se livrer aux douceurs du sommeil mais le lendemain qui fut penaud, ce fut mon savant; eut beau regarder à droite, à gauche, devant, derrièr la place était vide; pas l'ombre d'un bâton ni d'un grenouille; tout s'était évanoui comme par enchan tement (1).

Que s'était-il donc passé ? — Voici : attirés, on suppose, par les émanations du cadavre, quelque nécrophores, dont le flair semble tenir du prodige (2 étaient de loin accourus ; voyant l'objet de leur co voitise juché à une si grande élévation et désespéra de le détacher, ils s'étaient avisés d'un moyen aus simple qu'ingénieux ; le bâton avait été déchaussé, c celui-ci tombé, ils n'avaient eu qu'à l'enterrer avec

(1) Lacordaire. *Introduction à l'entomologie*. T. 2, p. 461.

(2) Le sens de l'odorat chez les insectes est une de ces choses d jusqu'à présent il n'a été donné à personne, je pense, de donner u explication satisfaisante. En vain le savant Huber s'est-il livré à ce su à des expériences sans fin ; rien de bien positif n'a pu être constaté, le siége de ce sens est encore à trouver.

Il n'en est pas moins certain que la finesse de l'odorat chez la plup de ces bestioles, dépasse notre entendement. C'est ainsi qu'indépenda ment des nécrophores attirés de loin par les émanations des cadavr si, au beau milieu d'une ville populeuse, vous transportez dans vo chambre une femelle du Bombyx du chêne, à l'instant même vous vo accourir, abandonnant leurs sombres forêts ou venant on ne sait d' une foule de Bombyx mâles, désireux de déposer leurs hommages a pieds de la belle. L'odorat seul peut, ce semble, les guider ainsi ; m quel est donc l'organe de ce sens phénoménal ? Nul ne le sait, je cro

grenouille pendant au bout. — Si ce n'est pas là de l'intelligence, qu'est-ce donc, s'il vous plaît ?

Et la preuve de cette intelligence chez les nécrophores n'est pas la seule. Un jour l'illustre Clairville vit un de ces coléoptères travaillant auprès d'une souris morte qu'il cherchait à enfouir. Hélas ! la terre était si dure, si dure que ni pattes ni mandibules ne pouvaient l'entamer. Dans cette conjoncture, que fait le judicieux animal ? Il avise un peu plus loin un terrain meuble ; à l'intant il y court et, en moins de rien, une fosse est creusée. Mais restait à vaincre la grosse difficulté ; il s'agissait d'y voiturer la proie, et la charge était tellement lourde que, malgré tous ses efforts, il ne pouvait parvenir à la bouger ; alors, lui pas aussi bête qu'il en a l'air, prend son vol, s'en va quérir mainforte et revient bientôt avec le renfort d'une demidouzaine de ses congénères. Tous ensemble, sans plus tarder, se mettent à la besogne ; l'un tire la souris par la queue, l'autre la pousse par la tête, chacun travaille de son mieux, tant et si bien que le cadavre amené au bord du fossé y fait la culbute, et que, recouvert de terre, il est proprement enseveli. — N'êtes-vous pas émerveillé ?

Observée au microscope (obj. 0. 1. N. 2. 4. H.), la bouche des coléoptères en général et du nécrophore en particulier présente jusqu'à un certain point l'aspect d'un petit crabe. — Pour faire comprendre la composition de cet organe, essayons d'une comparaison : vous le savez de reste, les dents, la langue, les lèvres en partie, les mâchoires, nous portons tout cela à l'intérieur de la bouche ; eh bien, les insectes le portent l'extérieur ; regardez attentivement (Pl. 2, fig. 10) e vous distinguerez sans peine les mandibules d'abord semblables aux deux segments d'une tenaille entr'ouverte et qui tiennent lieu de dents à l'animal, puis le palpes dont la destination est peut-être encore un mystère, et enfin le labre, les mâchoires et les diverse parties de l'organe telles que je les ai détaillées.

Comprenez-vous maintenant cette bouche si compliquée en apparence et si simple en réalité ? Dès lors, vous n'avez plus, pour connaître toutes celle des insectes broyeurs, qu'à noter les différentes conformations suivant les diverses espèces. C'est toujours le même thème... mis en variations.

Prenons au hasard, pour en administrer la preuve la bouche des Fourmis.

Si la science ne nous l'assurait, jamais on ne pourrait se figurer que ces insectes sont de la même race ou famille que les abeilles. Il en est pourtant ainsi, e les uns et les autres appartiennent à la classe de *Hyménoptères*, dénomination dérivée du grec et signifiant *ailes membraneuses*, (organes de locomotion aérienne dont les fournis mâles et, momentanémen aussi, certaines femelles sont pourvues).

Pour parfaire leurs innombrables travaux, la nature devait de toute nécessité douer ces bestioles de mandibules d'une grande force, et elle n'a eu garde d'y manquer. Voyez en effet (obj. 1 N. 4 H.), outre ces palpe et cette languette couronnée de poils raides, ces deu organes triangulaires, placés en face l'un de l'autr dentés, et d'une puissance relativement formidable ; ce sont leurs mandibules à ces travailleuses, présentant une certaine analogie avec les mêmes organes chez les Nécrophores. Elles sont de taille, comme vous pouvez le voir, à permettre à l'animal de retenir ou de broyer sa proie, de venir à bout de son incessante besogne. Cette prévoyance de la nature n'est-elle pas digne d'admiration ?

L'étude des mœurs des fourmis est sans contredit l'une des plus attrayantes de l'entomologie ; leurs habitudes, leurs instincts sont, il est vrai, tellement connus que je perdrais mon temps et vous ferais assurément perdre le vôtre à les raconter de nouveau.

Toutefois je ne crois pas pouvoir me dispenser de vous dire ce dont j'ai été témoin.

Un jour.... c'était encore au bois de la Cambre, ma promenade de prédilection..... j'étais tranquillement assis sur un banc placé en face du lac, admirant la luxuriante végétation, les horizons étendus, les ondes tranquilles de ce joyau verdoyant de Bruxelles, lorsque, abaissant mes regards vers la terre, je remarquai à mes pieds une pauvre petite fourmi, blessée apparemment, se traînant avec peine et cherchant en vain à regagner son gîte. Désireux de lui venir en aide, je me consultais sur le parti à prendre, lorsqu'une autre fourmi, bien ingambe celle-ci, apparut sur la voie tracée par la colonie ; la nouvelle venue ayant aperçu l'infirme, s'en approcha aussitôt ; elle la tâta dans tous les sens au moyen de ses antennes, puis, lorsqu'elle eut tout son apaisement, elle l'enleva dans ses mandibules robustes et la transporta sans plus de délai à la fourmilière où toutes deux, l'une portan l'autre, disparurent à mes yeux. Qu'allait y devenir la blessée ? allait-on la soigner, chercher à la guérir j'aime à le supposer, mais je n'affirme rien, n'ayant pu pénétrer ce mystère.

Un détail encore et je finis : vous savez apparemmen comment ces *Hétérogynides* (ce mot a une saveur de science qui fait très-bien) construisent leurs demeures tantôt sous terre, tantôt dans le bois; comment elles élèvent et nourrissent leurs petits; mais ce dont vous n'avez jamais ouï parler peut-être, c'est le procédé imaginé par ces bestioles pour arriver à recueillir le suc sécrété par les *Gallinsectes*, ces vilains petits hémiptères (demi-ailes) connus sous les noms de *cochenilles* et de *kermès*, se fixant sur les plantes en affectant une forme analogue à celle d'une galle (d'où le nom), pompant le suc des feuilles et laissant suinter le produit de la digestion par un orifice s'ouvrant sur le dos. — Eh bien, mesdemoiselles les fourmis, très friandes de ce nectar, je les ai vues s'approcher en tapinois de ces hémiptères, les tapoter doucettemen à plusieurs reprises au moyen de leurs antennes, jusqu'à ce qu'enfin une petite gouttelette d'un liquide transparent, venant apparaître à l'extrémité de cet orifice, était aussitôt avalée par nos gourmandes.

Et voyez leur prudente circonspection; elles adoren le miel comme vous le savez; eh bien, jamais on ne les prend à entrer dans une ruche habitée ; elles s'en gardent bien, car il pourrait leur en cuire, mesdames le abeilles ne plaisantant pas quand on veut les voler. Mais la ruche vient-elle à être abandonnée, aussitôt nos travailleuses l'envahissent et se gorgent du miel délaissé, à bouche-que-veux-tu. Tout ceci n'est-il pas curieux?

Hélas ! si ces hyménoptères ont plusieurs des bons instincts de l'humanité, ils en ont aussi bien des mauvais. Huber, le grand naturaliste, a raconté leurs guerres exécrables et vous en pourrez lire, dans l'appendice, la narration terrifiante. Quant à moi, j'en ai dit assez, je pense, pour justifier l'exhibition au microscope de leurs puissantes et incisives mandibules, ces organes essentiels de la bouche des insectes broyeurs.

La trompe. — Chez les insectes *suceurs*, les mâchoires s'allongent d'une manière démesurée et, s'il faut en croire les savants, ce sont elles qui, réunies en faisceau avec la languette, forment la trompe des diptères, parmi lesquels *la mouche* occupe un rang distingué.

Vous la connaissez tous cette mouche appelée scientifiquement *Musca domestica*; vous connaissez à vos dépens ses mœurs, ses habitudes; vous savez comment elle se nourrit des fluides qui transsudent du corps, comment la sueur, la salive, les sécrétions l'attirent; pendant les chaleurs de l'été, cent fois le jour il vous est arrivé de la donner au diable ; et ce n'est pas tout : la cruelle qu'elle est, non contente de nous tourmenter sans relâche, nous gâte encore nos aliments en y déposant ses œufs, ses tendres œufs, l'espoir de sa postérité maudite ; heureusement, par un juste retour des choses d'ici-bas, souvent aussi aux petits des oiseau elle sert de pâture, et l'industrieuse araignée la prer dans ses filets merveilleux, pour lui sucer le sar jusqu'à ce que mort s'ensuive. C'est bien fait, je ne plains pas; seulement je lui voudrais un trépas pl prompt; je n'aime pas voir souffrir, même ur mouche (1).

L'organe le plus intéressant de cet agaçant pet animal, au point de vue microscopique, c'est précis ment celui qui fait notre tourment, sa trompe rétra tile; plus d'une fois, si d'un œil attentif ou mên distrait, vous l'avez suivie s'attaquant à une miette (pain, à une friandise, à un fruit quelconque, vous av dû remarquer cette trompe qu'elle allonge vers s proie en se campant fièrement sur ses six petites patte Généralement les diptères sont pourvus de cet orgar et, chez tous, il affecte à peu près les mêmes forme les mêmes dispositions; mais chez les uns, la trom est un simple suçoir; chez les autres, elle est accon pagnée d'une lancette qui nous perce la peau et no agace cruellement. La mouche commune n'a pas (lancette; aussi ne peut-elle que chatouiller en che chant à humer la sueur; mais gardez-vous bien de confondre avec les *stomoxes* qui lui ressemblent éno mément et qui, eux, possèdent une lancette effil dont plus d'une fois vous avez senti la cruel piqûre (Pl. 4, fig. 1).

(1) Ici je fais erreur peut-être, car d'aucuns assurent qu'avant de sucer, l'araignée la tue bel et bien. C'est fort possible et je ne deman pas mieux.

La trompe simple, la plus complète peut-être, est celle de la mouche de la viande, scientifiquement appelée *Calliphora vomitoria,* un nom à donner des nausées. Nonobstant sa livrée d'azur, sans éclat il est vrai, je lui trouve l'aspect assez chagrin, mais il n'y a rien d'étonnant, car elle a la manie ordurière de rechercher les cadavres frais ou non. Voyez cependant (obj. 1 N. 4 H.) à la partie supérieure de sa trompe (Pl. 3, fig. 1), ces fins ressorts tournés en spirales, artistement et régulièrement rangés sur deux lobes égaux ; admirez avec quelle délicatesse ils sont disposés pour laisser aspirer et faire arriver les sucs ainsi recueillis, dans le canal chargé de les conduire à la bouche d'abord, et de là à l'estomac qui les attend. Et ce n'est pas tout : prenez l'objectif 5 N. ou 7 H. ; alors seulement, connaissant déjà les beautés de l'ensemble, vous pourrez vous rendre un compte exact des détails infinis de cette splendide structure. Et il y a des gens qui s'obstinent à nier un Dieu créateur! qui affirment sans rire que ces merveilles se font toutes seules!

Après la mouche qui nous tourmente le jour, parlons un peu du cousin (*Culex pipiens*... joli nom celui-ci!) qui nous torture la nuit. Sa vie est assez accidentée; d'abord, la femelle dépose ses œufs dans les eaux stagnantes où, réunis, ils forment une espèce de radeau; bientôt ces œufs donnent naissance à des larves qui, à leur tour, se transforment en nymphes (chrysalides).

Or, voici le joli de l'histoire : lorsque l'instant critique, celui de l'éclosion est arrivé, ces nymphes ren fermées dans des espèces de gaînes, se tiennent verti calement au niveau de l'eau ; alors, cherchant à sorti de cet abri, l'insecte tout développé montre la tête puis le thorax, les ailes qu'il étend, les pattes et enfi l'abdomen. Si, dans ce moment solennel, le seigneu Borée s'avise de souffler avec un peu de violence, bon soir! la gaîne et son hôte chavirent et le pauvre cousin qui n'est pas le mien, je vous prie de le croire, s'en v servir de pâture aux poissons silencieux. Si, au con traire, les Autans retiennent leur haleine, l'insecte dégagé de son enveloppe, s'élance insolent dans les air où; choisissant sa diaphane compagne, il se livre à de ébats mystérieux.

Les savants nous apprennent que les cousins recher chent surtout la fraîcheur des eaux; c'est possible loin de moi la pensée de les contredire, mais ce que j sais pertinemment, c'est qu'ils adorent les alcôves o ils s'amusent à nous corner aux oreilles une chanso dont l'air *des Lampions* peut seul donner une idée, e où ils ont la cruauté de nous poignarder et de nou sucer le sang... les barbares!

Puisque nous y sommes, examinons avec un pe d'attention la trompe de ce cousin; elle est assez com pliquée comme vous allez voir, et même, pour êtr appréciées à leur juste valeur, ses diverses partic réclament l'emploi d'objectifs différents.

D'abord, l'objectif le plus faible reconnu convenable le n° 1 N. 4 H., laisse apercevoir une tête globuleus éclairée par des yeux à facettes innombrables et su montée de deux antennes à douze articulations élégamment poilues, de deux palpes assez insignifiantes, et enfin de cette trompe remarquable, allongée outre mesure et fichée au beau milieu de ces dernières. (Pl. 2, fig. 11.)

Mais ne vous hâtez pas de vous prononcer : ce que vous voyez ainsi n'est pas la trompe pour de vrai ; vous avez là un simple étui, une gaîne destinée à abriter au repos l'organe essentiel, le seul qui soit assez effilé et assez robuste pour nous percer la peau.

Un objectif plus puissant (5 N. 7 H.) fait ensuite apparaître cette même gaîne toute couverte du haut en bas, de façons d'écailles dont jusqu'ici on peut à peine deviner la structure, et terminée par deux jolis petits lobes poilus. Arrivé là, essayez d'isoler les organes intérieurs de l'étui, et vous distinguerez trois glaives acérés dont le principal est sillonné d'un bout à l'autre de canaux mignons les plus jolis du monde. Ce glaive-ci est le seul coupable, le seul dont nous ayons à nous plaindre, et si vous y consentez, nous allons suivre ensemble le procédé imaginé par son propriétaire pour utiliser à notre détriment cet appareil délicat.

S'il peut donc vous convenir de voir l'animal à l'œuvre, attendez qu'il vienne voltiger à vos côtés ; alors tendez-lui la main et cherchez à vous faire piquer. — Oh ! n'allez pas vous récrier ; dans nos climats cette piqûre est, en somme, assez légère et la douleur de courte durée. D'ailleurs, le spectacle dont vous devez être témoin, n'est-il pas une compensation suffisante ?

Me fiant donc à votre valeur, je continue : armé

d'une loupe, regardez attentivement : voici l'animal s mettant en mesure de mordre ; le voyez-vous cherche en tâtonnant, au moyen de ses filaments accessoire la bonne, la meilleure place? — son siége fait, l bouton, je veux dire les deux petits lobes de l'extre mité de la gaîne, s'appuient sur la peau, et vou pouvez voir alors pénétrer dans l'épiderme, l'organ principal qui, maintenu en respect par ces lobes entr lesquels il doit passer, s'enfonce insensiblement dan notre cuir, en imprimant ainsi à l'étui une courbe d plus en plus infléchie. Puis, ce repas de canniba achevé, l'animal retire doucement le glaive ensan glanté, l'enserre de nouveau dans la gaîne qu' redresse et, bien repu, heureux et content, s'envol vers la voûte éthérée en entonnant un chant de vi toire.

Nous n'avons pas fini ; voici du plus curieux : cet gaîne, moins remarquable à première vue que l trompe de la mouche, l'emporte sur elle de beaucou par ces écailles dont je viens de parler, et qui l recouvrent de la base au sommet. Pour les bien con naître, les objectifs 5 N. ou 7 H. ne suffisent plus ; faut avoir recours aux plus forts grossissements, a nº 8 N. 9 ou 10 H. ; alors, mais alors seulement, vou pourrez admirer ces merveilles et vous incliner devan la toute-puissance du Créateur se révélant jusque dan les détails les plus infimes des corps organisés. — Chacune de ces écailles, dont la dimension atteint peine un millième de millimètre, affecte la forme d'u petit volant, strié dans sa longueur, et dont les grand stries (quand je dis grandes...) sont réunies par d'autres beaucoup plus menues, placées horizontalement. C'est stupéfiant, il faut l'avouer.

La piqûre du cousin, ai-je dit, n'occasionne pas généralement des douleurs intolérables ; cependant il n'en est pas toujours ainsi, et des démangeaisons cuisantes agacent parfois les patients plusieurs jours de suite, au point même de les empêcher de fermer l'œil. En pareil cas il y a un remède facile dont l'effet est sûr et d'une promptitude phénoménale. Vous prenez une rondelle de papier sinapisé de Rigollot ; vous la mouillez et la posez sur le *bouton ;* la rondelle étant ensuite recouverte d'un linge également mouillé, deux ou trois minutes après, les douleurs, les démangeaisons ont cessé et vous pouvez enlever l'appareil. Rien n'est plus simple, vous voyez ; aussi devons-nous rendre grâce au savant abbé Moigno, pour nous avoir fait connaître ce moyen curatif (1).

Abandonnons le cousin en le vouant aux dieux infernaux, et consolons-nous en arrêtant nos regards sur l'inoffensif, sur le brillant papillon. S'il faut en croire les frères Lander (*Journal d'une expédition au Niger*), rien ne peut donner une idée du spectacle somptueux que présente une colonie de Lépidoptères dans l'intérieur de l'Afrique. Un beau matin, au lever du soleil, les courageux voyageurs venaient de traverser péniblement une gorge de montagnes ; soudain, se déroule à leurs yeux éblouis un vallon dont le brillant aspect

(1) Les *Mondes*, de l'abbé Moigno, n° du 17 juillet 1873, page 455.

dut bien les surprendre; ce n'était pas la verdure s attrayante des prés; ce n'était pas non plus le charm d'un parterre émaillé de fleurs gracieuses; non, il avait là un tapis diapré de teintes métalliques reflétan toutes les nuances de l'arc-en-ciel, un tapis comm jamais Aubusson n'en a tissé. — Quel était donc c mystère ? — Décidés à le dévoiler, les voyageurs des cendent de la montagne; — à leur approche, le tapi s'émeut, s'agite, s'élève, s'éparpille en fragment animés, et monte au ciel, en faisant entendre un insai sissable frôlement. — Vous l'avez deviné : c'étaient de milliards de papillons aux couleurs chatoyantes, plu éblouissants les uns que les autres, placés côte à côt toutes ailes déployées et recouvrant au repos le vallo en entier. A vrai dire, le spectacle devait être magique mais je me demande comment les chenilles de ce beaux papillons-là avaient pu laisser un seul bri d'herbe debout.

Vue au microscope (obj. 1 N. 4 H.) la trompe d papillon est des plus curieuses, (Pl. 3, fig. 2, 2 bis) affectant au repos la figure d'un serpent enroulé su lui-même, on la voit couverte de stries horizontale d'une régularité parfaite et qui en expliquent l'élasti cité; on y remarque également un canal central délica tement pointillé; les savants soutiennent même qu'i y en a trois. Cette trompe, formée de deux filets qu l'animal déroule à volonté, va en s'amincissant de l base au sommet où l'on découvre parfois, placées à l suite des unes des autres, douze à vingt façons d petites palettes, et même davantage, servant, il n'e faut pas douter, à recueillir, à lécher l'ambroisie dont il fait sa nourriture parfumée. Pourquoi, direz-vous peut-être, une trompe tellement longue que le papillon se voie contraint de la porter enroulée? — L'explication paraît fort simple : appelé par la nature à aspirer le suc des fleurs, ce n'est cependant pas pour lui tout seul qu'ont été créées ces charmantes filles du Printemps; souvent, leurs ravissants calices ne sont pas assez évasés, et il lui serait difficile, sinon impossible, de s'y introduire, lui surtout dont les ailes délicates redoutent la moindre atteinte; dès lors, on le voit se poser doucement sur le bord extérieur de la corolle, dérouler sa spirale et plonger sans crainte jusqu'à la base du pistil. — Supposez une trompe d'une moindre dimension, et l'infortuné papillon se serait trouvé là comme le renard prié à dîner par la cigogne :

> On servit pour l'embarrasser,
> En un vase à long col et d'étroite embouchure;
> Le bec de la cigogne y pouvait bien passer,
> Mais le museau du sire était d'autre mesure;
> Il lui fallut à jeun retourner au logis.

La bienveillante nature n'a pas voulu que l'élégant papillon s'en retournât à jeun au logis. Voilà évidemment tout le mystère de la trompe enroulée.

J'hésite à parler de l'abeille, tant on a dit et écrit de jolies choses sur cet insecte merveilleux, connu et admiré depuis l'antiquité la plus reculée. — Vous souvenez-vous encore, dites-moi, de cette magnifique poésie dont, vieux ou jeunes, nous avons fait nos délices? de ces beaux vers de Virgile parvenant à nous attendrir sur le sort d'Aristée, ce dolent berger qu avait perdu ses abeilles, ses chères abeilles, sa joie son bonheur, son trésor?

Pastor Aristeus fugiens Peneia Tempe,
Amissis, ut fama apibus morboque fameque,
Tristis ad extremi sacrum caput adstitit amnis,
Multa querens, atque hac adfatus voce parentem :
Mater Cyrene! mater!....

(*Géorgiques.* Livre IV.)

Possesseur autrefois de nombreuses abeilles,
Aristée avait vu ce peuple infortuné
Par la contagion, par la faim moissonné;
Aussitôt, des beaux lieux que le Pénée arrose,
Vers la source sacrée où le fleuve repose
Il arrive, il s'arrête, et tout baigné de pleurs,
A sa mère en ces mots exhale ses douleurs :
Déesse de ces eaux, ô Cyrène! ô ma mère!....

(*Traduction de Delille.*)

Et, par parenthèse, un savant que je ne veux pa nommer, faisant allusion à cet épisode, a confond Clymène, fille de l'Océan et de Téthys, avec Cyrène fille de Pénée; mais ceci ne fait rien à l'affaire; *errar humanum*... Revenons à nos mou... pardon! à nc abeilles.

Vous connaissez tous les mœurs, l'activité, le cou rage, les instincts de cet ingénieux hyménoptère; le livres, les brochures abondent sur ce sujet, et l'o pourrait bien, j'imagine, former une honnête biblio thèque rien qu'en réunissant les diverses publicatior parues en son honneur depuis le siècle d'Aristote ju qu'à nos jours. — Peut-être, cependant, ignorez-vous encore une particularité des plus curieuses révélée naguère par la *Revue des Deux-Mondes*, et, dans le doute, je désire en parler à mon tour. *Bis repetita placent*; les bonnes choses peuvent se redire.

Au nombre des ennemis — hélas! qui n'a pas les siens! — de l'utile et industrieux insecte, figure au premier rang un certain sphynx dont le nom m'échappe. Ce papillon très-friand de miel, s'il parvient à pénétrer dans une ruche, y cause des dégâts incalculables. Les abeilles le redoutent à l'égal du feu; en vain se portent-elles contre lui en colonnes serrées, en vain cherchent-elles à le percer de leur aiguillon redoutable, les dures écailles dont il est couvert le rendent invulnérable comme le divin Achille... un Achille sans talon. Aussi, insoucieux des clameurs dont on l'assourdit, il continue, impassible, ses déprédations sauvages, et dévore le bon miel au nez et à la barbe de ses ennemies impuissantes et consternées.

Poussées à bout par le désespoir, mises hors des gonds par la colère, savez-vous bien ce que mesdemoiselles les abeilles ont imaginé? — C'est à n'y pas croire, mais l'auteur l'affirme, et je ne doute pas de sa véracité. — Des espions ont été envoyés dans le camp ennemi; ceux-ci ont fait leur rapport en sujets fidèles, et bientôt les dates précises de la naissance et de la mort de cet être exécré ont été parfaitement connues. Dès ce moment, plus d'hésitation, le danger peut à tout jamais être conjuré. Aussitôt que l'heure fatale de la naissance du monstre a sonné, des matériaux sont apportés à pied d'œuvre, la porte d'entrée est murée demi, quelques parcelles de cire en font l'affaire. — Cela gêne bien un peu; les allées et les venues son plus ou moins entravées; il y a encombrement devan une issue trop étroite; mais le but est atteint, le bri gand de sphynx en est réduit à demeurer là le be dans l'eau, et, nouveau Tantale, à sentir les émana tions de la cuisine sans pouvoir tâter de ses mets dél cats. Puis, l'époque où cet ennemi redoutable doi passer de vie à trépas est-elle venue, tout d'abord l cloison protectrice est enlevée, l'issue reprend se dimensions premières, et l'abeille, insouciante e joyeuse, s'envole en chantant à la recherche de se fleurs chéries. — Dites-moi, ferions-nous mieux? — Tout au rebours, nos devanciers les Troyens n'ont-il pas abattu un pan de mur pour laisser passer le nou veau Palladium, le célèbre cheval de bois? (1)

Destinée à recueillir le suc des fleurs, l'abeille a reç de la nature une langue admirablement appropriée son usage; voyez cet organe accompagné de ses palpe labials et de ses mâchoires ayant la forme de large lames pointues? (Pl. 4, fig. 2, 2 bis.) — Observez-l d'abord dans son ensemble (obj. 0 N. 2 H.); puis, pou

(1) Ulysse et Diomède ayant pénétré par des souterrains dans la vil de Troie, enlevèrent le *vrai* Palladium déposé dans le temple de Minerv Les Troyens étaient désolés, mais on leur fit accroire que, s'ils laissaie entrer le *cheval de bois*, celui-ci leur serait une nouvelle sauvegarde, u *nouveau Palladium*, bien qu'il fût loin de ressembler à une *statue* *Pallas*.

(*Les Mythologies*, par Laure Bernard. Paris, Didier, 1860. Page 160

les détails, prenez hardiment le 5 N. 7 H.; — remarquez à quel point cette langue est délicatement cannelée par de petits sillons horizontaux; ne négligez pas surtout ces poils délicats qui la recouvrent en entier et qui doivent empêcher jusque la dernière goutte de liquide de se perdre; voyez aussi comme elle va en s'amincissant pour se terminer par un mamelon cylindrique, surmonté d'un bourrelet portant sur toute sa circonférence d'autres jolis petits poils curieusement disposés en couronne. — Ce mamelon est-il percé par le milieu? — *That is the question,* disent les Anglais. — Les uns répondent oui, les autres non. — Pour ma part, je vote non, d'abord parce que je n'ai jamais pu voir l'ombre d'une ouverture, ensuite parce que, s'il y en avait une, l'abeille sucerait; or, elle ne fait que lécher et laper (foin de ces vilains verbes!) à l'instar des chiens. La démonstration n'est-elle pas complète?

Cette bouche dans son ensemble, ayant la langue flanquée des deux palpes et des deux mâchoires, et brillant de belles teintes jaunes, ne vous rappelle-t-elle pas, d'un peu loin il est vrai, certaines fleurs exotiques aux formes étranges, que nous admirons dans les serres de nos horticulteurs sous le nom d'orchidées?

Les antennes. — Ces fières aigrettes, ornant la tête des insectes, sont-elles les organes de l'ouïe, du toucher ou de l'odorat? — Qui le sait? — Les opinions des savants sont très-divisées sur ce point, je crois déjà l'avoir dit.

Rien ne me serait plus aisé d'ailleurs que de faire ce propos étalage d'une érudition d'emprunt; il m suffirait d'exposer les systèmes préconisés par l savants Kirby et Spense, Strauss, Larus, Oken, Bu meister, etc. — En seriez-vous plus instruit? je ne crois pas. — Sans doute, ce qu'ils ont avancé est d'u ingéniosité extrême; mais, en fin de compte, il n'y là aucune preuve positive et l'on en est encore rédu aux suppositions. Je me garderai bien surtout de vo faire assister aux expériences tentées par l'illust Huber pour arriver à la découverte de la vérité; il a de quoi frémir et l'on se ferait difficilement une id du supplice infernal auquel il condamna une pauv petite abeille qui n'avait rien à se reprocher et qu pendant des heures entières, il soumit à une tortu digne des temps barbares, au moyen d'un pincea enduit de térébenthine. Oh! le vilain!

En attendant que la science ait résolu le problèm voyons de près cet ornement de la tête des insectes.

Vous connaissez tous le vulgaire hanneton (*Melolo tha vulgaris*), ce jouet des enfants qui le tourmente à plaisir et dont la larve, nommée *ver blanc*, fait désespoir de nos jardiniers. Vous avez remarqué c deux plumets que l'insecte étale fièrement au mome de prendre son vol (Pl. 4, fig. 3). Avec un objec faible (0 N. 2 H.) ne dirait-on pas avoir un évent devant les yeux? Mais, prenez un objectif assez pui sant (5 N. 7 H.), et aussitôt chacune des palettes vo montrera une foule de cloisons irrégulières et con guës, dont les unes sont percées à jour et les aut fermées. — Les plantes les plus délicates n'ont pas de cellules plus charmantes.

Avez-vous ouï parler de l'*Ocypus olens*, appelé aussi *Pleurocanthus?* — Messieurs les savants ont parfois une imagination tellement féconde que j'ai compté jusqu'à dix-sept noms différents donnés à un seul et même insecte; mais passons. — Ce coléoptère de la grande famille des Carabiques, originaire de l'Amérique, fuit la lumière du jour; quand le soleil brille, il se tient tapi sous les pierres, les écorces ou les mousses; de ses ailes, il s'en sert peu, mais en revanche il joue des pattes avec une merveilleuse agilité. Ainsi que l'indique sa qualification de *olens*, il répand une odeur pénétrante qui n'est pas celle de la rose, tant s'en faut; même, pour plusieurs des membres de cette famille, si vous vous en emparez, gardez-vous de les tenir à proximité des yeux, car il vous en cuirait, ces animaux ayant l'ignoble habitude de lancer par l'anus un fluide caustique des plus brûlants.

Chacune des antennes de ce coléoptère se compose de onze articulations qui, vues au microscope (obj. 0 N. 2 H.), représentent autant de petits vases embrochés, à distances égales, les uns au-dessus des autres, et couverts à l'extérieur de poils dont quelques-uns sont d'une ténuité extrême. Cet organe-là, à coup sûr, ne peut être celui du toucher, car à quoi bon, pour cet office, de gobelets superposés? Mais ce pourrait bien être l'organe de l'ouïe ou de l'odorat. Jugez donc! — Vingt-deux narines ou vingt-deux oreilles! — Si avec cela l'insecte ne peut ni entendre ni sentir, il joue c malheur (1).

Voyons encore les antennes des *Gymnopleurus*, c insectes au vol lourd et bas, que le moindre choc fa tomber, et appartenant à l'ordre des *coléoptères lame licornes*, ainsi nommés parce que les organes doı nous parlons, composés de sept à onze articles, ont l trois derniers de ceux-ci faits en guise de lames o *lamelles* (obj. 1 N. 4 H.). — A première vue et sauf l couleur, ces coléoptères nous rappellent assez bien le hannetons; seulement, sans nous arrêter à certain particularités dont je vous fais grâce, il doit nous su fire de remarquer que les pattes sont beaucoup plu robustes et surtout bien plus fortement dentées l'extérieur.

Ayant tant fait que de parler ici de ces coléoptère il me prend envie de donner une preuve de leur inte ligence ou de leur instinct; je vous laisse le choix.

Il faut savoir que celui des *Gymnopleurus* sur nommé par les experts le ***Pilularius***, a pour habitud immonde de déposer ses œufs dans les excréments Il en façonne une boule, une *pilule* destinée à prote ger d'abord et à alimenter ensuite les larves aussitô

(1) Lacordaire est d'avis que les antennes sont étrangères au goût à l'odorat; qu'en tout cas, si elles servent au toucher, c'est d'une maniè bien secondaire, et il en conclut que les antennes doivent être l organes de l'ouïe, tout en reconnaissant l'impossibilité de se livrer à c égard à des expériences démonstratives. — Comment savoir en effet s quand nous jettons un cri faisant fuir un insecte, celui-ci a cédé a bruit ou bien au déplacement de l'air? (Lacordaire, *Introduction à l'en tomologie*. Tome 2, page 234.)

leur naissance; celles-ci ne sont pas dégoûtées, comme vous voyez.

Mais voici où l'histoire devient intéressante. La boule faite et parfaite, il s'agit de la conduire, de la voiturer vers un lieu convenable, là où elle ne puisse jamais être dérangée. Quand, pour y arriver, le chemin est bien uni, rien de plus simple, le gymnopleurus en vient aisément à bout; mais la route à suivre est-elle *montueuse, sablonneuse, malaisée,* c'est une autre affaire, et parfois, pour atteindre le but, il lui faut des efforts inouïs, dont il n'est cependant pas avare, croyez-le bien, car l'espoir de sa race dépend du succès. En ce moment solennel, si, absorbé, distrait par le travail, poussant, tirant, bousculant, faisant rouler son puant fardeau, il n'a pas aperçu sur sa route une excavation, ma foi tant pis, l'insecte et sa pilule tombent, roulent, dégringolent au fond du précipice. — Le voilà joli garçon! et comment va-t-il s'y prendre pour se tirer de ce mauvais pas? — A la rigueur et non sans peine, il peut en sortir de sa personne; mais la boule n'est pas aussi facile à extraire comme vous pouvez le penser. La courageuse bestiole le tente pourtant; elle essaie de toutes les façons, en poussant, en tirant. Efforts superflus! Hélas! au moindre obstacle la pilule roule de nouveau au fond de l'abîme. De guerre lasse, convaincue enfin de l'inutilité de ses tentatives, la bonne, l'intelligente petite bête n'hésite plus; elle s'envole à tire-d'aile, va conter son infortune aux camarades du voisinage; à l'exemple du nécrophore dont j'ai parlé, elle implore aide et assistance, et revient bientôt avec main-forte retrouver l boule chérie qu'un travail opiniâtre, entrepris aussitô en commun, réussit à faire sortir de la maudite fon drière. Dites-moi, ferions-nous mieux?

Les antennes des papillons sont également remar quables; tantôt elles représentent des filaments curieu sement articulés, tantôt des façons de massues à long manches; mais l'une des plus élégantes est sans contre dit celle du papillon du mûrier. Regardez-la au micro scope (obj. 1 N. 4 H.) (Pl. 4, fig. 4; Pl. 5, fig. 1); ne dirait on pas un tronc articulé portant des branches droites symétriquement attachées par paires en regard le unes des autres et que l'insecte peut rapprocher o étaler à volonté? Seulement, au lieu de feuilles, de poils très-fins les recouvrent en entier, et chacune de branches est parfois terminée par une épine assez lon gue dont la destination m'est inconnue.

Jamais je n'aurais fini si je devais montrer le diverses espèces de ces organes, tellement les variété en sont nombreuses; moi, qui ne suis qu'un ignorant je les eus désignés sous les noms de massues, de fila ments, de scies, de plumes, d'éventails; mais, pour le classer, la science a imaginé des dénominations bien autrement charmantes : elle les appelle tour à tour sétacées, sétiformes, fusiformes, moniliformes, perfo liées, bipectinées, flabellées, sétigères... que sais-je encore? — Des années entières suffiraient à peine pour l'examen d'une partie seulement des antennes connues mais si le cœur vous en dit, l'objectif 1 N. 4 H. ou mieux encore l'obj. 5 N. 7 H. vous les montrera à souhait.

Les yeux. — Avant d'en finir de la tête des insectes, — car nous en sommes toujours là, — il me reste à parler des yeux, ces organes précieux qui nous font aimer la vie et auxquels nous devons le bonheur de pouvoir admirer le splendide univers, notre séjour momentané ici-bas.

Les yeux des insectes sont tantôt lisses comme les nôtres, tantôt à facettes; les araignées, entre autres, les ont lisses et, en pareil cas, ils prennent la dénomination de *stemmates* ou *d'ocelles;* presque tous les autres insectes ont des yeux à facettes reflétant parfois les brillantes couleurs de l'arc-en-ciel. Chacune de ces facettes est une lentille convexe, hexagone ou carrée, et constitue un appareil séparé (Pl. 5, fig. 2). — Au dire de la science, l'animal ne peut même voir que par une seule à la fois, les rayons lumineux devant la frapper perpendiculairement pour rendre la vision distincte. Je ne dis pas non ; seulement, les intéressés n'ayant pas eu voix au chapitre, il se pourrait, à la rigueur, que la théorie ne fût pas d'accord avec la réalité des faits. Qui sait ?

Le nombre de ces facettes varie à l'infini; s'il faut en croire Swammerdam, un savant du premier degré, *di primo cartello* comme disent les Italiens, on en compterait jusqu'à 25,000 sur la tête d'un seul animal. — Excusez du peu ! — Je n'ai pas vérifié l'exactitude du chiffre, je vous en préviens.

Les yeux, riches de ces jolies lentilles, sont toujours au nombre de deux et, par exception, de quatre ;

situés en général derrière les antennes, on les voi souvent entés à l'extrémité de prolongements latéraux Voyons, au microscope, la cornée de l'œil du tao (*Tabanus*). Vous le connaissez de reste ce méchan diptère répandu sur toute la surface du globe pour l plus grand tourment des lions du désert, des renne des glaciers, des chevaux et des bœufs de nos climat tempérés. Bien souvent, pendant une chaude journé d'été, vous avez dû le remarquer à l'entrée d'une ave nue ombreuse, se tenant suspendu dans l'espace e agitant les ailes, puis, rapide comme l'éclair, franchi cette avenue en bourdonnant, s'arrêter un peu san prendre terre, revenir subitement au point de dépa et recommencer cent fois le même manége. — Plac en sentinelle, il y guetté, dit-on, la venue du béta avec l'intention de s'abreuver de sang. — Pour moi, n'en crois rien; le sachant fort mauvais sujet de s nature, je suis plutôt tenté d'admettre qu'il se trouv là en rendez-vous galant, impatient de l'arrivée c l'infidèle; — alors, on le conçoit, si celle-ci se fa attendre, il jure en son langage de taon, devie d'une humeur massacrante et si, à ce moment, la fai le talonne, ma foi tant pis pour le cheval vena s'aventurer dans ses domaines. — Qu'allait-il fai dans cette galère ?

Cette cornée, formant la partie extérieure de l'œ a tout à fait l'apparence d'un réseau et se compos comme je viens de le dire, d'un assemblage de petit lentilles convexes. Rien au monde de plus élégant de plus délicat ne peut se présenter à la vue qua l'observation se fait au moyen de l'objectif 1 N. 4 H. Mais il ne faut pas croire que la présence de ces yeux à facettes soit exclusive des yeux lisses ou stemmates; plusieurs de nos animalcules sont pourvus des deux en même temps; je citerai comme exemples les orthoptères, les hémiptères, les lépidoptères, les hyménoptères. — A quoi bon, me demanderez-vous, des yeux de structures différentes sur un même individu? — Mon Dieu! je n'en sais rien; mais les savants ne sont pas comme moi embarrassés pour si peu, et l'illustre Réaumur n'hésite pas à affirmer que les stemmates servent à voir de près, et les yeux à lentilles à voir de loin. Après cela, a-t-il raison? je ne puis en répondre, n'ayant jamais été hyménoptère de ma vie; du moins je n'en ai aucune souvenance, et n'ai pu ainsi expérimenter la chose par moi-même.

Les ailes. — Qui d'entre nous n'a désiré posséder ces organes merveilleux de locomotion? — Et n'est-ce pas en exploitant ce vœu secret, que l'auteur facétieux de la célèbre mystification d'une lune habitée, est parvenu à en assurer le succès? — Pourquoi aussi, à l'instar de l'oiseau, ne pouvoir planer majestueusement sous la voûte azurée? Pourquoi tout au moins, de même que l'humble insecte, ne savoir pas franchir les espaces sans prendre un point d'appui sur la terre? — Vœux superflus! En vain, dans nos rêves ambitieux, croyons-nous parfois raser, sans le toucher, un sol désormais dédaigné! — Le moindre bruit, une clef tournant dans sa serrure, le tintement d'une sonnette, le cri d'un enfant, nous réveille en sursaut, et ces aile légères, dont un songe, sorti assurément par la port d'ivoire, nous avait rendus si fiers et si heureu s'évanouissent aussitôt, à l'imitation de la fumée qu va se dissipant dans les airs.

Depuis le fils de Dédale, cet Icare téméraire d la fable antique, que de tentatives infructueuses pou entrer en lutte avec les habitants de l'empyrée! Qu d'ingéniosité dépensée en pure perte pour essayer d vaincre les lois impitoyables de la nature! De no jours encore, bravant l'insuccès et parfois même l ridicule, ne voit-on pas de courageux et persévéran inventeurs, renouveler ces essais téméraires avec l chimérique espoir d'atteindre un but qui toujours v s'échappant? — Il faut bien en prendre son parti; le organes du vol ne peuvent se remplacer, et si, par so audace, l'homme est parvenu à s'élever dans les airs jamais il ne pourra réussir à s'y diriger à son gré Telle est du moins ma croyance, et quand je vou aurai montré, au microscope, l'admirable conforma tion de l'aile du plus chétif insecte, peut-être e demeurerez-vous d'accord avec moi (1). (Pl. 5, fig. 3.)

(1) Un savant vient, dit-on, de trouver le moyen de diriger les ballon — Nous verrons bien. Je l'attends au premier coup de vent.

Un autre savant, un Russe, du nom de Mertchinzki, n'hésite pas affirmer que le problème est définitivement résolu par lui d'une faço victorieuse. Seulement... car il y a un seulement... cette solution n'e donnée qu'en théorie, la pratique faisant encore défaut. Or, c'est à l pratique qu'il faut l'attendre. Si son ballon peut être dirigé dans tous le sens, même avec vent contraire, je ferai mon *mea culpa* de bien bo cœur; mais jusque-là, je me permets de douter, et certes l'extrême com plication de ses appareils n'est pas faite pour vaincre mon incrédulit

Avant tout, il me faut confesser certaine peccadille que les intéressés, j'en ai peur, pourraient bien m'imputer à crime. Désireux de vous faire juges de cette conformation si ingénieuse, je me suis érigé en bourreau de mouches inoffensives, d'innocentes abeilles ; ces pauvres petites bêtes ne m'avaient rien fait, je l'avoue, et ne se souciaient pas le moins du monde de devenir mes sujets à expérimentation. Eh bien, sans m'arrêter à ces considérations, puériles à mon gré, fermant mon cœur à la pitié, en vrai barbare, je leur ai arraché les ailes, ces ailes merveilleuses qui excitent notre envie. Quand alors, dépouillées de leur organe le plus précieux, je suivais du regard ces malheureuses bestioles se traînant tristement sur ma table de travail, essayant, mais en vain, de reprendre leur vol à tout jamais perdu, mon cœur se serrait, un tardif regret venait m'assaillir et, pour continuer l'œuvre de destruction, il m'a fallu, à l'exemple du chirurgien blasé sur les souffrances, me raidir contre les remords. Les mouches, j'en suis sûr, ne me le pardonneront jamais. Gare à moi !

Les insectes pourvus d'ailes en ont toujours deux ou

(voir *Les Mondes* de l'abbé Moigno, n° du 15 janvier 1874, page 112) incrédulité que je ne suis pas seul à manifester puisque, s'il faut en croire Arthur Mangin, la direction des ballons, envisagée autrement que comme expérience de physique amusante, est une chimère. Tous les calculs de M. Dupuy de Dôme, dit-il, n'ont nullement ébranlé sa conviction à cet égard. Bien d'autres avant M. Dupuy., des savants illustres tels que Monge et Guiton-Morveau, d'habiles ingénieurs tels que Mensnier et Giffard, ont essayé de résoudre l'insoluble problème, et ils ont dû y renoncer. (*Journal des Économistes*, n° de décembre 1870, page 372.)

quatre, jamais davantage, et ces ailes sont toutes plu ou moins transparentes; si celles des papillons sem blent opaques, cette apparence est due uniquement au innombrables écailles qui les recouvrent et auxquelle les profanes ont donné le nom de *poussière*. Gardons nous bien d'ailleurs de confondre, avec ces légers appa reils de locomotion aérienne, les élytres des coléoptères simples étuis destinés à enserrer au repos les aile véritables.

Vous connaissez tous la guêpe (*Vespa vulgaris*); i y a même à parier que plus d'une fois elle vous a fai peur. — Ne dites pas non, car je pourrais ne pas vou croire. — Et pourtant, à tout prendre, l'animal n'es pas aussi féroce qu'il en a l'air; notre pusillanimité e fait peut-être toute la puissance. — Pourquoi don respirerait-il sang et carnage? Vivant en société, s nourrissant de miel et du suc des fleurs, ses mœurs par cela seul, ne doivent-elles pas être bien innocentes — Mais ce poliste est très-pressé de vivre, voyez-vous dans le court espace de cinq à six mois, forcé de naître de se construire une habitation, d'aimer, d'élever se enfants et... de mourir, il n'a pas une minute à perdre et, ma foi! si le miel vient à manquer, si ce pain quo tidien n'est pas toujours là à sa portée, tant pis : *Mon seigneur, il faut bien que je vive!* dit la guêpe, e aussitôt, de se précipiter sur la première proie venue de la broyer, d'en faire une chaire à pâtée et, rapid comme un trait, de courir en régaler sa tendre proge niture. — Dans ces moments de disette, gare au abeilles dont le ventre est plein de miel, car c'est ce surtout qui lui est bon à manger. — Le brigand de poliste en découvre-t-il une posée tranquillement sur une corolle odorante et tout entière à sa récolte, soudain il s'élance, atteint la pauvrette, l'enserre dans ses bras nerveux, la perce même de son aiguillon redoutable si, par un sentiment assez naturel, elle ne se laisse pas doucettement égorgiller, et, sans se soucier autrement de l'abolition de la peine de mort, il lui tranche la tête au moyen de ses puissantes mandibules. — N'allez pas en conclure cependant que la guêpe soit apiphage ; — loin de là ; ayant souci du seul miel contenu dans le ventre de sa victime, aussitôt après l'avoir recueilli, elle rejette le cadavre avec dédain.

Ces habitudes, ces besoins étant connus, qu'avons-nous à craindre ? — Pourquoi l'animal nous percerait-il de son dard envenimé ? — Avons-nous du miel à lui donner ? — Non, n'est-ce pas ? — Soyons donc parfaitement rassurés, ayons confiance en la parole des savants ; demeurons tranquilles et il ne nous fera aucun mal. — Peuh !... c'est facile à dire, mais pour ma part, je n'ai pas la moindre envie d'essayer... et vous ?

L'aile diaphane de la guêpe est formée de deux lames membraneuses superposées avec tant de délicatesse et d'exactitude qu'il faut beaucoup d'habileté et un excellent objectif pour parvenir à les distinguer. Entre ces deux lames paraissant n'en faire qu'une, se prolongent de solides nervures aux sinuosités capricieuses, d'un beau jaune doré, et sur le parcours

desquelles l'objectif 1 N. ou 4 H. fait voir des soie
régulièrement couchées en arrière.

Ces nervures rattachées au corselet et agissant d
concert avec les muscles de celui-ci, déterminent le
mouvements du vol; afin d'augmenter encore la légè
reté, la puissance et la vie de ces organes, la nature
a fait pénétrer des trachées tournées en spirales e
chargées d'y amener l'air aspiré par l'animal. Pren
l'objectif 5 N. ou 7 H., et vous distinguerez parfa
tement ces spirales dans l'intérieur même des nervure
(Pl. 4, fig. 5.)

La science, ne l'oublions pas, fait le plus grand ca
de la disposition de celles-ci, et l'illustre Jurine en
même tiré parti pour déterminer les espèces. — Ma fo
il pourrait bien avoir raison, mais l'examen de so
système, plus ingénieux peut-être que solide, nou
conduirait trop loin et ne serait guère de nature à inte
resser beaucoup; aussi suis-je d'avis de m'absteni
La science a beau dire et répéter que la plupart de
insectes portent une partie de l'histoire de leurs hab
tudes écrite sur les ailes, je ne suis pas convainc
et d'ailleurs, au point de vue microscopique, la chos
est d'un intérêt secondaire. Il ne s'agit pas ici d'u
cours d'entomologie, mais seulement de montrer
structure intime des organes de ces bestioles.

Les lames membraneuses diaphanes de la guêpe so
entièrement couvertes à l'extérieur de poils ou épine
en quantité considérable, invisibles à l'œil nu, ma
que l'objectif 1 N. ou 4 H. laisse très-bien apercevoi
et ce qu'il faut surtout remarquer, c'est l'extrême bo

de la grosse nervure de l'aile inférieure. On y compte en effet 25 à 30 crochets fortement recourbés, régulièrement rangés, et occupant, vers le milieu, un tiers environ de la longueur de l'aile. — Êtes-vous curieux de connaître l'usage de ces crochets si jolis? — Grâce à un savant, je puis vous renseigner; ils servent à attacher les deux ailes ensemble pendant le vol, afin de laisser plus de prise à l'air, de rendre ce vol plus puissant. — Dites-moi : est-il possible d'imaginer un mécanisme plus ingénieux, plus admirable? Voyez, d'une part, la force unie à la légèreté; estimez de l'autre le peu de pesanteur du corps de l'animal, et jugez si l'homme peut jamais se donner des appareils de locomotion aérienne en harmonie avec ceux de ce poliste? Notre siècle, on le sait, a fait des miracles en mécanique, mais ici, je le crains bien, les nouveaux Icares ne réussiront pas mieux que leurs devanciers.

Les variétés des ailes sont réellement innombrables. Dans cette même famille des Hyménoptères, je puis recommander encore à votre attention, celles des *Cerceris* (obj. 1 N. 4 H.), insectes voisins des Guêpes, et dont une des nombreuses espèces a reçu, indépendamment d'une deuxième qualification dont le mot m'échappe (*hortorum* ou *ornata,* je crois), celle de *Bupresticide,* c'est-à-dire de *Tueur de Buprestes*... vous savez bien, les Buprestes, ces coléoptères élégants, brillants d'un éclat métallique, accusés bien à tort, sur la foi de Pline l'Ancien mal interprété, de faire mourir les bœufs assez imprudents pour les avaler, tandis qu'en réalité le crime est commis par d'autres coléoptères du nom de *Méloés*, ces gros lourdauds à l démarche lente et compassée, au corps gluant, noirs bleus ou cuivrés, et fort avides d'herbages... Vou avez dû les rencontrer fréquemment dans nos verte prairies.

Mais, revenons au Cerceris bupresticide, dont l'ail délicate recouverte de façons de poils plus délicat encore, appelle pour le moment toute notre attention Le Cerceris creuse dans une terre bien durcie, exposé en plein soleil, un trou d'environ un pied de profondeur, au fond duquel il dépose ses œufs. Destiné à périr avant de les voir éclore, son instinct, un instinc merveilleux, lui fait prévoir qu'aussitôt nées, le larves devront manger, et que celles-ci préféreron avant tout la chair des Buprestes. — Pourquoi le Buprestes? Je ne puis vous le dire. — En conséquence il fait la chasse à ces coléoptères, jamais à d'autres remarquez-le bien, et il les apporte tout pantelants a fond du berceau de sa postérité future. — Mais voic qui tient du prodige : si ces proies étaient tuée pour tout de bon, la décomposition ne tarderait pas à se manifester, et les petits ne trouveraient plus ains à mettre sous la dent que des cadavres infects. Or, l Cerceris n'est pas si sot, croyez-le bien. Au moyen d son aiguillon, il infuse tout d'abord dans le corps d ses victimes, un liquide *sui generis* dont la propriét est de conserver les chairs parfaitement saines, e dont ses petits, qu'il ne doit hélas! jamais connaître pourront se régaler à souhait. N'est-ce pas miraculeux et, en présence de ce seul fait bien authentique, don chacun de vous peut avoir le cœur net en fouillant un nid de Cerceris, n'y a-t-il pas de quoi s'incliner devant la sublime prévoyance du divin Créateur, ayant ainsi donné à ses plus humbles créatures, même les moins conscientes, tous les enseignements nécessaires à leur conservation? Les athées, j'en suis certain, n'ont jamais exploré les vastes champs de l'histoire naturelle, car, s'ils les connaissaient, ils cesseraient de l'être.

Ne négligez pas les ailes d'un certain cousin appelé par la science *Culex annulatus;* les lames membraneuses en sont couvertes de poils ou épines d'une extrême ténuité et tellement serrés les uns contre les autres, qu'ils forment pour ainsi dire tapis. Prenez l'objectif 1 N. 4 H. ou mieux encore 3 N. et vous verrez, en outre, chacune des nervures ornée d'une foule de gentilles plumules striées dans le sens de la longueur et d'une délicatesse toute charmante; puis encore, disposées horizontalement sur les bords de l'aile avec une régularité parfaite, d'autres plumules semblables en partie aux premières. Rien n'est plus gracieux et plus léger à la fois; on dirait un souffle aérien.

Toutes les ailes diaphanes ne sont pas ainsi couvertes de poils ou épines; les libellules entre autres les ont complétement nues. Prenons pour exemple l'*Agrion splendens,* ce ravissant névroptère dont souvent vous avez suivi des yeux le vol capricieux, au moment où il planait sur les bords fleuris de nos ruisseaux.—Par quelle aberration le vulgaire l'appelle-t-il *demoiselle?* — Il le connaît donc bien peu, ce brigand et nos filles doivent être médiocrement flattées de la comparaison. — Sans doute, l'insecte est svelte e gracieux comme elles; mais, sous le rapport du carac tère, quelle différence, bon Dieu! — Elles sont douce et timides, chacun sait ça; elles ont le mal en horreur la vue seule du sang les fait tomber en pamoison leurs sentiments sont tous exquis; tandis que le be Agrion est un de ces hardis coquins, de ces carnassier féroces qui vont s'attaquant aux pauvres petites mou ches, les tuent, les broient et les mangent sans autr forme de procès. — Vulgaire, mon bon ami, vou vous êtes joliment fourvoyé!

Les lames membraneuses des ailes de cet Agrion sont doubles comme celles de la guêpe. J'en doutai autrefois, mais le baron Sélys de Longchamps, un savant pour de vrai, a bien voulu dissiper mon erreur Venant de recevoir d'un sien ami, le docteur Hagen une préparation d'aile de cette libellule, montrant ce deux lames de la façon la plus distincte, en habil observateur qu'il est, il a pu voir les nervures longi tudinales appartenir à la lame supérieure, d'autre nervures être inhérentes à la lame inférieure, tandi que d'autres encore tiennent à la fois aux deux mem branes; et moi-même, tout indigne que je suis, j'a pu, en faisant détremper une aile de *Calopterix*, obte nir un résultat identique. Il n'y a donc plus à doute

Quoi qu'il en soit, ces nervures affectent une form particulière, bien faite assurément pour attirer l'atten tion; se prolongeant et se divisant en quadrilatère

7

plus ou moins réguliers, elles sont couvertes sur toute leur étendue, tantôt de dents fort courtes, tantôt de longues épines; aussi ces ailes sont-elles extrêmement rugueuses au toucher. Les objectifs 1,5 N. 4,7 H. donnent la clef de cette particularité.

Un phénomène des plus remarquables et dont je me reprocherais de ne pas parler, c'est celui de la rapidité des contractions musculaires de tous ces organes de locomotion aérienne. Voici, en effet, ce que nous pouvons lire à ce sujet dans *Les Mondes*, de l'abbé Moigno (1) :

« Une libellule suivant au vol un wagon de chemin » de fer lancé à la vitesse de 64 kilomètres à l'heure, » paraît tout à fait immobile. Or, pour atteindre ainsi » la marche du wagon, il lui faut imprimer à ses ailes » plusieurs milliers de battements par seconde. Seu- » lement, l'œil ne peut en saisir le mouvement, tant » sont rapides les contractions et les extensions des » muscles; et les impressions que leur mouvement » alternatif produit sur la rétine sont trop rapides » pour être perçues. Les muscles qui produisent ce » mouvement, bien que trop tenus pour être vus » sans le secours d'un puissant microscope, doivent » cependant être mus avec une rapidité corres- » pondante.

» Cette immense activité dépasse celle des vibra- » tions des cordes musicales, et présente aux ento- » mologistes des problèmes très-ardus, parce que le

(1) *Les Mondes*, numéro du 17 juillet 1873, page 472.

» système nerveux des insectes est extrêmement dél
» cat, et que l'on se demande combien il faut de puis
» sance pour qu'une libellule conserve sans interru
» tion et sans fatigue apparente, le mouvement de s
» ailes pendant plusieurs heures. »

Les célèbres Leuwenhoeck, Kirby, et Spence, racon tent avoir vu une hirondelle poursuivre un Agrio pendant des heures entières sans jamais pouvoir l'a teindre; l'insecte allait, venait, volait en zigzag, maintenant toujours à une honnête distance de so ennemi. Et l'illustre Burmeister ajoute dans so *Handbuch der Entomology* (1) qu'un voyageur anglai se trouvant dans une voiture de chemin de fer lancé à toute vapeur, remarqua un bourdon qui, en jouant, accompagna le train pendant une bonne pa tie du trajet. Comprenez-vous maintenant la force la souplesse nécessaires aux ailes des insectes pou permettre à leurs heureux possesseurs d'accomplir pareils prodiges?

Ce que l'on nomme improprement la poussière d ailes des papillons et qui empêche d'en remarquer semi-transparence, se compose de petites écailles, sou vent différentes de forme chez les divers individus, striées avec une telle délicatesse qu'elles ont ser longtemps et servent encore d'objets d'épreuve pou faire apprécier le mérite d'un objectif, sa force pénétration, sa puissance de définition (en angla *test-objects* ou plus simplement *test;* les microgr

(1) Tome Ier, § 267.

phes français ont naturalisé le mot). Ces écailles, dont parfois on peut distinguer deux couches superposées, sont toujours rangées avec plus ou moins de régularité sur les deux faces de l'aile, à l'instar des tuiles de nos toits, et chacune y est attachée par un pédoncule agrafé dans un œillet. L'objectif 1 N. 4 H. suffit pour initier à ce merveilleux agencement.

Mais c'est surtout une écaille isolée qu'il faut examiner si l'on veut se rendre compte de ce que peut la nature, de ce qu'elle a fait en faveur des infiniment petits. Voici, par exemple, celle de l'aile de l'*Hipparchia Janira* (Pl. 5, fig. 5, 5bis); la tête d'une épingle, la pointe d'une aiguille, seraient des colosses auprès d'elle; eh bien, sur cet atome imperceptible, votre meilleur objectif à immersion vous montrera 30 à 40 stries longitudinales et, entre elles, d'autres innombrables petites stries disposées horizontalement et formant ensemble un réseau à mailles carrées d'une délicatesse toute charmante. — Pourquoi donc la science a-t-elle affublé un lépidoptère aussi riche en jolies écailles, du nom de la femme impudique de Cratès?... Vous savez bien, Cratès? ce vilain bossu, ce difforme admirateur de Diogène le Cynique? — A dire le vrai, je l'ignore, à moins cependant qu'elle ne fût belle comme lui, et lui léger comme elle.

Malgré les différences de forme de toutes ces écailles, les dessins dont elles sont décorées (Pl. 5, fig. 6) ont généralement entre eux une grande analogie. Presque toujours ce sont des lignes longitudinales coupées à angle droit par d'autres lignes fort menues;

seulement, il y a des exceptions : tantôt ces dernière lignes font défaut et sont remplacées par des point semés régulièrement sur les premières (Pl. 5, fig. 7) tantôt les stries longitudinales existent seules égale ment, et semblent branchues. Nous avons un exempl charmant de cette disposition-ci sur les écailles d'u magnifique papillon de la Chine, dont les ailes d'u noir brun, sont sablées d'un beau vert doré et auque à cause de sa splendeur, la science a donné le nom d *Pâris*, en mémoire sans doute du joli garçon qu décerna à Vénus la pomme de discorde destinée à l plus belle. L'objectif 5 N. 7 H., ou bien mieux encor le 8 N. 10 H., révèle sur les écailles de ce lépidoptèr diurne, sept à huit stries longitudinales dont chacun est ornée de petites branches inclinant un peu de hau en bas (Pl. 5, fig. 8). C'est fort intéressant, je vou assure.

Croiriez-vous qu'il s'est trouvé un savant, mais là un savant pour tout de bon, qui s'est amusé à comp ter une à une les écailles de ces ailes ! — Oui, l célèbre Leeuwenhoeck a eu ce triste courage, et il e a additionné 400,000 sur l'aile du papillon du mûrier En voilà-t-il un plaisir ! Et penser qu'il ne s'est ren contré personne encore d'assez patient pour supputer l nombre de nos cheveux ! — Cette omission regrettabl est humiliante pour l'humanité ; ne le pensez-vous pas

Maintenant que nous connaissons assez bien l structure de l'aile des insectes, pouvez-vous me dire c que c'est que cet organe ? — La belle demande ! m répondrez-vous : c'est une aile, parbleu ! — Ah ! vou croyez ça ! Eh bien, vous voici joliment loin de compte ! — Écoutez Latreille, l'illustre Latreille : d'après lui, les ailes ne sont pas des ailes, mais des pattes... *modifiées*. — N'êtes-vous pas satisfaits ? Consultez Blainville, le savant Blainville : à ses yeux les ailes sont des trachées extérieures... *renversées*. — Je ne sais ce que vous en pensez, mais, pour ma part, tout ceci me paraît *renversant*. — Par bonheur, nous pouvons opposer à l'opinion de ces messieurs, celle de Lacordaire ; ce professeur éminent et regretté de l'université de Liége reconnaît aux ailes des insectes les caractères d'organes particuliers, *sui generis* pour me servir de son expression. — Honneur à lui ! Nous voici réconciliés avec le sens commun.

Les élytres. — Je crois vous l'avoir dit : les *élytres* des coléoptères n'ont, en général, rien de commun avec le vol. Comme le nom l'indique, ce sont des gaînes ou étuis dont le principal office est de protéger les ailes, de les mettre à l'abri de toute atteinte meurtrière, de toute souillure. Cette grande famille des Coléoptères étant appelée par la nature à déposer ses œufs dans les excréments, dans les corps en décomposition, dans un tas de choses malpropres, je laisse à penser ce que deviendraient ces ailes délicates, si le Créateur n'avait eu la prévoyance et la bonté de les préserver de tout contact impur, en les enserrant dans ces étuis ingénieux que souvent, pour le plaisir des yeux, il a daigné enrichir des ornements les plus somptueux.

La variété des élytres tient du prodige, mais aucune

espèce de coléoptères, je pense, n'en fournit d'aussi curieux que celle des *Curculionides*. Ces insectes fourmillent dans l'Amérique du Sud, leur patrie adoptive, et ils s'y propagent d'une manière tellement formidable, qu'il n'est pas rare d'y rencontrer de gracieux mimosas dont les branches en sont chargées au point de plier sous le faix.

La livrée de ces animaux est généralement d'une grande richesse; celui d'entre eux qui passe pour être l'un des plus brillamment vêtus est connu sous le nom de *Entimus Imperialis*. — Voulez-vous connaître la description scientifique de ses élytres ? — C'est fort curieux ; jugez-en :

« Élytres amples, très-convexes, naviculaires, com-
» primés latéralement, avec leur déclivité postérieure
» largement arrondie et leur extrémité plus ou moins
» bi-épineuse ; du double plus large que le prothorax
» à leur base, avec leurs épaules fortement saillantes
» en dehors. »

Très-bien; mais ceci ne rappelle-t-il pas un peu le *capricias arci thuram, catalamus, singulariter, nominativo,* de l'immortel Molière ? — Pour ma part, je l'avoue, cette savante analyse ne me dit rien qui vaille. Où donc est la couleur? Où donc luit la lumière? A peine puis-je entrevoir une silhouette se dessinant sur un fond dont la clarté n'est certes pas le principal mérite.

Essayons du microscope; prenons un objectif faible (0 N. 2 H. ou tout au plus 1 N. 4 H.) et voyons un fragment de cet élytre éclairé au moyen d'une lentille plano-convexe concentrant directement les rayons lumineux sur l'objet.

Ah ! c'est tout autre chose, n'est-il pas vrai? — Voyez donc, régulièrement étendues sur un fond noir, ces jolies guirlandes resplendissantes des couleurs les plus vives. Remarquez les gracieux bouquets dont elles sont composées, ces charmantes corolles, ces brillants pétales ou écailles affectant la forme d'œufs allongés et reflétant tour à tour le jaune, le vert, le violet, le bleu, l'orangé, l'orangé surtout dont l'éclat fait pâlir celui de la flamme. — Admirez avec quelle adresse la nature, artiste par excellence, a su ménager, en les divisant, les teintes d'une même écaille, afin que jamais les nuances ne puissent se nuire, qu'il n'y ait rien de criard ni de heurté, que le tout enfin présente un ensemble toujours harmonieux. — Dites-moi : les bijoux sortis des mains de nos ouvriers les plus habiles, pourraient-ils lutter de richesse et d'élégance avec cet élytre du plus humble des insectes?

Les pattes. — Les insectes proprement dits ont toujours six pattes ; les petits animaux, mieux doués sous ce rapport, sont en général relégués par la science dans d'autres familles naturelles connues sous des dénominations sonores dérivées du latin ou du grec. — C'est si bien porté, le grec !

> Du grec, ô ciel, du grec ! il sait du grec, ma sœur !
> — Ah ! ma nièce, du grec,
> — Du grec, quelle douceur !

Pour le moment, les insectes vrais appellent seuls

notre attention. — L'homme est, à bon droit, fier d
ses deux jambes, grâce auxquelles il peut marcher..
assez bien, courir... à grand'peine, et, s'il a de bon
muscles, sauter à trois ou quatre pieds du sol. — L
belle affaire! — Il y a bien de quoi se vanter! — Voye
le plus chétif insecte : non-seulement il nous dame l
pion à la marche, au saut et à la course, mais il pos
sède, de plus que nous, des pattes spéciales pou
nager, d'autres pour filer, d'autres encore servant au
ablutions. — N'est-ce pas humiliant pour la rac
humaine?

Les organes de la locomotion terrestre (soyons u
instant pédant et... ennuyeux) se composent chez no
animalcules de cinq parties articulées, et contenant
dans leur intérieur, des muscles, des nerfs et des vais
seaux aérifères. Le premier article, attaché direc
tement au thorax ou corselet, est nommé *la hanch*
et affecte, en général, la forme d'un cône tronqué
Le second ou *trochanter* (d'un mot grec signifian
tourner), bien que fort court, permet une certain
flexion au troisième article nommé *la cuisse*, l
plus long de toute la patte. Le quatrième articl
forme *la jambe* et celle-ci est communément plu
grêle que le précédent. Enfin, le cinquième et dernie
article, connu sous le nom de *tarse*, est compos
de petites pièces placées bout à bout, fort mobiles e
portant à leur extrémité les ongles, les crochets et le
lobes-ventouses, quand il y en a..

Voyons, pour commencer, la patte du *Staphylin*
Connaissez-vous la larve de ce coléoptère ? — C'es

bien la commère la plus rusée, la plus perfide dont dont vous ayez jamais ouï parler. La finaude se creuse dans la terre un trou d'environ un pied ; ceci fait, l'hypocrite se tient d'un air béat auprès de l'orifice, guettant sournoisement sa proie ; celle-ci vient-elle à paraître, une mouche joyeuse arrive-t-elle à proximité se reposer à l'étourdie? prompte comme l'éclair, la larve se précipite, prend au collet l'infortunée victime et l'entraîne sans vergogne dans son antre, où elle a bientôt fait de la dévorer à belles dents... je veux dire à belles mandibules. — Les brigands parmi nous n'utilisent pas autrement leurs cavernes; n'avons-nous pas, pour le prouver, l'histoire du naïf Gil Blas et celle de Roque Guinart, ce voleur chevaleresque, toujours en admiration devant la figure austère du jamais assez loué Don Quichotte de la Manche ?

Mais le moment arrive où la larve, devenue insecte parfait, nous permet d'examiner sa patte à loisir. L'objectif 1 N. 4 H., après avoir montré la conformation générale de cet organe, appelle surtout l'attention sur *le tarse*. — Voyez ces cinq phalanges évasées, articulées et couvertes en entier de fins petits poils ; remarquez les deux crochets aigus attachés au bout; souvent, par un mécanisme ingénieux, l'animal peut les rentrer à volonté et c'est avec leur aide qu'il s'accroche au sol; vous comprenez dès lors comment cet appareil lui permet de marcher sur une surface plane, mais vous pouvez vous rendre compte aussi de l'impossibilité pour lui de se maintenir sur un plan vertical poli; tout aigus qu'ils soient, ces crochets ne sauraient y mordre; aussi ne voit-on jamais les staphy-lins, ou tout autre membre de l'immense famille des coléoptères, essayer d'y grimper. Le microscope donne la clef de cette abstention de leur part.

Ces crochets, généralement tout unis, sont parfoi finement dentelés à l'intérieur (Pl. 5, fig. 9) ; il en es ainsi de ceux du *Calathus*, un de ces coléoptères pol-trons, ayant la solitude en horreur, se réfugiant tou-jours en grand nombre sous les pierres, fuyant d'un pied agile au moindre bruit et, sauf votre respect puant la peste. On assure que ceci est pour eux un moyen de tenir leurs ennemis à distance. — Je ne di pas non, car après tout, cette arme peut bien en valoi une autre; demandez aux irréconciliables de Paris ; à vrai dire, ils ne s'en sont pas trop bien trouvé naguère; mais peut-être, à ce moment, les agents d l'autorité avaient-ils tous de bons rhumes de cerveau — Qui sait ? il faisait si froid...

De toutes les pattes des coléoptères, les plus remar-quables sans contredit, du moins au point de vue mi-croscopique, sont les pattes antérieures des *Dytique* (Pl. 6, fig. 3, 3bis). Ces insectes, vous le savez san doute, vivent dans les eaux douces et stagnantes ; rare-ment ils se montrent à la surface et, s'ils éprouvent l besoin de renouveler leur provision d'air, dont ils son du reste fort parcimonieux, ils s'élèvent lentement a niveau de l'onde pour étaler leurs élytres au vent; natu-rellement, l'air se loge par-dessous et, ceci fait, l'élémen liquide reçoit de nouveau les Dytiques dans son sein

Là, ils font un carnage épouvantable de toutes l

malheureuses bestioles se trouvant à leur portée, car leur férocité n'a pas d'égale. L'emportant par la taille sur les hannetons, si parfois, par un beau soir d'été, ils se risquent à prendre leur vol, on les voit s'avancer avec lourdeur, chantant un refrain aigu et monotone, et si l'entomologiste parvient alors à s'en emparer, l'animal ne pouvant assassiner son ravisseur, ce dont il a la plus grande envie, croyez-le bien, lui lâche dans la main une urine fétide, le malpropre !

Eh bien, sa patte antérieure est une des choses les plus curieuses et les plus originales qui se puissent imaginer ; un des articles du tarse (le 3e) a la forme d'un bouclier aux bords ciliés, sur lequel s'étalent une grosse ventouse d'abord, puis deux autres de moindre dimension, toutes trois à peu près sessiles (Pl. 6, fig. 1) (*Acilius sulcatus*), et enfin une quantité innombrable d'autres ventouses fort petites, curieusement striées et montées sur un pédoncule. Essayez d'isoler une de ces dernières, examinez-la avec l'objectif 5 N. 7 H. et vous serez émerveillé de la grâce infinie mise par la nature jusque dans l'une de ses créations les plus infimes.

Et voulez-vous de ces petits organes plus charmants encore ? Examinez ceux d'un autre dytique nommé scientifiquement le *Dytiscus marginalis*. Rien n'est plus délicat ni plus élégant ; on dirait voir des coupes à champagne en cristal-mousseline et finement gravées (Pl. 6, fig. 2). C'est ainsi que, toujours, le microscope nous fait marcher de surprise en surprise.

Après cela, vous désirerez sans doute connaître la

destination de ces appendices si jolis et si multiplié sur un aussi petit espace ? — A vous parler en tout franchise, jamais je n'ai pu parvenir à en constat l'usage, les ondes jalouses m'ayant caché le mystère mais, on le devine aisément, ils servent à l'animal se maintenir là où bon lui semble, comme aussi empêcher la proie de se soustraire à ses embrasse ments mortels. Ces organes formant le vide, l'adhe rence est complète et partant rien ne peut s'échappe — Les dytiques ne seraient-ils pas les pieuvres de insectes ? — Ils en ont bien tout l'air, ma foi !

Mais ceux de ces appendices, non les plus remar quables peut-être sous le rapport de la forme, mai sans contredit les plus intéressants par leur usag ceux qui permettent aux diptères, aux hyménoptère ces tours de force prodigieux sur lesquels nous somm blasés depuis notre enfance, ces ascensions rapides su une glace polie verticale, ces marches étonnante exécutées au plafond le corps renversé, ce sont le ventouses des mouches les plus vulgaires. — Exam nez bien ces petits organes fixés à l'extrémité de leu pattes (obj. 5 N. 7 H.), ces cupules membraneuses s dilatant, légèrement dentelées, poilues, attachées pa un col étroit susceptible de se mouvoir en tous sen (Pl. 5, fig. 10). La mouche domestique en a deux a bout de chacun de ses tarses, tandis que d'autres in sectes en possèdent une ou trois. Les pieds viennen ils à se poser sur un corps quelconque, aussitôt chaqu cupule-ventouse s'isole, fait le vide et adhère fort ment. — L'animal veut-il avancer ? il soulève un pe ses cupules par un des côtés, et l'air pénétrant par-dessous, la patte se détache avec la plus grande facilité. — Cette opération paraît assez compliquée, n'est-il pas vrai ? — Eh bien, elle s'achève et se renouvelle avec une rapidité tenant du prodige et dont la grande habitude nous empêche seule d'apprécier le merveilleux mécanisme. D'aucuns sont d'avis, il est vrai, que les choses ne se passent pas ainsi et que les poils des tarses laissent échapper un liquide visqueux qui permet à l'insecte de se fixer ou de marcher ; mais je n'en crois rien, parce que je n'ai rien vu de semblable et que la patte étant *collée*, devrait avoir beaucoup plus de peine à se détacher. Quoi qu'il en soit, tenez pour certain qu'il n'existe aucun quadrupède, fût-ce un lièvre, un cerf, une antilope, qui, toute proportion gardée, puisse lutter de vitesse avec la mouche la plus méprisée de la terre.

Remarquons encore, entre mille autres, les pattes des charençons du blé, autrement nommés *Calandra granaria*, ces petits coléoptères au corps étroit, de couleur brune, armés d'un bec pointu et appartenant à la famille des Curculionides.

Ces pattes, assez robustes en général, montrent, en effet, à l'extrémité des *tarses*, une espèce de ventouse ou mamelon au beau milieu duquel se trouve plantée une tige d'une grande délicatesse, relativement assez longue et terminée par deux jolis onglets ou crochets fort menus (obj. 1 N. 4 H. Oculaire puissant).

Le charençon, vous ne pouvez l'ignorer, fait le désespoir des cultivateurs dont, hélas! il parvient trop souvent à détruire les récoltes. Or, voulez-vou savoir comment s'y prend ce mauvais pour arriver ses fins exécrables? Je vais vous le dire : au momer où la femelle éprouve le besoin de pondre, elle s'élanc sur un champ de blé ou pénètre dans une grang s'attaque au premier chaume venu; puis, à l'aide d bec acéré couronnant son organe buccal, elle perce u petit trou dans un grain et y dépose un œuf. Ceci fai le trou est bouché, si bien, si adroitement que le fe mier le plus clairvoyant ne pourrait en retrouver l trace. Peu de temps après, apparaît à l'intérieur de c grain, une larve qui, aussitôt née, ne se fait pas l moindre scrupule de dévorer à belles dents toute l fécule, toute la substance farineuse de son berceau et d'anéantir ainsi le fruit du labeur d'une anné entière.

— Comment cela se peut-il faire, me demanderez vous peut-être? Les grains d'un champ se compten par milliards et les charençons ne se montrent guèr en bataillons fort serrés. — L'observation est juste mais il faut savoir que chaque femelle peut, en un an pondre des œufs en quantités considérables; suivan les calculs du savant De Geer, le nombre de ceux-ci pour un seul charençon, est de 23,600! D'autre savants, il est vrai, réduisent ce chiffre à 6,000; mais quel que soit le nombre exact, vous pouvez apprécie les immenses dégâts causés par cette vermine.

Y a-t-il un remède au mal? Je n'en sais rien, le moyens curatifs préconisés jusqu'ici, les fumigations les poudres de chaux, etc., étant demeurés infruc tueux. Peut-être, cependant, a-t-on fait fausse route en voulant s'attaquer aux œufs et aux larves, ceux-ci étant inaccessibles, enfermés comme ils le sont dans les grains, et ne pouvant probablement y être détruits si ce n'est à la condition de voir détruire du même coup leur abri tutélaire. Pour couper le mal dans sa racine, n'eût-il pas mieux valu s'en prendre à l'insecte parfait et lui déclarer une guerre à outrance? — Mon humble avis serait donc d'exploiter ici les instincts particuliers des gamins pour la chasse aux insectes, et de chercher à leur persuader que rien n'est amusant comme de courir à la recherche de ces petits coléoptères, d'en former des collections, etc. Les enfants, vous le savez, sont des destructeurs par excellence, et s'ils se mettent une bonne fois dans la tête de s'emparer des charençons, ceux-ci auront à se bien tenir (1).

Si j'avais l'honneur d'être bourgmestre d'une commune rurale, je distribuerais des toupies, des tambours, des trompettes, des billes, des cerceaux, aux plus adroits de ces moutards, persuadé que chaque femelle de charençon étant prise et vouée au trépas, me représenterait 23,600 ou tout au moins 6,000 grains de sauvés. — Que pensez-vous de ce remède héroïque? Je ne prendrai pas de brevet, cependant.

Il y a des insectes vivant sur l'eau et qui peuvent

(1) Un M. Flament, de Nivelles, vient, dit-on, de trouver un remède souverain; il s'agirait tout uniment de déposer dans les granges, du chanvre non fané et non battu, et aussitôt les charençons fuient à tire-d'aile. — C'est possible, mais où vont-ils? ailleurs, sans doute, et le mal ne serait ainsi que déplacé.

marcher à sa surface sans jamais se mouiller, parc que la nature, inépuisable dans ses créations, leur donné des organes de locomotion, à l'extrémité des quels une bulle d'air est constamment maintenue; tel sont les *Hydromètres* dont vous avez souvent admir la course vertigineuse sur le miroir poli de nos étangs —Quelques autres sont amphibies et ont reçu en par tage des pattes spéciales pour la marche et d'autre pour la nage; voyez ces hémyptères, appelés par cett raison *Notonectes :* s'ils se promènent, les quatre patte de devant agissent seules, tandis que les deux der nières traînent inertes sur le sol; veulent-ils nager les rôles sont intervertis, les premières se croisent le bras et les dernières font l'office de rames; et voici d plus joli encore : aussitôt lancé à l'eau, l'animal exé cute une culbute, nage sur le dos et fait la planche comme disent les amateurs de natation.

En voyant ce petit notonecte et son air bénin, n serait-on pas tenté de le prendre pour l'être le plu inoffensif du monde? — Ne vous y fiez pas : c'est u hypocrite, un brigand de la pire espèce. Vivant d rapine et de carnage, il attaque tout ce qu'il rencontre même ses semblables; un insecte se trouve-t-il sur so chemin, rapide il s'élance, saute dessus, s'en empar en le tenant accroché à ses griffes robustes, le perc de son dard envenimé, le tue et le mange sans plu de façon.

Remarquez au microscope (obj. 1 N. 4 H.) la diffé rence entre les pattes des deux premières paires e celles de la troisième; les unes, entièrement sillonnée de poils, portent des épines espacées et, à l'extrémité, deux énormes crochets, ses instruments de préhension à ce brigand; les autres, n'ayant aucune analogie avec les premières, affectent le facies de plumes d'oie (Pl. 6, fig. 4) dont le tuyau central serait couvert sur ses bords, de fortes épines. Ce sont de vraies rames, souples et soyeuses, maniées par l'animal avec toute l'habileté d'un nautonnier consommé; et comme, pour nager, des crochets seraient parfaitement inutiles, ces pattes-ci n'en ont pas. La nature, voyez-vous, est toujours logique dans ses créations; jamais on ne la prend en défaut.

Le saut dépasse chez certains insectes tout ce que l'on peut imaginer; d'aucuns peuvent ainsi s'élever à deux cents fois leur taille! A ce compte, si nous avions des muscles équivalents, nous pourrions sauter à pieds joints jusqu'au faîte de la flèche splendide de notre Hôtel de Ville! — Qu'en pensez-vous?

Et puisque l'occasion se présente de parler du *saut,* anticipons un peu sur les événements, et faisons apparaître pour un instant la trop célèbre *Puce,* bien qu'elle n'ait pas le droit d'être mentionnée ici, sa place étant forcément marquée parmi les *Aptères*. Cependant, comme c'est cette même puce (*Pulex irritans*) qui sait ainsi bondir à des hauteurs énormes, en se servant pour atteindre ce résultat de ses deux longues jambes de derrière (Pl. 6, fig. 5) qu'elle replie sous le ventre pour les détendre subitement, il n'est peut-être pas hors de propos de faire ressortir dès à présent sa prodigieuse aptitude sous ce rapport.

Tout le monde a plus ou moins vu une puce au microscope ; l'objectif le plus faible la montre parfaitement (Pl. 9, fig. 1, 2); mais peu de personnes connaissent la structure intime de ses jambes faites à dessein pour exécuter les tours de force étonnants que nous admirons sans les comprendre, car il faut ici un objectif dont la puissance de pénétration ne laisse rien à désirer; le nº 7 H. remplit ce but; voyez alors, dans l'intérieur de l'organe, ces trachées tournées en spirales, s'élargissant parfois en sacs aérifères, et ces muscles branchus; puis, au dehors, les solides attaches reliant entre elles les diverses parties. (Pl. 6, fig. 5.) Tout ici n'est-il pas vie et mouvement? — Et à ce propos, dites-moi, saviez-vous que cet agaçant petit animal fût susceptible de perfectionnement et d'éducation? qu'il pût devenir habile à toutes sortes d'exercices? — Pour ma part, jamais je ne m'en serais douté; aussi n'est-ce pas sans surprise qu'un beau jour j'ai lu dans un livre fort sérieux, écrit par un vrai savant, la relation suivante que je me permets de transcrire pour votre édification :

« ... C'étaient des puces savantes. Je les ai vues et » examinées avec mes yeux d'entomologiste, armés de » plusieurs loupes.

» Trente puces faisaient l'exercice et se tenaient » debout sur leurs pattes de derrière, armées d'une » pique qui était un petit éclat de bois très-mince.

» Deux puces étaient attelées à une berline d'or à » quatre roues, avec postillon, et elles traînaient cette » berline; une troisième puce était assise sur le siége » du cocher avec un petit éclat de bois qui figurait le

» fouet. Deux autres puces traînaient un canon sur » un affût. Ce petit bijou était admirable; il n'y man- » quait pas une vis, un écrou. Toutes ces merveilles » et quelques autres encore s'exécutaient sur une » glace polie. Les puces-chevaux étaient attachées avec » une chaîne d'or par leurs cuisses de derrière; on » m'a dit que jamais on ne leur ôtait cette chaîne. » Elles vivaient ainsi depuis deux ans et demi; pas » une n'était morte dans cet intervalle. On les nour- » rissait en les posant sur un bras d'homme, qu'elles » suçaient. Quand elles ne voulaient pas traîner le » canon ou la berline, l'homme prenait un charbon » allumé qu'il promenait au-dessus d'elles, et aussitôt » elles se remuaient et recommençaient leurs exer- » cices. Toutes ces merveilles étaient décrites dans un » programme imprimé qu'on distribuait gratis et qui, » sauf l'emphase des mots, ne contenait rien que de » vrai et d'exact (1). »

N'est-ce pas le cas de répéter avec un plaisant : « Je » crois cela, monsieur le baron, parce que c'est vous » qui l'avez vu; mais si moi-même je l'avais vu, je ne » le croirais pas. »

Facétie à part et admettant la vérité de tout ceci, je me demande ce qu'il faut le plus admirer, de l'intelligence de ces animalcules, de la patience de leur professeur, ou de la bonhomie de ce monsieur se laissant journellement transpercer le bras d'une myriade de petits poignards? — Hélas! il faut bien vivre! —

(1) *Histoire naturelle des Aptères*, par le baron Walckenaer, membre de l'Institut. Paris, 1844. Édition Roret, tome III, p. 366.

Plaignons-le et gardons-nous de le blâmer. Il y a tar de gens qui, pour arriver au même but... suffit?... N parlons pas politique.

Plus d'une fois vous avez remarqué la mouch domestique procédant à sa toilette; plus d'une foi vous l'avez suivie du regard, nettoyant, brossant polissant, tantôt sa tête et sa trompe au moyen de pattes de devant, tantôt ses ailes et son abdomen l'aide des jambes de derrière, tandis que celles d milieu demeuraient solidement plantées sur le so. Examinez ces organes de la locomotion (obj. 1 N. 4 H. et dites-moi s'il est possible de rien imaginer de mieu approprié à sa destination? Ces brosses si compacte recouvrant les tarses en entier, ne doivent-elles pa enlever jusqu'au moindre atome de poussière?

Voici bien mieux encore : la patte postérieure d notre industrieuse abeille (Pl. 6, fig. 6) ; — voyez-vou l'avant-dernier article dilaté en corbeille (obj. 1 N. 4 H.) — Eh bien, c'est son panier à provisions à cette chèr enfant, c'est là qu'elle dépose son butin, le précieu pollen recueilli sur les fleurs odorantes. Est-il rien d mieux combiné? — Ah! la nature! plus on la connaît plus on l'admire.

N'oubliez pas non plus certains lobes membraneu: débordant les divers articles des tarses d'autres insectes vous en trouverez des échantillons sur les pattes d *Philanthus diadema,* un hyménoptère redouté de abeilles dont il approvisionne son nid. Originaire d l'Afrique, les Français l'ont surnommé *Ab-del-Kader* en mémoire de leur vaillant ennemi. Au microscop (obj. 1 N. 4 H.) ces lobes ont une figure des plus originales ; on ne sait qu'en faire ni à quoi ils peuvent être bons.

Ah ! je ne l'ignore pas, les savants ne doutant jamais de rien, assurent que ces organes servent aux insectes mâles à retenir les femelles, à les empêcher de faire les coquettes et de chercher..... pour la forme assurément...... à se soustraire à leurs tendres embrassements. Mais, à dire le vrai, je n'en suis nullement convaincu, parce que jamais je n'ai vu rien de semblable et qu'à l'exemple du bienheureux saint Thomas, j'aime à toucher du doigt avant d'accorder ma confiance à des phénomènes sur lesquels la science cherche trop souvent à m'abuser.

Ici, tout est sujet à méditation. —Sans doute, les organes de la locomotion chez les divers insectes ont entre eux une certaine analogie, mais tous accusent des différences plus ou moins accentuées et appropriées évidemment aux mœurs, aux habitudes, aux besoins de l'animal. Les quelques exemples dont je viens de vous entretenir suffisent pour démontrer cette vérité ; mais combien celle-ci ne brillerait-elle pas d'un plus vif éclat si les mystères de la création nous étaient révélés ? — Hélas ! il s'en faut de beaucoup ; sans parler davantage de ces lobes dont la destination est, reconnaissons-le, tout au moins fort incertaine, la patte des araignées fileuses, par exemple, ne montre-t-elle pas, à côté de parties dont la destination est parfaitement établie, d'autres appendices dont jusqu'ici il est impossible de deviner l'usage ? Ainsi, à l'extrémité, on remarque de charmants petits peignes au nombre d deux ou de trois, que l'on dirait faits de la plus fin écaille (Pl. 6, fig. 7.) (obj. 1 N. 4 H.), et qui perme tent à l'animal de débrouiller ses fils si nombreux Ceci paraît bien certain, puisque cet usage est nature lement indiqué et que les fileuses seules sont pourvue de ces jolis peignes ; mais, le long de ces même pattes, on découvre aussi de grands poils-épines observés à l'aide d'un objectif assez puissant (5 N. 7 H. ils laissent apercevoir des stries coupées à angle aig et d'une délicatesse inouïe. — A quoi donc peuvent-il bien servir ? — Nul ne le sait ; toutefois tenons pou certain que la puissance infinie du Créateur n'a pa laissé un seul être vivant, fût-ce le plus chétif de tous sans le doter des appareils dont il peut avoir besoi pour vivre sur cette terre et pour y remplir la missio mystérieuse qui lui a été confiée.

L'abdomen. — Le ventre des insectes, autremen nommé l'*abdomen,* est formé de plusieurs segment disposés bout à bout et ne pouvant guère se mouvoi la plupart du temps ; mais cette règle comporte de exceptions, et nous en avons des exemples remar quables chez les *Staphylins,* dont chaque segment d l'abdomen est recouvert par celui qui le précède sans être soudé le moins du monde, en sorte qu'ils peuven glisser les uns sur les autres absolument comme le tubes d'une lunette d'approche. Vous avez ainsi l'expl cation de la faculté laissée à ces coléoptères de relev et de manier leur ventre dans tous les sens.

Cet abdomen est surtout remarquable en ce qu'il est habituellement le siége des organes de la respiration. Les hommes, vous le savez de reste, sont condamnés à aspirer l'air nécessaire à la vie par un orifice très-proche voisin de celui dont ils font usage pour alimenter l'estomac. Aussi, qu'une miette de pain se trompe de conduit, qu'une goutte d'eau prenne à gauche au lieu de prendre à droite, aussitôt une toux opiniâtre vient fatiguer le patient, le sang lui afflue à la face, des larmes amères inondent ses yeux, et il peut se tenir pour fort heureux s'il ne paye bien plus cher encore un moment de distraction.

Grâce à la position respective de leurs organes, les insectes ne sont jamais exposés au désagrément d'avaler ainsi de travers. C'est d'ordinaire sur les arceaux de leur abdomen, vers les côtés, que l'on peut distinguer au microscope, de petites ouvertures rondes ou oblongues, destinées à laisser pénétrer l'air dans les *trachées* tournées en spirales et tenant lieu de poumons. Ces ouvertures, appelées *stigmates* par la science, sont des plus curieuses; mais, sans le secours d'un bon objectif, jamais on ne pourrait se faire une idée des précautions infinies prises par la nature pour empêcher les atomes étrangers de s'introduire dans le corps de l'animal. (Pl. 7, fig. 1.) C'est merveilleux comme tout ce qui d'ailleurs sort de ses mains.

Vous n'êtes pas sans avoir vu l'*Eristalis tenax,* cette ravissante mouche de la tribu des *Syrphides,* brillant d'un éclat métallique. — N'ayez pas d'inquiétude, jamais elle ne vous fera le moindre mal; se nourrissant du suc des fleurs et des fruits, sans leur occasionne aucun dommage, ses mœurs respirent constamment l calme de l'innocence. Vers l'automne, on la voit tout réjouie, s'abattre sur la Doronic du Caucase, à l'heur où cette jolie plante étale au soleil ses étoiles resplen dissantes, comme aussi sur la Chicorée sauvage et su l'Agérate à fleurs bleues, ornements de nos jardins. — Au temps des amours, vous pouvez même suivre du regard ce charmant diptère planant dans les airs, guettant celle dont son cœur est épris, et, aussitôt qu'i l'aperçoit, s'empressant de voler à ses pieds pour lu peindre sa flamme (vieux style). — Eh bien, sur le arceaux de son abdomen, on distingue parfaitemen ces stigmates, ces organes de la respiration dont j viens de parler. De forme oblongue, ils présentent à l'intérieur une foule de petites brosses disposées en regard les unes des autres, et dont les filaments son assez serrés pour mettre un obstacle insurmontable à l'introduction de tout corps étranger. A l'exception d l'air impalpable, rien ne peut y passer; l'objecti 1 N. 4 H., ou mieux encore le 3 N., donne plein garantie à cet égard.

Les divers stigmates, tout en présentant des diffé rences plus ou moins marquées, ont néanmoins entr eux une grande analogie. La vie d'un homme suffirai à peine à les connaître tous; faute de pouvoir y réus sir, je vous recommande spécialement ceux du *ve blanc*, cette horrible et dégoûtante larve du hanneto dont vous avez ouï parler. (Pl. 7, fig. 2, 2 bis.) Il ne fau pas cependant que la répulsion inspirée par son aspec vous prive du plaisir d'admirer ce stigmate, image parfaite de l'oreille mignonne de la plus gracieuse de nos jeunes filles, et c'est l'objectif 1 N. 4 H., qui vous enchantera en montrant cette oreille si gracieuse entièrement recouverte d'un réseau délicat que, pour en augmenter l'attrait, la nature a enrichi des teintes dorées les plus brillantes. (Pl. 7, fig. 3.)—N'est-ce pas délicieux ?

— C'est très-bien, me direz-vous ; cependant il y a ici deux choses encore inexpliquées : d'abord, comment nommez-vous ces points noirâtres se montrant sur l'abdomen des sauterelles, des courtilières et de bien d'autres, ne laissant apercevoir, au microscope, aucune ouverture quelconque ? Et puis, en admettant, pour les habitants de l'empyrée, la nécessité de posséder des stigmates, il ne doit pas apparemment en être de même des innombrables familles des insectes aquatiques vivant dans des conditions atmosphériques toutes différentes ? — Voici ma réponse : en premier lieu, ces points noirs sont des faux stigmates dont la destination est jusqu'ici inconnue. — Vous n'en êtes pas sans doute plus avancés, mais je n'y puis absolument rien. — En second lieu, les insectes aquatiques devant vivre d'air tout comme les autres, la nature, voulant leur octroyer la faculté de s'emparer de celui contenu dans l'eau, au lieu de stigmates, les a gratifiés, tantôt de tubes respiratoires faisant plus ou moins saillie (obj. 3 N.), tantôt de branchies analogues à celles des poissons. Là ! êtes-vous satisfaits ?

De crainte d'erreur cependant, je n'en dirai pas

davantage, la science ayant seule intérêt à connaît des organes dont, à notre point de vue, il n'y a guè à s'inquiéter.

Tarières, aiguillons, etc. — Indépendamment d stigmates, l'abdomen porte toujours à son extrémi un ou plusieurs appendices dont il me faut bien fai mention. Ici, je le sais, le chemin est glissant et pr sente plus d'un péril; mais ne craignez rien, je ser prudent et surtout discret.

Ces appendices accusent des différences assez rema quables : ou bien ce sont de simples pièces vulvair destinées à boucher l'orifice extrême de l'abdomen; o bien nous avons affaire à des organes destinés au dép des œufs et connus de la science sous les dénomin tions très-significatives d'*oviscaptes*, d'*oviductes*, d'*ov positoires*, de *pondoirs*, de *tarières*; ou bien enco ces mêmes organes, infestés de venin, ont été vulg risés sous le nom d'*aiguillons*. Gardez-vous surto de confondre, avec ces parties essentielles de la gén ration, certains appendices particuliers dont la dest nation est encore plus ou moins incertaine; tels so les crochets caudaux des perce-oreille, les filets te minaux des lépismes, et ces façons de tuyaux d poêle des pucerons que je n'aurai garde de passer so silence. Tous ces appendices-ci n'ont absolument rie de commun avec les organes de la génération; les pr miers se montrent toujours à l'extérieur de l'abd men, les derniers, au contraire, se cachent le pl souvent à l'intérieur de celui-ci.

Vous connaissez tous le Bourdon, ce gros hyménoptère appelé excellemment par la science le *Bombus;* combien souvent ne vous a-t-il pas agacé par son vol rapide toujours accompagné d'un chant grondeur dont la gravité le cède à peine à la monotonie!

A l'exemple de l'abeille, le bourdon vit en société, société éphémère si jamais il en fut, et que chaque hiver vient anéantir. Quand

> De la dépouille de nos bois
> L'Automne *vient* joncher la terre,

tous les travailleurs sont voués au trépas, pas un n'échappe à la faux cruelle; les maris, eux, sont déjà morts à la peine; et, de toute la société si prospère autrefois, si remuante, si piquante, si bourdonnante, il reste à peine, hélas! de rares et pauvres veuves, unique espoir de la génération future, condamnées jusqu'au printemps prochain à se blottir, isolées et sans vivres, dans quelque misérable trou d'un vieux mur, ou sous l'écorce à demi-effeuillée d'un chêne ou d'un ormeau!

Si vous n'avez pas perdu de vue la trompe enroulée du brillant papillon dont je parlais naguère, vous devez vous souvenir de l'admirable prévoyance de la nature ayant bien voulu lui donner un organe susceptible de se développer à son gré. Le bourdon, pas plus que lui, ne sait pénétrer dans toutes les corolles; sa taille y met obstacle; et cependant il ne possède pas une trompe semblable. — D'où vient cette anomalie? — Rassurez-vous, elle n'est qu'apparente; les lépidoptères, êtres inoffensifs, dépourvus de tous moyens d'attaque devaient trouver les voies parfaitement libres et pourvoir à leur subsistance sans efforts ni combat, tandis que le bourdon, armé en guerre, doit conquérir par la violence ce qu'il ne peut obtenir par la douceur.

Suivez-le, voltigeant de fleur en fleur en maugréant si celle-ci est bien épanouie, si la corolle présente une entrée spacieuse, vous le verrez s'y insinuer tout entier, et se gorger de miel et de pollen à bouche-que veux-tu; mais l'ouverture est-elle trop étroite, le brutal, à l'aide de ses puissantes mandibules, pratique à la base extérieure, une entaille assez large pour y laisser pénétrer sa langue, et c'est ainsi qu'il parvient à conquérir de force ce que le papillon doit à sa seule conformation. — Est-ce assez ingénieux ?

A l'extrémité de l'abdomen de la femelle du bourdon, se trouve *l'oviducte, l'ovipositoire, le pondoir* comme il peut vous plaire de le nommer, et qui est destiné à la ponte des œufs. — Examiné au microscope (obj. 1 N. 4 H.), cet organe représente une façon de fourreau couvert en partie de poils ou épines accrochés dans de jolis œillets, et terminé par deux lobes très poilus; formé d'ailleurs d'anneaux dont le diamètre est de plus en plus petit, ceux-ci s'emboîtent, au repos, les uns dans les autres, et comme alors le premier d'entre eux se cache dans l'abdomen, par la même occasion tous vont s'y cacher également; mais ce qui présente surtout de l'intérêt pour l'observateur, ce sont les trachées de l'intérieur de cet organe, tournées à l'instar de ressorts et allant lui donner l'air, la vie et le mouvement.

Quand l'appendice extrême de l'abdomen est taillé de façon à pouvoir percer des corps plus ou moins durs, les savants lui donnent le nom d'*oviscapte* ou de *tarière*. Voyez, par exemple (obj. 1 N. 4 H.), la tarière de certains *Ichneumons ;* au premier aspect, ne semble-t-elle pas uniquement formée de trois parties, deux valves ou lobes allongés couverts d'épines aiguës, et puis une espèce de lame barbelée en guise de scie? — Ne vous y trompez pas; prenez l'objectif 3 N., et vous acquerrez la certitude que cette lame, unique en apparence, est également triple, et se compose de trois lames distinctes, paraissant à la vérité soudées ensemble.

Si vous êtes désireux de connaître l'usage de cet appareil, suivez avec moi l'insecte à l'œuvre. Vous les connaissez tous sans doute, les Ichneumons, ces charmants hyménoptères faisant scintiller au soleil leurs brillantes couleurs en étalant quatre ailes délicates, butinant de fleur en fleur, se posant de préférence sur les fières ombellifères dont ils aspirent le suc avec volupté? Il n'est pas non plus que vous n'ayez remarqué chez plusieurs d'entre eux ces trois longs et gracieux filaments se montrant à l'extrémité du ventre et qui constituent l'organe très-allongé dont je parle en ce moment. Prenez garde : cette tarière pourrait vous blesser; mais si vous êtes pris, ne vous alarmez pas; la piqûre est légère, la douleur presque insensible et toujours fugitive, car, par bonheur, l'animal n'a pas de venin. Grand merci!

Généralement, les Ichneumons exhalent une odeur

assez désagréable ; mais parfois, celle-ci rappelle, à s' méprendre, le parfum de la rose. Explique qui pourr ce phénomène ; certes, ce ne sera pas moi.

Hâtons-nous d'arriver à l'usage de la tarière. Voye nonchalamment étendue sur une feuille d'arbust cette chenille insoucieuse, faisant en toute sécurité so modeste repas. Elle ne se doute pas, l'imprévoyant du danger grondant sur sa tête ; mais voici veni l'ichneumon ; il l'aperçoit, s'approche sans bruit, se pos délicatement à califourchon sur le dos de la bête, de s tarière lui perce doucettement l'épiderme et, san avoir l'air d'y toucher, dépose ses œufs dans l masse graisseuse dont la chenille est pleine. — A pein celle-ci, dans sa somnolence, a-t-elle eu quelqu inquiétude, et bientôt, se sentant débarrassée de so étrange cavalier, elle croit tout danger disparu. — Erreur profonde ! — Ce n'est pas en vain que l'ennem a pénétré un instant dans la place ; bientôt, le œufs de l'ichneumon donnent naissance aux larves celles-ci, peu reconnaissantes du chaud abri qui leu a été prêté, bien à contre-cœur il est vrai, dévorent belles dents la pâtée au cœur de laquelle elles s trouvent, semblables en cela au rat de la fable retir du monde et vivant au beau milieu de son fromag — Et, chose stupéfiante, les fines mouches se donnen bien de garde de toucher au canal intestinal, au organes essentiels à la vie ; elles ne sont pas si bornées il faut avant tout que la mère nourrice puisse toujour réparer ses pertes et, pareille à Prométhée, conti nuer à fournir la pâture à ces aigles d'une nouvell espèce! — Qu'en pensez-vous? Est-ce assez merveilleux?

Parfois, au moment où la chenille devient chrysalide, les larves de l'ichneumon subissent la même métamorphose. Sans vous douter de l'événement, vous avez bonnement pris la nymphe, vous l'avez précieusement enserrée, et chaque jour vous avez épié l'apparition du papillon brillant dont vous espériez enrichir vos collections. — Ah! bien oui! vous voici joliment mystifié! — Au lieu du magnifique lépidoptère si impatiemment attendu, des mouches, toujours des mouches! — Il faut savoir en prendre son parti : avant leur métamorphose, les larves de l'ichneumon avaient tué celles du papillon, et ce sont les premières qui, sous une enveloppe d'emprunt, avaient été recueillies par ignorance.

Ainsi, partout des parasites vivant aux dépens des cœurs assez généreux pour les accueillir! — Les insectes, ainsi que les hommes, sont victimes de la même lèpre rongeuse.

L'appendice le plus redoutable de l'abdomen est sans contredit *l'aiguillon*, cet instrument de défense dont j'ai eu l'occasion de parler sans l'avoir fait voir encore, et dont tous, petits et grands, nous avons une peur horrible. — Il y a bien de quoi vraiment; la piqûre en elle-même est insignifiante, l'aiguillon étant si petit, si petit, qu'à peine, à l'œil nu, on peut l'apercevoir; mais c'est du poison distillé par cet organe qu'il faut se méfier. Injecté sous l'épiderme, il ne tarde pas à y appeler une inflammation des plus cuisantes.—N'en riez pas ; si une piqûre isolée n'amène qu'un désordre momentané et très-circonscrit, un grand nombre de piqûres peuvent avoir les conséquences les plus funestes. N'a-t-on pas vu des enfants, voire même des hommes faits, périr sous l'aiguillon des abeilles ou des guêpes dont ils avaient imprudemment dérangé ou contrarié les travaux? — Il n'y a pas à plaisanter avec ces animaux-là, *savez-vous !*

Examinons attentivement cet organe à la fois si délicat et si terrible (obj. 1 N. 4 H. pour l'ensemble, 5 N. 7 H. pour les détails). En général il se compose, comme vous pouvez le voir (Pl. 7, fig. 4, 5), de deux soies fort grêles, très-pointues, barbelées vers l'extrémité, entre lesquelles vient s'insérer le vaisseau à venin, et en outre d'une gaîne ou tige conique creusée d'un sillon, en tout trois parties bien distinctes ; mais c'est dans la dernière que les deux soies formant seules l'aiguillon véritable, vont s'abriter au moment où tout l'organe se retire et va se réfugier dans l'abdomen.

Les dents de ces soies, de ces façons de scies, inclinent toujours de haut en bas, mais tantôt elles se montrent d'un seul côté, tantôt des deux côtés à la fois ; les soies de l'abeille et de la guêpe vulgaire sont barbelées d'un côté seulement.

Au dire de bien des savants, lorsque l'animal veut faire usage de cet appareil terrifiant, la gaîne se met à l'écart pour laisser agir les soies en toute liberté, et jamais elle ne pénètre elle-même dans la blessure. Je ne veux pas entamer de discussion à ce sujet ; cependant il me semble avoir parfaitement vu la gaîne de l' guêpe, dont la puissance l'emporte sur celle de l'abeille, s'introduire dans la plaie avec l'organe tout entier; et d'ailleurs s'il ne doit pas en être ainsi, je me demande pourquoi cette gaîne serait aussi robuste et surtout aussi aiguë.

En portant votre attention sur la structure intime de l'aiguillon, vous ne manquerez sans doute pas de remarquer ses canaux intérieurs et surtout la poche à venin, placée à la base de cet organe. Tout bien considéré, je suis porté à croire que cette poche-là est la seule particularité pouvant faire distinguer l'aiguillon de la tarière ou de l'oviscapte; en toute vérité, je n'y vois pas d'autre différence bien essentielle.

Le préjugé populaire enseigne que ces organes demeurent toujours dans la blessure. Il n'en est absolument rien; si le fait vient à se produire, c'est que l'animal, dérangé ou effrayé peut-être, se hâte trop et se retire maladroitement. Alors, malheur à lui! un prompt trépas est la punition de son impatience. — Bast! je ne le plains pas... et vous?

Avant d'abandonner ce sujet, laissez-moi, je vous prie, vous entretenir un instant encore d'un des congénères de la guêpe, non que son aiguillon soit bien distinct du sien, la seule différence consistant en une gaîne et des soies barbelées des deux côtés à la fois, mais parce qu'il est le héros intelligent d'une des histoires les plus curieuses, les plus stupéfiantes. — Ce cousin germain de notre poliste, d'un aspect très-peu rassurant, je vous assure, est connu de la science sous des noms aussi nombreux que ceux d'un grand d'Espagne ; on l'appelle indifféremment Sphex, Ichneu mon, Apis, Proapis, Pepsis, Chlorion, que sais-j encore? Contentons-nous de le nommer *Sphex* san plus.

Donc, un jour le vent soufflait avec violence; le arbres agitaient en murmurant leur vert feuillage l'air obscurci retentissait d'un bruit sinistre semblabl au grondement de la foudre; les animaux effrayés s tenaient tapis dans leurs repaires;

Plus d'amour, partant plus de joie.

En un mot, il faisait un temps détestable, un temp à ne pas mettre sa belle-mère à la porte, comm disent les mauvais plaisants.

A ce moment, un brigand de sphex cherchait tou inquiet à regagner ses pénates; de retour d'une chass meurtrière, il arrivait porteur de son gibier, une bell grosse mouche à ventre bleu dont il avait tranché l tête, mais dont les larges ailes tenaient encore. Sur pris par la tempête, à peine a-t-il pris son vol, que

Le plus terrible des enfants
Que le Nord eût porté jusque-là dans ses flancs,

le fait tourbillonner, tournoyer comme un volant et l jette tout plat à terre, lui et son butin. Après plusieur tentatives infructueuses : « Comment donc! se dit e » son langage le judicieux animal, j'aurai travers » maintes fois des temps bien autrement mauvais, san » jamais être arrêté dans mon vol! et voici qu'aujour » d'hui, parce que l'air est quelque peu agité, je n

» puis avancer d'un pas! Avisons à mettre ordre » à ceci. — Que pourrait-ce bien être? — Le » vent? je m'en moque pas mal. — Le poids de ma » mouche? j'en porterais bien deux comme elle. — » Mais ne seraient-ce pas ces maudites ailes qui, » jointes aux miennes, donnent trop de prise au sei- » gneur Borée? — Oui, ce doit être cela, ou je ne » m'appelle pas sphex. Essayons! » Et, sur ce beau raisonnement, le brigand de s'abriter, de déposer le gibier à terre, de lui couper les ailes, de reprendre son vol avec la charge ainsi allégée, et de regagner prestement sa demeure en entonnant un chant de victoire. — Ce fait, attesté par des savants distingués (1), est peut-être celui de tous qui accuse le mieux l'intelligence des insectes; l'instinct, ce semble, n'a rien à faire ici; un phénomène se produit; la cause en est recherchée et, aussitôt devinée, elle est anéantie. — Si ce n'est pas là du raisonnement, qu'est-ce donc s'il vous plaît?

Le pygidium. — Empiétons encore pour un moment sur le domaine des *Aptères* et parlons un peu, si vous le voulez bien, de l'organe ainsi nommé; mais n'allez pas vous aviser de demander de quoi il s'agit, car ce sont là de ces choses qu'en bonne conscience je ne puis décemment dénommer. Après cela, pour peu que vous ayez de sagacité et surtout d'expérience, il

(1) Lacordaire : *Introduction à l'Entomologie*, t. 2, p. 460. — Darwin : *Zoonomia or the laws of organic life*. London, 1794. — Ne pas le confondre avec le célèbre Darwin de nos jours, petit-fils de celui dont je parle.

ne vous sera guère difficile de deviner l'énigme; e puis, d'ailleurs, le mystère a toujours tant d'attrait que je me reprocherais de le dévoiler brutalement.

Donc, vers l'extrémité du dos de la puce (notre *Pulex irritans*), là où se trouvent les derniers arceaux de l'abdomen, sur un fond épineux ayant toute l'apparence d'un gazon bien rude divisé en deux parties égales et contiguës, le microscope, armé d'un objectif puissan (tout au moins 5 N. 7 H.), révèle aux regards surpris la présence de vingt-huit aréoles éparses sans trop de régularité, mais dont chacune, formée d'un cercle double, est ornée à l'intérieur de dix à douze granules celles-ci simulant de petites perles rondes rangées circulairement dans un ordre parfait, montrent, fichées au beau milieu, une soie épineuse se dressant là en maîtresse souveraine. (Pl. 7, fig. 6, 7.) L'ensemble est de l'aspect le plus gracieux; on dirait des couronnes de marguerites tressées par les enfants joufflus de nos campagnes et délaissées sur une pelouse verdoyante au moment où la bonne mère les convie au repas de la famille. Sans doute, les couronnes de ces marmots n'ont pas de soies centrales; notre vulgaire gazon est vert et non pas jaune comme celui de ce pygidium (1), mais qu'y faire? les comparaisons pèchent toujours par l'un ou l'autre côté; la mienne doit bien subir la loi commune. Après cela, ai-je eu tort de vous exhiber cet organe mystérieux? Je ne le crois pas.

(1) Un objectif d'une puissance de pénétration exceptionnelle montre ce gazon sous l'aspect d'un tissu. On ne sait plus à quoi s'en tenir.

Les pinces. — Vous avez tous remarqué les appendices que porte à l'extrémité de son abdomen l'insecte appelé par le vulgaire *Perce-oreille* et que la science elle-même, après l'avoir rangé dans la classe des Orthoptères, a baptisé du nom significatif de *Forficula auricularis*. — S'il fallait en croire le préjugé populaire, ce petit animal serait des plus redoutables; parvenant à s'insinuer dans l'organe de l'ouïe, il ne tarderait pas à s'y frayer un chemin jusqu'au beau milieu du cerveau où ses dégâts occasionneraient un prompt trépas, ni plus ni moins. — Ah! quand les préjugés s'en mêlent, ils n'y vont pas de main morte, allez. — Eh bien, toute cette histoire est une fable inventée à plaisir; jamais de sa vie un perce-oreille n'a percé une oreille, par la raison bien simple qu'il n'y a là pour lui aucun passage praticable. S'il s'avisait d'y entrer, l'anatomie lui jetterait en travers de son chemin, un appareil osseux contre lequel ses mandibules iraient se briser, à l'exemple des dents du serpent sur la lime de l'horloger de la fable. — Depuis longtemps la science a cherché à détruire l'erreur généralement répandue à ce sujet, mais elle a beau faire, le préjugé demeure debout, et nous en avons peut-être pour des siècles encore, avant que la vérité parvienne à se faire jour.

Les pinces de l'abdomen du forficule, formées de deux branches pointues, droites chez les femelles, recourbées en dedans chez les mâles, ne présentent pas, à vrai dire, un bien grand intérêt au point de vue microscopique, mais les mœurs, les instincts de ce animal sont des plus curieux.

A l'imitation de la poule de nos basses-cours, l femelle pond des œufs et les dépose en tas à l'ombre elle les couve absolument comme fait notre gallinac et, au sortir de l'œuf, les petits suivent la mère l'instar des poussins. — Le moment du repos est-arrivé, ils se blottissent les uns contre les autres, e la maman, pour les tenir bien chauds, les couvre e entier de son petit corps. Ainsi, à la seule différenc de la forme et de la taille, les forficules nous rap pellent toutes les façons d'agir de nos poules, et nou pouvons, sans trop nous tromper, voir en eux les ga linacés de l'entomologie.

Après cela, en vain voudrais-je vous le cacher, ce petits animaux nous gâtent en les rongeant, nos fruit les meilleurs. — Avons-nous bien le droit de leur e vouloir? — Ne doivent-ils pas manger pour vivre ? — Et s'ils aiment les pêches savoureuses, les abricot parfumés, pouvons-nous leur en faire un crime? Avan de les condamner, faisons un retour sur nous-même et demandons ce que peuvent bien penser de notr gloutonnerie les moutons, les bœufs, les lièvres, le perdrix *e tutti quanti*. — Ainsi qu'on le chante l'Opéra : *Chacun pour soi et Dieu pour tous !*

L'épiderme. — Les chenilles, ces larves immonde des papillons élégants, inspirent généralement u dégoût instinctif dont je ne puis expliquer la cause. — Pourquoi faut-il cependant que, parfois, elles se mu tiplient au point de devenir une calamité publique ? Qui ne se rappelle nos belles promenades dépouillées de leur vert feuillage? nos vieux arbres réduits à l'état de squelettes? — Les chenilles seules avaient fait tout le mal, et vous pouvez vous souvenir encore d'avoir remarqué dans nos sombres forêts, des chênes majestueux, deux fois centenaires, dont l'écorce, de la base au sommet, était littéralement cachée sous une armée de *processionnaires*. — C'est à se désespérer ! — Mais comment combattre le fléau ? — Mon Dieu ! le remède est bien simple : protégeons les jolis oiseaux d'abord, au lieu de les manger en vrais gloutons que nous sommes, de les tenir en captivité dans de petites cages, de nous amuser à réunir en petites collections leurs petits œufs, l'espoir de la petite famille; puis, procédons à l'échenillage avec le plus grand soin. — Je connais d'avance votre réponse :

> Le bel emploi que tu nous donnes !
> Il nous faudrait mille personnes
> Pour déplucher tout ce canton.

Je ne dis pas non, mais qui veut la fin, veut les moyens. Après cela, on le sait :

> Nous n'écoutons d'instinct que ceux qui sont les nôtres,
> Et ne croyons le mal que quand il est venu.

Je vous ai dit le remède; si vous n'en voulez pas, c'est votre affaire, je m'en lave les mains.

Le croirait-on ? L'épiderme de cette répugnante chenille, convenablement préparé pour l'observation, est des plus charmants; on dirait voir un tapis curieusement pointillé, tout parsemé de petites rondelles (nuances différentes; il y en a de blanches, de grise de jaunes, de brunes, toutes des plus ravissantes; pui d'espace en espace, de jolis œillets destinés aux poil et enfin, à des distances relativement assez grande des stigmates de forme cylindrique, laissant arrive l'air dans les organes de la respiration. Prenez l'obje tif 1 N. 4 H., examinez attentivement l'ensemble les détails de cet épiderme, et vous ne pourrez qu'ac mirer.

Il en est ainsi d'une foule d'autres de ces membranes voyez, entre mille, celle de la larve des Tipules, ce diptères voisins des cousins, dont ils diffèrent principa lement par l'innocence de leurs mœurs, se gardan bien, et pour cause, de jamais nous piquer; leur ép derme est tout couvert de petites et courtes épines, d longs poils branchus et de stigmates fort curieux, j vous assure. Puis il y a l'épiderme de l'araignée mon trant ses fines lignes ondulées toujours entrecoupée d'œillets mignons; et celui du grillon des champs, fie de ses poils nombreux et de ses stigmates aux forme allongées présentant dans leur intérieur, d'un côté, un façon de peigne, de l'autre, un réseau délicat. — C serait à n'en jamais finir, et il faut savoir s'arrêter temps.

Les fils. — Les fils d'araignée (encore un *aptèr* celle-ci) doivent également appeler notre attention. L nature, vous le savez sans doute, a doué ces insecte de viscères pouvant sécréter une liqueur qui transsud par des filières, se durcit aussitôt qu'elle subit le contact de l'air, et devient le fil dont nous parlons.

Ces filières, surmontant deux, quatre ou six mamelons situés à proximité de l'anus, sont des plus originales; on dirait voir les instruments voués au ridicule, dont l'infortuné Pourceaugnac faillit devenir la victime; observées avec l'objectif 5 N. 7 H., la ressemblance est frappante. (Pl. 7, fig. 11.)

Suivant l'estimation de certains savants, la finesse des fils d'araignée est telle qu'il en faudrait seize mille millions pour obtenir l'équivalent en épaisseur d'un seul de nos cheveux. — Seize mille millions! — Est-ce bien possible? — Pour moi, je n'en crois pas un mot, et j'ai une bien plus grande confiance dans le calcul d'un autre savant ayant estimé ces fils quatre cent mille fois plus fins que notre tube capillaire. — Quatre cent mille fois ! c'est déjà bien honnête.

Après cela, la règle n'est pas générale; il en est de ces produits comme des fagots du *Médecin malgré lui* : il y a fils et fils; s'il s'en trouve d'une extrême ténuité, on en connaît aussi d'une grande force. Au dire de certains voyageurs, les fils tendus par de dégoûtantes et horribles *Epéires* sont assez résistants pour arrêter de petits oiseaux, et l'homme lui-même a peine à les rompre. A Java, assure l'un d'entre eux, il faut un instrument tranchant pour y réussir, et un M. Richard Stafford affirme qu'aux îles Bermudes, on rencontre des araignées dont les toiles sont tellement solides qu'une perruche ne parvient pas à s'en dépêtrer. — Je vous raconte tout ceci sans m'en porter garant, entendez-vous : A beau mentir qui vient de loin, dira le bon Sancho. — Peu importe d'ailleurs l'épaisseu de ces fils ; c'est à l'organe producteur que nous devon avant tout nous intéresser, et, à cet égard, il n'y a pa de doute possible, les filières surmontant les mamelon sont bien des seringues ; aussi, quand je les vois accu mulées, énormément grossies par l'objectif et tournée vers ma personne, il me prend envie de fuir à toute jambes, à l'exemple du Limosin mystifié.

De tout temps, les araignées, dont les variétés son innombrables, ont été répandues à profusion sur la sur face du globe : au dire de l'historien Lampride, le esclaves de l'ignoble Héliogabale étaient même par venus à recueillir sur le seul territoire de Rome, di mille livres de leurs toiles. — Si le compte pouvai être exact, savez-vous ce qu'il eût fallu d'araignée pour arriver au chiffre indiqué ? — Réaumur, le savan naturaliste, l'inventeur populaire du thermomètr célèbre, a calculé qu'une seule livre de ces toiles es le produit de 633,552 individus de la petite espèce o de 55,296 de la grande ! — Les malheureux esclave du voluptueux despote auraient donc dû réuni 6,335,520,000 ou tout au moins 552,960,000 de ce aptères ! — Après cela, Nisard ne s'est-il pas tromp dans sa traduction ? Lampride, ce me semble parl d'araignées et non de leurs toiles (*decem millia pond arenearum*) ; mais ceci ne fait rien à l'affaire ; en tou état de cause il y a exagération évidente, et vous pouve d'ailleurs tenir pour certain que jamais l'indolent empe reur n'aura vérifié le poids de ces dégoûtants animaux qu'un caprice immonde lui avait ainsi fait accumuler.

Pour juger de la fécondité, sous ce rapport, de ces vilaines bêtes, c'est par une belle matinée d'automne qu'il faut, de bonne heure, parcourir les allées sinueuses de nos jardins, suivre à la campagne un chemin bordé de berges verdoyantes, visiter les potagers enrichis de nombreux arbres fruitiers. Là, partout des toiles diaphanes, les unes appendues aux arbustes en cercles concentriques, les autres étalées en tapis sur le sol, d'autres encore flottant en guirlandes, en drapeaux; puis, des fils de tous côtés, se balançant entre les branches et barrant souvent le passage. Si, en s'inclinant, on regarde alors le sol à niveau, aussi loin que les yeux peuvent porter, on aperçoit ces fils, ces toiles, couvrant les plantes, la terre, les sillons, les pierres mêmes. Vient ensuite le moment où le brouillard se dissipe; réduit en rosée, le voici qui s'attache à tous ces produits des filières, tantôt sous forme de lentilles isolées scintillant de mille feux aux premiers rayons de l'astre du jour, tantôt se divisant en tout petits diamants enfilés à la suite les uns des autres. — Le spectacle est vraiment magique, et ceux que la paresse retient tard au lit sont bien à plaindre. — Peu à peu cependant le soleil absorbe toutes ces merveilles que le lendemain voit renaître, jusqu'à ce qu'enfin ces pauvres toiles délaissées, effilées, abandonnées par leurs auteurs, et tour à tour humectées et desséchées, blanchissent, prennent l'éclat de l'argent, se détachent et s'en vont, emportées par l'aquilon, s'éparpillant dans les airs, parcourant les espaces, s'attachant à tout ce qu'elles rencon-trent, aux branches, aux aspérités, à nos vêtement même, pour recevoir d'un peuple ignorant mai pieux, le nom charmant de *Fils de la Vierge.*

Et puisque nous en sommes aux araignées réputée la terreur des autres animalcules, ne les abandonnon pas avant d'avoir établi que c'est là tout bonnemen une réputation usurpée. En réalité, voyez-vous, elle sont pusillanimes au suprême degré. En effet, s'il fau en croire certains observateurs, l'apparente audace d ces bestioles tient à la seule certitude de savoir leur victimes empêtrées dans ces fils inextricables et mise par cela même hors d'état de se défendre. Privée d son abri et semblable en ceci à Samson dépouillé de s chevelure, l'araignée, sans force, fuit à pas précipité devant le premier ennemi venu, et même, au centr de sa toile perfide, si, par aventure, la plus petit fourmi vient à montrer le bout du nez, aussitô dame Arachnée prend ses jambes à son cou et s'en v incontinent se réfugier dans son antre. Au dire d'au-tres savants, il est vrai, cette fourmi isolée ne lu inspirerait par elle-même aucune crainte sérieuse mais l'araignée, instruite par les leçons de l'expérience redouterait l'invasion de la *légion* dont l'industrieu hyménoptère est le plus souvent la sentinelle avancée C'est bien possible; toutefois, cette prévoyance de l fileuse ne m'est pas démontrée le moins du monde

Quoi qu'il en puisse être, la couardise des araignée est un fait avéré; souvent même les plus grande n'osent pas affronter les attaques des plus petites. E voici un exemple : un beau matin l'illustre naturaliste Bonnet remarqua une *Tégénaire*... vous savez bien, cette vilaine araignée des maisons, ayant la mauvaise habitude de tisser sa toile dans les angles des murs de nos appartements, au grand déplaisir des ménagères soucieuses de la propreté...; cette Tégénaire donc venait de prendre dans ses filets une pauvre petite mouche venue là à l'étourdie; à ce moment apparaît tout à coup, arrivant on ne sait d'où, une *Théridion*, cette araignée microscopique, grand amateur de raisins dont elle sait couvrir les grains de fils imperceptibles. Celle-ci, convoitant la proie de l'autre, se met en mesure de s'en emparer; pour atteindre le but elle avance à reculons et, arrivée à portée, vli-vlan, des ruades par-ci, des coups de patte par-là, des jets de fils par dessus le marché, elle harcèle, elle fatigue, elle épouvante son ennemie qui, de guerre lasse, abandonne, délaisse la mouche, l'innocente victime dont la Théridion ne tarde pas à faire son repas de cannibale. Ainsi, vous le voyez, voici une grosse araignée n'osant pas disputer son gibier à une autre cent fois plus petite, d'où il faut conclure que, dans le monde des Arachnides, le courage ne dépend pas de la taille. Cela se voit encore ailleurs, n'est-il pas vrai?

Les poils. — Si vous êtes tant soit peu observateur, il n'a pu vous échapper que la plupart des insectes sont couverts de poils, poils très-fins, presque imperceptibles et des plus insignifiants en apparence; mais combien les choses ne changent-elles pas d'aspect quand l'on a recours au microscope!

Examinons d'abord ensemble, si vous le voulez bien le plus remarquable entre tous peut-être, le poil de la larve du *Dermeste*. Il n'est pas bien sûr que vou ayez ouï parler du petit coléoptère connu sous ce nom (Pl. 7, fig. 8.) — Quand il a subi sa transformation dernière, qu'il est devenu grand garçon, insecte parfait il ne fait aucun mal ; loin de là, ce chétif animalcule rend service à l'humanité souffrante en rongeant le fibres des rats, des souris, des taupes et d'une foule de petits animaux malfaisants délaissés sur le sol à l'état de cadavres, comme aussi en faisant adroitement la chasse aux cloportes et aux vilaines araignées; mais auparavant, quand il rampe encore en qualité de larve, quand à peine sorti des premières langes, il végète à l'éta d'enfance, oh ! alors, à l'exemple de nos marmots, *i est sans pitié*. Non-seulement nous le voyons abîmer en les rongeant, les riches fourrures de nos dames e s'attirer à bon droit leurs malédictions,... si tant es qu'une femme puisse jamais maudire, mais cette ignoble petite bête s'acharne encore à dévaster nos collections les plus précieuses d'histoire naturelle. Aussi, dans nos musées, est-elle vouée impitoyablement à la damnation. — Reste à savoir si le Bon Dieu ratifie au ciel une sentence due à l'ignorance de ses secrets.

Eh bien, le poil, invisible à l'œil nu, de cette vilaine larve, est une de ces merveilles que l'on a peine à concevoir, et dont, à la confusion de la science, nu encore, que je sache, n'a pu deviner la destination

Sans prétendre pénétrer le mystère, essayons cependant de montrer l'objet tel qu'un objectif puissant (8 N. 9 ou 10 H.) le fait apparaître à nos regards surpris. — Ah ! je le sais, il me faudrait ici le génie des écrivains du grand siècle, ou tout au moins le talent descriptif d'Honoré de Balzac, et j'en suis réduit hélas ! à ma plume, à ma pauvre petite plume, s'essayant en vain à prendre un vol élevé, et que le moindre souffle précipite lourdement à terre. — Bah ! un homme ne peut faire que de son mieux, et l'on ne me pendra pas pour avoir échoué.

Figurez-vous donc voir en miniature une de ces lances de nos anciens guerriers (Pl. 7, fig. 9), dont la hampe, du sommet à la base, serait ornée d'une succession de jolies bobêches à angles aigus sortant des mains de nos ouvriers les plus habiles, et dont la dernière, vers l'extrémité supérieure, d'une dimension plus grande, verrait ses pointes anguleuses recourbées en dedans. — Ce n'est déjà pas trop mal, n'est-il pas vrai ? Mais voici du bien autrement intéressant : — La pointe de ce poil, imitation parfaite du fer qui complétait autrefois l'arme meurtrière, est composée, comme l'a reconnu avant tout autre le docteur Carpenter, l'habile micrographe de Londres, de sept ou huit simulacres de rubans attachés à l'extrémité par un des bouts, retombant entraînés par de jolies petites boules pendantes à l'autre et qui vont se réunissant autour de la hampe sans trop peser, de façon à permettre à ces rubans de faire le ventre ; et ainsi s'explique la ressemblance avec le fer de la lance ancienne. — Pouvez-vous comprendre pourquoi ur animal aussi chétif est de la sorte couvert, de la têt aux pieds, d'armes aussi mignonnes? — Quant à moi je jette ma langue aux chiens. — Peut-être no arrière-petits-neveux seront-ils mieux avisés et par viendront-ils à deviner l'énigme; je le leur souhaite de bien bon cœur.

Un autre poil, dont la destination est également ur mystère, c'est celui de l'araignée surnommée l'*Oise leuse* par les Anglais (*Bird catching spider*), dénomi nation qui, par parenthèse, semblerait révéler la croyance des naturalistes de cette nation aux récit des voyageurs dont j'ai parlé. — L'objectif 5 N 7 H. nous montre ce poil barbelé avec la plus grand délicatesse et terminé par une espèce d'épi plus larg de beaucoup, composé de toutes petites épines accu mulées les unes contre les autres et couchées symé triquement. — Encore une fois, à quoi cela peut- bien servir? — Si vous le devinez, vous m'obligere beaucoup et vous obligerez tous les savants en pu bliant votre découverte.

Viennent les poils des Apiaires, des *mouches à mi* comme le vulgaire les appelle. — Ici nous avons le coudées franches; de nos yeux nous pouvons voir parti que l'animal sait en tirer; d'abord, le mêm objectif nous montre ces poils présentant une granc analogie avec de petites mousses à feuilles allongée et, pour en connaître l'usage, il suffit de suiv l'abeille à l'œuvre. — La voyez-vous volant à recherche du pollen et pénétrant dans l'intérieur d'ur corolle parfumée? — Attendez! — Laissez-lui le temps d'achever sa récolte! — Bien! voici qui est fait. — La reconnaissez-vous maintenant? — Non, n'est-il pas vrai? — C'est pourtant bien notre même abeille; seulement, toute saupoudrée de pollen, elle est méconnaissable; mais, soyez sans inquiétude, le déguisement ne sera pas de longue durée; bientôt, se posant sur une tige voisine, vous la verrez, utilisant les brosses mignonnes dont ses pattes sont pourvues, détacher le butin que ces poils ont retenu, en faire de petites pelotes, déposer celles-ci dans les jolies corbeilles dont j'ai fait mention, et, chargée de son précieux fardeau, s'envoler toute joyeuse vers la ruche bien-aimée.

Ici encore je suis tenté de chercher noise aux savants : Cuvier, le grand Cuvier, est sans contredit l'un des princes de la science, mais n'a-t-il pas écrit que les poils des insectes sont des prolongements de l'épiderme? — Or, si je prends le microscope, l'objectif 7 H. me fait voir, clair comme le jour, que c'est là une de ces erreurs capitales rendues palpables par la raison démonstrative dont parle le maître d'armes du *Bourgeois gentilhomme*. Il n'y a pas en effet à douter, chaque poil est implanté dans une bulbe formée de deux renflements semi-sphériques simulant ensemble un œillet, et cette bulbe prend naissance au-dessous de l'épiderme et non pas au-dessus ni même à niveau. Le fait, un fait inexorable, vient donc détruire la théorie de la science, et il nous est donné de voir, de nos yeux, que les poils des insectes n'ont pas plus de rapport avec l'épiderme que les ailes n' ont avec les pattes.

Les épines. — Il nous faut bien garder de confond avec les poils généralement inoffensifs, les *épines* do sont armées bon nombre de larves, et par-dess toutes les autres, celles des Lépidoptères. Les épin se distinguent des poils en ce qu'elles sont plus gro ses, d'une substance cornée, et suffisamment dur pour percer la peau des imprudents assez malavis pour y porter la main. Parfois ces appendices so simples, mais parfois aussi ils sont branchus et re semblent alors, à s'y méprendre, à ces group d'épines végétales croissant sur le tronc de l'arbre c Judée (*Cercis seliquastrum*), à la seule différence de taille et de la couleur, jaune chez les premiers, brun chez les seconds. L'objectif 1 N. 4 H. suffit pour l'ol servation.

Ces épines-ci sont avant tout une arme défensive; ne fait pas bon s'y fier : qui s'y frotte, s'y pique! Le oiseaux bien avisés les redoutent, et il y a telle ch nille, celle du *Bombix processionea*, par exemple, qu le seul coucou (*Cuculus canorus*) ose, dit-on, attaquer Cependant il se pourrait que les observations n'eusser pas été faites avec tout le soin désirable, car j'ai vu d mes yeux un audacieux pierrot, très-affamé sans dout s'en prendre hardiment à l'une de ces mêmes chenille. Il y allait avec beaucoup de circonspection il est vra prenait son temps, lançait au moment opportun d bons petits coups de bec, parvenait enfin à déchire l'épiderme, attendait alors que la matière grasse s'écoulât par la plaie béante et, sans plus se soucier du danger, se régalait de cette délicieuse pâtée, délaissant avec dédain l'insecte, sa peau, et ses épines formidables ou non.

Et s'il en est ainsi des épines des larves de nos contrées, que devons-nous penser de celles des chenilles exotiques? Dans ces pays lointains, leur simple attouchement peut passer à bon droit pour une vraie calamité. Il y a, par exemple, la chenille d'un papillon connu sous le nom de *Io,* dont les épines longues, vertes et rugueuses, se trifurquent à leur base et se terminent par une pointe aiguë pouvant causer des douleurs intolérables. Une autre énorme chenille d'Amérique (le *Cerocampa regalis*) vivant là dans le Nord sur le Platane, est encore plus redoutable; elle porte derrière la tête, et sur la partie inférieure des premiers segments, sept ou huit épines formidables d'environ trois à quatre centimètres de long. Quand on l'agace, elle relève cette tête d'un air menaçant et la secoue avec vivacité de droite et de gauche. Aussi le vulgaire en a-t-il une peur horrible, et l'a-t-il surnommée *le diable cornu du platane.* Gare à ceux que ses épines viennent atteindre! il leur en cuit pour longtemps.

Enfin, dans la Nouvelle-Hollande, on connaît une certaine chenille dont j'ignore le nom; en apparence celle-ci est dépourvue d'épines, mais vient-on à y porter la main, soudain s'échappent de certains tubercules dont sa peau est couverte, des paquets ou faisceaux d'aiguilles qui s'enfoncent incontinent dans peau et y causent des douleurs atroces. Voyez-vous c hypocrites avec leurs armes cachées !

Cuillerons et Balanciers. — A la naissance des ail des diptères, le microscope fait souvent découvrir deu espèces d'organes plus ou moins mystérieux et nomm par le science *Cuillerons* et *Balanciers*. Les premier formés de membranes transparentes simples ou doubl à l'instar de celles des ailes elles-mêmes, affectent forme d'écrans à la main, bordés souvent de pinceau délicats; les seconds, ressemblant aux os des tibia qu'un canal intérieur parcourrait d'un bout à l'autr montrent à leur base des façons de trachées.

L'objectif 1 N. 4 H. ou tout au plus le 3 N., suffir pour vous faire apprécier les Cuillerons d'abord, che la mouche *volucelle*, cette ennemie acharnée des bour dons dont elle brave l'aiguillon acéré et infeste le nids, et les Balanciers ensuite, chez cet autre diptèr nommé l'*Asilus crabroniformis*, un scélérat à la min farouche, se livrant au brigandage le plus effréné blessant ou massacrant tout ce qu'il rencontre, bête et gens.

Très-bien, me direz-vous, mais pourquoi parler d ces deux organes à la fois ? — Je vais vous l'apprendre

Une des questions les plus controversées en ento mologie, est celle de savoir de quelle façon se produi le bruit, la musique dont nous régalent les insectes. — De là une infinité de systèmes. — Les systèmes c'est le fort des savants, vous savez. — Or, d'aucuns d'entre ces messieurs ont attribué aux cuillerons le rôle de tambours et aux balanciers celui de baguettes, et ils ont assuré que, pendant le vol, ces baguettes font sur ces tambours un roulement soutenu auquel, dans notre ignorance, nous avons donné le nom de *bourdonnement*. Force m'était donc bien de ne pas séparer ces deux organes.

Mais ce système ingénieux et pittoresque n'a pas trouvé grâce devant la science, et celle-ci l'a condamné sans appel, en assurant avec l'autorité dont elle est investie, que la seule fonction des cuillerons est d'aider au vol. — Je le veux bien ; la solution me semble assez rationnelle.

Quant aux balanciers, c'est une autre affaire, et, à dire le vrai, la destination n'en est pas connue le moins du monde. D'aucuns assurent que ces organes sont, dans l'acception la plus grammaticale du mot, de vrais balanciers dont l'insecte, à l'imitation du danseur de corde, se servirait pour équilibrer le vol. — Mais, s'il en est ainsi, pourquoi donc tous ces petits animaux n'en sont-ils pas pourvus ? — Et puis, ne voit-on pas de ces balanciers tellement exigus (ceux de l'œstre du cheval, par exemple) qu'il doit leur être absolument impossible d'assurer le moins du monde le centre de gravité ?

D'un autre côté, la science refuse à ces organes le pouvoir de produire un son quelconque, et cela par une excellente raison à laquelle nous n'avons rien à reprendre ; ils ne se prêtent à aucun de ses systèmes. — C'est là, il faut en convenir, un argument sans réplique.

Êtes-vous désireux de les connaître, ces ingénieu systèmes? — Je puis vous satisfaire; les voici :

Ou bien le bruit est le résultat du frottement accéléré des jambes, soit contre les élytres, soit contre le arceaux de l'abdomen. Les coléoptères en général, e les nécrophores en particulier, en fournissent de nombreux exemples. Toutefois, cette règle comporte de exceptions; vous est-il arrivé, par une nuit silencieuse, veillant au chevet du lit d'un malade, d'entendre à vos côtés frapper sept à huit coups, sans pouvoir deviner la cause de ce bruit allant sans cesse s répétant après des intervalles de silence? — C'es l'*Horloge de la mort,* dit le vulgaire. — Non, c'es l'*Anobium*, (Pl. 7, fig. 10) un pauvre innocent coléoptère, n'ayant jamais annoncé le décès de personne a monde, mais très-habile, quand on l'attaque, à simuler la mort pour son propre compte. Seulement, dou d'une complexion fort tendre, il lui a semblé asse ingénieux d'annoncer sa présence à l'objet de s flamme (toujours le vieux style et pour cause), en frappant de ses puissantes mandibules la première planch venue, dont son instinct lui fait deviner la sonorité. I eût donc fallu le nommer l'*Horloge de la vie* : u signal d'amour peut-il être autre chose?

En second lieu, le bruit dont je vous rabâche le oreilles est dû à la sortie violente de l'air par l'orific des stigmates, aidée de la vibration des ailes. — Pou comprendre le mécanisme, souvenez-vous seulemen de ce jouet de votre enfance, du *diable* puisqu'il fau l'appeler par son nom, alors qu'au moyen de deu baguettes tenant l'une à l'autre par une longue ficelle attachée à chacun des bouts, vous parveniez à le faire *ronfler* à la plus grande joie des marmots, vos admirateurs du moment. — Eh bien, la cause de ce ronflement était la même que celle du bourdonnement particulier à certains insectes, parmi lesquels les cousins occupent une place distinguée. Voici comment le fait a été vérifié : un expérimentateur s'est emparé d'un *Geotrupes stercorarius,* ce scarabée d'un bleu noirâtre dont vous avez si souvent remarqué les allures autour des bouses de vache dans lesquelles il dépose ses œufs, le salop, et il lui a bouché les stigmates au moyen de je ne sais plus quel ingrédient. Eh bien, aussi longtemps que la matière étrangère n'a pas été expulsée, le bourdonnement avait complétement cessé. — La démonstration paraît assez complète, ne pensez-vous pas?

Enfin, le bruit est dû à des organes spéciaux dont on rencontre des spécimens chez les seuls Hémiptères et les Orthoptères. Prenons pour sujet la célèbre *cigale* qui a eu l'insigne honneur d'être chantée par Anacréon, Virgile et La Fontaine ; auprès du premier segment de son abdomen, l'objectif 1 N. 4 H. révèle la présence d'une membrane sèche, plissée, convexe, et renfermée dans une cavité en forme de demi-lune. Un muscle disposé à l'intérieur et venant aboutir à cette membrane, possède la faculté de l'attirer en dedans ; mais, aussitôt relâchée, elle reprend sa position première. Quand donc la cigale désire faire entendre sa belle voix, elle se contente de tirer la ficelle et de la lâcher successivement; le va-et-vient de la membrane fai crépiter celle-ci, et si le ramage n'est pas des plus har monieux, en revanche il se fait entendre au milie des champs, à l'heure où le soleil vient dorer les mois sons et embellir la nature à nos yeux enchantés, c qui nous fait passer aisément sur la monotonie d larifla hémiptérique.

A l'exception de ce dernier bruit et de quelque autres analogues, il faut bien le dire cependant, nou en sommes réduits aux hypothèses sur les causes d tout ce petit vacarme; et comment n'en serait-il pa ainsi, alors que les observations doivent presqu toujours se faire à la volée? — Pour en reve nir aux balanciers, comme ils n'ont pas eu l'air d vouloir se prêter à l'une ou à l'autre des troi combinaisons admises par la science pour la pro duction du son, celle-ci les a définitivement rejetés d concours.

Cette exclusion est-elle bien justifiée? — Je ne di pas non; cependant les experts ayant admis que l bruit peut être le résultat de l'expulsion de l'air travers les stigmates, pourquoi ne le serait-il pas d son passage par le canal intérieur des balancier et à travers les pores de ce qu'on appelle le bouton d ceux-ci? — Loin de moi la prétention d'ériger cett proposition en système! — Les systèmes! je les ai e horreur. —Mais si je risque cette idée, c'est que, si j'a bonne mémoire, la science elle-même ne l'a pas tou jours dédaignée. Comment, en effet, a-t-elle expliqu la gamme chromatique descendante, si lugubre et plaintive à la fois, chantée, quand on le saisit, par le sphynx connu sous le nom de *Tête-de-mort?*

(Ah ça! qu'ai-je donc aujourd'hui à parler de mort à tout bout de champ? — Hélas! je le sais trop; de tous côtés sa faux cruelle se dresse menaçante : au nord ou au levant, l'épizootie, l'oïdium, la famine, la fièvre jaune, le choléra,

La peste, puisqu'il faut l'appeler par son nom,
Capable d'enrichir en un jour l'Achéron,

et puis près de nous la guerre, une guerre implacable, sans pitié ni merci! — des hommes, des frères devant Dieu, égorgés, mitraillés, torturés par des mains fratricides! — Ne cherchons pas plus loin la cause des sombres images que trace ma plume épouvantée) (1).

Revenant à mon sujet, je vois donc la science expliquer ce chant si mélancolique, par l'expulsion de l'air à travers la trompe de cet effrayant papillon, et je me demande pourquoi il n'en serait pas de même de l'air passant par les balanciers? S'il y a de bonnes raisons pour le nier, je serai fort obligé à la science de me les dire, car je ne demande pas mieux que de me rendre à l'évidence.

Il me semble qu'en voici à peu près assez des organes isolés des insectes, et je n'ai guère envie de vous faire pénétrer plus avant dans les secrets de l'anatomie

(1) Ceci a été écrit en 1870; mais en présence de ce qui s'est passé depuis en Espagne et dans les Possessions hollandaises; en présence surtout de ce qui se passe en Orient, il n'y a pas lieu de le retrancher, hélas! — Ah! que les hommes sont donc bêtes!

entomologique; c'est là de la science pure, et, vo le savez, je n'y ai aucune prétention. Je vais donc n hâter d'en finir. Si cependant vous êtes d'un aut avis, vous pourrez étudier aisément les *trachées* c tubes aérifères dont les stigmates sont les orifice l'objectif 1 N. 4 H., ou tout au plus le 3 N., vous l montrera sous la figure de ressorts partant d'un cent commun, se dirigeant capricieusement vers l'intérie en sens divers et se divisant à l'infini; les araigné et le *Calliphora vomitoria* déjà nommé, vous en fou niront d'excellents spécimens. Vous pourrez voir ég lement, à l'aide du même objectif, les *fibres musc laires* présentant, chez les araignées encore, une ce taine ressemblance avec le ver solitaire; et n'oubli pas que chez beaucoup d'insectes, la puissance de c organes si délicats en apparence, dépasse tout ce q l'on peut imaginer. Voici, en effet, ce que dit à sujet le savant abbé Plessis : « On éprouve un sent » ment de surprise en songeant à la multitude d » muscles que le Créateur a prodigués aux plus vi » animaux; mais la puissance dont il a doué c » mêmes muscles chez quelques êtres inférieurs n'e » pas moins digne d'admiration. J'ai mesuré plusieu » fois celle du *Lucanus cervus* (cerf-volant); récen » ment encore, j'ai posé un bel insecte de cette espèc » pesant 3 grammes 20 centigrammes, sur une plan » che où ses crochets trouvaient un solide poi » d'appui; puis, dans une boîte légère bien équilibr » sur son dos, j'ai placé progressivement des poi » jusqu'à concurrence d'un kilogramme. En excitar

» quelque peu l'animal, je l'ai vu raidir ses pattes et » traîner cet effrayant fardeau équivalant à 315 fois » son propre poids. Un homme de force ordinaire est » certainement cent fois moins fort que lui. Si l'élé- » phant était doué d'une puissance proportionnée, il » porterait, en courant, l'obélisque de Louqsor ne » pesant que 230,000 kilogrammes! »

« On aura beau dire que le Cerf-volant est protégé » par une solide carapace et qu'il ne soulève pas sa » charge; il n'en est pas moins vrai qu'il se traîne avec » ses maigres pattes, et qu'il est toujours juste de glo- » rifier Dieu dans ses œuvres, en répétant avec saint » Augustin: *Magnus in magnis, maximus in minimis;* » admirable dans les grandes choses, le Tout-Puissant » l'est encore davantage dans les plus petites (1). »

Les œufs. — Pour terminer ce que j'ai à dire ici, j'appellerai votre attention sur les *œufs* des insectes, dont quelques-uns, ceux des papillons surtout, sont sculptés le plus délicatement du monde, et dont l'arrangement est parfois réellement merveilleux. Il y a, entre autres, un lépidoptère nocturne, le *Bombix neustria,* dont les œufs accusent autour des jeunes branches des arbres fruitiers, des anneaux ou bracelets semblables aux produits de l'art le plus raffiné.

Ces œufs affectent d'ailleurs des formes très-variées; tantôt celles-ci sont oblongues, ovales, globuleuses, plates, orbiculaires, elliptiques; tantôt elles

(1) *Les Mondes*, par l'abbé Moigno, n° 14 du 31 juillet 1873, page 552.

sont coniques, cylindriques, hémisphériques, lenticu laires, pyramidales, carrées, etc. Voyez surtout les œuf du *Catocala nupta,* du *Satyrus tithonus,* du *Satyru janira,* de la *Vanessa urtice,* ces papillons splendide si connus. (Pl. 8, fig. 1, a. b. c. d.) Un objectif faibl (O. N. 2 H.) suffit amplement pour en faire ressortir l curieuse structure; parfois même on dirait voir le produits de l'industrie du vannier poussée jusqu'à se dernières limites de perfection. Ah! Dieu est grand et les athées auront beau faire et beau dire, jamais il ne pourront nier sa puissance créatrice. Ce ne son pas eux apparemment qui en pourraient faire autant

S'il nous était donné de pénétrer dans les arcane de la vraie science, que de mystères nous resteraien à dévoiler! Par exemple, comment se fait-il qu'un mouche domestique, après avoir été décapitée, continu de voler comme si de rien n'était? Comment, étan tombée sur le dos, peut-elle, sans tête, se relever l plus aisément du monde? Comment, en cet état, sait elle parvenir à nettoyer ses ailes en passant les patte postérieures sur leur surface? L'entomologie accus ainsi une foule de phénomènes stupéfiants. C'est d même encore que, si vous coupez une guêpe en deux là où l'abdomen se joint au thorax, vous pourrez voi la tête séparée du tronc, saisir avec les mandibule tous les objets mis à sa portée, tandis que l'abdomen lancera son aiguillon et vous piquera bel et bien, tou comme si les deux parties du corps étaient réunies Cette énergie musculaire après l'amputation n'est pa de longue durée, il est vrai, et ne dépasse guère deux ou trois jours, mais elle n'en est pas moins phénoménale ; la science assure même que, si elle vient à cesser, c'est uniquement parce que l'animal meurt de faim. C'est possible ; je ne dis pas non.

Et puis que penser de certaines aptitudes des insectes regardés par nous avec dédain du haut de notre grandeur ? Le soleil brille dans un ciel sans nuages ; rien ne fait prévoir un orage prochain, mais les *abeilles* le pressentent, et toutes se hâtent de rentrer au bercail. Dans un sens opposé, si le soir d'un jour de pluie doit être suivi d'un beau lendemain, le *Geotrupes stercorarius* ne manque jamais d'annoncer cette bonne nouvelle en volant, en bourdonnant. — Les industrieuses *fourmis,* si elles prévoyent la pluie, s'empressent de rentrer les larves qu'elles ont exposées à la chaleur de l'atmosphère. Enfin, que vous dirais-je? C'est au point que la science en est venue à attribuer aux insectes un sens particulier dont la pauvre humanité est privée, celui de la prescience du temps ; mais, comme jusqu'ici, le microscope ne nous a rien révélé de ce sens particulier, je m'abstiendrai d'en parler davantage.

Et, à propos des athées, je ne puis résister au désir de faire ressortir une des conséquences inévitables de leur stupéfiante négation. — N'ayant jamais pu produire le moindre atome, le ciron le plus infime, ils ont l'extrême condescendance d'admettre la préexistence d'une certaine force créatrice, force occulte, indéterminée, indéfinie, qu'ils ne savent même comment dénommer ; mais enfin, et peu importe la qualification, ils avouent — et je ne sais trop comment ils s'y prendraient pour la nier — ils avouent une puissance pro-ductrice quelconque. Or, cette puissance est aveugle ou bien elle est clairvoyante; il n'y a pas à sortir de là. Ces messieurs donnent la préférence à la première : j'aime bien mieux, moi, reconnaître la seconde et m'incliner devant Dieu!

« . . . . . . ses ouvrages parfaits
Bénissent en naissant la main qui les a faits !
. . . .
Voilà, voilà le Dieu que tout esprit adore,
Qu'Abraham a servi, que rêvait Pythagore,
Que Socrate annonçait, qu'entrevoyait Platon ;
Le Dieu que l'univers révèle à la raison,
Que la justice attend, que l'infortune espère,
Et que le Christ enfin vint montrer à la terre !
. . . .
Heureux qui le connaît ! plus heureux qui l'adore ! »
(Lamartine. 28e méditation.)

VII bis

LES INSECTES

2e section

Insectes complets

La nature, dans sa munificence, dans sa fécondité prodigieuse, a voulu se passer la fantaisie de donner à chacun de ses types, les dimensions les plus opposées, les plus extrêmes ; Mammifères, Oiseaux, Poissons, Végétaux, etc., tous ont subi la loi commune ; de l'Éléphant, elle est descendue par gradations insensibles, à la Musaraigne, du Condor à l'Oiseau-mouche, du Squale porte-scie à l'Épinoche, du Cèdre du Liban à l'Hépatique. La chaîne des êtres dans ces grandes divisions est presque sans fin.

A l'égard des Insectes, elle n'a eu garde de se montrer moins généreuse. Si nous avons la *Grande Mante* appelée par la science *Chrœradotis laticolis*, cet orthoptère de Cayenne, long de dix centimètres et simulant au repos un assemblage de feuilles mortes; et cet autre orthoptère de Java nommé le *Toxodera denticulata*, du double plus long, et dont la forme est tellement bizarre qu'à moins de le montrer en chair et en os, il serait impossible d'en donner une idée même approximative; si cette même nature nous a imposé la *Mygale de la Cafrerie*, la plus épouvantable des araignées connues, comme aussi le *Lucanus Cervus*, le vulgaire cerf-volant, dont les plus hardis de nos gamins osent à peine s'amuser; puis le *Crathoplus*, colossal coléoptère lamellicorne de la tribu des *Rutélides*, brillant d'un beau vert cuivré et voltigeant sans cesse autour des végétaux fleuris; puis encore le *Democrates*, cet autre lamellicorne de la tribu des *Dynastides* (singulière idée de la part des savants d'associer ainsi les démocrates aux dynasties, alors qu'on les sait ennemis irréconciliables !), d'un fauve rougeâtre étincelant, se tenant constamment caché pendant le jour, en vrai démocrate conspirateur qu'il est; si nous avons enfin le *Calodema*, ce grand coléoptère de la famille des *Buprestides* surnommés *les Richards*, brillant d'un vert doré éclatant, taché de rouge, et étalant avec orgueil ses élytres d'un jaune clair des plus splendides; si, dis-je, la féconde nature, dans un but impossible à deviner, a créé ces énormes insecte et tant d'autres encore généralement étrangers à nc climats, en revanche elle a peuplé l'univers d'un variété infinie de leurs diminutifs, toujours voletan sautant, gambadant, humant le suc des fleurs et de fruits, se fourrant partout, même là où ils n'ont rie à faire, et dont, bien que perceptibles à l'œil nu, l microscope peut seul révéler l'admirable conformatio Aussi, pour ne rien omettre d'essentiel et respecter d même coup la règle des gradations, avant d'arriver au invisibles proprement dits, vais-je demander à notr précieux instrument de nous faire voir quelques spé cimens de ces diminutifs auxquels je fais allusion.

Staphylins. — Et d'abord connaissez-vous les *Sta phylins* dont je vous ai montré la patte ? Ne vous hât pas de dire non, car vous avez dû nécessairement ren contrer, plus d'une fois même, l'un ou l'autre de membres de cette famille de coléoptères à court élytres et à long ventre flexible. Quand on les touch ou si seulement on fait mine d'en approcher la mai aussitôt on les voit redresser cet abdomen d'un aspe formidable, et prendre des airs de matamore, prêts e apparence à tout pourfendre, tandis que les pauvre n'ont pas le moindre aiguillon, sont hors d'état d nuire et ne font peur qu'aux enfants et aux êtr pusillanimes ayant la bonhomie de prendre au sérieu leurs manières de spadassin.

Mais si les grands staphylins ne sont guère redo tables, il n'en est pas de même des petites espèces voici, par exemple, *l'Oxytelus camplanatus* dont la taille atteint à peine trois millimètres. Au printemps, cet étourdi vole sans regarder plus loin que le bout de son nez, et il lui arrive de venir se fourvoyer jusque dans nos yeux, où ses mandibules fortement dentelées et les crochets dont ses pattes sont pourvues, nous causent des douleurs intolérables, en même temps que la frayeur lui fait exhaler une odeur âcre des plus fétides. Moi-même j'en fus souvent la victime ; aussi, un de ces étourneaux m'ayant un jour aveuglé pour ainsi dire, je résolus de me venger ; ayant réussi à l'extraire, tout palpitant encore, de mon œil endolori, je le déposai avec délicatesse sur une lame de verre, puis, ayant recours à l'objectif 4 H., dois-je le dire? malgré toute ma colère, je ne pus me défendre d'admirer sa grâce, ses jolies antennes moniliformes ou en chapelet, son long et souple abdomen, et ses courtes élytres coupées carrément, finement striées dans la longueur, et qui, lorsqu'elles sont étendues, le font ressembler à un grand seigneur du temps de Henri III, vêtu du court manteau, ou bien au joyeux Scapin de la Comédie Française.

Psélaphiens. — Voici venir un autre petit coléoptère, connu sous le nom de *Claviger testaceus*, de la famille des *Psélaphiens*. A peine sa taille équivaut-elle à celle de l'Oxytelus ; mais, tranquillisez-vous, de celui-ci il n'y a rien à craindre, car le pauvre avorton est aveugle de naissance ; pour m'en assurer, en vain ai-je appelé à mon aide les objectifs les plus puissants, il m'a été impossible de découvrir la moindre trace d'or-ganes visuels, et d'ailleurs l'austère science le décla[re] frappé de cécité, ce qui est tout dire. — Commen[t] donc ce malheureux infirme peut-il bien passer sa v[ie] sur cette terre? — Écoutez, et inclinez-vous devant [la] prévoyante bonté de l'Être suprême. — Ce Clavige[r], après sa naissance, cherche à se faufiler dans un ni[d] de fourmis. Vous dire comment il y parvient, m'e[st] absolument impossible; mais je puis répondre qu'il réussit. Arrivé dans cet abri, son siége est fait; il n[e] bouge plus, car il sait d'instinct, le cher enfant, qu[e] ces bonnes hôtesses, au cœur compatissant comm[e] tous les vrais travailleurs en ce monde, auront pitié d[e] son infirmité, qu'elles prendront soin de sa faiblesse, lui donneront le vivre et le couvert, et se contenteront, pour tout salaire, de demander ou de prendre la per-mission de lécher un tant soit peu une certaine subs-tance sécrétée à la base des faisceaux de poils disposé[s] à l'origine des élytres. — Cette substance doit êtr[e] d'une saveur particulièrement agréable à mesdame[s] les fourmis, du moins à en juger par l'avidité ave[c] laquelle elles l'aspirent; aussi voudrais-je bien en goûter, ne fût-ce que pour pouvoir apprécier l'instinc[t] gastronomique de ces laborieux Hyménoptères.

Si nous prenons l'objectif 1 N. 4 H., nous remarque-rons que ce petit Claviger assez ventru, possède si[x] pattes très-solides munies chacune d'un ongle ou cro-chet fort court, et nous admirerons ses antennes en chapelet, composées de cinq articles et couvertes en entier de poils ou épines d'une ténuité à nulle autr[e] pareille. En somme, cette miniature de coléoptère, de couleur brune, n'est pas trop vilaine.

Physapodes. — Passons à l'examen des *Thrips*. — C'est une bien singulière destinée que celle de ces animalcules dont la taille ne dépasse pas un millimètre et demi, et nuls peut-être n'ont été trimbalés davantage dans ce monde. Tour à tour rangés parmi les *Hémiptères* par le savant Latreille, et parmi les *Orthoptères* par l'illustre Geoffroy, l'éminent Burmeister les réunit aux *Névroptères* sous le nom de *Gymnognathes;* puis vint un autre savant, le célèbre Haliday, qui en fit un ordre particulier appelé par lui *Thysanoptères;* mais un cinquième prince de la science, plus avisé sans doute, l'éminentissime Duméril, ne voulut entendre à rien de tout ceci, et il classa définitivement les Thrips parmi les *Physapodes* (pieds-vessies). — C'est bien heureux! Pour peu que cela eût continué, je tombais asphyxié. — Et comment pourrai-je jamais, dans mon ignorance, sortir de ce dédale? — Bah! que m'importe? Hémiptère, Orthoptère, Névroptère, Gymnognathe, Thysanoptère ou Physapode, (amours de noms n'est-il pas vrai?), je déclare le Thrips des Fleurs un animal charmant, d'une taille svelte et toute gracieuse. Ce qui le distingue surtout des autres insectes, ce sont ses quatre ailes dont la conformation ne présente aucune analogie avec celle des organes de locomotion aérienne déjà connus : d'une légèreté et d'une transparence incomparables, imperceptibles à l'œil nu, ils se montrent, sous l'objectif 1 N. 4 H., semblables en tout à des peignes mignons dentés des deux côtés à la fois, (dont les dents, d'une ténuité inouïe, seraient relativ ment fort espacées. Digne d'ailleurs du nom dont l science l'a gratifié, ce voluptueux Physapode vit tou jours au sein des fleurs, et il lui arrive de se multi plier au point de les étouffer, elles et les plantes qu les virent naître. — Aurait-on jamais pu croire cel d'un animal aussi gentil? — Fiez-vous donc aux appa rences!

La larve du Thrips, que l'on trouve très-fréquem ment sur les fleurs du blé et du seigle, ressemble, à s' méprendre, à l'insecte parfait; seulement elle n'a pa d'ailes comme bien vous le pensez, les larves en étan toujours dépourvues. — Quand ensuite elle subit s transformation dernière, ces organes de locomotio aérienne lui poussent comme par enchantement, e aussitôt, affolés par la joie, ces animalcules se metten à voler de ci, de là, à l'étourdie, sans regarder devan eux, et comptent ainsi au nombre de ces indiscrets qu nous entrent dans les yeux, nous causent des douleur cuisantes et nous les font donner au diable (les Thrips pas les yeux), eux, leurs formes gracieuses et leur ailes délicates ou non.

Diptères. — Puisque nous en sommes à parler de tâtonnements de la science quant au classement, nous ne ferions pas mal peut-être de nous arrêter un tantinet au Mélophage du mouton (*Melophagus ovinus*, Pl. 8, fig. 2), rangé parmi les Diptères et confiné dans la tribu des Coriacés. —Le mot *Diptère,* vous le savez sans doute, vient du grec et signifie *deux ailes*, et vous supposez tout naturellement que cet insecte possède ces organes. — Ah! bien oui! — Il n'y a pas là plus d'ailes que sur la main, et ainsi, de par la science, les mélophages sont des animaux à deux ailes, n'en ayant pas du tout. — Tirez-vous de là si vous le pouvez; quant à moi, je jette ma langue aux chiens. — Seulement, si j'avais l'honneur et le bonheur d'être savant, je classerais l'animal parmi les *Aptères hexapodes*, parmi les *Poux,* pour les appeler par leur nom, sans m'embarrasser du croisement des antennes, simple détail, et bien moins encore des épines nombreuses dont son corps est couvert et destinées à lui faciliter le parcours des vallées formées sur la peau du mouton par la forêt laineuse de cet innocent quadrupède. — Prenez l'objectif 0 N. 2 H., et dites-moi si l'insecte dont je parle ne se rapproche pas mille fois davantage du *Trichodecte* (espèce de Poux) que d'aucun des diptères passés, présents... et peut-être à venir.

Hémiptères. — Vous connaissez tous apparemment le Puceron du Rosier (*Aphis* ou *Aphys Rosæ*), cet Hémiptère verdâtre aussi insignifiant au physique qu'il semble l'être au moral, et se propageant au point d'envahir en peu de temps les tiges, les feuilles, les boutons mêmes de la reine charmante de l'empire de Flore (toujours le vieux style). — Observez l'animal au moyen de l'objectif 1 N. 4 H., et vous distinguerez nettement un ventre bien rondelet porté sur des pattes longues et grêles, des antennes s'écartant horizontalement, de gros yeux bêtes, des ailes légères très diaphanes (quand il en a), et, vers l'extrémité de l'abdomen, des espèces de tuyaux de poêle au nombre de deux, dont la destination est assez curieuse pour valoir une mention.

Ces tuyaux laissent incessamment suinter une liqueur douce et sucrée destinée, paraît-il, à l'alimentation des jeunes pucerons, mais dont mesdames les fourmis sont également fort friandes; aussi les voit-on sans cesse se promenant sur le dos de ces hémiptères, les foulant aux pieds et fourrant le nez à tout bout de champ dans chacun de ces appendices, afin d'y puiser le divin nectar dont elles semblent se régaler avec volupté.— Prévoyantes comme elles le sont d'ailleurs, loin de chercher à nuire à ces petites bêtes, elles les protégent, écartent les ennemis disposés à les manger, et, au besoin, vont même jusqu'à les nourrir, certaines de toujours trouver en elles d'excellentes vaches à lait.

Passe encore de se prêter aux fantaisies gastronomiques des fourmis! mais ce que je ne puis pardonner à ces stupides pucerons, c'est, quand les travailleuses ne sont pas là pour les défendre, de se laisser croquer à belles dents par leur ennemi le plus cruel, l'*Hemerobius perla,* un névroptère des plus gloutons, capable d'en avaler vingt par heure, et de les voir tranquilles comme Baptiste, au moment même où le carnage se fait à leurs côtés. — Sont-ils donc absurdes, ces animaux-là! à quoi bon avoir des ailes pour ne pas s'en servir et ne pas fuir à l'heure du danger?

Cependant ne vous hâtez pas de condamner l'animal sur ma déposition première; celui-ci, ne vous y trompez pas, est bien le névroptère le plus charmant qui se puisse imaginer; d'une dimension d'environ un centimètre, son corps svelte et élégant revêt des tons brillants, teintés d'or et de vert émeraude, et, avec ses yeux de feu et ses quatre grandes ailes transparentes pareilles à des gazes légères fort curieuses à observer de près (obj. 1 N. 4 H.), il vient nous séduire par sa grâce non pareille. Ne supposez donc pas qu'il soit lui-même et sous cette forme exquise, l'auteur de tous ces méfaits; loin de là, à l'état d'insecte parfait, ses mœurs sont des plus bénignes; seulement, il est bien forcé de déposer ses œufs quelque part et, pour une raison facile à deviner, il les confie aux végétaux hantés par les pucerons. Puis, un beau jour, ces œufs venant à donner naissance à des larves agiles, ce sont celles-ci qui, courant de gauche et de droite, batifolant, se bousculant, livrent aux pucerons un combat acharné. Armées vers la tête de deux glaives tranchants, elles s'en servent pour saisir leurs victimes et, en un clin d'œil, sans trop endommager la peau, elles ont bientôt fait d'avaler tout l'intérieur de la bête. Celle-ci, en apparence, demeure intacte, mais, hélas! semblable à l'œuf vidé d'une poule, toute vie l'a dès ce moment abandonnée.

Ce qu'il y a surtout de phénoménal chez les pucerons, c'est le mode de génération, découvert vers le milieu du XVIIIe siècle, vérifié seulement en 1825, et dont il ne paraît pas y avoir un autre exemple dans toute l'animalité.

Vers la fin de l'automne, les femelles ailées, desti nées, comme tous les pucerons d'ailleurs, à mouri quand vient la bise, pondent des œufs devant éclore au printemps et donner naissance à des larves. — Celles-ci grandissent et engendrent bientôt des petits — Jusqu'ici, me direz-vous, il n'y a rien de surprenan ni d'anomal; toute la nombreuse famille des Hémi ptères est soumise aux mêmes lois. — L'observation est on ne peut plus juste; mais attendez, voici où com mence le mystère.

Chacun de ces petits, sans aucune accointance, peut si c'est une femelle, donner le jour à 15 ou 20 autres sujets et, parmi ceux-ci, toutes les demoiselles ont, à leur tour et de prime-saut, la faculté d'en procréer un pareil nombre, et ainsi de suite jusque neuf et même onze générations successives, appelées *spontanées* par la science. — Si vous doutez, faites l'expérience ; prenez un petit puceron aussitôt qu'il ouvre les yeux à la lumière, isolez-le, nourrissez-le, et vous n'attendrez pas longtemps avant de voir ces naissances aussi inexpliquées qu'elles sont inexplicables. — Continuez l'observation, isolez encore un des nouveaux venus donnez-lui à manger, et le même phénomène se pro duira. — Êtes-vous impatient, ou n'avez-vous pas de temps à perdre à cette étude? prenez la première femelle vous tombant sous la main, pressez-lui délica tement le ventre, et vous en verrez sortir tout un cha pelet de pucerons de plus en plus petits. Si, ensuite vous vous emparez d'une demoiselle de ceux-ci, le même miracle viendra se manifester. — Après cela si vous n'êtes pas convaincu, je vous déclare cent fois plus incrédule que saint Thomas de biblique mémoire, et je n'y puis absolument rien.

Ceci me fait souvenir d'un jouet, dont, enfant, (il y a bien longtemps de cela!) j'étais émerveillé. — C'était une jolie petite pomme de bois, peinte avec un art infini; je l'ouvrais et trouvais une autre pomme ; dans celle-ci, il y en avait une troisième, puis une quatrième, et cela continuait ainsi jusqu'à m'en donner huit ou dix, je ne sais plus au juste. — Les pucerons, voyez-vous, sont absolument comme cela : les premiers-nés renferment déjà les seconds ; ceux-ci, les troisièmes, etc., etc. Et vous figurez-vous bien à quel chiffre peut s'élever ainsi la progéniture d'un seul puceron? — Le calcul est facile à établir : supposez en effet qu'à chacune des générations, il y ait seulement dix femelles sur les vingt petits; à raison de onze générations, cela nous donne ni plus ni moins de cent milliards !!! Hein ! qu'en dites-vous (1)?

(1) L'Amérique a doté récemment la vieille Europe d'une espèce de puceron dont le mode de reproduction paraît se rapprocher beaucoup de celui de l'insecte dont je parle en ce moment. La science a nommé ce nouveau venu le *Phylloxera vastatrix* parce que, s'attaquant de préférence aux racines des vignes, il ne tarde pas à les envahir toutes, à les endommager, à les gâter et à amener en fin de compte la mort des ceps précieux auxquels nous devons cet excellent vin *fait pour réjouir le cœur de l'homme*.

Une partie de la France viticole est aujourd'hui infestée de cet intrus; en vain les remèdes les plus héroïques ont-ils été essayés ; pour s'en débarrasser, on a été jusqu'à noyer les vignobles, mais sans résultat positif, je pense. L'*Année scientifique* de Figuier pour 1872, page 383, la *Revue des Deux-Mondes* du 1er novembre 1873, *les Mondes* de l'abbé Moigno, etc., donnent sur cet insecte des renseignements fort intéressants; mais, s'il faut en croire les publications les plus récentes, le der-

Et, en fait de phénomènes, nous ne sommes pas a bout; on dirait vraiment que le Divin Maître a voul compenser l'insignifiance extérieure de ces anima cules, par une foule de prodiges de nature à comma der l'attention. — Le croirait-on? les pucerons émigren oui, au dire de la science, les vents, les courants d'a les transportent à travers les espaces, et on les vo tout à coup apparaître dans des localités où, jusque-là ils étaient parfaitement inconnus. C'est ainsi qu'en 182 arriva pour la première fois en Belgique le pucero du pommier (*Myzoxylus mali*) dont nous nous serion fort bien passés; c'est ainsi encore qu'en 1834, alors qu le choléra asiatique fit chez nous une de ses terrible

nier mot n'est pas encore dit à ce sujet. Quoi qu'il en soit, l'animal e fort insignifiant par lui-même ; j'en ai là deux exemplaires sous les ye (obj. 5 N. 7 H.) ; la taille varie entre un quart et un demi-millimètre, femelle étant la plus grande; le corps, d'une teinte brune, affecte forme d'un œuf allongé ; puis se montrent les organes buccaux abrit par les lèvres et terminés par un long bec acéré, tenu collé au rep contre le corselet; puis encore deux gros yeux écartés, deux antenn à quatre articles, six pattes armées d'un gentil petit onglet et ornées poils clair-semés, l'abdomen étant d'ailleurs divisé en plusieurs segment En somme, c'est à peu près tout, car si parfois l'animal a deux ail comme son congénère, par contre, les appendices en tuyaux de poê lui font absolument défaut.

A tout prendre, ce brigand hypocrite n'a rien qui doive attirer l'atte tion ; mais il n'est pas moins redoutable, car, s'il se propage réelleme à la façon de notre puceron, je laisse à imaginer les maux dont il pe être la cause, inconsciente je le veux bien, mais que nous ne devons p moins déplorer. Aussi, le gouvernement français propose-t-il une réco pense de 300,000 francs à celui qui trouvera un remède efficace po détruire l'animal sans nuire à la vigne. Ce remède, un député assu l'avoir découvert. En attendant, Figuier, dans son *Année scientifique* po 1876 (p. 365) entonne sans hésiter le *De Profundis* de la vigne. Et pui voici venir un nouvel ennemi de ces ceps précieux, un acarien, le *Ph toptus vitis*. — Où donc tout ceci, bon Dieu ! va-t-il s'arrêter ?

apparitions, une armée formidable de pucerons, d'une espèce déjà connue celle-ci (*Aphis persicæ* ou *du pêcher*), vint s'abattre sur nos riches contrées des Flandres, armée tellement nombreuse que, pendant le vol, l'air en était obscurci et, qu'au repos, les façades des habitations en étaient littéralement couvertes. Nos braves Flamands ne pouvaient plus sortir sans porter des lunettes et sans se voiler la face, pour se mettre à l'abri de leur intolérable chatouillement. — Que les vents aient ainsi transporté au loin ces pucerons, je le veux bien ; mais comment ces quantités prodigieuses d'Hémiptères se trouvaient-elles réunies et accumulées en un même endroit, de telle sorte que l'aquilon pût les rassembler et les voiturer ensemble? — Ce côté du mystère ne m'est pas expliqué le moins du monde.

Si tous ces pucerons sont insignifiants par la forme, il n'en est pas de même d'un de leurs congénères, découvert en 1852 seulement, par le révérend M. Thornton, et dont à ma connaissance, jamais un auteur français n'a fait mention. Les Anglais l'ont nommé *Leaf-insect* ou *Maple-Aphis* (puceron de l'érable à sucre). — La taille de cet animalcule atteint tout au plus un demi-millimètre; vu au microscope (3 N.) il semble entièrement couvert d'une carapace de tortue, et sous ce rapport, la figure donnée par l'anglais Hogg est, à son grand regret, extrêmement défectueuse. — Ce n'est pas tout; le corps entier, de la tête à la queue, est bordé d'appendices ou de lobes ayant l'apparence de ces écrans à la main en feuilles de palmier, que l'on trouve aujourd'hui dans tous les magasins de chinoiseries. Puis les quatre pattes c devant portent en dehors des moitiés de ces mêm écrans, tandis que, sur les deux dernières, ils so remplacés par des poils d'une grande ténuité, toute six d'ailleurs étant terminées par un onglet.

Ces pucerons-ci ne me semblent pas aussi stupide que leurs congénères; ils ont un air plus déluré et n portent pas d'ailleurs à l'abdomen ces tuyaux de poêl ces pis dont les fourmis savent si bien faire usage. — Mais à quoi peuvent donc bien servir les appendices s élégants dont je viens de parler? — Je n'en sais absolu ment rien, ni vous non plus, soit dit sans vous offenser

Névroptères. — Voici encore des insectes dont l destinée est assurément bien bizarre : je veux parle des *Éphémères* (Pl. 8, fig. 3). Généralement ces petite créatures naissent le soir pour mourir le lendemain d'où leur nom dérivé du grec et signifiant *un jou* Cependant n'allez pas vous imaginer que leur exis tence soit aussi passagère qu'elle en a l'air. A l'éta d'insectes parfaits, sans doute il en est ainsi; mai auparavant, quand ils sont encore dans les langes d l'enfance, ces ingénieux moutards, prévoyant les dan gers, les labeurs d'une vie en plein air, exposés comme ils doivent l'être, à tous les ennemis de l terre, de l'air et de l'onde (des ennemis, on en rencon tre partout, vous savez), ils prolongent leur premie âge autant que faire se peut et se cramponnent à l'éta de larve pendant deux, trois et même quatre ans. Un beau jour cependant, il faut bien remplir sa mission dans cette vie et songer à laisser des descendants après soi. Alors, bon gré mal gré, ils se préparent pour le sacrifice, revêtent leurs plus beaux atours, ornent leur tête d'antennes composées de trois divisions, ouvrent de gros yeux, prennent un abdomen formé de dix segments et terminé par trois filets caudaux les plus charmants du monde, et divisés en une infinité d'articles enrichis d'épines mignonnes; puis ils se munissent de six pattes dont hélas! ils n'ont guère le temps de se servir, et enfin, se fiant à quatre ailes assez inégales, ils s'élèvent dans l'empyrée pour y chercher une diaphane compagne, l'aimer, le lui dire, et expirer aussitôt après. Chez ces insectes-ci, les infidélités ne sont guère à craindre; ne le pensez-vous pas? (Obj. 1 N. 4 H.)

Et la nature a sagement agi en limitant ainsi l'existence de ces animalcules, car leur coquetterie n'a pas d'égale. A peine, en effet, ont-ils revêtu le vêtement somptueux dont je viens de parler, qu'ils cherchent à s'en procurer un nouveau dont l'extrême fraîcheur, suivant toute probabilité, est de nature à leur donner une entière satisfaction. A ce moment suprême, les habiles observateurs peuvent découvrir nos ravissantes éphémères accrochées au premier objet venu et s'y déshabillant des pieds à la tête. Tour à tour, du sein de l'ancien vêtement désormais dédaigné, apparaissent en effet les divers organes complétement vêtus de neuf, et cependant la ressemblance entre les deux parures est telle que les intéressées seules, je pense, peuvent se rendre compte des différences, et que nous autres, pauvres profanes, même avec secours de l'objectif 1 N. 4 H., nous croyons retrouv l'insecte lui-même dans sa simple dépouille. L névroptères sont parfois si abondants, que me trouva un jour de grand matin, dans la belle saison, près c la roche à Bayard, à Dinant, je vis la terre toute co verte d'un blanc linceuil pareil à celui de la neig C'étaient tous cadavres d'éphémères, et je laisse à jug du nombre de milliards que l'on pouvait y compte

C'est de la même façon que l'on peut examiner u foule de diminutifs des grands insectes dont nous avo analysé successivement les divers organes extérieur Pour moi, je dois m'abstenir de vous en entreten davantage. — Descendant donc les degrés de l'échell des êtres animés, je vais demander au microscope d nous en faire voir de plus infimes, sauf à la remonte quelque peu, si j'en rencontre sur mon chemin qu soient dignes d'attirer votre attention, dignes surto de mériter votre intérêt.

VII ter

LES INSECTES

3e section

Les aptères.

Les Chélifères. — Avant tout, aujourd'hui, per mettez-moi de vous narrer ma plus récente découverte elle m'est venue juste à point, comme marée e carême. — A l'exemple du célèbre Tobie, l'oncle origi nal de Tristram Shandy, ce conteur humoriste commençant toujours une foule d'histoires sans jamais les finir, je venais d'enfourcher mon dada; paisiblement assis devant ma table de travail, le précieux microscope sous les yeux, je cherchais dans mes collections un animalcule digne de vous être présenté, lorsque, tout à coup et sans m'y attendre le moins du monde, j'aperçois sous l'objectif 4 H... *horresco referens!*... un monstre formidable dont la vue seule m'aurait fait dresser les cheveux sur la tête... si la chose eût été possible! — Au premier moment, à l'imitation du flot du grand Racine, je recule épouvanté; mais bientôt, revenu d'une frayeur puérile, je me risque à regarder à l'œil nu, et, voyez un peu, c'est à grand'peine si je parviens à distinguer par-dessus la préparation, où certes il n'avait que faire, un petit morveux d'insecte, n'ayant pas plus de deux millimètres de long et venu là je ne sais comme! — Assurément, il n'y avait pas de quoi s'effrayer; aussi, tout honteux de ma pusillanimité, je résolus de prendre une revanche éclatante et je dis à part moi : — Ah! tu m'as fait peur, maudite petite bête! c'est bien! mais tu vas me payer ça, et, bon gré mal gré, tu iras dans la poêle à frire. — Sur ce propos féroce, sans faire de bruit, muni d'une lame de verre sur laquelle j'avais au préalable déposé traîtreusement une goutte de térébenthine de Venise, en vrai sournois je prends une mignonne petite pince, l'approche en tapinois du monstre, enserre celui-ci dans les bras flexibles de l'instrument et, sans vergogne, je plonge la victime dans cet océan empoisonné. — Le malheureux! — il a beau se débattre, la mort le saisit dans ses serres cruelles (à ce jeu-là, voyez-vous, de même que le Gouverneur de l'immortel chef-d'œuvre de Rossini, on devient impitoyable), et bientôt, il est réduit à l'état de cadavre, emportant dans l'autre monde la consolation, si c'en est bien une, d'être parfaitement embaumé. — Quel horrible animal! — Examiné à l'aide du même objectif, on dirait voir un vilain scorpion sans queue, gratifié d'un gros ventre tout tacheté de noires rondelles, à l'instar de la peau du tigre, mais plus irrégulières, portant des mâchoires formidables faites en guise de tenailles dentées, et puis deux énormes et longues palpes simulant des pinces et ressemblant à celles des homards, ou mieux peut-être à la gueule du crocodile; puis encore huit pattes montrant à leur extrémité deux petits crochets et une ventouse bien mignonne semblable à une trompe. — Et ce qu'il y a surtout de remarquable, c'est l'intérieur des premières articulations de ces pattes, où l'on distingue une accumulation de trachées d'une délicatesse inouïe. — Frayeur à part, ma trouvaille était d'or.

Mais il ne suffisait pas d'avoir trouvé; pour me donner la licence d'en parler, il me fallait tout au moins pouvoir dénommer le monstre. Or, après bien des recherches et des tâtonnements, j'incline à penser qu'il doit être mis au rang des *Pinces,* des *Chélifères* de la famille des *Scorpionides,* et, si je ne me trompe, les savants ont dû lui donner le nom de *Pince acaroïde.* — D'aucuns parmi ces experts assurent que le gredin vit à la surface d'un sol humide, se cachant sous les plantes herbacées ou sous les mousses, et parfois aussi sous l'écorce des arbres de nos forêts. — C'est bien possible; je n'ai garde de contredire ces Messieurs; mais, je dois l'avouer, j'ai bien plus de confiance en la parole d'autres savants qui l'ont surpris rongeant les livres des bibliothèques, comme aussi les précieuses collections d'histoire naturelle. Je m'explique ainsi, sans l'innocenter pourtant, sa présence au milieu des miennes. Cependant il me vient un scrupule : sa conformation est tellement formidable que je suis porté à attribuer à ce brigand l'intention de vivre un peu aux dépens des petites bestioles, inoffensives ou non, qui ont le malheur de se trouver sur son chemin. — Vous en dire davantage je ne le puis, par une excellente raison que vous devinerez sans peine; je n'en sais pas un mot de plus.

Ici, je pressens une objection écrasante : — Comment ! me dira-t-on, vous avez assuré que les insectes ont toujours six pattes, jamais davantage, et voici que, sans compter les araignées qualifiées par vous de la sorte, vous rangez dans la même famille votre vilaine petite *pince* qui en a huit ! — Ah ! vous avez raison, le reproche est parfaitement fondé; mais, croyez-le bien, il n'y a pas de ma faute ; le savant et à jamais regretté Lacordaire m'a fait émettre la première proposition ; le baron Walckenaer, de l'Institut de France, et l'illustre Paul Gervais, professeur à la faculté des sciences de Montpellier, me l'ont fait abandonner en rangeant tous ces animalcules, et une foule d'autres encore comptant bien plus de six pattes, parmi les insectes aptères ou sans ailes, à preuve qu'ils ont, de concert, publié sur ce sujet ni plus ni moins de quatre gros volumes in-octavo. Or, on ne peut exiger que j'en sache davantage, et si ces messieurs ne sont pas d'accord, c'est leur affaire et non la mienne. — Après cela, pourquoi s'inquiéter de cette divergence d'opinion ? — Classées ou non parmi les insectes, ces bestioles, ayant toutes reçu une seconde qualification admise sans distinction de parti, il suffit de s'en teni à cette dernière pour ne jamais courir le risque de s'égarer. — Qu'importe, en effet, si les scorpionides les acarides, les myriapodes, les araignées, etc., son ou non des insectes ! pouvons-nous jamais nous y tromper !

Les Acarides. — Descendons de quelques degrés encore, cette échelle des êtres animés : voici les *Acarides* déjà nommées. — Si vous ignorez l'origine de cette appellation, en vrai pédant je vais vous la dire le mot vient du grec ; il signifie *insécable*, les animalcules auxquels on l'a appliqué étant si petits, si petits que le tranchant le plus effilé ne peut guère réussir à les diviser. Vous comprenez, n'est-il pas vrai ?

Le corps de ces Acarides est généralement globuleux et ces avortons d'insectes ont tous huit pattes quand ils sont adultes et seulement six avant de l'être. — Les espèces, presque toutes parasites, sont infinimen nombreuses et on les a classées en sept grandes divisions comprenant les *Bdelles*, les *Trombidies*, le *Hydrachnes*, les *Gamases*, les *Ixodes*, les *Tyroglyphes* et les *Oribates,* appellations bien trouvées assurément pour faire venir l'eau à la bouche. — Si vous y consentez, nous allons examiner successivement un ou plusieurs sujets de chacun de ces membres de la même famille.

Les Bdelles. — Les *Bdelles*, dont la taille en général dépasse à peine un millimètre et demi, ont le corps globuleux de même que leurs congénères; la couleur en est rouge ou orangée, et les mandibules de l'animal affectent la forme de pinces; il a huit pattes et vit dans les prés où, par une excellente raison, vous n'avez jamais pu parvenir à l'apercevoir avec le seul secours de vos yeux. — N'ayant rien de particulier à vous en dire, je me contente de recommander pour l'observation, l'objectif 1 N. 4 H. — Passons.

Les Trombidies. — Quant aux *Trombidies*, je suis à même de parler savamment d'une variété nouvelle découverte il y a peu d'années par mon brave ami Bourgogne père, l'habile préparateur de Paris, et baptisée par lui du nom de *Cheyletus des Pelleteries.* — Cet animalcule n'a pas plus d'un demi-millimètre de diamètre et il est très-difficile de le distinguer à l'œil nu; mais, vu au microscope, son aspect est des plus formidables; la bouche en suçoir ressemble à une pince à décoiffer les bouteilles de champagne ; la tête est armée de deux énormes mâchoires divergentes terminées par trois crochets, le premier denté comme un peigne fin, le second pareil à un démêloir, et le troisième tout uni ; — et une particularité digne de remarque, c'est que les deux premiers de ces crochets ressemblent, à s'y méprendre, mais en petit, à l'extrémité des tarses des araignées fileuses. — Le cou de la bestiole est relativement colossal, et son abdomen, de forme ronde, est entièrement zoné avec une délicatesse à nulle autre pareille. — Quant aux pattes, au nombre de huit, elles sont curieusement striées dans le sens de la largeur et terminées par des onglets les plus mignons du monde. Si vous êtes curieux de voir l'animal dans son ensemble, prenez l'objectif 1 N. 4 H. ; mais si, mieux avisé, vous voulez distinguer ces stries, ces peignes et ces onglets, il faut absolument recourir à l'objecti 5 N. 7 H.

Quelle peut donc être la destinée de cet animalcule sur cette terre? — Le brave père Bourgogne, dont la patience irait chercher une aiguille au milieu d'une botte de foin, l'a découvert un beau jour dans les pénombres d'une fourrure, où le brigand se livrait en toute sécurité à ses déprédations sauvages, et le savant Paul Gervais a surpris plusieurs de ses congénères parmi les livres et les collections. — Mais est-ce là tout? — Je ne le crois pas, car le gaillard me semble de taille à s'attaquer à une foule de bestioles moins âpres que lui à la curée. — Quoi qu'il en soit, d'après les observations positives de mon vieil ami, je signale le sujet à l'animadversion de toutes les dames économes, ayant à cœur, par égard pour la bourse des pauvres maris, de tenir leurs riches fourrures en parfait état de conservation.

Voici un autre Trombidie bien digne d'attirer l'attention ; la science l'a affublé du nom relativement grotesque (la taille de l'animal ne dépassant pas un demi-millimètre) de *Tetranychus telarium* (Pl. 8, fig. 4.); la couleur en est jaunâtre, et deux taches très-foncées ornent son abdomen ; une particularité le distingue entre tous : je veux parler de ses pattes de devant, du double plus longues que les autres, et pliées en deux par le milieu, absolument comme si elles étaient cassées. L'objectif 5 N. 7 H. laisse très-bien analyser ces singuliers organes de locomotion poilus et terminés par de charmants petits crochets.

La vie de cet être infime est du reste parfaitement connue ; il la passe à étouffer les plantes privées d'air, et, pour arriver à ses fins, il couvre celles-ci de fils parallèles destinés à obstruer les stomates, les organes de la respiration des végétaux, et il parvient ainsi à les suffoquer, alors que déjà ils n'ont pas suffisamment de quoi vivre à l'aise. — En voilà-t-il un plaisir! Et je me demande quel avantage il peut en retirer? — Qui sait cependant? Le Divin Maître lui a peut-être confié le soin de nous instruire, de nous apprendre à ne jamais placer un végétal dans des lieux où l'air ne circule pas en toute liberté, où les rayons du soleil ne parviennent jamais à pénétrer. Que ce soit cette raison ou une autre, toujours est-il que, s'il vous prenait fantaisie de cultiver dans une cour haut emmuraillée, des œillets par exemple, vous ne tarderiez pas à voir les feuilles s'enrouler, jaunir, se dessécher et finalement tomber, envahies des pieds à la tête par ces Tetranychus dont vous pouvez aisément connaître la structure générale en utilisant l'objectif 1 N. 4 H., et analyse les détails en prenant le n° 5 N. 7 H.

Les Hydrachnes. — Arrivons aux Hydrachnes voici celle gratifiée par la science du nom d'*Hydrachne* ou *Diplodontus scapularis* (Pl. 8, fig. 5.); sa taille dépasse un peu celle des autres acarides, et la femelle qui paraît porter les culottes (pardon, mesdames les Anglaises!), atteint bien 3 1/2 millimètres. — A la voir à l'aide de l'objectif 1 N. 4 H., on dirait un hanneton au corselet noir parsemé de points rouges, et dont les simulacres d'élytres, séparés par une bande noire également, ont tout l'éclat de la couleur écarlate. — Ses pattes vont en grandissant par paires, les plus petites sises à l'avant, et toutes sont ornées de poils très-fins et fort longs les faisant ressembler à des plumes d'oie; elles doivent sans doute être utilisées en guise de rames, car, comme le nom l'indique, ces animalcules vivent dans l'eau, de préférence dans les mares, en famille le plus souvent courant ou voguant avec célérité et donnant la chasse aux autres petits insectes aquatiques dont ils se nourrissent plus volontiers que les malheureux Parisiens, condamnés il n'y a pas bien longtemps, à se remplir l'estomac de rats, de souris et de viande de cheval.

La femelle de cette hydrachne dépose ses œufs sur les végétaux lisses (la science dit *glabres*) croissant dans l'élément liquide, et elle en fait une espèce de croûte qu'elle recouvre d'une matière muqueuse opaque; plu sieurs femelles aidant, toute une feuille, et souvent la tige elle-même, en sont revêtues.

Le brillant mois de juin voit ces œufs donner naissance à des larves d'un rouge très-vif et qui, sans la couleur, seraient tout à fait imperceptibles à l'œil nu ; mais si vous prenez l'objectif 5 N. 7 H., vous reconnaîtrez un acare n'ayant pas plus de six pattes... il est si jeune encore!... dont chacune est terminée par deux énormes griffes; quant au corps, il est tout velu et montre une bouche en suçoir flanquée de deux palpes armées par la nature d'un crochet ravisseur. Ces êtres-là, voyez-vous, bien qu'à l'état de moutards, à l'imitation des pères et mères, sont d'affreux gredins, attaquant et dévorant tout ce qu'ils rencontrent sur leur passage.—Si un plus fort vient à les surprendre à son tour, ils se laissent tomber et font le mort à merveille, sachant, par expérience, sans avoir lu, j'imagine, la fable de l'Ours et des deux Chasseurs, que ce manége est souvent couronné de succès.—Cruels et hypocrites, voilà donc en deux mots la biographie de ces avortons appelés par le vulgaire *petites araignées d'eau.*

Une autre Hydrachne dont je ne puis me dispenser de parler, c'est celle à laquelle les savants ont donné le surnom de sanglante (*cruenta*) (Pl. 8, fig. 6.); sa taille atteint bien deux ou trois millimètres ; le corps, d'un rouge vineux, a la forme d'un œuf aminci à l'un des bouts, et l'on voit, pour tout appendice, deux palpes pointues et huit pattes longues et grêles terminées par deux tout petits onglets. — Soumis à un grossissement assez fort (5 N. 7 H.), l'épiderme de cet animalcule mérite surtout d'attirer l'attention par sa ressemblance avec la peau de chagrin... vous savez bien... cette imitation industrielle de l'épiderme du Chien de mer, vulgairement appelé *Roussette* ?

Quand le capricieux mois de mai, dont messieurs les favoris d'Apollon vantent un peu trop les charmes, daigne faire éclore les fleurs sous nos pas, la femelle de cette Hydrachne n'a garde d'imiter sa congénère mieux avisée, elle dépose ses œufs, non par-dessus mais à l'intérieur des feuilles spongieuses des Naïadées, au milieu desquelles, pour atteindre son but elle pratique un joli petit trou semblable à celui produit par une pointe d'aiguille. — Deux mois après, les bébés ouvrent les yeux à la lumière; aussitôt nés ils sortent en foule de leur abri, et, en vrais parasites, ils s'accrochent au premier insecte amphibie venu; puis, sans en demander la permission, ils le chargent de les promener de temps à autre sous la voûte éthérée, à l'exemple de l'aventureuse Tortue de la Fable se faisant voiturer dans les airs par ces deux canards complaisants et dévoués dont vous n'avez certes pas perdu le souvenir. — Seulement, moins orgueilleux que ce stupide reptile, ils n'ont garde de se faire passer pour les Rois des Acares, et, solidement attachés à leur automédon, ils ont bien soin de tenir bouche close jusqu'à ce qu'il plaise à celui-ci de rentrer dans le liquide élément.

Les victimes de prédilection de ces hydrachnes, sont les *Ranatra,* hémiptères des eaux stagnantes, d'un jaune brunâtre, très-voraces, ennemis acharnés, malgré leur petitesse, des autres insectes dont ils sucent le sang au moyen d'un bec formé de trois articles. J'en ai trouvé de ces Acares qui étaient attachés aux pattes du *Ranatra linearis;* ils n'avaient pas plus d'un quart de millimètre de long, et je me suis même permis d'en embaumer un pour ma collection; il est charmant, brille d'un beau rouge orangé et ne cesse pas de plaire, malgré une tête et des mandibules relativement formidables, car l'attention est surtout appelée sur l'abdomen que l'objectif 5 N. 7 H. fait voir absolument semblable à un réseau de dentelle, tandis qu'un objectif moindre le montre pointillé. — Cet animalcule est-il bien une hydrachne? ou ne serait-ce pas plutôt un *Leptus* de la classe des Trombidies? — Je ne suis pas assez savant pour en décider, mais je le tiens assurément pour un parasite aquatique de ce Ranatra, car je les ai saisis, l'un portant l'autre, au moment où le petit hémyptère sortait de la mare que je côtoyais. — Remercions l'Être suprême de nous avoir permis d'inventer le microscope, pour nous initier ainsi à ces merveilles de sa mystérieuse création.

Les Gamases. — S'il vous en souvient, immédiatement après les Hydrachnes dont j'ai raconté les exécrables forfaits, viennent, par ordre de mérite, se classer les Acarides, gratifiées par la science du nom fantastique de *Gamases.* — Voici, par exemple, un de ces animalcules connu de tout le monde, au dire des savants, ce dont j'ai d'excellentes raisons de douter, et qui est le parasite habituel des Coléoptères. — Les experts, ne voulant jamais demeurer en reste quan il s'agit d'imaginer une appellation barbare, lui on donné celle de *Gamasus Coleoptratorum*... (Pl. 8 fig. 7)..... Prononcez si vous pouvez! — D'autres dont l'oreille est sans doute plus délicate et plus sen sible à l'euphonie, l'ont nommé tout bonnemen *Acarus Fucorum*. — Soit! c'est toujours autant d gagné!

Ce petit animal est surtout remarquable en ce qu ses tarses ou extrémités des pieds, représentent e miniature ceux des grands diptères déjà connus. — Prenons l'objectif 5 N. 7 H., et nous serons émerveil lés de l'analogie entre ces pattes mignonnes, absolu ment imperceptibles à l'œil nu, et celles de la vulgair mouche domestique : les ongles, les ventouses placée entre les deux, les poils, tout y est; la seule différenc est du petit au grand. — Et quand je dis *grand*, i s'agit de s'entendre; nous nageons ici en plein, a milieu d'appendices invisibles, ne l'oublions pas.

Le Gamase bordé (*Gamasus marginatus*), (Pl. 8 fig. 8) fier de l'organe locomoteur dont je parle en c moment, est bien fait pour donner à réfléchir. — I faut savoir qu'on l'a trouvé trônant sur la gland pinéale (partie du cerveau) d'un malheureux marty décédé à l'hôpital; et je me demande ce que cet indis cret pouvait bien faire dans cette galère? — Ce n'es pas tout : on l'a découvert paisiblement niché dans l conjonctive de l'œil des vivants. — Oui : et même i fut un temps où, à Paris, une maîtresse femme, for adroite apparemment, se faisait je ne sais combien d mille livres de rentes, en exerçant la singulière profession d'*extracteuse* de ces parasites, qu'à l'aide d'une aiguille d'argent, elle parvenait à enlever de la membrane joignant le globe de l'œil aux paupières. — Attendez, nous ne sommes pas au bout : Le savant Cornelius Gemma, né à Louvain au XVIe siècle, et dont, à ma honte je l'avoue, jamais auparavant je n'avais ouï parler, rapporte qu'à l'autopsie, le crâne d'une pauvre femme fut trouvé tout rempli de ces mêmes Gamases. — Fi! l'horreur! — Et quelles fautes a donc dû commettre l'humanité pour être punie à ce point?

Dieu, dans sa clémence, nous préserve à jamais d'un autre Gamase surnommé le *Dermanysse de Bory!* — Bien que cet avorton d'acare, dont la taille atteint à peine un demi-millimètre, affecte au microscope (obj. 5 N. 7 H.) les formes les plus bénignes, il n'en est pas moins des plus redoutables. — A l'analyse sans doute, il n'y a rien chez lui de bien particulier : corps ovoïde de couleur brune entièrement garni de poils à son pourtour, huit pattes armées chacune de deux petits crochets, bec en forme de pince à champagne, et une tache d'un noir rougeâtre au milieu du dos. — Mais voici l'histoire épouvantable dont, j'aime encore à le croire, il est l'innocent héros. — Une jeune et jolie dame entre un jour chez un opticien, lui demandant une loupe assez forte pour permettre l'examen de tous petits animaux qui, disait-elle, sortaient en foule du corps d'une de ses amies. — L'opticien, frappé de la singularité de cette révélation et curieux comme une petite fille, questionne, interroge, et, de fil en aiguille, finit par apprendre que cette amie n'est autr que la dame elle-même. — Aussitôt, un médecin e mandé, les bestioles sont exhibées, et le savant Bor les ayant reconnues pour une nouvelle espèce de De manysse, s'empressa de leur donner son propre nom. comme de juste;... cet honneur lui revenait de droi — Or, voici maintenant ce qui doit faire trembler tous les remèdes furent impuissants à amener la gu rison ; cette pauvre femme tourmentée de démangea sons intolérables, bon gré mal gré cédait à la tentatic de se gratter et, à l'instant même, l'on voyait s'écha per de la partie souffrante, une légion formidable c ces animalcules qui, aussitôt, se mettaient à voltiger c ci de là, dans tous les sens, et finirent bel et bien, l affreux hypocrites, par la conduire de vie à trépas, to en lui laissant les apparences de la santé la plus fl rissante du monde. — Vous le voyez, il n'y a pas plaisanter avec ces avortons, si méprisables qu'i paraissent devoir être.

Je pensais en avoir fini des Gamases, mais, aya rencontré dans mes collections le cadavre embaum de celui d'entre eux nommé par la science l'*Arg persicus*, je ne pourrais me pardonner de ne pas vo en parler. — Figurez-vous une carapace de tortı toute granulée, atteignant bien quatre millimètres c longueur, et dont la partie antérieure, en guise c capuchon, cache parfaitement les mâchoires c suçoir ; puis huit pattes dont les six premières se po tent en avant et les deux autres en arrière, et do chacune est armée de deux jolis petits onglets. -

L'objectif 0 N. 2 H. suffit pour l'observation, mais le nº 3 N. n'est pas de trop pour faire apprécier les granulations de la carapace et la délicatesse des tarses.

Les voyageurs ont nommé cet animalcule la *Punaise de Miana*, et ils le redoutent à l'égal de la peste. — Il y a bien de quoi, vraiment! — Un beau jour, à l'exemple du Pigeon de La Fontaine, la rage vous prend de parcourir le monde :

> Qu'allez-vous faire?
> Voulez-vous quitter votre frère?
> L'absence est le plus grand des maux!

Rien n'y fait, et bientôt, traversant les monts et les vaux, vous arrivez... en Asie, par exemple... dans le beau pays de Perse, théâtre des exploits du grand Tamerlan, cet affreux massacreur d'hommes dont vous avez beaucoup trop ouï parler. Là, paisiblement assis devant les portes Caspiennes... qui ne sont pas des portes... vous admirez ce splendide paysage bordé de noirs rochers, et vous reconstituez en imagination les événements si tristement célèbres qui, à notre honte et mieux hélas! que la nature, ont illustré ces lieux enchanteurs. — Tout à coup, vous vous sentez piqué. — Prenez donc garde! c'est notre Argas. — Bast! pensez-vous, qu'est-ce qu'une piqûre... en voyage surtout! — On en voit bien d'autres, n'est-il pas vrai?— Aussi, après avoir nonchalamment frotté la partie endolorie, vous n'en avez nul souci... et bientôt vos souvenirs de renaître de plus belle, et l'histoire exécrable de ces prétendus héros que je voudrais savoir livrés à tous les diables de l'enfer, de revivre dar votre mémoire d'étudiant. — Quelle imprudence e la vôtre! — Cette piqûre si méprisée est mortell *savez-vous!* oui, elle a la puissance de décomposer l sang, ni plus ni moins, et si l'on n'y prend attentio l'horrible camarde, dont *les rigueurs sont à nul autre pareilles, se bouche les oreilles et laisse crier.* — Par bonheur, les savants ont trouvé le remède a mal. Pour obtenir la guérison, il suffit de se nourr de sucre pendant quelques jours. Aussi suis-je ass porté à supposer que les petits polissons de l'endroi cherchent à se faire piquer par pur amour pour l médication. — Seulement, il y a à cela une difficulté l'Argas persicus n'aime pas le moins du monde le naturels du pays; il a soif du seul sang des étran gers; je voudrais bien savoir pourquoi, par exemple mais c'est encore là un de ces mystères impénétrabl à ajouter à tous ceux dont nous sommes environn sur cette terre. — Le Divin Créateur n'a pas voul nous confier tous ses secrets. — Chrétiens, résignon nous.

Les Ixodes. — Le facies des *Ixodes* se rapproch beaucoup de celui des autres Acares; mais, en généra l'animal est un peu plus grand, sa taille dépassant bie parfois cinq millimètres. — A l'analyse microscopiqu (obj. 5 N. 7 H.), on remarque surtout ses palpes cana liculées et ses maxilles ou mâchoires armées de crochet et l'on distingue parfaitement deux tout petits yeu placés près du bord abdominal du bouclier gastriqu dont la nature l'a gratifié. — Vous le savez sans doute, le ventre de ce brigand est doué de la singulière faculté de s'enfler outre mesure, jusqu'à atteindre même dix fois la taille normale. — Le vulgaire l'appelle *Tique* ou *Ricin*, et tout le monde, surtout Messeigneurs les disciples de Nemrod, connaissent plus ou moins la *Tique des Chiens* (Ixodes ricinus). Aussi n'ai-je pas la moindre envie de vous en parler, l'animalcule étant par trop vulgaire ; mais je ne crois pas pouvoir me dispenser d'appeler votre attention sur un autre Ixode tout autrement redoutable et nommé par la science *Ixodes americanus* ou *Nigua*, lequel, ayant choisi l'homme pour victime, est bien plus digne d'intérêt, dussions-nous le maudire à l'égal de nos plus cruels ennemis.

A l'exemple de l'Argas dont je viens de faire mention, et ressemblant d'ailleurs aux autres Ixodes, celui-ci porte également les trois premières paires de pattes en avant et la quatrième en arrière ; pendant l'été, sa demeure de prédilection est une forêt où il se tient caché sous les buissons et de préférence sous les feuilles mortes. — Malheur à l'imprudent venant se risquer à l'étourdie dans ces parages ! — Aussitôt qu'il y paraît, cet affreux animal accourt sournoisement vers lui, grimpe le long des chaussures, arrive à la peau nue, la mordille doucettement, y pratique à la sourdine un joli petit trou et, ceci fait, le brigand, sans crier gare, enfonce incontinent la tête et le corselet dans les chairs et s'abreuve à gogo du sang de la victime.

Malgré la prudente astuce de la bestiole, tôt ou tar le patient finit par s'apercevoir de la présence du tour-menteur, et le voyant en train de s'enfler à l'imitatio de la grenouille de la Fable, il se met en devoir de lu déclarer la guerre. — Si la nature l'a doué d'un bonne dose de patience et s'il s'y prend à temps, un petite pince maniée avec dextérité peut lui donne raison de son ennemi et lui permettre de le retirer d son antre tout entier et parfaitement intact; mais si dédaigneux d'un aussi chétif adversaire, il s'avise, dan son insouciance, de l'arracher avec brusquerie, l'insect tenace se laisse couper en deux plutôt que de lâche prise; la tête, le corselet, tout l'avant-train, demeuren dans la plaie et l'enveniment; puis, la gangrèn se déclare, et l'infortuné patient paye souvent ainsi d la perte d'un membre ou tout au moins de celle d'un bonne partie de sa propre chair, le mépris que, dan son orgueil, il affectait pour un animalcule dont on n saurait trop redouter les cruelles atteintes.

Les Tyroglyphes. — Parmi les *Tyroglyphes,* u des plus remarqués est sans contredit celui du fromag (*Tyroglyphussiro*), (Pl. 8, fig. 9) et cependant je n'en pa lerai guère, attendu qu'il ressemble tellement au plu célèbre de tous dont j'ai surtout à vous entretenir, l'illustre *Acarus de la gale,* que le grand Aristote et savant Linné, si tant est qu'ils aient connu à la fo l'un et l'autre, les ont sans aucun doute constamme confondus. Il est vrai, ces gros bonnets de la scien ne possédaient pas nos puissants microscopes, et n'ont pu ainsi se rendre compte des différences; mais celles-ci sont tellement sensibles qu'en examinant les deux animalcules au moyen de l'objectif 5 N. 7 H., il est impossible de jamais s'y tromper. — L'Acarus du fromage a la forme d'un œuf allongé, ses huit pattes, assez maigres, dépassent toutes la carapace, et, à l'extrémité de son abdomen, il porte seulement deux poils. Or, quand nous aurons son heureux rival sous les yeux, il nous faudra bien avouer que celui-ci se présente sous tout un autre aspect.

Mais puisque m'y voici, il ne me semble pas hors de propos de chercher à rassurer quelque peu les amateurs de fromage. — Ayant vu au microscope solaire grouiller une myriade de ces bestioles ressemblant alors, d'un peu loin peut-être, à de gros vilains hannetons, ils se figurent volontiers qu'aucune parcelle de ce produit de nos laiteries n'en est dépourvue. Or, c'est là, voyez-vous, une erreur capitale, un préjugé fondé sur l'ignorance. — Le *Tyroglyphus siro* se rencontre généralement dans les seules vermoulures, et si l'on a bien soin d'enlever la croûte de cet aliment, en la coupant à une profondeur convenable, on peut manger en toute sécurité et dormir sur ses deux oreilles, car jamais alors aucun de ces affreux animaux ne se trouvera sous la dent. — Les marchands de fromage me sauront gré, je l'espère, de cette révélation.

L'Acarus de la gale. — Il me faut un certain courage pour venir ici parler de l'*Acarus de la gale,* et, si je n'en avais pris l'engagement, j'hésiterais à entreprendre cette tâche, car, je ne me le dissimule pas, la seule allusion faite à ce parasite, tenu pour immonde inspire un dégoût profond. — Cependant, croyez-moi en condamnant ainsi sans entendre, vous cédez à un préjugé. — L'animalcule n'a rien de répugnant en soi il est d'une propreté, je pourrais même dire d'une gentillesse parfaite, et s'il est la cause d'une maladie épidermique fort vilaine à voir, j'en conviens, ce n'est pas sa faute à ce petit malheureux, mais bien plutôt la nôtre. — Ayez le courage de me lire et vous ne tarderez pas à partager cette opinion.

Et d'abord, voyons un peu, par curiosité, l'histoire de l'apparition ici-bas de cet avorton presque invisible sur lequel les savants et surtout les médecins ont écrit tant de volumes aujourd'hui dédaignés. — Aristote l'a-t-il connu? — Je ne puis trop en répondre; mais il est certain que si l'animal existait de son temps, ce respectable savant, je crois l'avoir déjà dit, l'a confondu avec le ciron du fromage. — Gardons-nous bien d'ailleurs d'en faire un reproche à la science de cette époque : malheureusement pour elle, le microscope n'était pas inventé.

Après Aristote, pendant de longues années, on n'entendit plus parler de rien qui ressemblât à cet acare, mais au XIIe siècle, un Arabe dont le nom est composé de plus de lettres que n'en renferme tout l'alphabet, le célèbre *Abou Merroan Abdel Maleck Ben Zoar* paraît en avoir fait mention. En effet, ce savant dont le nom ne finit jamais, dit quelque part : « Il y a une » chose connue sous le nom de *soab,* qui laboure la

» corps à l'extérieur ; elle existe dans la peau, et lorsque » celle-ci s'écorche en quelque endroit, il en sort un » animal extrêmement petit et qui échappe presque » aux sens. »

On voit ici l'Acarus de la gale poindre à l'horizon ; il n'y a pas à en douter ce me semble.

Quatre siècles plus tard, le fier et présomptueux Scaliger, parlant d'un avorton d'animalcule appelé indifféremment *Garapara, Pedicello, Sciro, Brigans,* écrivait : « Sa forme est globuleuse ; il est si petit » qu'on peut à peine l'apercevoir et que l'on doit dire » de lui qu'il n'est pas composé d'atomes, mais qu'il est » l'atome même d'Épicure. Il se loge sous l'épiderme, » en sorte qu'il brûle par des sillons qu'il se creuse. » Extrait avec une aiguille et placé sur l'ongle, il se » met peu à peu en mouvement, surtout s'il est exposé » aux rayons du soleil. Écrasé, en le pressant entre » deux ongles, il fait entendre un bruit, et il en sort » une matière aqueuse. »

Voici bien en chair et en os cet acare détesté ou je me trompe fort ; mais, en 1710, il n'y a plus d'hésitation possible ; l'Italien Cestoni le connaissait certainement, car il a dit avoir vu de petits *vers* (le mot est malheureux) dont la figure approchait de celle des tortues (à la bonne heure !) et qui étaient retirés des pustules des pauvres humains assez abandonnés du ciel pour se voir affligés d'une maladie de la peau. Toutefois, ses explications très-concluantes n'ont pas empêché un savant de venir nier en plein XIXe siècle l'existence de cet animalcule, et même de promettre une récompense de 300 francs à la personne qui pa viendrait à lui en montrer, tant il se croyait sûr d son fait, tant il était convaincu que l'on avait affair à un être fantastique, ou tout au plus au ciron d fromage !

Les perfectionnements apportés au microscope pen dant ces dernières années ont permis de trancher l différend d'une manière victorieuse; aujourd'hui i n'y a plus à le nier, cet avorton redouté a pris ran sans conteste parmi les êtres animés qui peuplent l globe.

Mais son droit de cité étant ainsi reconnu, il devenai urgent de lui donner un nom, car, de se contenter d l'appellation vulgaire, il n'y fallait pas seulement son ger; la science pouvait-elle à ce point abdiquer se droits? — Évidemment non; une semblable concession l'eût déshonorée à tout jamais. — Aussi l'animal fut-i solennellement baptisé par elle du nom de *Sarcopte scabiei*, et le savant De Geer en traça le portrait suivant « C'est une mite arrondie, blanche, à courtes patte » roussâtres, avec un très-long poil aux quatre posté » rieures, et dont les quatre tarses antérieures sont er » tuyau terminé par un petit bouton. »

A vrai dire, ceci n'est pas un portrait; tout au plu peut-on y voir un croquis, fort incomplet même, je vous assure. Voyons donc ce que le microscope sai nous révéler.

Et d'abord, il faut le savoir, pour l'observation de cet animalcule dont la taille dépasse à peine la pointe d'une aiguille, il est essentiel de le regarder, d'abord à la manière opaque en utilisant un objectif moyen (3 N. tout au plus), et ensuite, par transparence, en ayant recours à l'objectif 5 N. 7 H.; sinon, l'on s'expose à confondre les deux faces. — Vu de cette façon, en premier lieu par-dessus, le sarcopte semble couvert d'une carapace de tortue, de forme presque ronde, curieusement zonée vers les bords et pointillée au milieu, laissant déborder à la partie supérieure l'extrémité de la bouche en forme de bec arrondi surmonté de quatre petits poils (ce sont ses moustaches à ce brigand), comme aussi celle des quatre pattes antérieures; puis, de chaque côté, juste au milieu, deux autres poils s'écartant à angle droit, et enfin, vers l'extrémité inférieure, huit poils encore dont quatre de dimension moyenne au centre et quatre fort longs sur les côtés. — Si, ensuite, on retourne le sujet, si on l'examine pardessous, l'on voit tout le ventre zoné et l'on distingue parfaitement alors les pattes antérieures composées de cinq articles dont le dernier, d'une petitesse extrême, est surmonté d'une espèce de trompe couronnée d'un bourrelet que j'estime être une ventouse (Pl. 8, fig. 10.) — Quant aux organes locomoteurs de derrière terminés par ces quatre longs poils dont je viens de parler, ce sont plutôt des avortons, les deux derniers surtout, car les articulations en sont à peine accusées.

Si vous êtes en mesure de vérifier l'exactitude de cette description, vous aurez, je l'espère, peu de chose à y reprendre. Il est vrai que, si elle l'emporte sur celle du savant De Geer, ce naturaliste éminent ne possédait pas les excellents objectifs perfectionnés par les habiles constructeurs Nachet, Hartnack, Ross, Tolles, etc., dont j'ai la bonne fortune de pouvoir me servir.

La science enseigne que ces animalcules ont un seul sens, celui du toucher, et elle les déclare privés de la vue, de l'ouïe, du goût et de l'odorat, ni plus ni moins. — Elle n'y va pas de main morte comme vous voyez. — Mais n'y a-t-il pas un peu d'outrecuidance à le décider ainsi? — Quant à moi, j'ai des doutes sérieux; on ne leur voit pas d'organes visuels, il est vrai; mais, y avons-nous bien regardé? — sommes-nous sûrs de la suffisance de nos instruments pour pénétrer dans les arcanes d'un organisme dont l'imagination la plus féconde ne peut concevoir la ténuité? — Avant de nier d'une manière aussi absolue, je crois prudent d'attendre les enseignements de l'avenir; et, quant aux autres sens, nous l'avons vu, les organes de ceux-ci sont généralement incertains, même chez les insectes d'un ordre supérieur; pourquoi donc vouloir, sans preuves bien positives, en priver les uns plutôt que les autres? Avouons franchement notre ignorance et n'en parlons plus.

Si cependant la science avait raison, il y aurait encore à se demander comment il peut se faire que ces petits animaux ayant pour se guider le seul sens du toucher, abandonnent volontairement leur domaine, je veux dire la peau des patients, pour s'en aller à l'aventure à la recherche d'une autre victime dont rien ne leur révélerait la présence? — Si tout au moins nous leur accordions un appareil olfactif, les choses pourraient s'expliquer; mais si nous le leur refusons, il faut admettre de toute nécessité que la maladie se propage par le seul contact direct et immédiat; or, cela n'est pas; il est avéré que les sarcoptes passent d'un corps à un autre sans que ceux-ci se touchent le moins du monde. J'en ai trouvé de nombreux exemples cités comme à plaisir dans des livres fort sérieux; les convenances me défendent seules d'en parler.

La question capitale qui, pendant des siècles, a divisé les savants, est celle de savoir si la gale est une maladie inhérente à la peau et pouvant engendrer ou attirer les sarcoptes, ou bien si ce sont les sarcoptes qui développent la maladie.— On ne peut se faire une idée des dits et des contredits échangés à ce sujet jusque dans ces derniers temps; mais enfin, grâce au microscope, les savants et les médecins se sont mis d'accord, et tout le monde convient aujourd'hui que cette vilaine affection épidermique est engendrée par l'insecte. — En voyant le petit scélérat à l'œuvre, nous ne conserverons plus aucun doute à ce sujet.

Voici un brave garçon connaissant à peine de nom cette calamité de la nature humaine : un beau jour, il pose à l'étourdie la main nue sur un objet quelconque touché précédemment par un malade à sarcoptes; l'un de ces animalcules, fourvoyé dans ces parages, sentant cette bonne peau chaude, se hâte d'y grimper, il en recherche la partie la plus tendre, et, au moyen des pinces dont sa bouche est armée, il s'ouvre dans l'épiderme une issue assez grande pour laisser passer le corps tout entier; aussitôt enfoui, il creuse horizontalement une petite galerie, au fond de laquelle se niche d'une manière sournoise et où la femell dépose ses œufs. Ceux-ci, enfermés dans une petit vésicule ronde, repoussent un peu l'épiderme qui, pa cela même, paraît présenter des proéminences blan ches, et, si on les laisse faire, les œufs donnant nais sance à d'autres sarcoptes, les petits creusent de nou velles galeries, et de multiplications en multiplica tions, toute la surface est bientôt envahie.

Jusqu'ici cependant il n'y a pas grand mal, comm vous allez voir; mais, on le comprend sans peine, ce allées et venues, ces nombreuses entailles faites la peau, ne passent pas inaperçues pour le patient ; l voici tourmenté de fortes démangeaisons; alors, s'il l'imprudence de gratter un peu vivement, tant pi pour lui, les ongles déchirent l'épiderme, le sang, le sérosités affluent, des pustules se forment, pui viennent des croûtes; et l'animal, ne discontinuan pas ses abominables ravages, sa présence, en fin d compte, se révèle sous forme de plaies dont il est bo de parler le moins possible.

Mais si l'on a la constance de ne pas y porter l main, jamais, assure-t-on, aucune de ces horreur n'apparaît. J'ai lu quelque part qu'un malade héroïqu n'avait pas consenti à se laisser guérir, tant il éprou vait de jouissance à ce chatouillement, et qu'un autre rebelle également à toute guérison, se contentait d porter des chemises de toile grossière dont la rudesse en frôlant incessamment l'épiderme infesté de sar coptes, lui donnait les sensations les plus agréables d monde. — Qu'objecter à cela ? chacun est maître de sa peau et prend son plaisir où il le trouve. — Jamais ces malades-ci, dit-on encore, n'ont eu de plaies d'aucune sorte. — C'est bien possible ; mais, pour ne pas gratter quand ça chatouille, il faut avoir plus de résolution que le ciel ne m'en aurait départi, je présume, si j'avais eu la mauvaise fortune de loger chez moi ces agaçants petits animaux.

Les observations au microscope ayant ainsi permis de découvrir la cause de la gale, les médecins n'ont pas tardé à imaginer le remède, et, en tuant l'animal au moyen d'huile de pétrole, de certains onguents, d'ingénieuses fomentations de soufre, de potasse, etc., ils ont tué la maladie. — Mais c'est ici que l'esprit systématique a fait voir ce dont il est capable. — Pas n'est besoin de vous le dire, les opposants, forcés de se rendre à l'évidence, avaient accepté leur défaite en rechignant ; c'est dans la nature humaine ; il en sera toujours ainsi. — Voyez donc : pendant de longues années, sur la foi du célèbre Galien, on aura attribué la gale à l'humeur mélancolique (que peut bien être cette humeur-là ? bon Dieu !) ; on l'aura crue avec Avicenne produite par le sang ; on l'aura supposée due à une fermentation particulière (*particulière* est joli) ainsi que l'enseigne le savant Van Helmont, et voici tout à coup ce bel échafaudage renversé de fond en comble comme un château de cartes. — J'en conviens, il y a de quoi se désespérer ; on n'abandonne pas ainsi ses antiques croyances ; aussi, quelle ne fut pas la joie de ces opposants lorsqu'ils eurent constaté que des malades, entièrement guéris suivant eux, eurent une rechute sans s'être exposés le moins du monde. — Vous le voyez donc bien, s'écrièrent aussitôt les grincheux, le mal vient du sang, des humeurs, etc., et c'est bien là ce qui attire les sarcoptes! — Non, messeigneurs, ne vous hâtez pas de chanter victoire ; quand le cas s'est présenté, la guérison qui paraissait complète parce que tous ces avortons étaient réellement morts, ne l'était pas en réalité. Avant de passer de vie à trépas, la femelle avait pondu des œufs au fond de ses galeries ; les remèdes ayant cessé, ces œufs avaient donné le jour à des bébés et ceux-ci, devenus grands garçons, avaient continué d'instinct leurs déprédations cuisantes. — Une guérison, si on la veut entière, exige donc une médication assez longue pour donner aux produits des ovaires le temps d'éclore, et pour arriver ainsi à tuer les petits aussitôt leur naissance. Cessée trop tôt, le but peut ne pas être atteint. — L'objection des mécontents n'a donc aucune valeur; ils en sont pour leurs frais d'opposition, et tout s'explique de la façon la plus naturelle du monde.

Et de ces espèces d'acares, on en découvre presque partout. Il n'y a pas bien longtemps, à Nordheim en Allemagne, les chevaux, atteints d'une inflammation intestinale jusque-là inconnue, mouraient comme des mouches. Les vétérinaires ne savaient plus à quel saint se vouer, quand l'un d'eux s'avisa d'examiner au microscope, l'avoine, la paille et le foin dont on les nourrissait, et découvrit dans ce dernier fourrage une immense quantité d'animalcules reconnus appartenir au genre acare (*Acarus fœnarius*) dont le facies se rapproche beaucoup de celui de l'acare du fromage. Vous le voyez, la taille ne fait rien à l'affaire : voici des animaux superbes conduits de vie à trépas par des êtres presque invisibles à l'œil nu. Ne faisons donc pas fi des petits ; ils sont parfois plus redoutables qu'ils n'en ont l'air (1).

La *Cassonade*, ainsi nommée parce que le sucre brut était à l'origine importé en *caisses*, contient également des acares (*Acarus sacchari*), et cela en quantités tellement formidables qu'un observateur trop superficiel soutint un jour en pleine académie que cette cassonade n'était pas du sucre mais bien une agglomération d'acares sucrés. C'était pousser les choses un peu loin; mais, on ne peut le nier, il y a là des légions innombrables de ces bestioles; seulement elles n'y sont pas sur un lit de roses, croyez-le bien, car, à leurs côtés, grouillent des myriades d'une espèce de scarabées microscopiques qui en dévorent cent par heure. Ces deux genres d'animalcules vivent ici pêle-mêle et comme en famille, peu unie il est vrai, car l'une moitié est toujours en train de manger l'autre. C'est du joli!

Un savant, l'illustre Ferris Buggharis dont, à ma confusion encore, je n'avais non plus jamais ouï parler, assure qu'une seule livre de sucre de Cuba contient 250,000 de ces acares! A l'exemple des *Sarcoptes scabiei*, ceux-ci savent pénétrer sous l'épiderme de l'homme et y causer des démangeaisons intoléra-

(1) *Les Mondes*, par l'abbé Moigno. N° 12 du 17 juillet 1873, pag. 471.

bles. Les épiciers condamnés à manipuler ce sucr sont exposés à voir leur peau envahie par cet ennem invisible, et la maladie dont ces avortons sont ainsi l cause inconsciente a même reçu des Américains un qualification spéciale; ils la nomment *Grocers's itc* (mal des épiciers), tandis que les Allemands la con naissent sous le nom de *Specieres Incken* (gale de épiciers.)

Par bonheur, il y a des remèdes au mal; ils con sistent en lotions d'acide sulfurique ou d'acide phéniqu *dilués*; l'huile de pétrole donne un résultat analogue comme aussi le phénol Bobœuf mélangé avec d l'huile, de manière à former une espèce de coldcream Il n'y a donc pas à s'inquiéter (1).

Les Simonea. — Il n'est pas que vous ne connais siez les *Tannes,* ces petites bulbes noires, vulgaire ment appelés boutons, se faisant jour d'ordinaire prè des ailes du nez, sur les tempes ou à la naissance d menton, à l'époque surtout de l'adolescence et de l jeunesse, et d'où, en les pressant, on peut faire sorti des façons de vers, de couleur jaunâtre, rappelant e petit ces dangereux jouets connus il y a peu d'anné sous le nom de serpents de Pharaon. — Combien sou vent ne m'a-t-on pas demandé si c'étaient bien là de vers pour de bon! — D'aucuns même, victimes d'un illusion, prétendaient les avoir vus remuer. — E bien, non, ce ne sont pas des vers; il y a là tout sim plement de la matière sébacée parfaitement inerte

(1) *Moniteur belge de la Brasserie.* N° du 24 décembre 1871.

accumulée et figée vers les pores; ces boutons sont le résultat de l'abondance trop grande de cette matière, à un âge où la nature est en effervescence. Il y a même un moyen de les voir disparaître, dont l'efficacité est pour ainsi dire certaine; il consiste dans de fréquentes lotions d'eau froide, dont l'effet est de tenir ces pores bien libres et de permettre ainsi à cette espèce de graisse de s'écouler aisément. — Vous voyez donc bien!

Mais si la matière sébacée est dépourvue de vitalité malgré son apparence, elle recèle parfois un petit animal tout à fait invisible à l'œil nu et vivant à nos dépens. Les savants l'ont appelé tour à tour *Entozoon*, *Demodex*, *Simonea*, *Acarus folliculorum*, (Pl. 8, fig. 11) bien qu'il ne ressemble pas davantage à un acarus qu'un rat ne ressemble à une grenouille. — A quel animalcule pourrais-je bien le comparer? — Ah! oui! il a, ma foi, tout l'air d'une libellule microscopique dont on aurait enlevé les ailes et les extrémités des pattes; seulement il est si petit que, pour se rendre compte de sa structure, il faut utiliser l'obj. 5 N. 7. H. ou mieux encore peut-être le 9 H. De cette façon, il est facile de distinguer la tête, armée d'un suçoir placé entre deux petites palpes et surmonté d'un organe triangulaire formé de deux lames pointues dont j'ignore absolument l'usage; puis, un abdomen fort long et fort étroit; et enfin, ses organes les plus remarquables, les pattes ayant l'apparence de cônes arrondis dont l'angle le moins obtus est terminé par des façons de poils raides, disposés en cercle et très-difficiles à apercevoir.

Que pourrait-il donc bien faire là, ce morveux, au milieu de ce suif jaunâtre? — Ma foi, je n'en sai absolument rien, ni vous non plus j'imagine; mai certainement nous n'avons aucune bonne raison pou le maudire, puisque, avant 1842, époque à laquell le savant Simon de Berlin le découvrit pour la pre mière fois, jamais on n'en avait ouï parler, et l'on sai que les hommes, ces mêmes hommes toujours si glo rieux et si fiers de pouvoir s'entre-tuer, se torture *légalement* sur les champs de bataille, sans le plus sou vent savoir pourquoi, sont tellement délicats que, loi du théâtre des carnages *officiels*, le moindre petit bob les inquiète et leur met l'âme à l'envers. — Si donc il ne se sont pas plaints, c'est qu'ils n'avaient aucune rai son de se plaindre; n'est-ce pas clair comme le jour? — Toutefois, malgré son innocuité, j'ai tenu à vou montrer ce *Simonea*, ce *Demodex*, rangé parmi le acares, vivant à nos dépens depuis des siècles peut être, et dont, il y a peu d'années encore, nul au mond n'avait soupçonné l'existence.

Les Oribates. — Des divers genres d'acarides, i nous reste à voir les *Oribates*. — Tout bien considér cependant, je préfère ne pas m'appesantir sur ces avor tons, n'ayant rien de particulier à vous en apprendre En effet, les oribates sont tout simplement des animal cules au corps globuleux, semblable à celui des autre acares déjà nommés; caractérisés d'ailleurs par l dureté de leur enveloppe extérieure, ils ont une lèvr festonnée, deux palpes à cinq articles et deux mandi bules en forme de pinces dentelées (obj. 3, 5 N.); s'ils ont des yeux, je ne suis pas parvenu à les découvrir, et leurs pattes sont longues, grêles et un peu poilues. — La belle affaire vraiment! et quel intérêt peut-on prendre à ces menus détails? — Libre à eux de vivre dans les lieux arides, sur les mousses, les pierres ou les écorces; je ne m'en mêle en aucune façon. — N'ayant jamais été les héros d'aucune aventure, du moins à ma connaissance, que pourrai-je en définitive vous en conter, moi dont le thème, vous le savez de reste, est de faire apparaître les seuls animaux pouvant nous intéresser par leur instinct, leur intelligence, leur singularité, ou par les maux dont ils sont la cause volontaire ou involontaire? — Or, l'oribate ne m'étant signalé par la science ni en bien ni en mal, pour être conséquent, je dois bien l'abandonner à son heureux ou malheureux sort. — Qu'il s'en aille donc, bras dessus bras dessous si bon lui semble, avec les *Bdelles* dont j'ai à peine fait mention, nous n'avons à nous inquiéter ni de l'un ni des autres.

Les Poux. — Passons à l'examen d'un autre ordre de petits animaux. Voici venir les *Poux* (*Pediculi*), dont le nom seul, je le sais trop, inspire également un dégoût profond. Cependant, ne l'oublions pas, le microscope est sous nos yeux; or, grossi par l'objectif, l'animalcule est d'une propreté exquise, l'imagination ou le préjugé pouvant seuls lui prêter des défauts dont toujours il fut exempt. — S'il n'en était pas ainsi, jamais je n'aurais eu l'audace de vous en entr tenir.

Les Poux sont rangés par la science parmi le *Aptères hexapodes*, c'est-à-dire *sans ailes à six patte.* — A la bonne heure! ce sont bien là de vrais insecte: —Les variétés en sont innombrables et, pour ma par j'en connais plus de 200. — Et le croiriez-vous l'homme, à lui tout seul, est exposé à devenir la victim de quatre espèces de Poux différents; oui : il y a cel de la tête, celui du corps, celui des malades et enfin l pou connu sous le nom de *Pediculus inguinalis* do je ne veux pas donner une autre désignation, et pou cause.

Le pou de tête (Pl. 8, fig. 12) (*Pediculus capitis*), d couleur livide, vit sur les cheveux auxquels il s cramponne par les extrémités des pattes composé de quatre articles, d'un ongle et d'un crochet forman ensemble une belle et bonne petite pince d'une sol dité à toute épreuve; sur la tête se pavanent deu antennes droites à cinq articles, derrière lesquelles o aperçoit deux tout petits yeux; un aiguillon, port sous le ventre par ce sournois, lui permet de perce l'épiderme et, au moyen du suçoir dont sa bouche es armée, il réussit à humer la sueur, les sérosités de l victime. Son abdomen est divisé en six ou sept seg ments montrant, de chaque côté, de curieux stigmates enfin, à ces organes de la respiration viennent abouti de l'intérieur, des trachées d'une délicatesse inouïe Pour l'observation de la plupart de ces détails, l'ol jectif 1 N. 4 H. suffit amplement; seules, les trachée exigent tout au moins l'obj. 3 N. — Mais voulez-vous avoir sous les yeux un spectacle merveilleux? prenez l'appareil de polarisation et l'obj. 1 N. — Attendez! cet appareil utilisé isolément ne suffit pas pour atteindre le but : il faut savoir en augmenter la puissance, chose la plus facile du monde comme vous allez voir.

L'analyseur et le polariseur formé d'un prisme de Nicol étant mis en place, avant de déposer la préparation sur la platine du microscope, vous choisissez un fragment de *mica* que vous disposez sur le polariseur dans l'un ou l'autre sens, en tâtonnant, et... le tour est fait. — Voyez maintenant ce pou si répugnant, et dites-moi s'il y a rien au monde de plus admirable?— Ne croirait-on pas que toutes les couleurs de l'arc-en-ciel se sont donné rendez-vous pour revêtir des teintes les plus brillantes cet avorton si dédaigné.

D'après le calcul d'un savant, deux femelles peuvent, en deux mois, produire 18,000 petits.—C'est effrayant, n'est-il pas vrai?—Par bonheur, on a trouvé le remède au mal: des lotions de graines infusées de staphysaigre, cette jolie plante herbacée et vénéneuse des îles de la Méditerranée, les tuent, assure-t-on, sans jamais y manquer; et ce n'est pas tout: on s'est avisé d'enduire d'une certaine huile la tête malade, et cette liqueur grasse, venant obstruer les ouvertures des stigmates, asphyxie bel et bien tous ces animalcules. — Nous n'avons donc plus à nous en inquiéter.

Après cela, on le sait, cette vermine se rencontre rarement chez les observateurs scrupuleux du précepte de Volney, poussant le soin de leur personne jusqu'à envisager la malpropreté comme un vice, sinon comme un délit. Quant aux peuples de l'Orient, la plupart ne s'en soucient guère, et c'est même pour certains d'entre eux une occupation fort amusante que de faire la chasse à ces petits animaux. Je me souviens d'avoir lu dans un livre des plus sérieux, qu'au Brésil la mère noire d'une jeune et jolie fille avait refusé de la donner en mariage, alléguant qu'elle ne saurait plus comment passer le temps dans ses vieux jours, si elle n'avait plus son enfant à ses côtés pour... comment dirais-je?.. pour se livrer au plaisir de la chasse dont je viens de parler. — En voilà-t-il de l'égoïsme? — Certes, ce ne sont pas nos mères blanches qui agiraient ainsi... bien au contraire.

Le pou du corps (*Pediculus vestimenti*) diffère du premier en ce qu'il n'est pas livide, mais en partie jaunâtre; sa tête est plus avancée, ses pattes plus grêles et ses antennes ont le deuxième article plus allongé (Obj. 1 N. 4 H.)

Quant au pou des malades (*Pediculus tabescentium*) sa tête est arrondie, ses antennes allongées et les segments de l'abdomen plus serrés (obj. 1 N. 4 H.); il pullule sur le cou, le dos et la poitrine, et on peut lui reprocher jusqu'à des assassinats. — Ne riez pas. Plusieurs personnages célèbres en ont été les infortunées victimes; l'histoire cite entre autres Hérode, dit le Grand (pourquoi *le grand ?* Serait-ce pour avoir, un jour, fait égorger à Bethléem tous les petits garçons âgés de moins de deux ans? — En ce cas, l'histoire eût bien dû ajouter à cet adjectif qualificatif le substantif *criminel*); puis encore Sylla, le vainqueur de Mithridate, le rival heureux de Marius, le féroce dictateur de Rome, devenu si tristement célèbre par ses massacres de prisonniers et de citoyens, et surtout par son abdication, l'homme enfin auquel le peuple, à genoux devant le succès, décerna le titre d'*heureux;* puis toujours, Philippe II, roi d'Espagne, dont personne en Belgique n'ignore la vie, et qui fit équiper cette fameuse flotte, l'*invincible Armada*, dont, malgré son appellation orgueilleuse, la tempête et l'amiral Drake eurent si aisément raison; Platon, le divin Platon lui-même; Phérécide enfin, ce philosophe grec, le maître de Pythagore, l'auteur outrecuidant d'un traité sur la *Nature des dieux*... le pauvre homme! — Qui encore? Je ne sais; mais en voici suffisamment pour nous autoriser à vouer ces affreux animalcules à la damnation éternelle.

Et savez-vous comment s'y prennent ces gredins pour arriver à leurs fins détestables? — Voici ce que nous pouvons lire à ce sujet dans la vie de Sylla par Plutarque, le sérieux, l'austère Plutarque, dont la traduction d'Amyot a seule le pouvoir de tempérer la sévérité. « Il avoit une apostume dedans le corps, » laquelle par succession de temps vint à corrompre » sa chair, de sorte qu'elle se tourna toute en poulx, » tellement que combien qu'il y eust plusieurs per» sonnes après à l'espouiller nuict et jour, ce n'estoit » encore rien de ce que l'on ostoit au prix de ce qui » revenoit, et n'y avoit vestement, linge, baing, lava» toire, ny viande mesme qui ne fust incontinent rem-

» plie du flux de ceste ordure et villanie, tant il e
» sortoit. Il entroit plusieurs fois le jour dedans l
» baing pour se laver et nettoyer, mais tout cela n
» servoit de rien, car la mutation de sa chair en cest
» pourriture le gaignoit incontinent de vistesse. »

C'était bien la peine d'être surnommé l'*heureux* pou mourir d'une façon à ce point misérable ! — Ce qu c'est pourtant que de nous ! — Mais aussi, pourqu le grand Sylla n'avait-il pas inventé le microscope ? — S'il eût connu cet instrument, il eût remarqué que ce poux respirent par les stigmates dont j'ai parlé, et d là à boucher ces organes il y avait un pas à peine. — Je n'ai pas l'honneur d'être médecin, mais si ces hor ribles petites bêtes s'avisaient un jour de me déclare la guerre, je ne m'en inquiéterais pas le moins d monde, je les couvrirais d'huile de la tête aux pieds e je pourrais ainsi leur dire triomphalement, à l'imitatio de l'exécrable Lucrèce Borgia: *Messeigneurs, vous ête tous empoisonnés !*

Le quatrième et dernier pou de l'homme, le *Pedicu lus inguinalis*, est le plus court de beaucoup; sa cou leur, d'un gris pâle, revêt parfois des teintes d'un bru rougeâtre ; ses pattes sont robustes et fort longues, le deux premières terminées par un ongle allongé très aigu, et les quatre autres armées de crochets formida bles formant pinces avec un petit onglet. Derrière le antennes filiformes composées de cinq articles, on dis tingue deux tout petits yeux que l'objectif 1 N. 4 H. laisse très-bien apercevoir.

Des mauvais plaisants conseillent parfois aux innocents tourmentés par cette vermine, d'humecter la partie atteinte d'une infusion de persil. Je ne m'explique pas la vertu de cette ombellifère appelée par la science *Apium petroselinum*, mais ses effets sont prodigieux; si le perfide conseil est suivi, en une seule nuit les poils de la poitrine, ceux des aisselles, de la barbe, des sourcils mêmes, sont envahis par des myriades de ces animalcules dont, par bonheur, l'onguent mercuriel a facilement raison. — Ces plaisants-là sont bien déplaisants; n'êtes-vous pas de mon avis?

L'homme n'est pas la seule proie de ces parasites; les mammifères et les oiseaux ont chacun les leurs généralement connus sous le nom de *Ricins* et présentant entre eux des différences plus ou moins sensibles, ce qui n'empêche jamais cependant de les reconnaître du premier coup d'œil comme membres de la même famille. On remarque dans le nombre le *Trichodecte* des chèvres (Pl. 8, fig. 13), auquel je me suis avisé un jour, malgré l'autorité du savant Macquart, de comparer le Mélophage du mouton. Eh bien, là, franchement, j'en suis fier, et on le serait à moins; ne voici-t-il pas, en effet, qu'en étudiant l'histoire de ces aptères hexapodes dont je vous fatigue trop longtemps peut-être, je lis à la page 310 du 3e volume de l'œuvre du baron de Walckenaer et de P. Gervais (*Histoire naturelle des insectes aptères*), que l'illustre Ehrenberg a rangé parmi les *Poux*, certain Mélophage parasite du Daman ou Agneau d'Israël, en donnant à cet avorton la qualification assez barbare, il faut en convenir, de *Leptophtirium!* — C'est égal; le nom ne fait rien à l'affaire; et je puis bien, ce me semble, m'enorgueilli un peu, quand je vois mes observations pratiques a microscope aboutir au même résultat que les recherches théoriques de la science la plus austère. Pardonnez-moi ce petit mouvement d'amour-propre; je n'y reviendrai plus, je vous le promets.

Les Puces. — En pérorant sur les pattes de insectes, j'ai été amené, il vous en souvient peut-être à parler des *Puces*, ces autres parasites, dont l'homme tout comme les mammifères et les oiseaux, est la victime prédestinée. Mais alors, le moment n'était pa venu de vous entretenir, comme je le dois, de ce *aphaniptères* (privés d'ailes) dont l'étude au microscope présente cependant un intérêt considérable. — San doute, à première vue, tous ces petits animaux on entre eux un air de famille des plus prononcés; mai un examen attentif y fait bientôt découvrir des différences notables de nature à nous empêcher de confondre les diverses espèces. — La science compte jusqu'à vingt-six de celles-ci, et, j'en suis convaincu, elle n'a pas dit son dernier mot; l'avenir nous réserve probablement bien des surprises encore.

Un objectif faible (1 N. 4 H.) suffit pour l'observation générale (Pl. 9, fig. 1, 2); mais si l'on désire se rendre compte de la structure intime des divers organes, de griffes terminant les pattes, des lames en forme d'épée dont la bouche de l'animalcule est armée et dont c brigand sanguinaire sait se servir avec tant de traîtris pour nous percer la peau, de la gaîne articulée qui, a repos, abrite ces lames redoutables, des palpes, des antennes variant suivant les espèces ; si l'on est assez curieux ou assez patient pour chercher à découvrir de quelle admirable façon ces griffes et ces lames sont striées ou dentelées, il faut, de toute nécessité, examiner chaque organe isolément et utiliser l'objectif 5 N. 7 H. — Alors, mais alors seulement, on peut se dire expert en cette matière. Et ce n'est pas là, croyez-le bien, un médiocre avantage; jugez donc : voici une puce prise en flagrant délit, exerçant ses ravages sur un pauvre petit chien ; sollicité par le maître de cet animal, vous la placez sous l'objectif et, aussitôt, sans aucune hésitation, vous décidez *ex professo* qu'elle n'est pas ce qu'un vain peuple pense, mais bien une puce de chat s'étant bêtement fourvoyée sur un chien. — Ah! riez si bon vous semble, mais soyez-en certain, je suis mille fois plus heureux de pouvoir arriver à ces fins modestes que ne doivent l'être de leurs victoires sanglantes les conquérants les plus fameux. Moi, du moins, je ne fais aucun mal à mes semblables, tandis que ces grands messieurs... — Fi! l'horreur! n'en parlons pas... ; nous n'en penserons pas moins.

La puce la plus illustre, la plus redoutable est, grâce à Dieu, inconnue dans nos climats. La science l'a baptisée du nom pittoresque de *Pulex penetrans*, et le vulgaire, de l'appellation crapuleuse de *Puce chique*. — Infiniment plus petite que la nôtre, cette puce microscopique habite l'Amérique méridionale ; elle pullule au Brésil et au Mexique où les ignorants la confondent souvent avec l'*Ixodes americanus* ou

Nigua dont je vous ai raconté les odieuses déprédations. A l'imitation de ce brigand, c'est surtout à nous pauvres humains, que s'attaque cet hypocrite animacule dont les lames buccales, absolument invisibles l'œil nu, sont tellement solides, aiguës et pénétrantes qu'au moyen de ces armes dangereuses, il parvient san peine à percer les chaussures les plus épaisses et à s' frayer un passage pouvant le conduire tout droit à l peau des pieds. Arrivé là et s'y sentant sur son ter rain, il recherche les orteils, et c'est sous les ongles, l'entrée, qu'il va sournoisement se nicher sans e demander la permission, le traître! Aussitôt parven à ses fins, il creuse un petit canal et, si l'on n'y me ordre, une vésicule blanche, sphérique, destinée recevoir les œufs, est bientôt formée à notre plus gran dam. — Gare alors à l'éclosion! Cet instant venu, le petits s'éparpillent dans la plaie, empoisonnent tou l'entourage, la gangrène se déclare, et le patient peu se tenir pour fort heureux s'il ne perd pas à la batail un orteil ou même un pied tout entier. — Peste ! il n s'agit pas de rire de ces mirmidons-ci; il pourrait nou en cuire.

Les accidents dont ils sont les auteurs exécrés, on créé dans l'Amérique centrale une bien drôle d'indus trie. A peine le visiteur de ces lointains parages est- débarqué, qu'une foule de gamins accourent l'assaillir s'offrant à visiter ses pieds. — A quoi bon? me direz vous.— Voici : armés d'une aiguille d'argent, grâce leurs yeux excellents, ils parviennent à découvrir san peine le point rouge par lequel la puce a pénétré dan les chairs, et en s'y prenant avec adresse, ils réussissent presque toujours à extraire la vésicule bien intacte et l'animal pendant au bout. — Vous le voyez, il y a tout à gagner à les laisser agir.

Un voyageur ayant habité longtemps la république de Vénézuéla, me racontait naguère qu'inquiété, assourdi, par les histoires lamentables des forfaits reprochés à ces maudites petites puces, il s'était résigné à subir chaque soir la visite des gavroches de l'endroit. Fatigué à la longue de cette servitude quotidienne, il s'avisa un jour d'essayer de faire lui-même l'opération, et après peu de temps d'exercice, il y acquit une grande sûreté de main; son adresse à retirer les vésicules était même devenue proverbiale; or, voyez comme nous sommes faits! bientôt il y prit un tel plaisir, que si, par mésaventure, en rentrant le soir, il ne trouvait aucune trace de ces animalcules, il en était désolé au dernier point. Et rien de tout ceci ne doit nous surprendre ; dans ma jeunesse, je m'en souviens encore, si, à l'époque des tannes, il m'arrivait de ne pas en trouver, j'étais d'une humeur massacrante. — Faites un retour sur vous-mêmes, et je me trompe fort ou vous avez des équivalents à vous reprocher.

Que nous reste-t-il à voir encore parmi les insectes? — Tout, ou peu de chose. — Tout, si nous avons la prétention de connaître les innombrables variétés de chacune des grandes divisions déjà passées en revue; peu de chose, si nous nous contentons, comme toujours, de l'observation d'un ou de deux sujets par famille. De compte fait, nous n'avons plus ainsi à nous occuper que des Podurelles, des Forbicines et de Myriapodes.

Les Podures. — La plus célèbre des Podurelles, l *Podura plumbea* (Pl. 8, fig. 14) est un vilain pet animal de deux millimètres de long, portant de antennes de quatre articles, six pattes velues, u abdomen composé de six anneaux enrichis de stig mates, et une espèce de crinière dressée toute raide semblable à celle de certains poneys ardennais. Ju qu'ici il ne présente donc rien de merveilleux; ma cet avorton se distingue par un organe particulie divisé en deux parties, rappelant les branches ouverte d'une paire de ciseaux, qu'il porte près de l'anus, qu' ramène sous le ventre, et dont il sait faire usage pou sauter à des hauteurs relativement prodigieuses, en s servant, pour y réussir, d'un procédé équivalent celui imaginé dans notre enfance pour faire bond une coquille de noix.

Ces animalcules recherchent les lieux humides et s' réunissent, inoffensifs, en si grand nombre que leu couleur noire et leurs sauts aidant, le vulgaire les appelés *Poudre à canon.* — Ah! si la vraie poudre r pouvait pas nuire davantage, nous ne serions pa témoins des atrocités qui, par son aide, se commetten trop souvent sous nos yeux, alors que la charité, fraternité semblent bannies de ce monde, alors qu'o blieux des préceptes de la Religion éternelle, le hommes vont s'entre-tuant à plaisir, sous prétexte d rechercher un bien-être universel, bien-être dont i seront à jamais sevrés, par la raison toute simple que l'humanité ne le comporte pas, soixante siècles l'ayant démontré à satiété. Dans son bon temps, Lamennais le disait avec une suprême raison : « La vérité, c'est ce qui a toujours été vrai; hors de là, tout est erreur, ignorance ou mensonge. »

Mais je m'égare; revenons bien vite au Podura.

Eh bien, là, franchement, malgré son organe saltatoire, il ne mérite pas d'arrêter nos regards en tant qu'animal; mais cet avorton est tout couvert d'écailles d'une ténuité extrême, absolument invisibles à l'œil nu et cependant dignes de la plus sérieuse attention. L'objectif 8 N. 10 H. nous montre en effet chacune de ces écailles ayant la forme d'un œuf allongé et ressemblant assez bien à celles des ailes des papillons (Pl. 8, fig. 15). Sur ces atomes on peut distinguer, éparses irrégulièrement, des façons de larmes longues et étroites rattachées par des stries horizontales d'une finesse incomparable (Pl. 9, fig. 3). Aussi ces corpuscules ont-ils de tout temps servi de *test* pour faire apprécier la valeur des objectifs. Je n'ai donc pas eu tort de vous en parler.

Les Lépismes. — Tout le monde connaît plus ou moins un joli petit animal très-alerte, très-vif, appelé par le vulgaire *Poisson d'argent,* et par la science, *Forbicine* ou *Lepisma saccharina;* on le trouve fréquemment dans les vieilles armoires, derrière les planches, entre les tas d'assiettes, et il se nourrit de sucre, de pain, de substances végétales, de petits insectes, en un mot, de tout ce qu'il trouve à mettre sous la dent. Mais, sans le secours du microscope, on ne peut se faire une idée de la finesse des longues antennes poilues de cet animalcule, de ses palpes à cinq articulations, de ses six pattes terminées chacune par deux jolis onglets, de ses ravissants filets caudaux. — Et ceci n'est rien encore : s'il paraît argenté, c'est qu'il est couvert de la tête aux pieds de nombreuses écailles rappelant certaines armures des guerriers du moyen-âge, et dont chacune est une merveille de délicatesse dont l'objectif 8 N. 10 H. peut seul nous révéler la surprenante conformation.

De la taille d'une fine pointe d'aiguille, présentant aussi de l'analogie avec la *poussière* des ailes des papillons, ces écailles sont divisées en deux parties dont chacune est sillonnée par 20 à 30 stries longitudinales (Pl. 9, fig. 5, 6), et ce qui mérite surtout d'attirer l'attention et empêche de confondre ces corpuscules avec ceux des Lépidoptères, c'est que, sur chacune de ces stries, la lumière oblique fait découvrir 30 à 40 poils ou épines bien raides, soit en tout 1,200 à 1,600, sur un espace dont l'œil livré à ses propres forces n'aperçoit pas l'ombre ! — N'est-ce pas miraculeux ? — Aussi ces écailles ont-elles également toujours servi de *test*.

Les Myriapodes. — *Tarde venientibus ossa,* aux derniers venus les os. — Pour clore la série des insectes ou soi-disant tels, il me reste à vous entretenir des *Myriapodes*. Cependant, si j'en fais mention, c'est uniquement pour qu'aucune famille ne soit passée sous silence, pour que ces rapides esquisses ne présentent pas une de ces lacunes capitales dont on puisse me faire un crime, car, à dire le vrai, au point de vue microscopique, ces animaux-ci ne sont pas très-recommandables, je dois bien en faire l'aveu.

Voyons cependant s'il me sera possible de les rendre quelque peu intéressants :

Connus du vulgaire sous le nom de *Mille-pieds*, ces mirmidons sont articulés et ne ressemblent pas trop mal à des vers qui seraient doués de nombreux organes de locomotion; leur tête est ornée de deux antennes articulées également, tenues par la science pour le siége du toucher, et derrière lesquelles on peut distinguer deux ou quatre yeux suivant les espèces. — Ils respirent par des trachées venant aboutir, de l'intérieur, à des ouvertures ou stigmates, et si vous êtes désireux de voir ceux-ci, il vous faut prendre l'objectif 3, 5 N. et les chercher sur les côtés de chacun des anneaux dont l'extrême mobilité donne à cet animal une souplesse incomparable.

Les variétés de ces vers à pieds sont nombreuses; dans nos climats ils sont généralement très-fluets, de couleur jaune ou brune, et les plus grands atteignent tout au plus cinq ou six centimètres en longueur; mais, dans les pays chauds, ils prennent des proportions considérables; on en connaît dont la taille dépasse vingt centimètres et dont le corps a l'épaisseur du doigt; quelques-uns y revêtent même les couleurs les plus brillantes, mais, en revanche, ils répandent une odeur n'ayant aucune analogie avec celle d l'ambre, à beaucoup près.

Partout ils vivent sous les pierres, derrière le écorces, parfois dans les maisons où ils recherchent d préférence les lieux humides, et, gourmands comm ils le sont, on les trouve souvent nichés au beau milie de nos fruits savoureux où, aussitôt repus, ils se roulen en boules. — Voyez-vous ces voluptueux, dorman ainsi sur les restes des mets délicats dont ils viennen de se gorger!

Si, à première vue, ces singuliers animaux, malgr les différences de taille et de couleur, ont généralemen un air de famille assez prononcé, il faut bien se garde de les confondre, et la science, aidée du microscope a fort prudemment agi en les séparant en deux grande divisions désignées par elle sous les noms de *Diplo podes* et de *Chilopodes,* en langage vulgaire, *pied doubles* et *pieds-pinces*.

Les premiers sont ainsi nommés, parce que, à l plupart des anneaux du corps, correspondent deu paires de pattes composées de six articles et terminée par un ongle droit (obj. 1 N., 4 H.). Ces animaux-c sont tout à fait inoffensifs et vivent de matières végé tales. Parmi eux se distinguent les *Iules* dont l microscope démontre la parfaite innocuité.

Il est loin d'en être de même des Chilopodes; ceux-c n'ont jamais, pour chaque anneau, qu'une seule pair de pieds fort semblables d'ailleurs à ceux des Diplo podes (Pl. 9, fig. 7); mais, près de la tête, ils porten une arme redoutable appelée par les savants *pieds mâchoires* ou *pieds-pinces* (Pl. 9, fig. 8.), offrant une ressemblance frappante avec les mandibules de certains coléoptères. Seulement, ces simulacres de mandibules sont perforés par le milieu et, quand l'animal mord, il s'en échappe une matière vénéneuse pouvant foudroyer incontinent les petites victimes et faire subir aux grandes des douleurs intolérables.

Ces affreux scélérats, tout en choisissant le même domicile que leurs inoffensifs congénères, sont de sanguinaires carnassiers, se nourrissant de préférence de petits animaux, d'insectes, d'acarides, d'araignées même; — la proie vient-elle à leur portée, aussitôt ils s'élancent, la saisissent à l'aide des pieds postérieurs et, se contournant avec grâce (où donc la grâce va-t-elle se nicher!), au moyen de l'arme dont je viens de parler, sur l'heure ils la tuent pour la dévorer sans autre forme de procès.

Gardons-nous donc bien de prendre les uns pour les autres, car si nous avons le malheur de toucher imprudemment un Chilopode, le brigand nous entaille la peau; le venin se répand dans la plaie, puis... vous devinez le reste.

Et il n'est pas facile de les distinguer les uns des autres. Moi qui vous parle, je possède, artistement embaumés, de jolis et inoffensifs petits Iules et des Scolopendres (Chilopodes) tout mignons. Eh bien, à l'œil nu, je jurerais voir des frères jumeaux; le microscope seul (obj. 1 N. 4 H.) m'empêche de les confondre, en me montrant les derniers pourvus seuls des armes, des pieds-pinces desquels ils tirent leur nom. De crainte d'accident, ne portez donc jamais la main sur les myria podes : *dans le doute, abstiens-toi;* en morale, c'est l conseil du sage; en entomologie, c'est celui que je m permets de donner.

Le croiriez-vous? l'on a compté jusqu'à 150 paires d pieds, et même davantage, pour un seul des animau de cette famille! Cependant, je me hâte de le dire tous ne sont pas aussi richement partagés; dans l nombre des déshérités de la race, je citerai le ***Pollyxe nus lagurus*** qui en a quatorze paires seulement.—C'es une bien drôle de petite bête, celle-ci; sa taille attein tout au plus deux ou trois millimètres, et elle disparaî entièrement sous des bouquets ou pinceaux de poil frangés, rayonnants, d'une nature indéfinissable (Obj. 1, 2, 3 N.) Après cela, vous dire ce qu'elle fai sur cette terre, affublée de la sorte, je ne le puis, me recherches à ce sujet étant demeurées sans résultat.

— Enfin, nous avons terminé l'examen des insecte et des petits animaux que, faute de mieux, l science a envisagés comme tels. Dans cette revu rapide et, je le crains bien, trop longue encore à votr gré, que de lacunes cependant! — Le Divin Maître dans sa fécondité prodigieuse, inépuisable, a répand à profusion sur la terre des myriades de créature animées, dont les savants ont toutes les peines d monde à déterminer le classement, et qui se révèlen par des caractères opposés, par des formes dissembla bles. Nous en connaissons beaucoup sans doute; ma qu'est-ce ceci en présence de l'inconnu dont chaq jour les investigations humaines parviennent à arracher un lambeau? — Si la science a déjà fait un grand pas, elle n'a pas sans doute la prétention d'être arrivée aux dernières limites, et c'est là un immense bonheur, car que deviendrions-nous, bon Dieu! nous, amants passionnés de l'étude de la nature, si nous n'avions plus rien à découvrir, si nous étions condamnés à parcourir éternellement le cercle des connaissances acquises? N'est-ce pas le cas de répéter avec le poète :

Il nous faut du nouveau, n'en fût-il plus au monde.

Cherchons donc avec persévérance et courage; avisons à connaître, non pas seulement le plus grand nombre possible des êtres créés, mais leurs mœurs, leurs instincts, leurs habitudes, le rôle qu'ils sont appelés à jouer ici-bas; et, croyez-le bien, si, mis sur la voie, vous abordez franchement cette étude, pas un jour ne se passera sans vous donner une somme de jouissances inattendues, dont les plaisirs mondains sont loin de présenter l'équivalent. Certes, je ne blâme pas les *citoyens* aimant à passer le temps dans les tavernes, les cafés, les casinos; je n'en ai ni le droit ni l'intention; mais, soyons de bon compte, que reste-t-il dans l'esprit après avoir vidé une chope de bière, gagné ou perdu une partie de dominos, entendu des chansonnettes odieusement bouffonnes, une musique niaise ou prétentieuse (1)? — Rien, ou peu de chose;

(1) Quand il m'arrive d'entendre certaine musique bouffe dont on vante aujourd'hui l'originalité, je me rappelle toujours ce mot de Voltaire : *Il y a là du bon et du neuf, seulement... le bon n'est pas neuf et le neuf n'est pas bon.*

tandis que le spectacle de la nature, soit qu'on l'ad mire dans ses enfantements les plus grandioses, soi qu'on le contemple, à l'aide du microscope, dans le infiniment petits, élève l'âme et rend l'homme meil leur, par la pensée consolatrice d'un Dieu Créateu dont la bonté infinie nous a permis de vivre sur cett terre au milieu d'un monde de merveilles.

VIII

LES MOLLUSQUES

S'il faut ajouter foi aux enseignements de la science après les Insectes, viennent immédiatement se place les *Mollusques*. — En envisageant ces animaux primi tifs, trop connus sous les noms d'*huîtres,* de *moule* de *limaces,* etc., dont quelques-uns, malgré leur mau vaise figure, sont servis sur les tables les plus somp tueuses, qui donc pourrait s'imaginer pouvoir trouve sur ces êtres si répugnants en apparence, des détail invisibles, dignes d'admiration? Il en est pourtan ainsi ; prenez l'objectif 1 N. 4 H., il vous montrera l langue de quelques-uns de ces animaux, ou ce que le experts veulent bien désigner de la sorte, sous un jou assurément bien inattendu. A dire le vrai, et à pro prement parler, cette langue n'en est pas une; ell constitue une lame charnue, adhérente, collée au plan cher du pharynx et armée d'épines plus ou moins acé rées suivant les espèces. Voici, par exemple, la langu de la *Patelle,* mollusque appartenant à la famille de

Gasteropodes cyclobranches (jolie dénomination, n'est-il pas vrai?); eh bien, cet organe fixe, immuable, représente au microscope, sur un fond de cellules allongées, des dents-épines mobiles, disposées avec une régularité parfaite, parfois quatre par quatre, trois par trois, deux par deux, etc. (Pl. 9, fig. 9). Quand l'animal veut manger, il prend sa proie au moyen des premières dents de devant; celles-ci les passent aux secondes qui les transmettent aux suivantes; toutes font la chaîne, et l'aliment arrive ainsi bon gré mal gré jusqu'à l'estomac qui le digère sans bourse délier. Ce manége n'est-il pas réjouissant?

Souvent il advient que le travail sécrétoire de toute une famille de mollusques, les *Avicules perlières,* (Pl. 10, fig. 3, 3bis) les *Pintadines,* les *Pinnes marines,* les *Mulettes margaritifères,* etc.; il advient, dis-je, que ce travail crée un produit anomal, connu sous le nom de *Perle,* objet de l'envie de nos élégantes et des bouderies secrètes des bons maris, condamnés à vider leur escarcelle pour orner de ces secrétions le front virginal ou le cou de cygne de ces charmantes capricieuses... Quand j'écris *cou de cygne,* c'est uniquement pour me conformer au langage des poètes, car peut-on imaginer rien de plus hétéroclite que la tête de la plus belle moitié du genre humain hissée sur un vrai cou de cygne?

Pour en revenir aux Perles, une tranche mince de celles-ci, vue au microscope (obj. 1 N. 4 H.), se présente sous la forme d'un disque élégant, montrant au centre une accumulation de cellules triangulaires, carrées, pentagonales; puis, tout autour, d'autres cel lules très-allongées rayonnant de ce centre jusqu'a cercle, et toutes finement striées dans le sens horizon tal. Si donc l'industrie humaine parvient à trompe les yeux par ses imitations, certes elle ne pourr jamais faire prendre le change au micrographe, fût-il le moins habile du monde.

Les écailles et coquilles de cette classe d'animau ont donné naissance à une science à part et qui pren de jour en jour plus d'extension; les adeptes l'on nommée *Conchyologie.* Tout compte fait cependant le microscope a peu à y voir, l'œil nu étant bien suf fisant pour faire apprécier les beautés de ces ravis santes habitations de nos vilains animaux. Toutefois des coupes de ces coquilles, vues à l'aide de notre ins trument, y laissent découvrir de temps à autre de détails assez curieux. Ainsi, par exemple, l'écaill de l'*Huitre* comestible, cet acéphale lamellibranche si apprécié des gourmets, montre au microscope (obj 1 N. 4 H.) un fouillis inextricable de corpuscules trian gulaires (Pl. 9, fig. 10, 10bis) et de figures allongées e opaques, d'une forme impossible à définir; ainsi encor l'écaille de la *Pinna* est formée de cellules pentagona les, hexagonales, rarement triangulaires, serrées (Pl. 9 fig. 11, 11bis) au plus près et qui, observées à l'aide d l'objectif 5 N. 7 H. (Pl. 10, fig. 1), se dessinent d'un façon merveilleuse en laissant entrevoir un intérieu transparent, composé suivant toute probabilité d carbonate de chaux; ainsi enfin l'écaille de la *Téré bratula,* ce mollusque à deux valves inégales, dont le sommet laisse échapper un pédicule donnant à l'animal la faculté de se fixer où bon lui semble; ainsi, dis-je, l'écaille de ce *brachiopode* nous offre au microscope (obj. 5 N. 7 H.) l'image d'un réseau de cellules allongées, ornées de corpuscules ronds, opaques et rangés avec une symétrie charmante (Pl. 10, fig. 2, 2bis).

A ceux qui voudraient passer leur temps à préparer des coupes des innombrables écailles et coquilles des mollusques, le microscope, j'en suis certain, révèlerait des détails, des beautés de structure intime tout à fait inattendues; mais j'en ai dit bien assez pour mettre les curieux sur la voie.

Ah! s'ils ne se contentaient pas de cet aperçu superficiel; s'ils avaient le courage et la persévérance de pénétrer dans les arcanes de la science, ce serait bien une autre affaire; il leur faudrait étudier le *manteau* et ses sécrétions, le *pied,* le *byssus,* les organes de la respiration, ceux de la reproduction, le système nerveux, etc., etc. Quant à moi, je vous ai prévenus, je n'ai garde d'aborder l'examen de ces détails; je laisse cette tâche ardue aux savants.

IX

LES ECHINODERMES

Voici les *Echinodermes,* ainsi nommés du latin *Echinus* (hérissé de piquants) parce que l'épiderme de ces affreuses bêtes est généralement couverte de spicules (*spica*, épi).

La science divise ces animaux en trois classes : l *Oursins*, de forme sphérique, dont le corps mou e renfermé dans un test ou façon de coquille calcair couvert à l'extérieur de tubercules solides sur lesque sont fixées des épines. Viennent ensuite les *Holoth ries* au corps également mou, allongé le plus souve en guise de vers, et garni de nombreux suçoirs. I trop célèbre *Pieuvre,* à mon sens le plus horrib des animaux connus, est une holothurie. Enfi arrivent les *Astéries* ou *Étoiles de mer,* dont la pea coriace est couverte d'épines ou d'écailles, et don singularité bien remarquable, chacun des rayons po sède une vie pouvant devenir indépendante de cel des autres. Les plages d'Ostende et de Blankenbergl vous ont montré des *Étoiles de mer* grandes comn la main, mais il y en a aussi de fort mignonnes do la taille, tout compris, atteint à peine un centimèt en diamètre.

Tous ces animaux ont en général un aspect fo peu flatteur, mais le microscope sait faire découvr sur ces êtres répugnants, des beautés de premi ordre et des curiosités des plus attrayantes. Exam nons d'abord à l'aide de l'objectif 1 N. 4 H. une tra che bien mince de l'un des piquants d'un *Oursi* Sans doute une préparation convenable de cet appe dice n'est pas facile à obtenir et je suis même ho d'état de vous renseigner à ce sujet, mais l'habi Topping de Londres, m'en ayant procuré de parfait ment réussies, je suis heureux de pouvoir en fai mention. De la taille d'une tête d'épingle, ces tranch se présentent sous la forme de rosaces d'une délicatesse inouïe (Pl. 10, fig. 4); on dirait avoir sous les yeux les dessins capricieux et d'une régularité géométrique que nous montrait autrefois le kaléidoscope, ce jouet de notre enfance, aujourd'hui abandonné je ne sais trop pourquoi, car il en vaut bien d'autres. L'aspect de cette préparation est réellement enchanteur.

Passons aux holothuries : voici le *Synapta vittata* ressemblant à un assez vilain ver ou plutôt à une repoussante limace, mais, chose merveilleuse, cet animal est couvert, de la tête à la queue, de façons d'écailles percées d'ouvertures frangées dans chacune desquelles se trouve implantée... devinez : je vous le donne en cent, je vous le donne en mille... — ni plus ni moins qu'une ancre de navire, mais là, une ancre pour de vrai avec toutes ses ap- etdépendances (Pl. 10, fig. 5), à la seule différence de la dimension et de la matière dont elle est composée, car, au lieu d'un fer grossier, vue à l'aide de l'objectif 1. 2 N. 4.5 H. et de la lumière réfléchie, on la croirait taillée dans le cristal le plus pur. Les ingénieurs de la marine se sont crus bien habiles quand ils ont eu imaginé pour arrêter les navires, ces lourds engins dont la perte entraîne trop souvent hélas ! celle de leurs édifices flottants. — La belle affaire ! et il y a bien de quoi se vanter, quand longtemps avant eux et pour son compte particulier, un simple et ignoble petit animal avait trouvé le secret, sans avoir jamais étudié la mécanique je présume, d'en produire à foison.

La destination, l'usage de ces corpuscules stupéfiants

se devine d'ailleurs sans peine; à l'imitation de ancres de navires dont ils sont l'image, les spicules du synapta servent à l'animal à se fixer partout où il lu paraît utile de s'arrêter, comme aussi peut-être à se garer des ennemis et à retenir sa proie. — Tout cec n'est-il pas prodigieux ? et peut-on m'accuser d'exagé ration quand, dans mon enthousiasme pour ces beauté cachées, je prône à ce point le monde invisible ?

Voyons encore parmi les holothuries, le *Chirodota violacea,* animal mou à corps allongé, cylindrique vermiforme, à peau nue, et sans pieds tentaculaires. Une particularité bien remarquable le fait distinguer entre tous ses congénères : au lieu d'organes respira toires, cet animal porte à son mésentère ou organe du milieu, des roues cylindriques (Pl. 10, fig. 6), sembla bles de tous points à des roues de voiture (obj. 3 N 5 H.); rien n'est plus curieux, mais je me demande que peut bien être l'usage de ces appendices-là.

Avant d'abandonner les Échinodermes, demandons nous si les *Astéries* peuvent à leur tour offrir des par ticularités intéressantes à observer. N'en doutez pas voici d'abord les spicules des plaques calcaires de l'une d'elles, connue de la science sous le nom d'*Uraster glacialis*; ces organes-ci sont assurément bien digne d'attirer l'attention, car on croirait voir (obj. 1 N. 4 H. les extrémités de jambes humaines, dont les pied seraient chaussés de souliers sans talons (Pl. 10, fig. 7) en les apercevant, on se demande si on rêve ou si on est éveillé.

Et pour en finir, prenons une des petites Astérie

l'*ophiocoma neglecta* par exemple; déposons-la sous l'objectif 0 N. 1 H., et nous verrons ainsi sa bouche ou orifice central composé d'une très-petite étoile à cinq rayons (Pl. 10, fig. 8), entouré à son tour de cinq autres rayons beaucoup plus grands se divisant en deux parties vers l'extrémité, et le tout terminé par cinq longs pieds présentant, chacun, une vingtaine de divisions fort élégantes. Dans cette exposition des animaux, les Échinodermes méritent donc, tout au moins, une mention honorable.

X

LES ANNELÉS

Cette classe d'animaux comprend les *Vers* proprement dits, les *Helminthes* et les *Nématoïdes*. Après tout ce sont des *vers* plus ou moins grands ou petits, la taille ne faisant rien à l'affaire; seulement, la science a jugé convenable de leur assigner des rangs différents (1).

Je ne m'arrêterai pas aux *Vers* proprement dits, ces ignobles bêtes étant trop répugnantes, et le microscope n'ayant rien de bien important à y voir; que trouver en effet dans le *lombric* ou *ver de terre,* qui soit de nature à nous indemniser de nos accointances avec cet affreux animal? Cependant je ne puis me dis-

(1) L'illustre Van Beneden dont il va être question, divise les vers en quatre classes : les *Annélides*, les *Nématoides*, les *Phyllides* et les *Térétularides;* mais il ne s'agit pas ici d'un cours d'helminthologie.

penser d'appeler l'attention sur la bouche des *Hirudinés,* vulgairement nommés *Sangsues,* car cet organe présente au microscope un certain intérêt (obj. 2 N.) Cette bouche, en effet, est enrichie de trois lames armées de petites dents fort aiguës, et grâce à ces dents l'animal, mis à contribution pour opérer une saignée pratique dans la peau du patient une ouverture en étoile qui permet à ce monstre (je parle de la sangsue de s'abreuver de sang à souhait.

Les *Helminthes* sont les *vers intestinaux* connus de l'austère science sous le nom d'*Entozoaires.*

Oh! que ne puis-je posséder en ce moment le savoir d'un des hommes les plus renommés de notre chère et bonne petite Belgique, de Ph. Van Beneden, professeur à l'université de Louvain! Hélas! je suis à cent mille kilomètres de lui, et cependant, faut-il le dire, quand je parcours son splendide mémoire sur les vers intestinaux, mémoire qui, en 1853, lui a valu le grand prix des sciences physiques à l'Institut de France (rien que cela), j'avoue en toute humilité ne pas être trop jaloux de son triomphe, car, tout d'abord, celui-ci me fait songer aux recherches innombrables nécessitées dans un tas de choses malpropres, pour y découvrir des animaux plus malpropres encore. — Que voulez-vous? Tout n'est pas rose dans l'étude de la nature chaque médaille a son revers.

Voyons cependant si le microscope peut révéler ici des détails assez intéressants, pour arrêter les regards des profanes, sans exciter leur dégoût.

J'ai sous les yeux une tête de *Cysticerque,* ou ver

intestinal de la famille des *Cestoïdes* (du grec *cestos*, ruban), vivant presque toujours dans les *kystes* membraneux de l'homme et surtout des quadrupèdes (1).

Cette tête, comme vous pouvez vous en convaincre, (obj. 1 N. 4 H.) est armée de quatre suçoirs (sont-ce bien des suçoirs?) et, au centre, au milieu de la face, d'une quarantaine de dents ou crochets disposés artistement en couronne et dont chacun ressemble à une faucille (Pl. 10, fig. 9, 10, 10 bis) ou bien plutôt à cet instrument hissé au bout d'une perche et utilisé par les jardiniers pour élaguer les arbres et les arbrisseaux. — Et dire que chez nous, dans notre propre corps, nous hébergeons ces affreux animaux! N'y a-t-il pas de quoi s'épouvanter? Mon Dieu! non, car en général ils sont si petits, si petits, qu'à peine il est possible de s'apercevoir de leur présence.

Et cependant, malgré leur taille infime, ils ne laissent pas à l'occasion d'amener dans l'organisme des troubles considérables. Jugez-en : dans le journal scientifique *Les Mondes*, de l'abbé Moigno (nº du mois d'août 1873, page 647), il est parlé d'un homme de 47 ans, qui avait les hallucinations les plus bizarres du monde; il se figurait être hanté par deux esprits à la fois, qui lui parlaient alternativement en allemand et en polonais (le narrateur ne dit pas si le patient connaissait ces langues), et ce malheureux halluciné, toujours tourmenté par ces esprits bavards, finit bel et bien par

(1) Les *Kystes* sont des poches ou sacs sans ouvertures, qui se développent accidentellement dans l'épaisseur des tissus organiques ou dans des cavités naturelles.

passer de vie à trépas... à la suite, il est vrai, d'u ulcère qui lui avait perforé le *duodenum*. Or, à l'autop sie, les prétendus esprits furent reconnus être tou bonnement des *Cysticerques* qui, sans en demander l permission, s'étaient logés dans la *selle turcique*, tou auprès du *Chiasma* des nerfs optiques, et l'on peu comprendre ainsi sans peine l'influence phénoménal de la présence dans ces parages, de ces affreux hel minthes (1).

Voici venir le célèbre *Ténia*, vulgairement nomm *ver solitaire*. Au point de vue microscopique, il n mérite guère d'attirer l'attention. Sans doute, sa têt se rapproche assez bien de celle du cysticerque; comm celle-ci, elle montre quatre suçoirs (?) et une couronn de crochets semblables aux siens (obj. 1 N. 4 H.), mai le corps, qui va s'allongeant outre mesure jusqu' atteindre huit à dix mètres et même davantage, es formé d'anneaux plats, articulés, mous et d'un blan jaunâtre ne présentant en réalité aucun intérêt bie sérieux pour l'observation.

Cet animal élit domicile dans l'intestin grêle et il s nourrit, comme de juste, à nos dépens; aussi nou donne-t-il le plus souvent une faim féroce, occup

(1) Expliquons pour les curieux les mots scientifiques du conteur le *duodenum* est la partie de l'intestin grêle qui joint l'estomac; *chiasma* désigne le croisement de deux nerfs optiques sur l'*os sphénoï* ou os impair enclavé au milieu de ceux de la base du crâne et conco rant à former les cavités nasales, les orbites, etc.; enfin, la *sel turcique* est l'enfoncement de la partie supérieure de ce même os sph noïde. (Quand je m'avise d'être pédant, je ne le suis pas à demi, comm vous voyez.)

comme il doit l'être à dévorer sans cesse le plus clair de nos aliments. Aujourd'hui, la vie animale étant fort chère, nous avons tout intérêt à nous débarrasser au plus tôt de cet hôte incommode, exigeant et vorace, bien que les désordres occasionnés dans l'organisme par sa présence, ne soient pas, à tout prendre, autrement considérables. Gardons-nous d'ajouter une foi aveugle à tous les propos tenus à ce sujet; sans doute, mieux vaut mille fois les chasser hors de chez soi et, pour ce faire, s'il faut en croire les habiles, il suffit d'une décoction d'écorces de grenadier. Ainsi avertis, vous pouvez dormir en paix. Suivant le préjugé populaire, un seul anneau de ténia demeuré dans l'organisme, peut engendrer un nouvel animal; mais, d'après l'opinion des plus experts, la tête seule aurait la propriété de perpétuer la race; aussi voit-on toujours les médecins s'assurer si, dans les déjections, cette tête se retrouve. Je ne suis pas assez savant pour trancher le différend, mais ce dont je puis donner l'assurance, c'est que le *ver solitaire* n'est pas *solitaire* le moins du monde, l'intestin grêle pouvant en contenir plusieurs à la fois. Il y en a des exemples nombreux, et nous pouvons en trouver un de bien remarquable dans le journal *Les Mondes* (nº du 19 nov. 1874, p. 468) où il est fait mention de quinze Ténias, tous pourvus de leurs têtes à crochets et qui furent expulsés simultanément du corps d'un seul patient! — Et savez-vous combien mesuraient ensemble ces affreuses bêtes? ni plus ni moins de 68 mètres!

Un autre ver intestinal dont je veux dire quelques

mots, c'est l'*Oxyure* dont la science reconnaît e dénomme plusieurs espèces. Le plus tristement célèbr est connu sous le nom d'*Oxyure vermiculaire,* et on l sait vivant dans le rectum ou dernière partie du gro intestin soit de l'homme, soit surtout des moutards condamnés, si la misère vient à sévir, à un régim trop peu fortifiant. Somme toute cependant, il n'y pas lieu de s'alarmer outre mesure car, suivant le on-dit, rien ne serait plus facile que d'expulser ce parasites, à moins d'être un Pourceaugnac. Des lave ments d'absinthe, de valériane, d'aloës, feraient par faitement l'affaire.

Vu au microscope (obj. 1 N. 4 H.) cet Oxyure montr un corps fusiforme rempli d'œufs d'aspect elliptique en quantités considérables et que, à un moment donné l'on peut voir s'échappant par un des côtés, pour don ner naissance à une multitude de petits. A son extré mité inférieure, ce ver porte une espèce de queue, deux fois aussi longue au moins que le corps de l'animal e dentelée d'une manière charmante. Si, à la rigueur l'ensemble ne présente pas une image des plus gra cieuses, celle-ci n'en est pas moins intéressante croyez-le bien.

Il y a peu de temps, la classe des *Nématoïdes* (ver ressemblant à des fils) s'est enrichie d'une nouvell catégorie de petits vers vivant dans la mer, dans l'ea douce et dans la terre. Auparavant on ne connaissai guère que les Anguillules dont celles du vinaigre jouis sent d'une certaine notoriété; mais, depuis peu, un savant anglais du nom de Bastian, peu satisfait de la connaissance des seules Anguillules aquatiques, se livra à des recherches sans nombre dans le sol et parvint ainsi à découvrir entre les racines des végétaux, sous les mousses et même dans l'argile, une multitude de petits vers microscopiques très-faciles à observer, en déposant sur le porte-objet une parcelle de terre humectée (obj. 2, 5, N.); et plus tard, un Hollandais, M. Deman, eut la patience d'en décrire minutieusement une cinquantaine d'espèces. Mais qu'est-ce que cela peut bien nous faire? Les adeptes assurent, il est vrai, que l'étude de ces infiniment petits est tout aussi intéressante que celle des infusoires. C'est bien possible, mais je n'en sais rien; pour moi, ce sont toujours des vers et j'avoue ne les aimer que médiocrement. Après cela, si vous êtes d'un autre avis, rien ne vous empêche d'étudier ces avortons.

On a fait beaucoup de bruit naguère au sujet des *Trichines;* il y a quelques années à peine, c'était un *tolle* général contre cet animal accusé d'être la cause immédiate d'une foule de maux épouvantables. Or, voulez-vous savoir de quoi l'on s'est ainsi effrayé? d'un mirmidon n'ayant pas plus d'un millimètre et demi à deux millimètres de long, et dont le diamètre est cent fois plus petit que le plus fin de nos cheveux. Il y a bien de quoi s'effrayer, vraiment!

Vu au microscope (obj. 5 N. 7 H.) la *Trichine* représente un ver des plus vulgaires, dont la tête est en pointe effilée, et dont l'extrémité inférieure montrant, si l'on est habile et si l'animal est adulte, les organes de la génération, est assez bien arrondie (Pl. 11,

fig. 1). Le séjour de prédilection de cet animalcule c'es
l'intérieur de la chair du porc, ou bien les entrailles d
ce quadrupède immonde; mais si nous nous avisons
dans notre imprévoyance, de manger des côtelettes sai
gnantes de celui-ci, les Trichines, passant ainsi d'u
corps dans l'autre, s'accommodent parfaitement, à c
qu'il paraît, de leur nouvelle habitation; elles vont mêm
jusqu'à s'y *ankyster*, c'est-à-dire jusqu'à se former u
nid dans nos muscles où elles dorment, la conscienc
tranquille (Pl. 11, fig. 2). Mais gare à elles, si elles s'avi
sent de circuler indépendantes dans nos intestins, ca
la bonne nature n'hésite pas à les expulser sans pitié

Je ne le nie pas, si les trichines parviennent à enva
hir nos muscles en légions formidables, elles peuven
être de force à nous nuire à la longue; mais pour nou
tuer, quelques individus sont absolument impuissants
On a parlé, il est vrai, du décès de jeunes filles don
le corps, à l'autopsie, avait révélé la présence de tri
chines dans les muscles; mais ces vers minuscule
étaient-ils bien la cause de ces accidents? Il est tout a
moins permis d'en douter, car ces pauvres enfant
avaient toutes des tubercules aux poumons où certe
nos helminthes n'avaient rien à voir.

Au résumé, il est prudent de s'abstenir de la chai
de porc trichinée, mais, en somme, la trichinose n'es
pas une maladie aussi redoutable pour l'homme qu'o
a bien voulu le dire; aussi c'est à peine si, aujourd'hui
on se souvient de cette affection, bien que les trichine
n'aient pas cessé de suivre leur petit bonhomme d
chemin sur cette terre, j'imagine.

En voici bien assez des Vers, de ces êtres informes, répugnants quand ils atteignent une certaine taille, insignifiants quand ils sont pour ainsi dire invisibles. Cependant, avant d'abandonner tout à fait le sujet, je ne puis me dispenser de rappeler ici le phénomène de la transformation, de la transmigration de certains parasites, constatées, démontrées et expliquées par le professeur Ph. Van Beneden déjà nommé. Honneur à ce savant! La Belgique lui sera redevable d'être inscrite au faîte de la science dans les siècles à venir.

Pour faire comprendre le phénomène en peu de mots, il me suffira de dire que certains vers habitent successivement deux animaux différents ; dans l'un ils sont stériles, dans l'autre seulement ils peuvent se reproduire en donnant naissance à des êtres dissemblables. Ainsi le Cysticerque de la souris demeure cysticerque toute sa vie s'il ne change pas d'habitat; mais la souris vient-elle à être croquée par un chat, le cysticerque passe comme de raison dans le corps de celui-ci, et là, enrichi des organes de la reproduction, il donne naissance au Ténia; de même le Cysticerque du lièvre et du lapin, s'il passe dans les entrailles du chien, devient le ténia de celui-ci. Si par aventure il va se loger dans le corps d'un autre animal, tans pis pour lui, il est voué au trépas sans rémission.

— C'est égal; pour changer de figure si j'étais ver, je n'irais pas emprunter celle d'un autre ver tout aussi laid et, mieux avisé, je me logerais dans le corps, soit d'un des plus jolis insectes, soit d'un brillant colibri. Seulement, le choix n'est pas laissé aux intéressés, et, nés Vers, ils doivent mourir Vers; ainsi le veut nature omnipotente.

XI

LES ÉPONGES

Les *Éponges*, après avoir été tenues pour des vég taux pendant des siècles et cela par les savants les pl illustres, depuis Rondibilis, ce farceur de médeci naturaliste, digne ami du joyeux Rabelais, jusqu Tournefort et même jusqu'au père de la botaniqu Linné, qui plus tard, je me hâte de le reconnaître, fait amende honorable; les *Éponges*, dis-je, sont aujou d'hui classées d'une voix unanime parmi les animau ou mises tout au moins au rang des *animaux-plante* scientifiquement nommés *Zoophytes*.

Quant à leur nature vraie, c'est une autre questio et tout bien considéré, elle demeure peut-être asse indécise encore, car si, d'une part, le savant Milne Edwards envisage chaque éponge comme un être isolé dont les innombrables ouvertures ou canaux (Pl. 11 fig. 3.) servent à la fois à la respiration et à la diges tion; d'autre part notre Ph. Van Beneden, expert entr tous, assure que les embryons, ou *Gemmules* comm on les nomme, se réunissent en colonies pour forme des ensembles, c.-à.-d., les éponges dont nous savon si bien faire usage.

Ne pouvant pas, dans mon ignorance, me recon naître au milieu de ces opinions diverses, dont aucun jusqu'ici ne semble d'ailleurs définitivement établie, e sans même parler des innombrables espèces d'éponges dont on compte déjà plus de trois cents variétés connues du vulgaire sous les dénominations pittoresques d'*Éventails,* de *Lyres,* de *Trompettes,* de *Queues de Paon,* etc. (1), je me contenterai d'en montrer au microscope les *Gemmules* et les *Spicules,* non sans rappeler que tous ces mystérieux animaux vivent au fond des ondes, principalement de celles de la mer où ils s'étalent à d'assez grandes profondeurs, parfois même à plus de cent pieds, en s'accrochant aux anfractuosités des rochers.

Les *Gemmules* donc, envisagées comme les origines des éponges, ont la forme d'œufs granulés (obj. 5 N. 7 H.) et elles nagent en toute liberté sous les flots, jusqu'au moment fatal où elles doivent être fixées, immobiles, pour former la triste colonie.

Quant aux *Spicules,* nos éponges, avant d'avoir été lavées et préparées pour les usages de la toilette, en contiennent des myriades d'une nature siliceuse ou calcaire, affectant les formes les plus stupéfiantes qui se puissent imaginer. Figurez-vous de petites et charmantes béquilles, des cannes mignonnes à bec de corbin, des tridents les plus jolis du monde, des bobines, des tranchets, que sais-je encore (Pl. 11, fig. 4). Et tout ceci formé d'un cristal d'une limpidité extrême.

En admirant sous l'œil du microscope (obj. 1. 3 N. 4. 5. H.) ces ravissants atomes, malgré soi, on se prend à

(1) Ces dénominations ont été imaginées par des marins. Oh ! si les éponges avaient eu affaire à des savants, Dieu sait combien de racines grecques ou latines eussent été mises à contribution !

rêver, à se remémorer les Lilliputiens, à se demande s'il ne fut pas un temps où ce petit peuple aurait réelle ment existé, et si, dans des voyages entrepris à traver les Océans, il n'a pas, un beau ou un vilain jour, ét englouti par la tempête, laissant au fond des onde amères, avec ses marquis, ses Neptunes, ses infirme et ses bottiers..., les tranchets, les béquilles, les tridents les cannes et les autres ustensiles dont, pendant la vie ces charmantes et mignonnes créatures avaient fait usag pour la très-grande gloire du monde microscopique dor elles étaient sans doute le plus bel ornement ? — S cette explication n'est pas de nature à vous satisfaire trouvez-m'en une autre pouvant justifier la présenc sous les flots de tous ces objets incroyables dont, aujour d'hui encore, les équivalents sont utilisés par les fier *citoyens* se targuant du titre de *Rois* de la Création

XII

LES POLYPES

Nous voici descendus dans les bas-fonds du règn animal, et, l'obscurité aidant, il est bien facile, hélas ! d s'y égarer. Aussi me garderai-je de m'appesantir su ce sujet, me contentant de montrer ce que j'ai vu d plus remarquable.

Voici d'abord l'*Hydre;* celui ou celle que j'ai sous le yeux est, il faut l'avouer, un bien singulier animal long de 2 millimètres tout au plus, il rappelle en peti le monstre de la fable antique; mais au demeurant, nou avons ici un corps allongé en guise de Ver, portant à son orifice supérieur une façon de bourrelet armé, non de têtes humaines comme son homonyme célèbre de Lerne, mais de plusieurs tentacules (6 à 10) presque aussi grosses que lui et simulant des *bras*. — Observé à l'aide des objectifs 0, 1, N. 2. 4. H., cet animal est des plus curieux et, indépendamment de sa bizarre structure, si l'on y fait bien attention, on remarquera sur ses simulacres de *bras* (obj. 5 N.), certains filaments destinés, suivant toute probabilité, à saisir et retenir la proie, pour celle-ci être dévorée et le résidu rejeté par le même orifice. Ceci n'est pas trop ragoûtant, mais je n'y puis absolument rien. — Après cela, si la chose vous intéresse, les Hydres se reproduisent à la fois par bourgeons et par générations sexuelles. Pour mon compte, il doit me suffire d'avoir exhibé l'animal.

Dans cette classe des Polypes, il en est d'aucuns d'une nature bien autrement stupéfiante; ici plus n'est question d'individus isolés; il s'agit de toute une colonie vivant en commun et formant un tube corné sur lequel chaque citoyen a sa loge séparée. Tels sont les *Sertulaires* dont l'espèce connue sous le nom de *Campanulaires*, se montre sous l'aspect de façons d'arbustes portant des tiges terminées par des gobelets transparents, évasés (Pl. 11, fig. 5. Obj. 1. N.), et abritant des animaux enrichis vers la tête de nombreux tentacules; et ce qu'il y a de bien remarquable dans ces chétives créatures, c'est qu'un seul estomac suffit pour toute la pléiade, et que la proie dévorée par l'un des associés profite à tous sans distinction. La science en est garant; je la crois sur parole.

Vous connaissez tous les *Méduses*, ces disques élé
gants formés d'une matière gélatineuse et si brillam
ment irisés, et vous supposez peut-être que ce sont l
des animaux à part. Erreur profonde ! les Méduse
sont tout uniment des germes de polypes, détachés d
tronc paternel et circulant momentanément en liberté
Notre savant Van Beneden a démontré le phénomèn
de manière à ne laisser aucune place en doute.

Au demeurant, comme à notre point de vue, à celu
de la simple curiosité, le microscope n'a rien à fair
ici, je n'en dirai pas davantage, et par la même raiso
je passerai sous silence les *Ascidies*, les *Tuniciers* et le
Anémones de mer, scientifiquement nommées *Actinies*
dont le facies est si étrange et rappelle si bien certain
organes de la nature humaine, qu'elles font rêver.

— Tout ceci est fort bien, me direz-vous, et de cett
façon vous esquivez sans plus de gêne, des difficulté
ardues; mais ne croyez pas en être quitte à si bo
marché ; il faut absolument parler ici du Polype le plu
célèbre entre tous, du splendide *Corail*. — Soit, je l
veux bien; mais, vu mon ignorance, je vais mettr
sous vos yeux la narration fidèle du savant Peysonnel
c'est plus commode et moins compromettant :

« Un jour, dit-il, je fis fleurir le corail dans des vase
» pleins d'eau de mer, et j'observai que ce que nou
» croyions être la fleur de cette prétendue plante n'était
» au vrai, qu'un insecte (animal) semblable à une petit
» ortie ou poulpe. Cet insecte (animal) s'épanouit dan
» l'eau et se ferme à l'air, ou bien encore lorsque j
» versais des liqueurs acides, ou que je le touchai

» avec la main... J'avais le plaisir de voir remuer les » pattes ou pieds de cette ortie, et ayant exposé le vase » plein d'eau où était le corail, à une douce chaleur » auprès du feu, tous ces petits insectes (animaux) » s'épanouirent; je poussai le feu et fis bouillir l'eau, » et je les conservai ainsi épanouis hors du corail... » Réitérant mes observations sur d'autres branches, » je vis clairement que les petits trous qu'on aperçoit » sur l'écorce du corail sont les issues par où sortent » les orties; ces trous répondent à ces petites cavités » ou cellules qui sont, partie dans l'écorce et partie » tracées dans la substance propre du corail. Ces cavi- » tés sont les niches, c'est-à-dire le séjour des orties » corallines; les tuyaux que j'avais aperçus sont les » sacs où sont contenus les organes de l'animal; les » glandules sont les extrémités des pieds, et le tout » contient réellement la liqueur ou le lait du corail qui » est le sang ou le suc de l'animal. Lorsque celui-ci » veut sortir de sa niche, il force le sphincter (muscle » obturateur) qu'il trouve sur son chemin, et rend » alors cette issue rayonnée et semblable à une étoile » ayant des raies blanches, jaunes et rouges... L'ortie » sortie étend ses pieds et forme ce que M. de Marsi- » gli et moi avions pris pour les pétales de la fleur du » corail; le calice de cette prétendue fleur est le corps » même de l'animal sorti de la cellule... L'expérience » fait voir que l'écorce où est le gîte de ces orties est » absolument nécessaire à la croissance du corail et » que, dès qu'elle manque, il cesse de croître et d'aug- » menter. »

Vous le voyez, tous ces petits trous distingués su le corail avant qu'il soit façonné pour les besoins de parure, sont autant de demeures d'animaux ressem blants à des fleurs, aux Renonculacées par exempl et qui viennent s'épanouir à l'orifice, sauf à se cach au moindre attouchement. Le savant Peysonnel pr tend les avoir conservés en les faisant bouillir; ma je doute si, par ce procédé, les organes peuvent demeu rer intacts; si je ne me trompe, nous en sommes don réduits à nous contenter pour l'observation d'un simple loupe.

Dans cette même classe des Polypes, le microscop est encore indispensable pour l'examen de plusieur espèces de *Lepralia*, appartenants à la famille de *Membraniporidées* et dont les demeures mignonne affectent la forme de cellules ou d'œufs juxta-posé et sculptés avec un art infini. (Pl. 11, fig. 6. — Obj. 1 N. 4 H.)

XIII

LES INFUSOIRES

« *C'est ici, ami Sancho, que nous pouvons mettre le mains jusqu'aux coudes dans ce qu'on appelle aven tures.* » — S'il vous en souvient, ainsi s'exprimai autrefois le valeureux Don Quichotte de la Manche, en apercevant l'entrée du Port Lapice. — De la mêm façon, je puis bien débuter à mon tour en abordan l'examen des *Infusoires,* non que je veuille entre prendre, Dieu m'en garde! de vous montrer des chevaliers errants bardés de fer de pied en cap, des gentes damoiselles chevauchant seulettes sur de blanches haquenées, des puissants enchanteurs changeant des armets de Mambrin en plats à barbe ou des châteaux crénelés en sordides auberges, mais parce que je dois vous introduire, tout de bon cette fois, dans un monde n'ayant rien de commun avec celui dont nous avons connaissance et où, par l'incertitude de la science, je serai, à chaque pas, exposé à prendre des moulins à vent pour des démesurés géants, ou des troupeaux de moutons pour des armées formidables. Toutefois, si je me trompe, et cela ne peut manquer d'arriver, je ne serai pas le seul Chevalier de la Triste Figure, croyez-le bien, car ici plus d'un illustre a vu en Dulcinée du Toboso une princesse accomplie.

Et d'abord, cherchons le sens de ce mot *Infusoires* consacré par la science. — A dire le vrai, il n'en a aucun de bien déterminé ; originaire du latin, il signifie littéralement *plongé dedans*. — Plongé dedans ! — Dans quoi, s'il vous plaît ? — Et qu'est-ce qui est plongé ? — Serait-ce la perruque que le coiffeur grec conseillait de plonger dans l'Océan pour prouver la solidité de ses frisures ? ou bien le baigneur se plongeant dans les eaux de la rivière ? L'un et l'autre pourraient au même titre recevoir cette qualification, et elle n'en serait pas meilleure pour cela, car, il faut bien le reconnaître, le mot ne donne absolument aucune idée de l'objet. — Franchement, pour me servir d'un adverbe beaucoup trop à la mode aujourd'hui, on pouvait trouver mieux, et le substantif *microzoaires* (petits animaux) me plaît infiniment davantage, tout en n'étant pas encore asse qualificatif.

Ne soyons donc pas surpris si, par suite de l'influenc exercée sur l'entendement par la dénomination, et l point de départ n'étant pas ainsi précisé, les savant n'ont pu se mettre d'accord sur la classification de Infusoires, parmi lesquels d'aucuns rangent la plupar des animalcules invisibles ou presque imperceptibles tandis que les plus habiles envisagent seulemen comme tels ceux dont l'organisme sans envelopp résistante, s'évanouit en général avec la vie.

Après cela, on ne peut se le dissimuler, ces créature sont si petites, leur nombre et leurs variétés sont telle ment considérables, il est si difficile de déterminer l nature de leurs organes, qu'il doit bien être permis à la science de douter un peu. — Et puis, nous le ver rons plus tard, certaines d'entre elles sont placées à l limite extrême de deux règnes, animal et végétal, e l'on est certes bien excusable d'hésiter à les rattache à l'un plutôt qu'à l'autre. — Pour ma part, j'innocent donc complétement la science des reproches formulé à son endroit au sujet de ses tergiversations; je sui payé pour cela.

Avant l'invention du microscope, avant les décou vertes bien plus récentes du célèbre Ehrenberg aurions-nous jamais pu nous douter que nous vivons ici-bas au milieu d'êtres inaperçus, tellement nom breux et variés que le mathématicien le plus con sommé reculerait découragé s'il devait en établir l calcul? Ces petits animaux forment en grande partie le terrain sur lequel nous marchons ; ils pullulent dans toutes les eaux douces et salées ; ils remplissent l'atmosphère ; on les trouve partout, près des pôles, au milieu des glaces et des neiges éternelles, comme aussi dans la zone torride. Seulement, à l'aide de nos seuls organes visuels, nous ne pouvons les voir. — Est-ce un bien? Est-ce un mal? — Je laisse à de plus habiles le soin de résoudre cette grave question ; quant à moi, je ne suis pas de force à l'entreprendre.

Pour parler d'abord de l'élément aquatique — qui n'est pas un élément, — il y a au fond des Océans, des races microscopiques d'êtres vivants, dressés à revêtir leur corps de pygmée d'une panoplie complète d'armures défensives décorées de la façon la plus charmante du monde ; il y en a d'autres déterminant la phosphorescence de la mer ; d'autres encore appelés à changer la couleur des lacs ; et puis, près de nous, des variétés innombrables d'animalcules qui naissent, sans nous dire comment, dans les eaux stagnantes, dans les mares, dans les fossés, dans les infusions animales ou végétales. Oui vraiment ! et ces apparitions incomprises ont même servi de prétexte au système outrecuidant et présomptueux des générations spontanées. (Voir l'appendice.)

Vient ensuite la terre. — Ehrenberg l'a démontré, une partie notable des terrains émergés a été formée par des êtres microscopiques qui, pour me servir de l'heureuse expression d'un savant, ont rempli dans les temps les plus reculés et remplissent encore tous les jours des fonctions essentielles prescrites par Celui devant lequel rien n'est grand, rien n'est petit. — En 1839, il n'y a pas si longtemps de cela, l'illustre Prussien constata qu'une certaine couche de terre est composée presque entièrement d'infusoires morts ou vivants, ces derniers recevant l'oxygène dont ils ont besoin pour existor, au moyen de l'eau filtrée tout naturellement à travers le sol. Suivant lui encore, tout le terrain de la ville de Berlin est sourdement miné par ces infiniment petits (1). — Le tripoli, si connu dans l'industrie, est composé en grande partie des débris de ces infimes créatures. — Vous avez sans doute entendu parler de peuplades peu civilisées se nourrissant, en temps de disette, d'une espèce de terre argileuse? Eh bien, cette terre n'est pas simplement de la terre; elle est formée, en grande partie, d'une infinité d'infusoires dont les substances organiques peuvent, jusqu'à un certain point, contenir des éléments de nutrition.

Enfin, l'atmosphère elle-même n'est jamais pure; toujours elle est remplie de corpuscules que la résistance de l'air empêche de tomber. — Voulez-vous en acquérir la preuve? — Par une belle matinée d'été, au moment où le soleil brille de tout son éclat, enfermez-vous dans une chambre parfaitement close et inaccessible au jour; ouvrez alors un cran de volet, et, dans le rayon auquel vous livrez ainsi passage, vous

(1) Ehrenberg envisageait les Diatomées comme des animaux. C'était là, de sa part, une erreur parfaitement démontrée aujourd'hui. Il faut donc entendre ce qui est dit ici, comme s'appliquant aussi bien aux végétaux microscopiques qu'aux Infusoires proprement dits, et en réalité, il y a autant de Diatomées dans l'eau et dans la terre dont parle Ehrenberg, que de microzoaires véritables.

apercevrez une myriade de ces corpuscules se mouvant dans tous les sens, et composés non-seulement de brins de chanvre, de lin, de coton, de laine, de grains de pollen, de fécules, de spores, de noir de fumée, etc., mais aussi d'une foule de germes attendant patiemment le moment opportun et un milieu convenable pour donner naissance à toute une race de végétaux et d'animaux. — Doutez-vous encore? — Prenez une carafe d'eau glacée, promenez-la dans cette même chambre; l'air chaud viendra se condenser sur la paroi extérieure; réduit ainsi tout en eau, vous recueillerez celle-ci, vous en déposerez une goutte sous le microscope, et il faudra jouer de malheur pour n'y pas découvrir quelques-uns de ces germes dont je viens de parler, sinon même des microzoaires entièrement développés.

La neige, sans le secours du soleil, vient-elle à se colorer en rose? le microscope vous montrera cette teinte due à la présence d'une infinité d'infusoires. — Une bonne femme raconte-t-elle tout effrayée, avoir vu la terre suer du sang? notre précieux instrument lui prouvera que cette apparence est produite par la même cause, par une légion de monades (*monas prodigiosa*). Dans son histoire naturelle, Pline l'Ancien assure (livre II, n° 57) qu'en l'an de Rome 640, on aperçut des pluies de sang et de lait (1). Je ne dis pas

(1) Je ne fais pas l'honneur de donner le nom de *pluies de sang* à ces petites taches rouges disséminées parfois en assez grand nombre sur la terre, les plantes et les murailles. Ces taches étant tout bonnement le produit d'un fluide excrémentiel sorti de l'anus de certains insectes, ne présentent en réalité aucun intérêt si ce n'est peut-être au point de vue de la science pure s'étant ingéniée, sans pouvoir y réussir que je sache,

non; mais, si le phénomène se produisait de nos jour: je me ferais fort de démontrer, à l'aide de mes exce lents objectifs, que ces pluies doivent leur aspect à l présence d'infusoires ou de cryptogames innombrable rouges ou blancs. — Dieu, dans sa toute-puissance, n pas besoin d'avoir recours à de petits moyens pou nous ouvrir les yeux; il a, pour s'affirmer, l'univer: le soleil, les étoiles, le globe habité par nous, et, e ces jours d'incrédulité, voulant humilier notre orguei il vient de nous octroyer l'électricité dont aujourd'hu nous faisons tous un constant usage sans pouvoir e expliquer le secret mystérieux.

Ainsi donc, voici qui est avéré : nous vivons ici-ba au milieu d'une myriade d'êtres invisibles; ils son sous nos pieds ; ils nagent dans les eaux ; ils viven dans les airs; partout et toujours leur présence se révè à l'œil de l'observateur. Après cela, quoi d'étonnant nous voyons des savants de la valeur de Raspail (je n parle pas de l'homme politique dont je suis loin d'aime les tendances, mais de l'érudit d'une sagacité san égale), venir attribuer les maladies épidémiques don

à découvrir le secret de ces déjections. Mais je ne dois pas vous cache qu'indépendamment des soi-disant pluies de sang dont les insectes so les auteurs inconscients, le même prétendu phénomène est produit p des végétaux. Tantôt ce sont des nuages de pollens de conifères vena s'abattre sur le sol, ainsi que le savant Bailey a pu le constater en 184 aux États-Unis d'Amérique. Tantôt ce sont les spores de conferves un cellulaires, notamment de l'*Hœmatococcus sanguineus*, de l'*Hœmatococc nivalis*, du *Protococcus*, qui, mêlés à des infusoires, donnent à la neig surtout cette coloration en rouge ou en rose prise par le vulgaire pou des pluies de sang, alors cependant que le microscope démontre à n'e pas douter l'absence complète des globules sanguins tels que nous le connaissons.

trop souvent hélas! l'humanité est condamnée à pâtir : la peste, le choléra, le typhus, l'épizootie, le charbon, etc., à des infusoires répandus dans l'atmosphère et qui, étant aspirés, corrompent le sang et donnent la mort? N'ont-ils pas, ces habiles, de bonnes raisons, des faits concluants pour le prétendre? N'ont-ils pas établi par exemple, d'une façon victorieuse, que le Charbon est engendré par des *Bactéries*, les plus simples des infusoires connus et dont les germes imperceptibles vont s'envolant par les airs pour atteindre leurs victimes? — Et ceci n'est pas un conte, croyez-le bien, car la science en donne les preuves les plus irrécusables. — Qui sait donc si, un jour, le microscope ne nous dévoilera pas les causes de toutes les autres maladies épidémiques, sous forme de bactéries ou d'infusoires jusqu'ici inconnus? (1).

(1) Ceci était écrit et a même été publié en juillet 1871 ; or, voici qu'en septembre 1872, nous lisons dans les journaux, un entrefilet venant confirmer mon appréciation. Je le reproduis pour l'édification des curieux.

« — Le gouvernement italien vient, dit la *Gazette de Cologne*, d'adresser au gouvernement anglais un mémoire du professeur Pelizarri de l'Athenœum à Brescia, avec prière de le communiquer aux docteurs de l'université de Bénarès dans l'Inde. Le professeur italien prétend que le choléra se développe dans les contrées marécageuses et peut se guérir au moyen de la quinine. Il fait remarquer que dans l'Inde, patrie du choléra, le fléau se développe également par les vapeurs marécageuses et devient un mal contagieux guérissable avec de la quinine. En conséquence, les expériences déjà faites dans la campagne de Rome et dans quelques localités de la province de Brescia, et faites avec succès, il voudrait les voir répétées dans les bas-fonds du Gange. Ces expériences consistent à condenser les vapeurs corrompues des marais, à les exposer à l'action de la quinine, et à observer l'effet au moyen du microscope. On voit alors périr de mort

Pourquoi, me demanderez-vous peut-être, cette pro fusion en tous lieux d'animalcules invisibles? En défi nitive, quel rôle sont-ils appelés à jouer dans l nature? Comment se fait-il, s'ils sont indispensables

» subite des myriades d'infusoires qui vivaient dans les miasmes con
» densés des marais. L'avis du professeur est que les essais devror
» être tentés non-seulement sur les bords du Gange, mais aussi dan
» les salles des hôpitaux. Il est évident que si ces expériences produ
» saient le même résultat qu'à Rome et à Brescia, on aurait détermin
» le principe du choléra et trouvé le moyen de le guérir. »

Et nous ne sommes pas au bout. Voici, en effet, les appréciations d journal *Les Mondes*, du savant abbé Moigno (numéro 16. Août 187 page 645) :

« En Orient, je crois la peste principalement due au mauvais systèm
» d'inhumation des morts, qui permet aux miasmes ou plutôt aux infu
» soires engendrés dans leur décomposition, de se répandre dans l'at
» mosphère et de l'infecter.

» Quant au choléra, il ne paraît guère possible de rejeter l'idée qu'
» nous a été apporté par des nuages d'infusoires venant des confins d
» l'Asie et particulièrement du Gange et de son embouchure considéré
» comme un principal foyer d'origine, car c'est là que tous les corp
» morts que l'on a la mauvaise habitude d'y jeter, viennent se réunir e
» se décomposer. »

Dans le journal *l'Étoile Belge* du 7 février 1873, nous lisons égale ment ceci :

« Ce n'est plus maintenant un mystère pour aucun médecin qu'u
» grand nombre d'affections maladives ont pour cause unique la pré
» sence dans l'organisme d'animalcules microscopiques et de végéta
» tions parasitaires qui y causent de grands ravages. Depuis quelque
» années déjà, les médecins allemands se livrent à l'étude de ces an
» malcules et ont donné de curieux renseignements sur le résultat d
» leurs recherches.

» Il s'agit maintenant de seconder et d'activer ces recherches ain
» que les découvertes effectuées à l'aide du microscope, et de rend
» pratique l'usage de cet instrument... »

Notre grave *Moniteur* lui-même (numéro du 6 octobre 1873) ne dit- pas que les plus grands ennemis à combattre, sont les corpuscul organisés, ou pour mieux dire les infusoires?

« S'il n'est pas possible de déterminer d'une manière précise la cau

l'harmonie de l'univers, que l'homme les ait ignorés depuis le commencement du monde jusqu'à nos jours? — Ma foi, je n'en sais rien; c'est encore là, j'imagine,

» du choléra, lisons-nous encore dans le journal *Les Mondes*, déjà cité, » (numéro du 28 août 1873, page 722), il est cependant possible de la » préjuger et, pour tout esprit attentif, il est incontestable qu'il faut la » chercher dans la propagation par l'air des germes invisibles dont » M. Pasteur, en bien des cas, a démontré l'existence.

» Ces germes, quand ils sont répandus dans l'air, se posent souvent » sur le duvet des fruits, sur leur vernis gommeux. Sous peine donc » d'avaler des quantités considérables de ces germes, il faut laver ou » peler les fruits avant de les manger.

» Quant aux germes de l'eau, il faut les détruire en chauffant celle-ci » à 70[d], ou tout au moins jusqu'à ce que l'eau *frémit*, ce qui ne lui ôte » aucune de ses qualités si on la laisse refroidir dans un vase fermé. »

Dans ce même journal (numéro du 18 juin 1874), nous lisons, aux pages 3, 13, 20, 21 et 22 de l'annexe, que le docteur Déclat est d'avis :

« Que les épidémies et par conséquent les maladies qui règnent pendant un certain temps de l'année, depuis la grippe et la coqueluche jusqu'à la variole, le croup, la péritonite, la fièvre typhoïde, ... et même le choléra, sont produites par des germes divers qui, en pénétrant dans notre sang, l'altèrent de diverses manières;

» Que des corpuscules organiques originaires de l'Inde s'introduisent dans le sang et y déterminent le choléra, agissant à la façon des *Palmellæ* et altérant le sang, comme les moisissures altèrent les sirops et les confitures;

» Que la cause des épidémies réside dans des germes flottants, germes que l'on respire, que l'on mange et que l'on boit avec les aliments;

» Que l'*Érysipèle* est engendrée par un microzoaire ayant tous les caractères du *Bacterium punctatum;*

» Qu'enfin le typhus est produit par un être vivant, par un infusoire. »

Je ne serai plus de ce monde pour le voir, mais, je n'en doute pas, et mes observations au microscope me donnent à cet égard une quasi-certitude, dans un avenir qui n'est peut-être pas bien loin de nous, nos descendants connaîtront la cause d'une foule de maladies et parviendront sans doute à les guérir en s'attaquant aux germes des infusoires.

un de ces mystères dont le Divin Créateur n'a pa voulu nous donner la clef. — Cependant certain experts, de ceux qu'aucune difficulté n'arrête, préten dent avoir découvert que ces petits êtres sont destiné à faire disparaître les particules souvent putrides pro duites par la décomposition des substances organiques qu'ils remplissent en petit l'office de certains oiseau de proie agissant en grand; qu'ils se nourrissent d ces particules, les absorbent et les modifient, et qu'en fin il n'est pas plus nécessaire pour nous, de les voir à l'œuvre, qu'il ne l'est d'assister au spectacle révoltan du cadavre d'un pauvre cheval dépecé dans l'ombr par des loups affamés. — Tout ceci est bien possible mais cette thèse n'est-elle pas un peu problématique Je suis assez enclin à le supposer, et d'ailleurs elle ne se concilie guère, il faut en convenir, avec celle de Raspail. D'après la première, les infiniment petit seraient les bienfaiteurs de l'humanité; d'après la seconde, ils en seraient les plus cruels ennemis. Jusqu'à plus ample informé, je m'en tiens donc au mystère divin, et, à vous parler en toute franchise, vo demandes me semblent un peu bien indiscrètes.

Je viens de vous montrer pêle-mêle les acteurs de drames venant se dénouer invisibles à nos côtés; je vais essayer maintenant de les faire jouer devant vous, en laissant apparaître tour à tour les principaux personnages, suivant le rang occupé par eux sur l'échelle des êtres, et en tenant compte de la nature de leur organisation et des enseignements de la science.

Nous verrons s'avancer tout d'abord les *Infusoires*

proprement dits, petits animaux très-primitifs, sans enveloppe solide, plus ou moins bien organisés et que l'on doit observer tout vivants, car, après le décès, il n'en reste rien d'appréciable, les particules dont se compose leur organisme venant à disparaître pour se fondre dans la matière terrestre. Quelques habiles, je ne l'ignore pas, croient à la possibilité de leur embaumement, de celui surtout des espèces les plus parfaites, des *Systolides* et des *Tartigrades* par exemple, mis par moi au rang des Infusoires vrais, bien qu'une science trop minutieuse ait voulu les en séparer; mais je n'en ai jamais vu de préparations présentables, et les catalogues des micrographes allemands, anglais, français, n'en font aucune mention.

Nous verrons défiler ensuite sur cette scène d'un nouveau genre, les animalcules à enveloppe *calcaire,* baptisés du nom de *Foraminifères,* c'est-à-dire *portant des trous.* En général ceux-ci affectent, en petit, les formes des plus jolis coquillages univalves connus, et ces enveloppes se conservent éternellement sans aucune préparation.

Puis viendront, pour se montrer dans toute leur gloire, les animalcules à carapaces ou armures *siliceuses,* connus sous la dénomination de *Polycistines,* autrement dit *à plusieurs ouvertures.* Les formes de ceux-ci s'éloignent tellement de toutes nos notions en fait d'animalité, qu'il n'y a pas de comparaison possible. — Ces armures sont également indestructibles.

Puisqu'il s'agit d'*Infusoires,* je pourrais bien encore faire apparaître ici les *Diatomées* et les *Desmidiées,* ces

corpuscules, invisibles à l'œil nu, étant également d
choses plongées dedans; mais la science les ayant ra
gées parmi les végétaux, force m'est bien d'en remett
l'examen à plus tard. — Soyez rassurés, vous ne pe
drez rien pour attendre.

C'est surtout quand on s'avise de parler des Inf
soires, que l'on s'aperçoit de la nouveauté de la scien
microscopique et de l'insuffisance d'une langue form
bien avant la découverte du petit monde si longtem
ignoré, offert pour la première fois à nos regards. -
Messieurs les savants dont l'imagination féconde a s
créer pour les moindres atomes des appellations pl
ou moins euphoniques, admirées des adeptes, ont cor
plétement négligé la composition du dictionnaire indi
pensable à l'intelligence de l'organisation intime de
infiniment petits, et vous pouvez juger de mon emba
ras au moment où je dois songer à vous initier à c
mystères. — Avant tout, il importe de se faire com
prendre, n'est-il pas vrai? et comment y réussir si l
vieilles expressions dont, faute de mieux, on est oblig
de se servir, ne rendent aucunement la pensée? s
loin de donner une idée même approximative de cet
organisation, elles nous en éloignent de mille lieues
— Pardon! — de quatre ou cinq mille kilomètres -
ne nous brouillons pas avec le vérificateur des poids
mesures.

Suivant les auteurs les plus renommés, les Infu
soires sont formés d'une substance charnue, glut
neuse, dilatable et contractile. — Un instant! -
Arrêtons-nous ici, comme chante le sergent du *Ch*

let. — Une substance *charnue,* qu'est-ce cela? — Si nous consultons l'Académie, elle nous répond : *bien fournie de chair.* — Comment! bien fournie de chair, une créature invisible dont la taille n'atteint pas en moyenne un centième de millimètre! — Cette définition n'a-t-elle pas l'air d'une plaisanterie? Et cependant force nous est bien de l'accepter, car il n'y en a pas d'autre. Je n'y puis absolument rien.

Cette substance *charnue,* puisque charnue il y a, toujours diaphane, est, chez les plus simples de ces animalcules, dépourvue d'organes visibles, mais elle n'en semble pas moins parfaitement organisée, puisqu'on la voit se mouvoir dans tous les sens et même émettre des prolongements divers, circonstances suffisantes aux yeux de certains savants pour accuser la vie animale la mieux caractérisée. — Si nous passons ensuite à l'examen des microzoaires d'un ordre plus élevé, nous distinguons en outre dans l'intérieur de leur petit organisme, non-seulement des granules, des globules, des vésicules ou vacuoles (petites vessies ou espaces creux) plus ou moins remplies, mais encore, sur le pourtour, des cils vibratiles ou des prolongements filiformes servant de rames pour nager, ou d'instruments d'attraction et de préhension. — Remontant de quelques degrés encore l'échelle de ces êtres infimes, nous y découvrons des organes d'une bien autre importance, un ou plusieurs estomacs, des muscles, des mandibules et un canal digestif à une ou deux ouvertures aboutissant, il me faut bien en faire l'aveu, à un seul et même orifice buccal. — Fi, l'horreur! me direz-vous ; c'est dégoûtant. — Pas autant que vous l supposez, car ces pauvres créatures — la science e donne sa parole d'honneur — sont privées des sens d goût et de l'odorat. Ce qui serait répugnant pour nous gens délicats dont l'appareil olfactif est passablemen développé, ne peut donc l'être pour ces parias déshé rités de la nature, ne jouissant pas même de l'ouïe n de la vue. — Après cela, ne vous avisez pas de m demander si tout ceci est bien prouvé ; je me trouverai dans l'impossibilité de vous répondre.

Tous ces Infusoires, tantôt et le plus souvent inco lores, tantôt verts, bleus, rouges ou bruns, affecten les formes les plus disparates et même les plus drôla tiques ; parfois, ils sont ovoïdes, coniques, globuleux cylindriques, discoïdes ; parfois, on les prendrait pou de petits vers ou pour des vases ou clochette microscopiques. Et puis ces formes sont loin d'êtr immuables : sous les yeux de l'observateur, de ronde qu'elles peuvent se présenter d'abord, d'aucune deviennent ovales, *et vice-versâ ;* ou bien l'animal v s'allongeant d'une manière démesurée ou se retourn comme un gant.

Autre particularité : ces animalcules si dédaigné supportent allégrement une température de 50 à 60 degrés Réaumur ; les observations faites au micros cope solaire, où ils cuisent entre deux lames de verre ne laissent pas de place au doute sur ce point. — Roi de la création, en souffririez-vous autant ? — Pour m part, humblement je l'avoue, il suffit de 30 degrés pou me faire fondre tout en eau.

A en croire l'illustre Ehrenberg, les vésicules ou vacuoles des infusoires primitifs seraient également des estomacs; mais, s'il en est réellement ainsi, ces organes doivent être d'une nature bien extraordinaire, car ils naissent et disparaissent suivant les besoins du moment. — Un de ces avortons parvient-il à s'emparer d'une proie quelconque, il s'y accole et, à l'endroit de son individu où cette proie se trouve par hasard, peu importe lequel, une ouverture, une bouche si vous aimez mieux, apparaît instantanément, la victime est engloutie, une vacuole prend naissance pour l'absorber, et, le tour étant joué, le tout disparaît comme par enchantement, contenant et contenu à la fois.

Ainsi, d'après Ehrenberg, ces petits êtres posséderaient plusieurs estomacs... et pas de cœur. Et songez-y bien, ces organes se montrent tantôt à droite, tantôt à gauche; toutes les positions leur sont indifférentes. — Sganarelle, le joyeux médecin malgré lui, n'était donc pas aussi ignorant qu'il en avait l'air, quand, en réponse au bonhomme Géronte lui reprochant de ne pas mettre le cœur à gauche, il disait :

« Oui, cela était ainsi autrefois; mais nous avons » changé tout cela, et nous faisons maintenant la médecine d'une méthode toute nouvelle. »

L'organisation de ces infusoires, devinée par Molière, est ainsi devenue la justification vivante de la thèse risquée par l'amusant bûcheron du plus grand des auteurs comiques.

Tout ceci est assez stupéfiant, n'est-il pas vrai? — Mais voulez-vous des phénomènes plus extraordinaires encore? examinez avec moi les modes de multiplicatio de ces êtres infimes. — Pour certains d'entre eux, s par accident, l'un ou l'autre subit le sort de ces déme surés géants que notre ami Don Quichotte se vanta de couper en deux du tranchant de sa bonne épée chacune des parties devient subitement un anima entier auquel rien ne manque, et celui-ci continue so petit bonhomme de chemin comme si de rien n'étai —D'autres n'attendent pas le coup d'estoc ou de taill et se divisent de leur pleine volonté en plusieur fragments qui tous, sans aucune hésitation, deviennen également des créatures parfaites. Les savants, bie avisés cette fois, ont donné à ce mode de multiplica tion le nom de *fissiparité* ou de *division spontanée* c'est-à-dire de reproduction par scission. — A la bonn heure ! voilà qui est parler ! Tout le monde compren sans peine.

Et ce n'est pas tout; en fait de miracles nous somme loin encore d'être arrivés au bout du chapelet. —Voi venir la *diffluence*. — Si vous ne connaissez pas c phénomène-ci, je vais essayer de vous l'expliquer pa un exemple. J'étais tout occupé, un de ces jours, examiner une goutte d'eau puisée dans un marai infect, lorsqu'au milieu du va-et-vient de tout un peti monde grouillant dans cette mer microscopique, mo attention fut attirée sur une façon de gourde allongée dont le goulot était orné de cils vibratiles en mouve ment perpétuel; c'était évidemment un *Enchelys*, ca je pus en voir l'image fidèlement reproduite dan l'œuvre de Pritchard. — Bientôt, échoué à la surfac du couvre-objet, l'animal prit une forme ventrue, puis se décomposa à partir de l'extrémité du goulot jusqu'au tiers environ de la *longueur* de la gourde (la longueur d'une créature de 40 à 50 millièmes de millimètre!), et enfin il me fut donné de voir ce tiers s'évaporer en molécules impalpables, tandis que le reste reprit une nouvelle vie comme si aucun événement n'était survenu, qu'il émit de nouveaux cils à la pointe du nouveau goulot, et recommença le cycle de son existence éphémère bien faite assurément pour nous donner à réfléchir, et pour nous persuader une fois de plus de la fécondité inépuisable du divin Créateur.

Les Infusoires sont-ils également vivipares et ovipares? — Tout au moins en est-il ainsi des espèces les plus parfaites? — Plusieurs auteurs l'affirment et je partage leur opinion, bien qu'en cette matière il ne soit pas facile de fournir des preuves de nature à convaincre les incrédules.—A l'exemple de saint Thomas, ces Messieurs veulent toujours voir et toucher du doigt, et vous comprenez la difficulté de les satisfaire en présence d'une créature imperceptible dont il faut montrer l'œuf et son éclosion, alors surtout que, l'œil braqué sur le champ restreint du microscope, il faut suivre les mouvements d'un individu souvent rebelle aux observations et ne consentant pas toujours, bien s'en faut, à se tenir en repos. — Du reste, nous saurons à quoi nous en tenir en examinant ensemble le phénomène de la résurrection. — Résurrection! me direz-vous, il y a erreur sans doute. — Non, vous lisez bien; certains infusoires, les Systolides entr autres, meurent et renaissent à la vie, à l'exemple d Lazare, frère de Marthe, et de la fille de Jaïre de bibli que mémoire. Du moins d'aucuns le prétendent. – S'ils ont raison, nous le saurons plus tard. — Un pe de patience, s'il vous plaît.

Tous ces avortons, dont la taille varie d'un milli mètre au plus à deux ou trois millièmes de millimètr (— si vous pouvez vous figurer un atome de deu millièmes de millimètre, je vous en fais mon compli ment bien sincère, —) ces infusoires vrais, pour le appeler par leur nom, se trouvent, comme nou l'avons vu, dans toutes les eaux, douces ou salées impures, et même parfois dans les eaux pures, comm aussi sur les plantes, les algues et les conferves sub mergées; on les découvre jusque dans les vapeurs e les brouillards de l'atmosphère, là principalement où l'hydrogène domine. Chaque goutte d'un étang, sur tout s'il est vaseux, en contient par milliers; et, pou me servir encore de l'expression d'un savant, c'es l'infini en petitesse, comme les étoiles sont l'infini e grandeur.

Les ornières, les mares, les fossés en fournissent à bouche-que-veux-tu. L'envie vous prend-elle d'e recueillir, cherchez à la surface de l'élément liquide là principalement où vous apercevez une pellicul blanche, grisâtre, rougeâtre ou verdâtre, et vous n pourrez manquer d'y puiser une myriade d'infusoire de toute espèce. Aussi, c'est dans ces eaux stagnante ou tranquilles que je vous convie au plaisir de la pêch aux Invisibles. Sans doute, ces eaux-ci peuvent être remplacées par des infusions artificielles, mais ces dernières sont loin d'être aussi riches en animalcules, et il est rare d'y rencontrer plus de 40 à 50 espèces, tandis que l'on en compte par milliers dans les infusions naturelles.

Cependant, loin de moi la pensée de faire négliger complétement les premières; elles présentent l'avantage considérable de pouvoir être obtenues chez soi, sans se déranger, sans devoir courir et patauger par voies et par chemins à la recherche d'une onde dormante, et l'on peut se donner ainsi la satisfaction de faire naître soi-même tout un nouveau monde. — Pour obtenir un résultat aussi phénoménal, il suffit de déposer au fond d'un vase rempli d'eau, une parcelle de persil, de céléri, de foin, de poivre, de chair animale, etc., l'une ou l'autre substance au choix, et de laisser macérer pendant peu de jours; seulement, faites-y bien attention, utilisez beaucoup d'eau pour peu de matière, sinon la putréfaction se déclare et dégage une odeur fétide et nauséabonde de force à soulever le cœur. Malgré toutes les précautions, parfois il en est ainsi; veut-on alors puiser la goutte merveilleuse, l'on est obligé de se boucher le nez, et je ne sais si cela peut vous amuser beaucoup; pour ma part, je n'en suis pas. — Heureusement, il y a un remède au mal; on vide le vase en maintenant la matière au fond, on remplace l'eau corrompue par une eau fraîche; on recommence ce lavage deux ou trois fois s'il le faut, et l'odeur venant ainsi à disparaître, les infusoires, soyez-en sûrs, y grouilleront ni moin nombreux ni moins variés qu'auparavant.

Ne voulant pas me parer des plumes d'autrui, c moyen curatif, je dois le révéler, a été imaginé par u de mes amis, micromane des plus habiles et des plu intelligents, dont je n'ose dire le nom de peur d blesser sa modestie. — Et voyez l'injustice humaine jamais il n'a pu obtenir le moindre brevet d'inven tion ! — A quoi pense donc le gouvernement, ce bou émissaire éternel, cet objectif comme on le dit très improprement, de toutes les plaintes formulées ici-bas

Ces eaux miraculeuses, ces infusions naturelles o artificielles, étant ainsi sous la main, il s'agit d'e puiser une seule goutte, de la déposer sous le micros cope et de choisir pour l'observation, au début, u objectif faible (1 N. 4 H. ocul. 3, 4). — Aussitôt, cett gouttelette méprisée, n'ayant l'apparence de rien à l'œ nu, va vous remplir d'admiration en faisant apparaîtr à vos yeux enchantés une foule de petites créature animées, courant, tournant, gesticulant, les unes ave une sage lenteur, les autres avec une vélocité extrême puis se déclarant la guerre, se poursuivant, s'évitant se saisissant, s'entre-dévorant, tour à tour vainqueur ou vaincus, mangeurs ou mangés. (Pl. 12, fig. 1.) — Ici, c'est un courrier bousculant tout sur son passag et traversant le champ du microscope avec la rapidit d'une flèche; là, c'est un poltron bondissant en arrièr à l'approche d'un ennemi dont la présence est pres sentie; plus loin encore, voici un de ces avortons s divisant spontanément en deux ou plusieurs partie sans avoir seulement l'air de s'apercevoir de tout ce remue-ménage. — Assurément, le spectacle est fait pour donner le vertige. — A la vue de ces êtres aux formes inconnues et souvent grotesques, aux allures incomprises, l'on n'est plus de ce monde, l'on se croit transporté dans une autre sphère, et, devant ce chaos silencieux et mystérieux à la fois, il faut à l'observateur ébahi et stupéfait quelque temps pour se reconnaître, pour avoir la conscience de son individualité. — Voyons s'il nous sera donné d'y parvenir (1).

Bactéries, Vibrions et Spirilles. — Les premiers êtres vivants dont la présence se révèle ainsi dans les

(1) Et ne croyez pas que je sois seul à parler de tous ces phénomènes stupéfiants. Le savant académicien belge, l'éminent Directeur de notre Observatoire, J.-C. Houzeau, dans son livre sur *les facultés mentales des animaux comparées à celles de l'homme*, a donné la traduction d'une observation de Lardner, consignée dans le *Museum of science and art* (vol. VI, page 201). Cette traduction la voici :

« Les recherches microscopiques ont fait découvrir des animaux dont » un million tiendraient dans un grain de sable; et cependant chacun » d'eux est pourvu de membres aussi admirablement adaptés à leur » genre de vie que ceux des plus grandes espèces. Leurs mouvements » accusent tous les phénomènes de vitalité et prouvent l'existence des » sens et de l'instinct. On les voit se mouvoir dans les liquides où ils » vivent, avec une vitesse et une légèreté surprenantes. Ce n'est ni » aveuglément ni au hasard qu'ils exécutent leurs actions et leurs » mouvements; ceux-ci, au contraire, sont évidemment gouvernés par » un choix et dirigés vers un but. Puisqu'ils mangent et boivent pour » se nourrir, ils doivent avoir un appareil digestif. Leur force muscu- » laire et leur souplesse sont, relativement à leurs dimensions, de » beaucoup supérieures à celles des grandes espèces. Ils sont suscep- » tibles des mêmes appétits et sujets aux mêmes passions que les » animaux supérieurs, et, bien que sur une autre échelle, la satisfaction » de leurs désirs est suivie des mêmes résultats que chez nous. »

(Houzeau. *Ouvrage cité*. T. II, page 618.)

infusions, ont reçu des savants le nom de *Vibrioniens* Ce sont des filaments d'une petitesse, d'une ténuit incomparables, composés de plusieurs articles soudé bout à bout, des espèces de chapelets si vous voulez s'égrenant de temps à autre, mais dont chaque tron çon vit, va grandissant et continue de se comporte absolument comme ses ancêtres, si, bien entendu, i n'est pas dévoré auparavant.

Ces infusoires-ci se meuvent tous sans organes loco moteurs connus et par le seul effet de leur contractilit générale; ils comprennent les *Bactéries*, les *Vibrion* proprement dits, et les *Spirilles*.

Les premiers, dont la taille ne dépasse pas trois mil lièmes de millimètre en *longueur*, sont filiformes, plu ou moins articulés, et ils se balancent tout d'une pièc en vacillant. (Pl. 12, fig. 2.) On les trouve dans le infusions récentes, réunis en essaims; mais hélas ceux-ci disparaissent bientôt, engloutis par d'autre espèces se permettant d'user et d'abuser du droit d plus fort, à l'exemple d'autres animaux de notre con naissance que je ne veux pas autrement désigner (Obj. 8 N. 10 H.)

Quant aux *Vibrions*, ce sont de petites créatures filiformes également, très-flexibles, douées d'un mou vement vermiculaire et ressemblant à des serpent microscopiques fort agiles et par ainsi très-difficiles maintenir dans le champ de l'instrument. (Pl. 12 fig. 3.) Leur taille atteint bien parfois vingt-cin millièmes de millimètre... de vrais colosses! — e on les trouve fréquemment dans l'eau de mer, surtou si, au préalable, on a pris le soin d'y faire périr un petit Oursin. — A ce jeu-là, voyez-vous, on devient féroce tout comme les communeux d'aujourd'hui. — Hélas ! pourquoi ceux-ci ne peuvent-ils se contenter, à notre exemple, de s'en prendre aux Oursins ! (Obj. 8 N. 10 H.)

Les *Spirilles,* eux, sont bien les plus drôles de corps qui se puissent imaginer : figurez-vous des façons de tire-bouchons microscopiques, d'une prodigieuse ténuité, contournés en hélices et cheminant prestement en spirales ! (Pl. 12, fig. 4.) — Une infusion de champignons en montre à souhait. (Obj. 8 N. 10 H.)

Tout ceci est fort bien ; à l'aide de bons objectifs nous pouvons voir se trémousser ces divers animalcules ; mais appartiennent-ils bien à l'animalité ? — Ici, je l'avoue en toute humilité, mon embarras est extrême : si j'en crois les illustres Ehrenberg, Müller, Leeuwenhoek, Pritchard, Dujardin, et bien d'autres, il n'y a pas à en douter, ces infusoires ont l'honneur de faire partie du règne animal ; mais, d'autre part, les auteurs du dictionnaire micrographique anglais, les savants professeurs Griffith et Henfrey, n'hésitent pas à les reléguer parmi les algues conferves, et le célèbre docteur allemand Rabenhorst partage carrément cet avis, tandis que F. Dujardin s'est permis un beau jour de classer les Vibrions parmi les Helminthes ! — N'est-ce pas à se désespérer ?

Cette divergence d'opinion me remet juste à point en mémoire l'une des plus jolies fables du bon La Fontaine. — Permettez-moi de la rappeler ; elle nous va ici comme une bague au doigt. — Il s'agit de *La chauve-souris et les deux belettes.* — L'une de ces petites carnassières voit-elle dans le mammifère volant un des membres de la famille des rongeurs, écoutez la pauvrette menacée :

> Moi souris ! des méchants vous ont dit ces nouvelles.
> Grâce à l'auteur de l'univers,
> Je suis oiseau ; voyez mes ailes :
> Vive la gent qui fend les airs !

L'autre belette se dispose-t-elle à la croquer en qualité d'oiseau, c'est une autre chanson :

> Moi, pour telle passer ! vous n'y regardez pas.
> Qui fait l'oiseau ? c'est le plumage.
> Je suis souris ; vivent les rats !
> Jupiter confonde les chats !

Il n'y a pas à en douter ; les mêmes scènes doivent se reproduire dans le monde des invisibles ; la nature le veut ainsi ; quand il s'agit d'être mangé, voyez-vous, on use de tous les moyens pour se soustraire à cette extrémité désagréable ; la taille ne fait rien à l'affaire. Seulement, nos Vibrioniens, dont l'instruction est peu développée, ne peuvent se servir de termes aussi élégants et, à cette ravissante poésie ils substituent une prose grossière. — Sur le point d'être dévorés en qualité d'animaux : « Nous, des » bêtes, disent-ils, allons donc ! Qui fait l'animal » c'est l'organe de la manducation, et nous n'en pos- » sédons pas l'ombre. » — D'autres brigands se mettent-ils en devoir de les engloutir à titre de végétaux

« Ah çà ! s'écrient-ils, pas de bêtise, voyons ! Ce qui » caractérise la plante, c'est d'être fixée au sol, et » regardez, nous circulons, nous allons où bon nous » semble, tout comme le premier animal venu. »

A tout prendre, les faiseurs de systèmes ne raisonnent pas d'une autre façon, et, en écoutant leurs arguments si contradictoires, il nous est bien difficile, pour ne pas dire impossible, de nous prononcer sur la nature vraie des Vibrioniens. — Quant à moi, semblable aux Grecs devant le Sphinx, je demeure bouche close, ne sachant que répondre. — Bah ! tous les hommes ne sont pas des Œdipe après tout, et je puis bien me consoler en voyant les savants les plus accrédités ne pas réussir à se mettre d'accord et hésiter à trancher le différend.

Les Protées (1). — Lorsque autrefois on nous enseignait la Mythologie, dont l'étude est aujourd'hui si dédaignée ; lorsque, à une époque déjà loin de nous, la poésie était encore en honneur et nous faisait préférer les riantes et gracieuses images de la Fable, aux tableaux sombres et sévères de la politique et du positivisme, nous connaissions intimement *Protée*, ce fils de l'Océan et de je ne sais plus qui (Téthys, je crois), dont l'obligeance capricieuse enseignait au dolent Aristée le secret de repeupler ses ruches désertes, et

(1) Aujourd'hui les savants rangent les Protées dans une classe à part sous le nom de *Rhizopodes* comprenant les *Amibes* et les *Actinophrys* dont je parlerai en temps et lieu ; mais cette nouvelle classification n'a pour nous aucun intérêt.

consentait à dévoiler l'avenir aux indiscrets doué d'assez de persévérance pour le contraindre à s'expli quer. Nous n'ignorions alors ni les métamorphoses r les subterfuges imaginés par ce dieu marin, dans l'es poir d'échapper à ses persécuteurs trop curieux. — E bien, les savants ont donné le nom de cette divinit démodée, à un infusoire de l'ordre des *Amibes*, nor dont cet animalcule est certes digne à bien des égards car, à l'imitation de l'antique Protée, il habite l'élé ment liquide et change de forme et d'aspect chaqu fois qu'on s'avise de l'interroger..... du regard.

Les lentes allures de ce microzoaire suivies au micro scope (obj. 5 N. 7 H.) sont des plus originales ; on dirai voir une goutte d'une liqueur grasse (Pl. 12, fig. 5) glissant et se déformant sans cesse, émettant des pro longements, tantôt à droite, tantôt à gauche, puis le retirant, les faisant rentrer dans la *masse*, paraissan ainsi à un moment donné dépourvu d'expansions et aussitôt après, en montrant cinq ou six à la fois, pou reprendre sans plus tarder sa forme première. — Tenez, voici justement un de ces Protées puisé à l'ins tant même dans un dépôt vaseux. — Sa figure est en c moment presque ronde et sans aucun appendice ; — mais attendez : voici qu'il lui pousse une façon de bra informe, disgracieux, privé de main et s'allongeant à tâtons vers la surface intérieure du couvre-objet. — L'y voici fixé. — Remarquez maintenant comme, en se contractant, cette expansion attire à soi le corps tou entier, pour entrer dans celui-ci et disparaître. — Et c n'est pas tout ; voici trois autres expansions sembla bles, venant se montrer timidement, se ranger sans aucune symétrie et déplacer la masse d'un côté ou d'un autre en suivant le même procédé. Avec ces diables de Protées, on n'est jamais sûr de rien. — Après cela, je dois en faire l'aveu, si ces transformations incessantes sont curieuses à observer, l'animal est absolument dépourvu d'élégance, et si vous ne pouvez vous en procurer, n'en prenez aucun chagrin; au demeurant il est bête comme chou, bien qu'il soit l'un des colosses de la famille, sa taille atteignant au moins un demi-millimètre! — D'une transparence parfaite d'ailleurs, on distingue toujours dans son intérieur, divers objets microscopiques absorbés à son insu suivant toute probabilité, et il se multiplie par division spontanée, à l'exemple des Vibrioniens; mais, infiniment plus heureux, il a la chance d'être classé d'une voix unanime parmi les animaux. — Ce doit être pour lui une grande satisfaction, ne le pensez-vous pas?

Si je donne cet animal pour le type de la stupidité parmi ces êtres inférieurs, c'est là une opinion personnelle fondée sur mes propres observations; mais, je ne puis vous le laisser ignorer, d'autres, mieux favorisés par le hasard ou plus adroits peut-être, déclarent avoir vu un de ces Amides se placer tout auprès de l'ouverture ovarienne d'une *Acinète* (infusoire de la famille des *Actinophrys* dont je vais parler), afin de pouvoir tout à son aise, et sans se déranger le moins du monde, dévorer les petits au fur et à mesure de leur naissance, ce qui dénoterait une intelligence supérieure (1). Seulement, n'ayant rien vu de ceci, je vou livre l'observation sous bénéfice d'inventaire.

Les Actinophrys. — Les *Actinophrys*, autremen appelés *Peritricha* ou *Podophrya* (encore de jolis nom ceux-ci!), sont de très-petits animalcules tout rond (Pl. 12, fig. 6), sans organisation appréciable, conte nant toujours plusieurs vacuoles, et vivant au milie des algues et conferves des eaux douces ou salées. Je n serais pas tenté d'en parler si, au dire de la science ils ne présentaient une particularité des plus remar quables ; entourés d'expansions filiformes, régulières à peu près immobiles, et ressemblant ainsi dans leu ensemble à des astres dont les rayons sont fort difficile à apercevoir (obj. 10 H. lumière oblique), l'on assur que le seul attouchement de ces cils imperceptible foudroie incontinent toutes les petites créatures don ils s'approchent. Je ne conteste pas l'exactitude de l révélation; mais, soyez-en prévenus, jamais le phé nomène ne s'est montré à mes yeux, et j'en suis rédui à croire la science sur parole. — Si d'ailleurs vous êtes curieux de connaître la taille de cet animalcule elle varie entre vingt et soixante millièmes de milli mètre, et la multiplication s'opère chez lui pa fissiparité.

A en croire ce même Carlter dont je viens de rappeler une curieuse observation, ces infusoires-ci seraient doués d'une intelligence des plus remarquables. Ce savant déclare en effet avoir suivi un Actino-

(1) Carlter. *Annals of natural history*, 1863.

phrys venant s'emparer des grains d'amidon d'une cellule brisée ressemblant à un spore. Après avoir pris tous les grains à sa portée, l'animal s'écarta un moment, puis revint à la charge, et comme il n'y avait plus de grains libres, il s'efforça d'en tirer du dedans de la cellule. Il savait donc que ces grains étaient nutritifs et qu'ils étaient dans cette même cellule; et, bien que chaque fois, après s'être emparé d'un grain, il se retirât à distance, il savait retrouver son chemin pour revenir (1).

Je n'ai jamais été assez heureux pour assister à un spectacle aussi stupéfiant, révélant à la fois une intention et une volonté chez un être placé à la base de l'échelle animale, mais puisque Carlter déclare avoir vu, je n'ai aucun motif pour douter de sa parole.

Les Monades. — Les *Monades* sont apparemment les créatures les plus petites du règne animal auquel, à la différence des Vibrioniens, elles sont reconnues appartenir par tout le monde savant. — Au dire de celui-ci, une seule goutte d'eau peut en contenir cinq cents millions, et il en faudrait deux mille à la file pour occuper l'espace exigu d'un millimètre! — Qu'en dites-vous? est-ce assez stupéfiant? — Aussi, je vote un prix de patience à celui qui vérifiera le fait; il ne l'aura pas volé.

Observées au microscope (obj. 8 N. 10 H.) les Monades se présentent sous forme de petites glandes arrondies (Pl. 12, fig. 7, 7bis), ovoïdes ou plus ou

(1) Carlter. *Annals of natural history*, 1863.

moins allongées, de couleur blanche ou verte avec un centre brun, et, par exception, enrichies d'une queue mignonne. Très-agiles d'ailleurs, elles excitent la curiosité de l'observateur par le désir dont on ne peut se défendre, de découvrir le mécanisme de cette vertigineuse locomotion. — Ah! c'est qu'il n'est pas facile, sachez-le bien, de pénétrer ce mystère. Pour y réussir, il faut des objectifs parfaits, beaucoup de patience et surtout une grande habitude du maniement de l'instrument ; mais si l'on est habile, on ne tarde pas, en y regardant bien, à découvrir sur cette glande remuante une petite fente, une bouche si vous le préférez, munie d'un, de deux ou de plusieurs filaments d'une ténuité à nulle autre pareille, du double plus longs que l'animal lui-même, le faisant marcher en battant l'eau en guise de rames ou de fléaux, et lui servant en outre d'instruments de préhension. — Ces avortons, voyez-vous, ont beau être invisibles, ils doivent manger pour vivre et ce but ne peut être atteint s'ils ne font la chasse à leur manière. Nul dans ce monde ne peut se soustraire à cette loi de la nature.

Les Monades abondent dans toutes les infusions artificielles ou naturelles; elles s'y montrent même les premières, sauf à y être bientôt mangées par d'autres infusoires plus robustes. — Les variétés en sont innombrables, et toutes se multiplient par division spontanée. Parfois cependant cette division s'opère d'une façon particulière : le corps se couvre d'espèces de poireaux; bientôt ceux-ci grossissent, se dilatent, finissent par se détacher, et deviennent, sans plus tar der, de petites Monades tout aussi remuantes et voraces que les pères..... ou mères.

Un beau jour, deux savants anglais, des noms de Dallinger et Drysdale (1), se sont donné la mission de suivre pas à pas les agissements sous ce rapport, d'un membre distingué de cette famille, connu sous le nom de *Cercomonade,* ne différant guère, il est vrai, de la Monade vulgaire, si ce n'est peut-être par un prolongement en forme de queue. Or, voici le spectacle curieux et fort intéressant auquel ils ont assisté : à un moment donné, un étranglement s'est dessiné, divisant par le milieu le corps de l'animalcule ; peu sensible d'abord, cet étranglement s'est prononcé de plus en plus jusqu'à ne laisser entre les deux moitiés qu'un simple filament, et, en fin de compte, celui-ci s'étant rompu, deux Cercomonades parfaites, semblables en tout à la première, avaient pris rang parmi les créatures peuplant l'univers.

Puis chacune à son tour s'est divisée, séparée en deux de la même manière, l'opération demandant tout au plus quatre à cinq minutes, et pendant huit jours, les observateurs ont pu ainsi voir le phénomène se reproduire sans interruption.

Jusqu'ici sans doute on serait tenté de supposer que ce mode de reproduction est unique et invariable ; il n'en est pourtant rien. Continuant leurs observations, nos Anglais virent deux de ces Cercomonades s'entourer d'une espèce de sarcode, se rapprocher, se toucher,

(1) *Monthley Microscopical Journal.* Août 1873.

finir par se confondre, et, à l'inverse de ce qui s'étai passé précédemment, les deux infusoires placés a centre de ces sarcodes, n'en ont plus formé qu'un seul

— Ce n'est pas là une multiplication, me direz-vous

— Attendez : un peu de patience. — Tout à cou cette Cercomonade unique éclate, se déchire, lance a loin une matière d'un aspect huileux; puis, en regardant de près à l'aide d'un objectif d'une grand puissance (8 N. 15 H.), nos observateurs remarquen que cette matière se compose de granules en quantité infinies et réellement incalculables.

Insensiblement et sous leurs yeux, chacun de ce innombrables granules grossit, prend une forme ovoïde s'enrichit de filaments et devient semblable en tou aux Cercomonades dont il est descendu, en sorte qu c'est une vraie bénédiction. Le tour achevé, la dans recommence de plus belle, chacune de ces nouvelle Cercomonades se multiplie, d'abord par scission e puis de la manière indiquée en dernier lieu, et bie autrement expéditive comme vous avez pu vous e convaincre.

Le voici donc connu le cycle de la vie de ces être imperceptibles! La Cercomonade se sépare d'abord e deux; chaque partie devient un animal complet qui v se divisant en deux à son tour; après huit jours de c jeu, deux Cercomonades se confondent en une seule celle-ci se déchire et laisse échapper une myriade d corpuscules atomiques qui se développent en autant d Cercomonades nouvelles..... Et puis, c'est à recom mencer.

Que diraient donc les partisans des générations spontanées s'ils pouvaient assister à un pareil spectacle, s'ils pouvaient voir ces êtres infimes donner ainsi naissance à des germes innombrables, germes dont ils nient l'existence par la seule raison qu'ils ne sont pas assez persévérants ni peut-être assez habiles dans le maniement du microscope appelé à les leur montrer ?

Volvociens. — Voici venir les *Volvociens.* — Si vous n'avez jamais ouï parler de ces mignonnes petites créatures, vous me mettrez sans doute en demeure de préciser tout d'abord leur rang ici-bas. — Avons-nous réellement affaire, me direz-vous, à des animaux ? — Hélas ! vous renouvelez mes douleurs, car, derechef, je me trouve dans l'impossibilité de satisfaire une curiosité aussi légitime. En vain ai-je consulté les auteurs dont la parole est le plus autorisée; c'était comme un fait exprès : si l'un disait blanc, l'autre répondait noir. — Ne voulant pas vous fatiguer de citations à perte de vue, je me bornerai à ceci : l'Anglais Pritchard et le Français Robin rangent les Volvociens parmi les animaux inférieurs, mais l'Allemand Rabenhorst leur reconnaît tous les caractères des végétaux élémentaires. — Évidemment l'un ou l'autre de ces Messieurs prend ici Dulcinée du Toboso pour une princesse la plus belle du monde; il fallait vous y attendre; mes avertissements au début de cette étude des infusoires ont dû vous y préparer. — Où donc est la vérité ? — Ma foi, je l'ignore; cherchez-la vous-même si le cœur vous en dit, et puissiez-vous deveni bientôt épris de la gloire de résoudre le problème ! J le souhaite pour votre repos et pour le mien, car réel lement c'est à ne pas fermer l'œil. — Jugez donc ! — Avoir à décider si un atome invisible est plante ou animal, et ne pas y réussir ! On passerait des nuits blanches à moins.

Au point de vue microscopique, l'espèce des Volvo ciens connue sous le nom de *Volvox globator* ou d *Volvoce tournoyant,* est sans contredit l'un des produit de la création le plus extraordinaire et le plus charman qui se puisse imaginer. — Par une belle journée d printemps, après un orage accompagné d'une plui bienfaisante ayant rafraîchi l'atmosphère, si, parcou rant nos campagnes verdoyantes et fleuries, vous ren contrez de par les chemins une eau pure et tranquille recueillez-en quelque peu dans un flacon de crista limpide, regardez-y à la loupe, et, si vous avez eu d la chance, vous découvrirez de toutes petites bulles rondes, semi-transparentes, (Pl. 12, fig. 8) dont la taille varie d'un tiers de millimètre à un millimètre au plus, et qui vont, viennent, montent, descendent, toujours roulant avec une sage lenteur. — Soyez assez adroit pour puiser la goutte enviée contenant une de ces créatures, déposez-la sous le microscope (obj. 5 N. 7 H.), et vous serez émerveillé en aperce vant une sphère ressemblant à un aérostat tout mignon entouré de son filet, et montrant à l'intérieur des miniatures de corpuscules ronds, composés du plus beau vert du monde.

Ce bijou de sphéroïde est formé d'une substance gélatineuse, et les nœuds du filet dont il paraît être enveloppé, sont, au dire des auteurs français et anglais, des petits animaux composant une seule et même famille, (Pl. 12, fig. 8 bis) dont tous les membres, venant se ranger régulièrement autour de ce globe qu'ils embrassent en se tendant leurs filaments vibratiles, impriment à celui-ci ce mouvement rotatoire dont je viens de parler, et, phénomène inexplicable, ils passent ainsi leur vie entière sans se reposer, roulant jour et nuit à l'exemple du Juif errant, et n'ayant pas même, les pauvres petits, cinq sous dans la poche. Ils sont bien à plaindre, allez; mais qui donc a pu les voir ainsi la nuit? Je ne devine pas; et vous?

Quant aux corpuscules verts flottant en suspension dans l'intérieur du globe, chacun d'eux est le berceau d'une famille à venir, dont les petits, devenus à leur heure grands garçons et désireux de prendre la clef des champs, déchirent l'enveloppe nourricière, sortent en foule, construisent un nouveau globe gélatineux et diaphane, puis s'en vont à leur tour, roulant, tournant, tournoyant, tourbillonnant, sans se soucier davantage, les ingrats, de la sphère-mère qui, désolée, se dissipe en fumée pour disparaître à jamais.

Animaux ou végétaux, le mystère de leur reproduction est difficile sinon impossible à pénétrer; cependant le système de Rabenhorst me semble, à moi profane, préférable à celui de Pritchard. N'est-il pas plus naturel de supposer un végétal égrenant de temps à autre, plutôt qu'un animal? — Après cela je puis me tromper et prendre comme je vous en ai prévenus, des moulins à vent pour des géants démesurés. Je ne suis pas seul, vous le voyez, à confondre les vessies et les lanternes.

Le Volvox globator peut être embaumé et se conserver ainsi éternellement, mais il perd alors de son charme, tous les cils ou expansions flagelliformes disparaissant par absorption.

Les Noctiluca. — Aucun de vous ne s'attend, j'imagine, à trouver dans ces rapides exquisses, la description minutieuse des innombrables variétés des infusoires. *J'en nommerais une milliasse, mais je n'aurais jamais fait,* dit Brantôme, et leur seul dénombrement dépasserait celui des chefs illustres commandant les armées d'Alifanfaron et de Pentapolin au bras retroussé. Voulez-vous cependant avoir un avant-goût de la chose? Négligeons les espèces et les genres qui tous se ressemblent plus ou moins, et attachons-nous aux seules grandes familles. Voici les *Eugléniens* brillant d'un beau vert ou d'un rouge éclatant et colorant de ces mêmes nuances les eaux stagnantes; les *Péridiniens* (Pl. 13, fig. 1) dédaignant de se montrer dans les infusions artificielles et voulant vivre en liberté dans le vaste Océan dont ils battent incessamment les ondes au moyen des longs filaments flagelliformes, présents de la nature; les..... Un instant! Ne serait-ce pas ici le lieu de mentionner le *Noctiluca miliaris?* (Pl. 13, fig. 2, 2bis). Le célèbre docteur Carpenter l'a mis à la vérité au rang des Zoo phytes (animaux-plantes) à côté des Méduses, mais le savant Jabez Hogg l'a hardiment classé parmi les infusoires, et je suis de son avis que vous partagerez, j'en suis sûr.

Le Noctiluca, en effet, est un animal des plus primitifs ; ressemblant à un tout petit œuf de poisson, il est, de plus que lui, armé d'une trompe mignonne ; une seule goutte d'eau puisée à la cime d'une vague enflammée et déposée sous le microscope (obj. 5 N. 7 H. *fond noir*) le fait apparaître tel que je viens de le montrer, présentant beaucoup d'analogie avec le commun des martyrs des infusoires, mais brillant en outre d'une lueur extraordinaire. — Le croirait-on, c'est à cet avorton qu'est due la phosphorescence de la mer ; des savants, je ne l'ignore pas, ont contesté le fait et attribué le phénomène à la décomposition des substances organiques contenues dans le liquide élément, comme aussi à l'électricité des eaux et de l'atmosphère ; mais cette thèse semble aujourd'hui complétement abandonnée, et le seul, le vrai coupable, c'est ce morveux de Noctiluca, vivant dans les mers en société, société dont les citoyens se comptent par milliers de milliards et qui sont bien les êtres les plus colériques et en même temps les plus facétieux du monde.

— Comment, me direz-vous, le caractère d'un aussi chétif animal peut-il être connu ? — Il n'est rien de plus aisé ; le 2 novembre 1869, un savant naturaliste, Émile Duchemin, a lu à l'Académie des sciences de Paris, une note résumant des expériences dont j'ai eu le bonheur de pouvoir vérifier l'exactitude et que voici : Excite-t-on le Noctiluca, soit en agitant l'ea libre ou contenue dans une bouteille, soit en mêlant celle-ci un peu d'alcool ou d'acide étendu, soit encor en y faisant passer un courant électrique ; ou bie vient-on à l'indisposer en chauffant un peu la bou teille ou en l'exposant au froid, à l'instant l'anima jette feu et flamme, preuve évidente de sa colère, e dans ce cas la phosphorescence brille du plus vif éclat En faut-il davantage pour faire ressortir le caractèr irascible de cet animalcule?

Quant à sa propension à la plaisanterie, elle ressor de ce fait que si l'on se baigne dans une mer phospho rescente, on en sort le plus souvent couvert des pied à la tête de petites taches rouges semblables à celle produites par les orties, et dues à des Noctiluca qui s sont amusés, pour faire niche, à picoter l'épiderm au moyen de la trompe dont j'ai parlé, sans faire l moindre mal bien entendu, car l'animalcule est grâce au ciel, inoffensif, et ce petit organe ne recèl aucun venin redoutable.

Emile Duchemin ajoute que le Noctiluca, soustrai à la lumière pendant plusieurs jours, conserve s faculté phosphorescente, mais que l'eau douce ou un chaleur trop intense le tue sans rémission.

Quoi qu'il en soit, voici un fait aujourd'hui bien avéré ; ces vagues innombrables des Océans, ces lame menaçantes que l'on voit se dresser au loin dardan leurs crêtes enflammées, ces mers immenses brillan des plus beaux feux, toutes ces merveilles d'un aspec si imposant, c'est un chétif infusoire qui nous les fai ainsi apparaître incandescentes. Dites-moi, est-il rien au monde de plus digne d'admiration ?

Reprenons la nomenclature commencée ; nous avons donc encore les *Trichodiens* (Pl. 13, fig. 3) si flexibles, dont l'orifice buccal est orné d'une rangée de cils et qui habitent les végétaux aquatiques des marais ; les *Kéroniens* (Pl. 13, fig. 4) dont les brusques mouvements peuvent être observés dans la première goutte venue d'une infusion végétale ; les *Ploesconiens* marchant sur les corps solides des eaux salées stagnantes, au moyen des cils de leur face ventrale ; les *Erviliens*, habitants de la mer, portant une espèce de cuirasse membraneuse ; les *Leucophryens*, (Pl. 13, fig. 5) hôtes assidus des ornières, sans orifice buccal apparent, mais étalant avec orgueil de nombreuses séries de cils d'une régularité parfaite ; les *Paramécieus*, (Pl. 13, fig. 6) si communs dans les infusions artificielles où ils se distinguent par leur flexibilité et par un tégument lâche et réticulé traversé de cils vibratiles ; les *Bursariens* (Pl. 13, fig. 7) formant en grande partie la pellicule des eaux croupissantes et dont l'orifice buccal est entouré d'une double rangée de cils de la même nature ; les.... mais en voici assez pour vous donner une idée des variétés innombrables de ces animalcules. Malgré des différences assez notables, ils ont tous d'ailleurs un air de famille très-prononcé ; presque toujours ce sont des corpuscules dont la forme se rapproche le plus communément de celle d'un œuf allongé, irrégulier, tronqué, n'ayant ni tête ni pattes, mais remplaçant ces organes par des cils ou des filaments qui les font se mouvoir et attirent ou harponnent les créatures plus faibles, e ils sont en général tellement petits qu'il faut l'objecti 5 N. 7 H. et même parfois l'objectif 8 N. 10 H., pou parvenir à distinguer les détails de leur mystérieus conformation.

Voyons cependant d'un peu plus près ceux d'entr eux non dénommés encore, dont certaines particula rités d'un haut intérêt peuvent commander l'attention de cette façon nous aurons parcouru toute la série des *infusoires proprement dits*, sans avoir négligé rien d bien important.

Le Stentor. — Voici tout d'abord un géant parm ces mirmidons, le célèbre *Stentor* (Pl. 13, fig. 8), don la taille va jusqu'à dépasser un millimètre! — Pour quoi ce nom, me demanderez-vous? — Je ne sais, e ceci doit cacher un mystère, car je puis vous assurer n'avoir jamais entendu la *voix d'airain* dont cet ani mal devrait être doué pour mériter le nom du guer rier chanté par le divin Homère; en vain ai-je prêt l'oreille la plus attentive, la goutte d'eau dans les pro fondeurs de laquelle le brigand commettait devant mo ses ravages, demeurait muette comme la tombe, e d'ailleurs, nous pouvons le supposer, jamais la fière l'orgueilleuse Junon n'eût consenti, pour appeler les Grecs au combat, à prendre la figure de ce bourreau des infiniment petits.

Les savants ont classé le Stentor, les uns parmi le *Urcéolariens*, les autres parmi les *Vorticelliens* dont j parlerai bientôt. — Ces messieurs, on le sait, se plai sent souvent à se trouver en désaccord. — Grâce à sa taille colossale, on peut le découvrir, même à l'œil nu, se promenant dans les bassins sur les herbes mortes, comme aussi dans les eaux douces stagnantes ou tranquilles, sur les végétaux aquatiques.

Pour séduire ses victimes, souvent notre héros enduit son vêtement d'une belle couleur verte ou bleue. Très-contractile d'ailleurs, il est tour à tour trompe, globe, massue ou fuseau; mais sa forme de prédilection est celle de la trompe et il rappelle ainsi, en miniature, cet instrument de bois que les Suisses se plaisent à emboucher et à faire retentir, pour réveiller avant l'aurore les voyageurs jaloux d'admirer au sommet du Rigi le spectacle grandiose et sublime du lever de l'astre brillant du jour. — Serait-ce de là que lui viendrait son nom?

Quand l'envie lui prend de revêtir la figure de cette trompe bruyante, le Stentor se fixe toujours sur un corps quelconque en utilisant, pour ce faire, les appendices filiformes de son extrémité inférieure; puis il orne son *pavillon* d'une couronne de cils vibratiles au moyen desquels, déterminant un tourbillon attractif, ce scélérat s'empare de toutes les monades, de tous les vibrioniens, de toutes les petites créatures venant à sa portée; on peut même le voir en train de les engloutir, de les faire passer dans son estomac et de les digérer sans le moindre remords, le cruel qu'il est.

Cet animal féroce, la terreur des autres infusoires moins robustes, qui le fuient à l'égal de la peste, se multiplie par division spontanée absolument comme ceux-ci, et l'obj. 3 N. suffit amplement pour en faire apprécier la curieuse structure.

Vous le voyez, le nouveau monde offert à vos regards vaut la peine d'être connu. — Après tout cependant, les mœurs de l'humanité ne sont pas bien différentes; à tout prendre même, elles sont plus barbares; quand ces petits animaux tuent leurs congénères, c'est pour ne pas mourir de faim, tandis que les hommes massacrent leurs semblables pour le seul plaisir de les massacrer, ou pour le triomphe de certaines idées dont le plus souvent ils ne se rendent pas un compte bien exact. — Si j'avais à me prononcer, je... mais non; il vaut mieux me taire et achever l'examen de ces petits animaux, sans m'occuper davantage des grands.

Les Vorticelles. — Comment! encore les infusoires! — Oui, encore les infusoires, et croyez-moi, j'ai d'excellentes raisons pour en parler de nouveau. — D'abord il me reste à vous signaler, sinon les plus intéressants, certainement les plus miraculeux de ces avortons inconnus du vulgaire. Ensuite, vous le dirai-je? les événements dont l'humanité nous donne en ce moment le navrant spectacle m'attriste au plus haut degré, et c'est dans le monde des invisibles que je me plais à me réfugier. Là, du moins, je n'entends pas renier le Divin Créateur; là, jamais un mot n'est prononcé contre les institutions divines et humaines consacrées depuis l'origine des temps et dont les tristes héros d'aujourd'hui, se donnant pour des aigles, font litière à si bon marché; là, non plus, je n'entends parler ni de l'Internationale, ni de la Commune, ni de grève, ni de revanche, ni de toutes ces élucubrations de l'ignorance, de l'envie, de l'orgueil ou de l'impiété. Mes animalcules à moi sont et demeurent ce que le Bon Dieu les a faits, et aucun parmi eux n'affiche la prétention insensée de changer sa nature. — Combien parmi les humains qui n'ont pas autant de raison !

Voyons en premier lieu les *Vorticelles*(Pl. 13, fig. 9): ces petites créatures, les plus gracieuses du monde, affectent la forme de clochettes diaphanes et incolores, enjolivées de cils vibratiles sans cesse en mouvement. Dans l'intérieur on distingue divers organes, un canal digestif, des façons de muscles et des vacuoles ou estomacs de diverses natures souvent remplis de bactéries, de monades et d'autres atomes attirés fatalement dans le tourbillon déterminé par les filaments si légers de l'orifice buccal de ces avortons.

Ces microzoaires se trouvent partout, dans les eaux pures, douces ou marines, fixés sur les herbes, les conferves ou les lentilles aquatiques, et même ils se montrent réunis en amas blanchâtres à la surface des marécages. — Fuyant la solitude, toujours on les voit rassemblés à 12, 15 ou 20, se tenant attachés sur un centre commun au moyen du long pédoncule caudal dont la nature les a gratifiés.

Jusqu'ici il n'y a rien de bien extraordinaire, je le reconnais; mais attendez, voici du plus curieux : à un moment donné, sans qu'il soit possible d'en déterminer la cause, toutes ces vorticelles étalées en bouquet se replient brusquement sur leur point d'appui et rentrer en elles-mêmes. — Pour atteindre le but, les pédoncules se contournent en spirales serrées, et cela ave une prestesse dont l'étincelle électrique peut seul donner une idée. — Puis, après un instant d'immobilité silencieuse, les spirales se détendent, s'allongen majestueusement, les clochettes reprennent leur form première, les cils, cachés un instant dans leur sein apparaissent de nouveau, s'agitent de plus belle attirent d'autres monades ou d'autres bactéries, jusqu' ce que, soit frayeur, instinct ou caprice, ces charmant microzoaires recommencent le même incompréhensibl manége. — Dans le court espace d'une minute, vou pouvez voir ainsi le phénomène se reproduire cinq o six fois. — Est-ce assez joli ?

Étalées, les vorticelles représentent (obj. 3 N.) un bouquet formé des plus gracieuses campanules de no vallons, dont on aurait élagué le feuillage; repliées elles offrent aux regards désenchantés un amas confu de je ne sais quoi et ne ressemblent à rien du tout.

Cependant, il faut bien le dire, quelques-uns de ces avortons, sous prétexte apparemment de progrès, se fatiguent un jour ou l'autre de la bonne et sainte vie de famille. Pareils à nos petits crevés d'aujourd'hui, un beau matin on les voit trancher le lien qui les attache au toit paternel, abandonner celui-ci en vrais sans-cœur qu'ils sont, changer de toilette et s'en aller voguant seuls à l'aventure jusqu'à leur division spontanée ou bien jusqu'à l'instant fatal où, rencontrés par un ennemi mieux armé, plus fort ou plus adroit, ils sont dévorés à belles dents. — C'est bien fait ! il faut apprendre à vivre à ces morveux-là.

Les Systolides. — D'aucuns, parmi les princes de la science, prétendent séparer complétement des infusoires, les petits animaux microscopiques baptisés par eux du nom de *systolides* (du verbe grec *se contracter*). — Cette séparation est-elle bien nécessaire? Toutes ces infimes créatures, les systolides aussi bien que les autres, apparaissent miraculeusement dans les infusions et s'évanouissent après le décès. La plupart se contractent plus ou moins, et nous venons d'en avoir des exemples frappants sous les yeux. Si l'organisation des systolides est plus parfaite ou plutôt mieux connue, ce n'est pas une raison, ce semble, pour les rejeter loin de l'immense famille au milieu de laquelle ils vivent depuis des siècles et dont, j'y veux bien consentir, ils sont les membres les plus éminents.

La structure de ces animalcules est passablement symétrique ; ils ont un canal digestif à deux orifices opposés, une paire de mandibules et une façon de bouche ornée de cils vibratiles dont l'agitation rapide présente l'apparence de roues dentées tournant horizontalement sur leur axe ; ils sont revêtus d'un tégument diaphane, flexible, résistant et susceptible de se contracter ; tout ceci est incontestable ; mais, dans les diverses classes d'animaux, il y en a toujours de plus ou moins parfaits, et certaines différences ne suffisent pas pour justifier la création de divisions à l'infini ; l'éléphant et la souris ne sont-ils pas également des quadrupèdes mammifères ? — Sans nous appesan tir sur ce point ni donner raison à l'illustre Prit chard ou tort au célèbre Dujardin ; sans nous inquiéte davantage de l'appellation, la science n'ayant pa d'ailleurs dit son dernier mot à ce sujet, voyon si, parmi les systolides, infusoires ou non, il en es d'assez intéressants pour mériter de fixer notre atten tion.

Les Stéphanocéros. — L'un des plus singuliers sans contredit, est le *Stéphanocéros Eichhornii* (ne voilà-t-il pas un beau nom pour un avorton de 75 cen tièmes de millimètre !). Sa structure rappelle ces jouets à surprise de nos bébés... (Pl. 13, fig. 10.) vous savez.. ces boîtes qui, étant ouvertes, laissent échapper à demi un diablotin venant se balancer au dehors les bras tendus en avant. Le Stéphanocéros a également sa boîte à surprise, une sorte de tube sécrété par lui et dont il ne sort jamais entièrement. Si tout est tran quille à ses côtés, si aucun danger n'apparaît à l'hori zon, il se risque à montrer sa tête armée de cinq énormes lobes ciliés pouvant s'allonger en guise de tentacules et dont il fait usage pour saisir sa proie ; mais, à la moindre alarme, il se blottit tout entier dans la boîte, et celle-ci, étant diaphane, permet de distinguer, à l'intérieur, un corps en fuseau retenu à la base du tube par un pédicule contractile.

Cet animalcule est fort rare ; l'Allemagne du Nord a seule, dit-on, le bonheur de le posséder. — Pour ma part je ne l'ai jamais vu, si ce n'est en peinture.

Les Rotifères. — Mais le plus célèbre des systolides et le plus digne de l'être, c'est assurément le vulgaire *Rotifère* dont pas un observateur au microscope n'ignore ni la conformation ni surtout certain phénomène inexpliqué et inexplicable dont il est le héros. Cet animalcule, dont la taille atteint bien 75 centièmes de millimètre, est doué d'organes divers, d'un appareil digestif, d'un canal respiratoire, d'un système de reproduction, d'une queue à trois articles emboîtés l'un dans l'autre et, à son orifice buccal, de deux séries de cils dont l'agitation constante offre l'image de ces roues déjà nommées, tournant horizontalement en apparence sur leur axe et faisant illusion à ce point que la science a beau démontrer par A plus B qu'il n'en est point ainsi, qu'il n'y a là ni roues ni rotation d'aucune sorte, tous ses efforts sont inutiles, on n'y veut voir autre chose.

Allongé en fuseau et d'une transparence parfaite (Pl. 13, fig. 11.), cet animal-prodige paraît avoir deux yeux représentés par des taches rouges très-visibles vers le haut de son ombre de tête, et il possède la faculté de se contracter au point de diminuer de volume de moitié. — Quand cette fantaisie lui passe par le cerveau, les organes giratoires sont cachés dans la cavité de l'organisme, et c'est au moment seulement où il se développe dans toute sa petite majesté, que ces façons de roues apparaissent, s'agitent, déterminent deux courants contraires, font nager le brigand, et attirent les monades et autres vibrioniens dont il est avide jusqu'à les engloutir et les dévorer aux yeux des spectateurs, sans plus s gêner.

Les rotifères vivent au milieu des mousses humides dans les cellules des sphagnum, dans les eaux boueu ses des gouttières ; mais leur plus beau titre de gloire c'est la faculté dont les a gratifiés le divin Créateur, d ressusciter après la mort, non pas une mais plusieur fois, tantôt avortons pleins de vie si l'eau abonde tantôt cadavres dédaignés si elle vient à manquer. Et i n'y a pas ici à ergoter ; cent fois les micromanes on vu le miracle se renouveler sous leurs yeux, et vou pouvez tous en être témoins quand bon vous semble Trouvez-moi un rotifère ; vous savez où le chercher déposez-le dans une goutte d'eau sous le microscope (obj. 3 N.) et, après vous être amusés de ses curieuses allures, laissez à cette eau le temps de s'évaporer insensiblement vous verrez l'animal se contracter rentrer en lui-même, prendre l'aspect d'un fragment de gomme semi-transparent et ne plus donner aucun signe de vie. — Abandonnez-le ainsi pendant un jour, huit jours, un mois, un an, sept ans même au dire d'un observateur persévérant, puis rendez-lui de l'eau et, après peu de temps, vous le verrez s'étendre, remontrer ses roues, les faire tourner, en un mot revivre comme si rien ne s'était passé. — N'est-ce pas stupéfiant ? et ceci ne rappelle-t-il pas l'histoire miraculeuse des sept dormants ou la fable mirobolante d'Épiménide ? — Le sommeil des premiers se prolongea pendant 157 ou 177 ans, il est vrai, et celui du second pendant 27 ans ; mais c'étaient de grands garçons, et, pour un mirmidon de 75 centièmes de millimètre, un somme de sept ans est déjà fort joli.

Comment ce phénomène peut-il s'expliquer? — Il me répugne de supposer des trépas successifs suivis d'autant de résurrections réelles. — Sans doute, le Créateur est tout-puissant, mais il nous a habitués à envisager la mort comme définitive jusqu'à la résurrection finale et solennelle, et notre intelligence ne comprend pas autrement ce mystère redoutable. — Serait-ce un sommeil, une vie latente? — Je n'y suis pas opposé; en ce cas, l'état inerte de l'animal serait donc semblable à celui des graines ou semences qui, conservées pendant de longues années, germent et végètent aussitôt leur dépôt dans le sein de la terre féconde. — Très-bien! — Cependant j'ai des scrupules : si la germination de la graine peut être retardée, c'est uniquement avant le commencement de celle-ci; mais une fois entamée, il est impossible de l'interrompre; en vain voudrait-on l'essayer, la semence est à tout jamais perdue.

Oh! qu'il est loin d'en être ainsi du rotifère! celui-ci ouvre les yeux à la lumière et vit de sa pleine vie jusqu'à l'instant fatal où l'élément liquide vient à lui manquer. — Le voilà désormais inerte, n'accusant plus aucune vitalité; mais qu'une goutte d'eau lui tombe du ciel, et aussitôt il reprend le cours de son existence!

La différence entre la graîne et le rotifère est donc considérable; l'une, avant de se risquer sur le fleuve de la vie, s'arrête à sa source, rien de plus; l'autre, au contraire en suit le cours, le descend et le remon à son gré, ou plutôt au gré de l'eau; c'est tout aut chose, vous voyez bien.

En méditant sur ce sujet, je suis arrivé à me dema der si les observations ont été assez précises, et si l' n'a pas été victime jusqu'ici d'une illusion, d' trompe-l'œil? — Les rotifères, on le reconnaît ass généralement, ne sont pas seulement vivipares, sont également ovipares; or, ne peut-on admett qu'un œuf étant formé dans le corps de l'animal moment où il vient à se dessécher, y est conser intact avant l'éclosion, de la même façon (on le com prend ici) que la graine d'un végétal avant la germ nation? et que, placé dans l'eau, son milieu natur il s'empresse d'éclore pour donner naissance à un no veau rotifère pris ensuite pour l'ancien définitiveme mort et enterré? — Ainsi s'expliquerait l'insuccès certaines expériences; pour réussir, il faut, avant dessiccation, un œuf bien formé; sans lui, on n'arri à rien. — Cette hypothèse, car c'en est une encor ne vaut-elle pas celle d'un sommeil, d'une létha gie de plusieurs années dont l'animalité n'offre auc exemple.

Mais, objecte-t-on, que deviennent dans cet ord d'idées le tégument diaphane de l'ancien rotifère, s roues, sa queue, tous ses organes? — Ce qu'ils devie nent? mon Dieu, ils s'évanouissent, ils s'évaporen ils s'en vont en fumée, tout comme ils disparaissent s'évaporent quand les rotifères, arrivés à la fin fina de leur existence, meurent de leur belle mort et cet fois pour tout de bon. La disparition est inexplicable dans les deux cas et cependant dans l'un au moins elle est avérée. — Après cela, je ne vous donne pas tout ceci pour parole d'Évangile, entendez-vous; j'ai cru voir; examinez de près vous-mêmes, et peut-être verrez-vous comme moi, ou tout au moins serez-vous convaincus de mon erreur; ce sera un grand pas de fait.

Les Tardigrades. — Les rotifères ne sont pas les seuls animalcules présentant le phénomène de la résurrection; les *Tardigrades* entre autres partagent avec eux cet honneur. — De toutes les petites créatures naissant dans les infusions, ce sont celles-ci dont le physique se rapproche le plus de celui des mammifères; on dirait des variétés d'hippopotame ou de rhinocéros, à six ou huit courtes et grosses pattes armées chacune de plusieurs façons d'ongles crochus (Pl. 13, fig. 12). Ils habitent, de compagnie avec les rotifères, les eaux stagnantes et les mousses humides; d'une indolence à nulle autre pareille, on les voit se mouvoir lentement et pousser la nonchalance au point de ne pas même chercher à fuir ou à se défendre quand ils sont attaqués.

Voici tout à propos un petit drame où l'un d'eux joua un rôle et dont je fus témoin: Un jour que j'étais en contemplation devant les mystères innombrables d'une simple goutte d'eau, j'aperçus un tardigrade assailli par une escouade de kolpodes cent fois plus petits. — Vous connaissez bien les kolpodes, n'est-il pas vrai?... ces infusoires vivant en abondanc dans les infusions de foin et ressemblant à des œu tronqués, ciliés; animalcules remuants, courant e tous sens, se rencontrant, s'évitant, paraissant toujou en quête continuelle de... de quoi peuvent-ils bie être en quête? — Eh bien, ces hardis petits coquins s ruèrent tous ensemble sur le géant, et celui-ci, pou toute défense, se contenta de se contracter et de s'a longer tour à tour; aussi ses courageux ennemis e eurent-ils bientôt raison et parvinrent-ils en moins d rien à le déchiqueter à belles dents. — Voilà où l'o arrive quand on est couard dans le monde microsco pique. C'est absolument comme chez nous.

Enfin, voici passés en revue la plupart des princ paux personnages de l'immense famille des infusoire proprement dits, des habitants invisibles de l'élémer liquide et de l'air. — Que pensez-vous de leurs faits e gestes? — Ne valent-ils pas la peine d'être étudiés? – Peut-être cependant prendrez-vous tout ceci pour de contes en l'air; mais, à ceux d'entre vous qui, n'ayar jamais été les heureux témoins de ces prodiges et s drapant dans leur incrédulité, viendraient me dire, l'exemple d'Amphitryon parlant à Sosie :

> Aux mystères nouveaux que tu viens *nous* conter,
> Est-il quelque ombre d'apparence?

je répondrais tout comme son poltron de valet :

> Non, vous avez raison, et la chose à chacun
> Hors de créance doit paraître.
> C'est un fait à n'y rien connaître,

Un conte extravagant, ridicule, importun :
Cela choque le sens commun;
Mais cela ne laisse pas d'être.

XIV

LES FORAMINIFÈRES ET LES POLYCISTINES

Le microscope nous réserve bien d'autres surprises. — Si jusqu'ici j'ai pu quelque peu vous intéresser à mes petites créatures en les faisant apparaître dans leur dévorante activité, vous ne serez pas indifférents, je me plais à l'espérer, aux travaux stupéfiants des autres animalcules invisibles dont je dois aujourd'hui vous entretenir. — L'homme, fier du titre de roi de la création, se vante à bon droit de son antique origine et montre avec orgueil les ruines fastueuses des anciens temples, preuves irrécusables de son génie. — Après tout, cependant, ce sont là des débris, des témoins palpables de la faiblesse humaine impuissante à lutter contre la force destructive du temps. — Qu'il est loin d'en être ainsi des monuments érigés par les *Foraminifères* et les *Polycistines !* — Jamais la faux redoutable ne peut parvenir à les entamer et, depuis les premiers âges, ils se montrent à nos yeux émerveillés dans toute leur splendeur et sans la moindre altération. — Leurs chétifs habitants, il est permis de le supposer, ont assisté aux plus grands événements dont l'histoire nous a légué le souvenir; peut-être même ont-ils aidé à la construction de l'Arche de Noé, et, qui sait? ils ont pu voir nos premiers parents jouir, dans leur innocence, des joies ineffables du Parad terrestre, comme aussi le céleste Archange, armé d son épée flamboyante, les en chasser après leur faut — Oui, plusieurs des constructions microscopiques d ces avortons se retrouvent intactes dans les terrain tertiaires, dans les terres calcaires et crétacées, et n'y a pas de bonne raison pour qu'elles ne s'y conser vent jusqu'à la fin des siècles.

Venez donc après cela préconiser vos hôtels, vos tem ples, vos palais ! — Si vous n'y prenez garde, la pluie le vent, la gelée, le soleil, les ont bientôt réduits en pous sière, et malgré tous vos efforts, fatalement ils doiven s'écrouler un jour ou l'autre, tandis que les mignonne habitations construites par de petits misérables mirmi dons, objets peut-être de votre mépris, bravent impuné ment les tempêtes et la puissance dissolvante des ans

Ce n'est pas tout encore : vos monuments somptueu sont pour la plupart édifiés à l'aide des matériau accumulés par ces mêmes animalcules, et quand, miné par le temps, ces orgueilleux palais tombent en ruines les modestes demeures qui ont servi à les construir sortent de ces débris poudreux, inaltérées comme a premier jour.

Il est difficile de se former une idée de la ténuité d la plupart des constructions dont je parle, mais c'es précisément leur taille qui les sauve, car, comme l dit le fabuliste :

> Les petits, en toute affaire,
> Esquivent fort aisément :
> Les grands ne le peuvent faire.

Aussi rien ne peut les entamer, ni la scie, ni le rabot, ni le marteau, ni le pilon, ni même le laminoir. En voulez-vous une preuve? Examinez au microscope (obj. 3 N.) une simple carte de visite dont la surface crayeuse a été glacée à l'aide d'un cylindre d'acier, et vous serez émerveillé en y découvrant des coquillages de toutes formes, mignons, charmants au possible, et dont aucune manipulation humaine n'a pu altérer la surprenante délicatesse.

Chez ces petits animaux de même que chez nous, il y a plusieurs écoles d'architecture ; outre le style, on y fait état de la matière première, des matériaux. — Chaque jour nous entendons des discussions interminables sur la préférence à donner à la pierre blanche ou à la pierre bleue, et jamais les adversaires ne veulent céder les uns aux autres. — Évidemment il a dû en être de même chez nos animalcules, car les foraminifères répudient généralement les matières siliceuses pour utiliser le calcaire; les polycistines au contraire ne voient de salut que dans l'emploi de la silice, si toutefois c'est bien de la silice dont ils font usage. — Peut-être chacun d'eux a-t-il d'excellentes raisons à alléguer pour en agir ainsi, mais ces raisons je ne puis vous les dire, ne les connaissant pas ; s'il en était autrement, je me ferais un vrai plaisir de vous en faire part.

Voyons d'abord les partisans de la matière calcaire, vitreuse ou nacrée, les *Foraminifères* ou *porteurs de trous,* si j'en crois le latin. — La science les divise aujourd'hui en deux classes, celle dont les architectes construisent des habitations percées réellement d'ouvertures nombreuses, et celle dont les maçons ne veulent qu'une seule issue servant de porte de sortie. — Ici, vous me reprocherez sans doute encore mon esprit de critique; cependant, il faut bien en convenir, c'est une singulière idée de messieurs les savants, d'avoir nommé *porteurs de trous,* des êtres dont les demeures n'en accusent pas l'ombre. — Mais gardons-nous de chercher chicane à la science ; elle nous rend assez de services, pour avoir droit à l'indulgence la plus bienveillante.

Les habitants de tous ces édifices sont affligés d'un corps informe appelé *sarcode* (du substantif grec *chair*), sorte de matière glutineuse, sans organes intérieurs connus, et qu'il est donné à fort peu d'entre nous de pouvoir examiner. — N'en prenez d'ailleurs aucun souci, car l'aspect de ce sarcode n'est guère attrayant il s'en faut de beaucoup, et si les Foraminifères n'étaien les artisans d'œuvres remarquables, je n'en aurais jamais dit un mot.

Quand ces animalcules sont logés dans des maisons percées de trous, ils projettent à travers ceux-ci des expansions filiformes dont ils font usage pour s'attacher, se déplacer, ou attirer leur nourriture. Si, au contraire, les ouvertures font défaut, c'est le petit être placé à l'entrée, le portier si vous aimez mieux, dont toute la colonie doit attendre et recevoir l'alimentation Du reste, je vous en préviens, ceci repose encore sur des hypothèses; il n'y a rien de bien avéré, et ce qui l'est moins encore, c'est le procédé de reproduction de ces animalcules. Ils se multiplient dans des propor tions incroyables, nous en avons les preuves sous les yeux ; mais comment ? on ne sait. — C'est encore là un mystère dont le divin Créateur n'a pas, jusqu'ici du moins, jugé devoir nous révéler le secret.

Voici au surplus comment, d'après les *on-dit,* procèdent ces singulières créatures : l'une d'elle ouvre-t-elle clandestinement les yeux à la lumière, aussitôt elle se construit une habitation calcaire ou nacrée, dont l'extérieur est moulé d'après sa structure particulière, et la voilà désormais parfaitement abritée. Quand ensuite le besoin de propagation se fait sentir, un bébé apparaît, et son père... ou sa mère le pousse dehors en le retenant toutefois par un lien invisible ; ce marmot bien avisé, craignant de coucher à la belle étoile, s'empresse à son tour de se construire une habitation qu'il accole à la demeure paternelle ; seulement, comme il tient en général pour le progrès, cette habitation est d'ordinaire plus vaste ; à la seconde génération elle est plus vaste encore, et les constructions continuent ainsi toujours en grandissant jusqu'à ce que, sans aucune distinction d'âge, toute la famille passe de vie à trépas pour ne laisser derrière elle qu'une agglomération homogène d'habitations désormais désertes, mais construites de manière à pouvoir, en général, braver la faux du Temps.

Ce sont ces agglomérations qui constituent les coquillages dont je vous ennuie peut-être, et ceux-ci affectent les formes les plus diverses ; tantôt les loges sont placées en ligne droite ou courbe, la plus petite,

quand il y en a une, servant toujours de base (*nod*
saria (Pl. 14, fig. 1) ; tantôt elles alternent à droite
à gauche (*textularia*) (Pl. 14, fig. 2) ; tantôt encor
elles s'enroulent en spirales ou se pelotonnent autou
d'un axe commun pour présenter l'aspect de volute
ou de conques marines (Pl. 14, fig. 3). Les savants or
reconnu jusqu'à six combinaisons différentes, baptisée
par eux des noms sonores de Monostègues, de Sticho
stègues, d'Héliostègues et d'autres *stègues,* répondan
aux arrangements particuliers des loges comme je vien
de les indiquer (Pl. 14, fig. 4).

Ces petits animaux se trouvent en général vivant
dans la mer; là, à des profondeurs variables dépassan
parfois deux mille mètres, on en rencontre des lit
énormes dont le fond est uniquement formé de leur
ravissantes dépouilles, tandis que la superficie pré
sente des myriades incalculables de ces avortons e
train de se propager. A la longue, ils forment de
bancs de nature à obstruer l'entrée de ports, pour pe
surtout que les coraux leur viennent en aide. Le
eaux, en se retirant, en ont laissé à découvert de
amas considérables devenus la base de continent
entiers; les blanches murailles de l'Angleterre ne son
guère composées d'autres éléments; Paris et Berlin, ce
villes ennemies, aujourd'hui peut-être irréconciliables
reposent toutes deux sur des lits de foraminifères et
suivant la remarque d'un savant, ces infimes créa
tures, dont un million tiendraient dans un pouc
cube, ont plus ajouté à la croûte terrestre que tous
les ossements réunis des Mastodontes, des Éléphants

des Hippopotames, des Rhinocéros et des Baleines.

Les variétés de nos animalcules sont nombreuses; il y peu d'années, j'ai vu une collection de leurs dépouilles où l'on pouvait admirer plus de 2,000 de celles-ci appartenant toutes à des espèces différentes. Les plus charmantes se trouvent dans le terrain tertiaire de Vienne en Autriche, comme aussi à Cherbourg, à Querqueville, à Palerme, à Edeghem près d'Anvers et... au fin fond de la mer Rouge. — Je vous recommande surtout les *Orbitolites* formés de myriades de loges égales se rangeant sur un même plan en suivant une ligne circulaire et présentant ainsi l'aspect d'une rosace d'une parfaite régularité (Pl. 14, fig. 5); les *Polystomella* offrant une certaine ressemblance avec les conques marines (Pl. 14, fig. 6); les *Faujasina* d'une forme analogue mais mieux ornés (Pl. 14, fig. 7); les *Nummulina* (Pl. 14, fig. 9); les *Nonionina* (Pl. 14, fig. 8); les *Rotalina* (Pl. 14, fig. 10) etc.; et gardez-vous de négliger les *Rhizopodes* (*racines-pieds*) classés par le savant Dujardin parmi les Infusoires mais accusant tous les caractères extérieurs des Foraminifères (Pl. 14, fig. 11); aussi, d'autres savants n'ont-ils pas hésité à les ranger dans cette famille, et si vous parvenez à vous procurer de ces mignons petits êtres, vous n'hésiterez pas, j'en suis sûr, à partager l'opinion de ces contradicteurs de l'illustre Français.

Si, pour l'observation des plus délicats de ces Foraminifères, de ceux dont fourmillent les terrains crétacés, on peut utiliser un objectif assez puissant (5 N. 7 H.) et avoir recours à la lumière transmise, il n'en est pas de même de l'examen des plus gros d'entre eux; ic l'objectif 1 N. 4 H. suffit amplement, et il faut appele à son aide la lumière réfléchie venant les montre dans toute leur splendeur, brillants sur un fond noir — Cependant l'emploi du paraboloïde par transpa rence n'est pas à dédaigner. — C'est à vous de choisir l'expérience vous guidera bien mieux que je ne pui le faire.

Les *Polycistines* ou animaux *à plusieurs ouvertures* dont la dénomination se rapproche énormément ains de celle des Foraminifères, sont les contemporains de ces derniers avec lesquels ils habitent et font bon ménage assez souvent, mais dont ils diffèrent du tout au tout sous le rapport de la structure.

Le corps de ces avortons est également un *sarcode* ou une masse informe de chair sans organes intérieurs connus. A l'exemple des Foraminifères, ils se construisent une habitation percée de plusieurs ouvertures relativement beaucoup plus grandes. Pour les édifier, ils dédaignent la matière calcaire et utilisent de préférence la silice ou plutôt, si j'ose le dire, un corps à base de soude. Plus voluptueux et plus égoïstes que leurs voisins, ils veulent posséder une demeure spacieuse dans laquelle ils puissent circuler à l'aise et dont ils aient seuls la jouissance. Retirés dans un des compartiments intérieurs, les ouvertures leur servent de barbacanes pour atteindre les proies passant à portée, en utilisant dans ce but les expansions filiformes qui les font aussi se mouvoir.

Rien n'est plus charmant qu'une réunion de ces

Polycistines disposées sur un fond noir après leur calcination. — Comment! après leur calcination, me direz-vous? le feu ne les détruit donc pas? — Non; pareils à la fabuleuse Salamandre, ils supportent cette épreuve sans subir aucune altération; mais, bien entendu, j'entends seulement parler des demeures et non de leurs habitants, que le feu, comme de raison, rôtit en un clin d'œil.

Les formes de ces demeures sont extrêmement variées et des plus élégantes; tantôt elles représentent des boucliers ornés à leur pourtour de pointes acérées et, quand ces animaux sont vivants, d'appendices filiformes (*Haliomma*. Pl. 14, fig. 12, 12bis); tantôt ce sont des poignards armés du garde-main (*Stylosphæra*); puis encore la triple couronne de notre très-saint Père, posée sur un trépied (*Lithocampus*. Pl. 14, fig. 13); ou bien la croix sainte (*Astromma*. Pl. 15, fig. 1.) ou bien encore des figures élégantes ou bizarres : le *Rhopalocanium* (Pl. 15, fig. 2), le *Pterocanium* (Pl. 15, fig. 3), et enfin ces merveilleuses boules d'ivoire que les Chinois ont le secret de creuser et de percer à jour en les accumulant les unes dans les autres avec une incomparable habileté (Pl. 14, fig. 14). Vous les décrire toutes me serait impossible, car on en compte plus de 360 variétés, et chaque jour on en découvre de nouvelles. (Obj. 1 N. 4 H. *Lumière réfléchie.*)

Les Polycistines, presque toujours réunies aux Foraminifères, se trouvent aux îles Barbades, dans les craies et les marnes de la Grèce, dans celles d'Oran en Afrique, comme aussi dans la principale des îles Bermudes, à

Richmond en Virginie et au fond de l'Atlantique. Mais pour connaître le rôle ici-bas de tous ces petits êtres il faut écouter les révélations d'un savant Anglais.

Il s'agit d'expliquer comment les eaux de la mer faisant constamment dissoudre des quantités énormes de sel, ne deviennent pas toujours de plus en plus salées, bien que les parties aqueuses peuvent seules s'évaporer. Ce problème ne l'embarrasse guère :

« Des myriades de créatures vivent dans la mer, » dit-il; elles ont des arêtes et des écailles, et les unes » et les autres doivent être formées par des ingrédients » terrestres ou salins. Il y aussi des races microsco» piques d'êtres vivants, particulièrement actifs dans le » travail d'assimilation. Les individus de ces races sont si » petits qu'ils ne peuvent être vus, même grossis par des » instruments d'optique de plusieurs centaines de fois.

» Néanmoins ces petites créatures ne peuvent se » conserver dans leur invisible existence sans revêtir » leur charpente de pygmée d'une panoplie complète » de mailles défensives supérieurement décorées. Ces » cottes de mailles sont habilement fabriquées aux dé» pens des ingrédients solides de la mer et, lorsque leur » œuvre a été accomplie, elles sont déposées comme » substances désormais insolubles, dans le lit de l'Océan » formant des couches de densité et d'épaisseur crois» santes. Plusieurs des lits terrestres de la surface du » globe qui sont maintenant des lieux nus et secs, ont » été primitivement formés de cette manière par les » substances solides extraites de l'eau de la mer (1). »

(1) *Moniteur belge* du 5 septembre 1859, n° 248, page 3573.

Avec tout le respect dû à ce savant inconnu, je dois le dire, son explication me semble laisser à désirer; les armatures de tous ces petits êtres, des Foraminifères aussi bien que des Polycistines, sont siliceuses, calcaires, ou nacrées si l'on en croit la science, et je ne sache pas que le sel puisse jamais entrer dans la composition de ces éléments. Mais abandonnons cette délicate question aux habiles chimistes, et contentons-nous, dans notre ignorance, d'admirer ces ravissantes dépouilles que l'on dirait sorties de la main des Fées.

Nous voici arrivés enfin à l'extrême limite du règne animal. S'il faut en croire l'illustre Van Hartmann et sa docte cabale, nous touchons de ce pas à l'examen d'un règne bien autrement favorisé du sort, au règne végétal, jouissant du précieux avantage de ne rien sentir, de n'éprouver aucunes sensations, celles-ci étant toujours plus ou moins désagréables et même fatales au dire de Messieurs les partisans du système de l'*inconscience* imaginé par ce savant, système aujourd'hui célèbre entre tous, et devant conduire ses adeptes à la félicité suprême sur cette terre, *au non-être,* ou tout au moins à la bonne fortune de vivre sous forme de végétaux insensibles, si même encore ils ne réussissent à partager le sort des minéraux. Vous comprenez : être ici bas ortie, pissenlit ou caillou, telle est la félicité suprême... et il y a des gens se disant doués de raison, qui trouvent cela charmant! Ah! mon Dieu! que l'esprit systématique enfante donc de drôleries!

RÈGNE VÉGÉTAL

XV

Les Végétaux

ORGANES ÉLÉMENTAIRES

En abordant l'examen des végétaux, je ne suis pas sans appréhension. — Comment! pourra-t-on me dire, vous voulez nous faire voir à travers de petits verres, les fleurs, les plantes, les arbustes, et même les arbres, dont l'aspect, sans le secours d'aucun objectif nous ravit en admiration depuis la création du monde? N'est-ce pas de la déraison? — Eh! qu'avons-nous besoin de les connaître autrement que nous les connaissons? En nous faisant pénétrer dans les secrets mystérieux de leur structure intime, n'allez-vous pas nous les gâter? et celle-ci pourra-t-elle jamais faire oublier le spectacle enchanteur des forêts majestueuses, des champs fertiles, des jardins émaillés de fleurs, à l'heure où le printemps, réveillant la nature fait éclore sous les pas, la violette, l'anémone, la pervenche, l'iris, la rose,

> La rose dont Vénus compose ses bouquets,
> Le Printemps sa guirlande, et l'Amour ses bosquets;
> Qu'Anacréon chanta, qui formait avec grâce
> Dans les jours de festin la couronne d'Horace;
> La rose au doux parfum, de qui l'extrait divin
> Goutte à goutte versé par une avare main
> Parfume, en s'exhalant, tout un palais d'Asie?

— Mon Dieu, je le sais bien, et vous pourrez me présenter bon nombre d'autres objections encore; mais, sans avoir la prétention de lutter avec les splendeurs de la nature végétale visible, si je me risque à vous initier à ses secrets, c'est que ceux-ci, croyez-le bien, ne sont pas à dédaigner, et si vous avez la patience ou le courage de me suivre dans ces recherches ardues, vous n'en aurez aucun regret, je me plais à l'espérer.

Ce n'est pas qu'il puisse s'agir ici d'un cours de Botanique et bien moins encore d'un enseignement de l'anatomie végétale. S'il me fallait entrer dans cette voie, j'aurais à écrire des pages sans fin et, vu mon incompétence relative, celles-ci seraient tout simplement un ramassis de compilations plus ou moins réussies.

Je me garderai bien également, et cela par des motifs analogues, d'essayer d'expliquer les procédés de préparation des divers organes des végétaux, ce qui me forcerait de vous introduire dans un laboratoire de chimie

. . . dont l'odeur se portant
D'abord au nez des gens. . .

vous ferait reculer de dégoût, car, il est bon de le savoir, pour isoler ces organes et les montrer d'une manière convenable, il faut cuisiner, cuisiner sans cesse; utiliser les acides nitrique et sulfurique, le chlorate de potasse, la potasse caustique, l'oxyde ammoniaco-cuprique, les chlorures de calcium et de zinc iodé, le nitrite de mercure, l'éther, etc. Pouah! cœur se soulève à la seule nomenclature de ces chos trop souvent infectes; non, de tout ceci je vous fer grâce, bornant mon ambition à laisser apparaître vos yeux enchantés, les images gracieuses offertes p la structure intime et secrète des charmants produi de la terre féconde.

Tout en m'attachant à ne montrer en premier li que des végétaux *phanérogames*, c'est-à-dire ce *dont les noces sont évidentes*, je me suis vu obligé dévier parfois du droit chemin, car bon nombre d organes élémentaires sont communs aux végéta supérieurs et inférieurs à la fois. Il en est ainsi, p exemple, des *cellules* dont je dois avant tout vo entretenir.

L'arbre le plus colossal, l'herbe la plus menue, Sequoya de la Californie, dont la cime dépasserait 20 à 40 pieds la pointe de l'épée du Saint Michel su montant l'admirable flèche de notre Hôtel-de-Ville (1 l'humble pâquerette et jusqu'aux mousses et aux hép tiques foulées aux pieds des indifférents, tous l végétaux sans distinction, la science l'affirme, so tout simplement des agrégations de cellules. Seul ment, celles-ci présentent entre elles des différenc assez notables pour avoir déterminé la science à le

(1) Où ceci doit-il s'arrêter? Ce n'était pas assez d'avoir décc vert cet arbre phénoménal dont le plus gigantesque n'accuse ni p ni moins de 400 pieds de haut; voici maintenant qu'en Australie a vu récemment un *Eucalyptus colossea*, de la tribu des Leptospermé dont la taille arrive à 480 pieds, et dont la circonférence atteint, à base, 159 pieds! — Qu'en pensez-vous?

donner des qualifications spéciales. En effet elle les divise généralement en *cellules proprement dites,* en *fibres* et en *vaisseaux.*

Cellules proprement dites. — Occupons-nous d'abord des premières. — La cellule vraie est une petite outre ou vessie, fermée de toutes parts aussi longtemps que la vie ne l'a pas abandonnée. Certains végétaux, quelques algues notamment, sont parfois formés d'une seule cellule; mais le plus communément, ces petits atomes sont accumulés en quantités innombrables et, dans ce cas, ils sont réunis par une matière d'une nature spéciale connue sous le nom de *matière intercellulaire,* tandis que les espaces demeurés libres entre les cellules, ont reçu la dénomination de *méats intercellulaires.*

Quand ces organes ne sont pas gênés par leurs voisins, la figure en est globuleuse ou ovoïde, et chacun d'eux est, à sa naissance, formé d'une seule membrane; mais, avec l'âge, apparaissent à l'intérieur d'autres membranes venant épaissir les parois en affectant des allures variées. C'est alors que le microscope (obj. 2, 3 N. 4 H.) peut les montrer, *ponctués, rayés, annelés, spiralés,* (Pl. 15, fig. 4) et c'est alors aussi que la lumière polarisée sait en faire ressortir l'éclatante conformation.

Les cellules ne sont jamais vides; c'est dans leur intérieur que prend naissance la *Chlorophylle,* cette matière mystérieuse ayant reçu de la nature la mission de colorer les végétaux et dont la prédilection pour le vert est trop connue. C'est également dans ces atome si mignons qu'apparaissent des cristaux variés; ain les cellules des écales du bulbe de l'Oignon commu en renferment d'*isolés* de forme cubique (Pl. 15, fig. 6 les coupés transversales ou longitudinales du Portu laca, je veux dire du Pourpier comestible, impor jadis des Indes orientales et dédaigné aujourd'hui d la médecine après avoir joui de toutes ses faveurs nous en montrent d'*agglomérés* (Pl. 15, fig. 7); l pétiole (vulgairement nommé *queue*) de la feuille d Funckia, originaire du Japon, nous fait voir des cris taux ayant l'aspect de fines aiguilles et connues de l science sous le nom de *raphides* (Pl. 15, fig. 8); enfi les cellules du Ficus elastica, (qu'il ne faut pas con fondre avec le Ficus carica, le *Figuier des gourmets* contiennent des cristaux en forme de grappes de rai sin, baptisés du nom de *cystolithes* (obj. 1, 2, 3, N 4, 5 H.) — C'est un bien joli mot celui-ci, il fau en convenir; on ne le comprend guère, il est vrai mais en est-il moins heureusement trouvé? je ne l crois pas; le mystère a tant d'attraits.

Attendez : nous n'avons pas fini. — Les cellule renferment encore de la *silice*, des *huiles* parfumée ou non, des *fécules*, de l'*amidon* et de l'*inuline* qui en est une simple variété, enfin des *poisons* divers don je me contenterai de citer la Nicotine, cet alcali du tabac, et la Digitaline, ce principe actif de la Digital ou Gant de Notre-Dame, l'une des plantes sauvage les plus élégantes de nos contrées, dont nous aimons à rencontrer, dans les sombres avenues ou le long des chemins ombragés, les magnifiques épis, aux grandes fleurs roses en forme de trompes évasées. — Hélas! les causes célèbres du comte de Bocarmé et du docteur La Pommerais nous les ont malheureusement trop fait connaître.

Au résumé, vous le voyez, ces cellules atomiques des végétaux sont de vrais bazars, des laboratoires complets de chimie, et je n'aurais jamais fait si je devais en dénombrer les divers approvisionnements.

Cependant, sans les nommer tous, je ne puis me dispenser de faire mention du *protoplasma* (encore un mot bien joli!), matière visqueuse et azotée, jouant le premier rôle dans la formation des végétaux. C'est lui qui donne la vie à la cellule; c'est lui qui épaissit ses parois; c'est lui enfin qui crée tous ses trésors si variés. Dès l'instant où le protoplasma l'abandonne, la cellule est morte, dit la science, morte sans rémission. Mais cette science y a-t-elle bien réfléchi? La cellule morte à son avis, n'est pas enterrée, que l'on sache; elle continue à faire partie intégrante du végétal; c'est elle qui, avec ses voisines, mortes également pour la plupart, constitue le bois vivant. Le bois ne serait donc ainsi qu'un amoncellement de *cadavres* qui, accumulés, pressés les uns contre les autres, formeraient ces troncs énormes que nous nous plaisons à admirer. L'idée préconisée par la science à ce sujet, n'est guère réjouissante, il faut l'avouer; et cependant si la cellule privée de protoplasme est réellement passée de vie à trépas comme l'assurent Messieurs les savants, il n'y a pas à tergiverser, l'arbre le plus majestueux n'est plus en grande partie qu'une colonne, qu'un pyramide de *squelettes*. Quel agréable voisinage pou les cellules vivantes!

Il m'a bien fallu montrer au début ce berceau d tout le règne végétal. Les détails dans lesquels j'ai d forcément entrer ne vous ont pas, je le crains bien intéressé au suprême degré; aussi vais-je essayer d faire naître cet intérêt en appelant votre attention su certains phénomènes dont les cellules sont les artisan sans que, suivant toute probabilité, vous y ayez jama pris garde.

Il s'agit en premier lieu de la multiplication de ce atomes, de la force latente qui la détermine, du pou voir occulte dont chacune est douée pour en enger drer d'autres, de cette propagation incessante, insta tanée, arrivant, par la seule agglomération, à form jusqu'aux végétaux les plus gigantesques. Vous ête vous jamais rendu compte, par exemple, de leur act vité génératrice? — Écoutez : ceci tient du prodig d'après les calculs d'un savant, les feuilles du *Lup* en procréent deux mille par heure! et le poids d'u vulgaire *Potiron* (courge) peut augmenter d'un kil gramme en un seul jour!! — Pouvez-vous supput combien il faut de cellules nouvelles pour un t accroissement de poids et de volume en aussi peu d temps?

Viennent ensuite les lois différentes imposées à d cellules pour ainsi dire identiques, suivant que celle ci sont appelées à constituer tel ou tel végétal. — nous avons affaire à une mousse vulgaire, la cellul mère produira d'autres cellules, sans que jamais celles-ci puissent s'élever, dans leur ensemble, à plus de quelques millimètres du sol. S'il est question au contraire d'un hêtre, d'un chêne, d'un Eucalyptus, oh! alors, mesdames les cellules s'en donnent à cœur-joie; elles se livrent à une génération effrénée, se multiplient, se superposent, se greffent à l'infini les unes sur les autres, montent, montent toujours vers le firmament, jusqu'à atteindre à ces hauteurs énormes dont j'ai parlé; puis, tout à coup, sans qu'on puisse dire pourquoi ni comment, s'arrêtent à une limite extrême fixée par la nature et qu'elles ne peuvent jamais franchir. — Oui, chaque végétal a ainsi sa hauteur déterminée à l'avance. — Dites-moi, connaissez-vous rien d'aussi miraculeux? Qui donc a commandé à la cellule de faire petit ou grand? Qui lui a prescrit de devenir hépatique ou sequoya? — Qui? — Dieu, le Divin Créateur; et comme nous ne pouvons deviner ses secrets, notre ignorance devrait bien nous ramener à un peu plus de modestie et de réserve dans nos jugements sur des phénomènes auxquels, en réalité, nous ne pouvons rien comprendre.

Mais il y a bien autre chose encore; dans ces mêmes outres ou vessies infimes, se manifeste parfois un phénomène connu de la science sous le nom de *gyration* et sur lequel les experts sont loin d'être d'accord. — Les cellules des pétales de la Capucine et de la Campanule, ou mieux encore celles des cils presque invisibles de l'anthère (sac à pollen) de la *Tradescantia virginica*, l'une des fleurs les plus intéressantes de nos jardins, se prêtent particulièrement aux observation sous ce rapport.

Quand le microscope a mis toutes voiles dehors quand il est armé de l'objectif 8 N., 10 ou 15 H., de l'oculaire 3 N., 5 ou 6 H., comme aussi du concentrateur, et quand enfin le tube est tiré jusqu'à ses dernières limites, l'œil surpris découvre dans ces réduit imperceptibles, des courants formés d'atomes mystérieux, nageant dans une onde inconnue, allant, venant montant, descendant sans relâche, les uns marchan en rangs serrés à l'imitation des soldats prussiens les autres s'agitant et se trémoussant en tous sens avec une indépendance entière. A ne rien exagérer, ce spectacle est réellement des plus curieux, et, à moins de l'avoir vu, il est impossible de s'en former une idée. Les savants dont la parole est le plus autorisée, ne voyant rien d'organique dans ces remuants atomes, expliquent le phénomène par le *mouvement brownien* ou *moléculaire*, sans pouvoir cependant en préciser la cause ; mais mon digne ami, le chevalier Huytens de Terbecq, un des observateurs au microscope les plus habiles, rompu de longue main au maniement de cet instrument délicat, et dont l'intelligente patience sait préparer les divers organes de manière à surprendre les gens du métier, cet ami si bien doué, dis-je, est d'un avis différent.

A ses yeux, et c'est chez lui une conviction profonde, fruit d'observations longues et minutieuses, la plupart de ces atomes si agités sont des animalcules, des infusoires pour de vrai, et, je me hâte de le dire, il n'est pas seul de son opinion ; déjà la *Revue de la science microscopique* de janvier 1869 (page 109) l'avait attribuée à beaucoup d'autres observateurs. Si donc mon brave Chevalier est victime d'une erreur de ses sens abusés, il se trouve en bonne et nombreuse compagnie, et il n'a pas à rougir.

Quant à moi, inhabile, peut-être, ignorant, à coup sûr, mais ne me payant pas de vaines apparences, il m'est absolument impossible de partager cette manière de voir. A la vérité, je puis suivre du regard ces corpuscules circulant avec plus ou moins de lenteur ou formant des tourbillons ; mais, malgré toute ma bonne volonté, je n'ai pu parvenir à en définir la nature. En vain mes observations ont-elles été faites avec mes meilleurs objectifs et en obtenant une amplification évaluée à 4,000 diamètres (seize millions en surface !) ; j'ai bien aperçu ainsi des atomes en mouvement, agissant de tous points comme certains Infusoires, mais jamais je ne suis parvenu à distinguer chez eux une apparence d'organisme, à découvrir des organes quelconques de locomotion ou de manducation ; or, à mon avis, sans organisme pas d'animalité. Aussi, désireux pour vous être agréable, de résoudre le problème, me suis-je pris, à certain moment, à regretter l'absence du microscope électrique du docteur Cornelius.

Avez-vous ouï parler de cet instrument phénoménal? — Non? — En ce cas, écoutez-en la surprenante histoire ; elle nous a été racontée il n'y a pas bien longtemps par je ne sais plus quel organe de la publicité.

Un beau jour, le docteur Cornelius, professeur l'une ou à l'autre université d'Allemagne, était e observation devant des Monades... vous savez bien? le plus petits des infusoires connus. — Il avait monté so objectif le plus puissant et son meilleur oculaire; mai malgré toute sa dextérité, il ne pouvait parvenir distinguer les organes locomoteurs de ces atomes. — Désespéré, aiguillonné par la passion, ne voilà-t-il pa que, pour réussir dans ses tentatives, il donne tou bêtement son âme au diable! — L'ennemi du genr humain, vous le savez peut-être, est toujours au aguets, et sa fine ouïe perçoit aisément les voix inte rieures. — A peine donc l'illustre docteur a-t-il for mulé mentalement ce vœu insensé, qu'il entend heurte à l'huis; ayant ouvert, le voici en présence d'un parti culier long, sec et maigre, tout de noir habillé et portan une caisse sous le bras.

— Que désirez-vous? dit le docteur intrigué.

— Monsieur est amateur de microscopie?

— Oui.

— J'ai ici un instrument d'invention nouvelle et bie remarquable. Voulez-vous voir?

— Volontiers.

— Voici : distinguez-vous maintenant les filament si menus dont les Monades se servent pour marcher

— Parfaitement!... Oh! mais!.., c'est miraculeux Combien cet instrument?

— Vous ne l'aurez pas pour une obole, soyez-en pré venu; mais rien ne presse, nous réglerons plus tard Jusque-là voyez à votre aise.

A ces mots l'inconnu s'éclipse, exhalant sur son passage, dit l'histoire, une odeur de soufre très-prononcée.

Le savant docteur Cornelius se préoccupa peu de l'étrangeté de cet incident; tout entier à la joie de palper un instrument selon son cœur, le voilà l'essayant de toutes les manières, à la lumière directe et oblique, transmise et réfléchie, au jour, aux rayons du soleil, à la lueur d'une lampe, comme aussi d'après le procédé usité pour le microscope solaire, car, à l'aide d'un mécanisme inexpliqué, cet instrument miraculeux se prêtait à toutes les combinaisons possibles et même impossibles, et toujours les résultats en étaient excellents.

Enchanté de son trésor et sans s'inquiéter autrement du prix, soir et matin l'illustre docteur faisait des observations nouvelles sur les infusoires, objets de ses prédilections; il les voyait se dessiner dans un cercle magique et y prendre des dimensions colossales; il pouvait compter sans peine leurs cils vibratiles, leurs estomacs nombreux et tous ces organes stupéfiants dont, si je n'ai pas prêché dans le désert, vous n'aurez certes pas perdu le souvenir. En un mot, il jubilait et comptait bien enrichir la science de ses découvertes, et passer à la postérité la plus reculée. — Hélas! tout est vanité dans ce monde. — Voici qu'à un moment donné, ces atomes devenus des monstres épouvantables, abandonnent en cet état les rayons lumineux dans lesquels ils prenaient leurs ébats; ils se dispersent affolés dans le laboratoire, courent, sautent, gambadent, tourbillonnent, cherchant des proies à dévorer. Les cheveu du docteur se dressent sur sa tête chauve, sa vo expire dans son gosier; en vain cherche-t-il à fuir c tout au moins à éteindre le foyer révélateur; celui- augmente d'intensité; bientôt, guidés par cette clar diabolique (croyez donc après cela à la parole d savants refusant aux infusoires le sens de la vue), l monstres se précipitent sur l'imprudent Corneliu l'enlacent dans leurs cils nerveux, lui broient bras jambes sous leurs roues acérées, hument son sang jusqu'à la moelle de ses os, et, en un rien de temp le laissent étendu sur le carreau, gisant à l'état cadavre horriblement défiguré... Brrrr! à le racont j'en ai la chair de poule. — Se voir, se sentir man tout vif par des monstres inconnus!... Horreur!

Quand ensuite on vint faire la levée du corps, laboratoire était plongé dans une obscurité profond tous les animaux géants et le microscope électriq lui-même avaient disparu, et jamais on ne put savo par où ils avaient passé; seulement d'aucuns assure avoir vu Satan en personne, ayant sa caisse sous bras, emporter en ricanant l'âme du docteur Corneliu

A ce prix, voyez-vous, et malgré tout mon désir vous venir en aide, j'aime mille fois mieux ignorer vous laisser ignorer à toujours si les corpuscul nageant dans les belles ondes bleues des cellules is lées de la *Tradescantia virginica,* sont des infusoir ou s'ils n'en sont pas (1). — Peste! donner mon âr

(1) Dans la *Revue des Cours scientifiques*, VIe vol. p. 515, il est ég ment fait mention de granules montant et descendant sans relâche d

au diable pour découvrir un pareil secret! Le plus souvent si l'on m'y prend jamais. — Après tout, cela vous est peut-être fort égal, et pour ma part je m'en soucie comme de Colin-Tampon (1).

Fibres. — Les fibres, vous le savez, sont également des cellules. Seulement celles-ci ne sont ni rondes, ni ovoïdes comme les premières; tout au rebours, elles affectent une forme plus ou moins allongée, et elles sont toujours terminées en pointe aux deux bouts. D'aucuns parmi les habiles, il est vrai, assurent qu'il n'en est pas toujours ainsi. A les en croire, les fibres sont parfaitement rondes à leur naissance, mais elles s'allongent en prenant de l'âge. Tout ceci est fort possible, mais peu m'importe, car c'est aux adultes seulement que j'ai affaire.

Les fibres sont *ligneuses* ou *libériennes;* les premières forment en s'épaississant l'élément essentiel du *bois;* les secondes celui de l'*écorce*. C'est en s'engageant par leurs pointes les unes dans les autres qu'elles parviennent à constituer, à l'aide des cellules

la grande cellule formant le poil-piquant de l'ortie commune; et l'observateur, parlant de ce spectacle magique, le compare à l'image que nous présentent des épis de blé agités par le vent. En cherchant bien, nous trouverions une foule d'autres exemples à citer, je n'en fais aucun doute.

(1) Un de mes amis, très-ferré sur les origines, m'assure que ce Colin-Tampon était un superbe tambour-major des armées suisses du XVe siècle. Comme, aidé de ses petits tapins, il faisait souvent beaucoup de bruit pour pas grand'chose, les ennemis de l'Helvétie avaient pris l'habitude d'en rire, et le mot nous est resté. Si Charles le Téméraire pouvait renaître à la vie, il ne rirait pas, lui, ne pensez-vous pas?

mortes dont j'ai parlé, ces tissus résistants si bien connus, et c'est ainsi qu'elles se prêtent aux applications industrielles de la menuiserie, de la charpenterie, de l'ébénisterie, etc., comme aussi au tissage de la toile, etc. Un fil de lin, par exemple, est composé de plusieurs fibres *libériennes* réunies d'une manière solide par emboîtement.

Jamais dans les fibres ne se montre la chlorophylle ; aussi la couleur verte en est-elle absente. Mais c'en est bien assez sur ce sujet. Voyons si les images qu'elles présentent peuvent nous intéresser.

Voici le vulgaire Sapin (*Abies vulgaris*), connu dans l'univers et dans mille autres lieux, dirait Fontanarose ; mais, si tout le monde a vu l'arbre, il s'en faut de beaucoup que tous aient pu contempler ses *fibres* secrètes auxquelles le bois doit sa force et sa consistance, et cependant celles-ci sont dignes d'attention, croyez-le bien. Prises sur une coupe verticale, elles se présentent, comme je l'ai dit, sous forme de fuseaux allongés, pointus aux deux bouts (obj. 1, 2 N. 4, 7 H.) et, particularité fort curieuse, on les voit couvertes de haut en bas, de petites rondelles doubles se suivant à la file comme des poules allant aux champs. Cette particularité a fait l'objet d'investigations très-minutieuses de la part de messieurs les savants, et l'un des plus illustres, le Dr Schacht, a démontré que ces rondelles, baptisées du nom d'*aréoles*, et formées de deux cercles ayant l'air de s'emboîter l'un dans l'autre, constituent des *canaux poreux* qui vont s'élargissant vers l'extérieur ; et mon savant ami, le Dr Van Heurck, certifie avoir pu s'assurer de l'exactitude de l'observation. En réalité, il n'y aurait donc là que des trous, des tuyaux évasés. Quoi qu'il en soit, je me contente, pour ma part, d'appeler votre sérieuse attention sur ces fibres mignonnes (Pl. 15, fig. 9) et de certifier leur indestructibilité. — Je possède, en effet, des lamelles de charbon de terre anglais, remontant tout au moins au Déluge, et sur lesquelles on distingue parfaitement ces mêmes fibres munies de toutes leurs aréoles, preuve évidente d'ailleurs de l'origine de ce charbon, composé sans conteste de conifères, de vulgaires Sapins.

Qui donc, après avoir obtenu un semblable résultat, oserait encore faire fi du microscope? — Comment! il a fallu à la science de longues et laborieuses recherches pour parvenir à reconnaître la nature de la houille, et voici que, sans peine, sans étude, notre précieux instrument fait toucher du doigt la vérité, la rend évidente, palpable, et à l'abri de toute controverse!

Honneur donc à ses inventeurs, les Hollandais Janssen père et fils! Honneur aussi à l'Italien Amici et à ses dignes successeurs les constructeurs modernes, les Chevalier, les Hartnack, les Nachet, les Ross, les Beck, les Powell et Lealand, les Tolles, les Zeiss, etc.! — Les perfectionnements apportés par eux aux objectifs, assurent à jamais la réputation de ces hommes habiles, et méritent la reconnaissance éternelle de tous les vrais amis de la féconde nature.

Mais, avant d'abandonner pour tout de bon les fibres

du Sapin et les rondelles dont elles sont ornées, n
négligeons pas de jeter un regard sur la figure mis
ici sous les yeux, car, mieux que toutes les explica
tions, elle doit nous initier à la structure intime de c
bois.

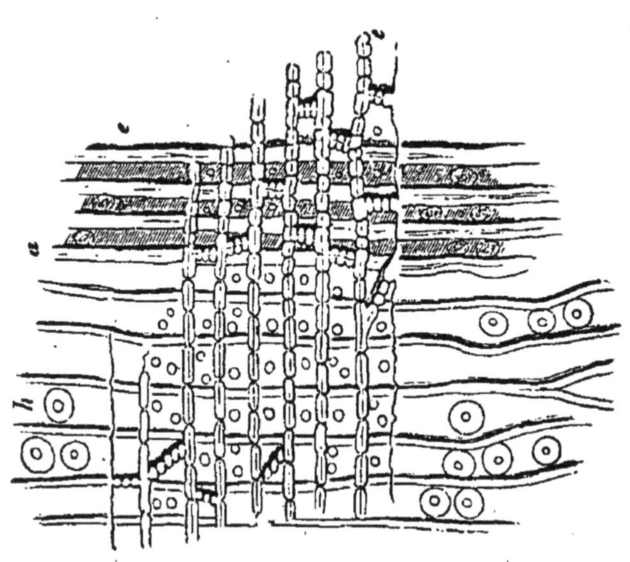

Ce que nous voyons ainsi, c'est tout simplement un
coupe longitudinale de bois de sapin, grossie à 200 dia
mètres par l'obj. 7, ocul. 1, de Hartnack. La lettre
indique la limite d'un anneau annuel; à droite de cett
limite, vous avez le bois d'automne; à gauche s
montre celui du printemps *h*. Quant aux lettres *e e*
elles marquent les cellules du rayon médullaire.

Les Vaisseaux. — Les Vaisseaux sont encore e
toujours des cellules; mais il faut toute l'autorité de l
science pour nous le persuader; car certes, à les voir
personne ne s'en douterait. Le mot *cellule*, en effet
donne l'idée d'un chétif réduit, d'une petite cavité

d'un espace restreint fermé de tous côtés, comme l'est d'ailleurs la cellule proprement dite, tandis que les vaisseaux nommés *aériens,* partent le plus souvent, sous forme de fils déliés, de la base des végétaux, pour se prolonger jusqu'au sommet.

La science explique cette anomalie apparente en assurant que ces longs vaisseaux sont le résultat de la fusion d'une multitude de vraies cellules superposées, dont les parois extrêmes ont disparu ; et la preuve, dit-elle, qu'il en est réellement ainsi, c'est que l'on retrouve sur ces mêmes vaisseaux tous les dessins observés sur les cellules proprement dites.

Ces organes se montrent toujours dans la tige ou le bois, où on les voit accolés aux fibres ligneuses, et jamais dans l'écorce. Leur office consiste à charrier, au printemps, la séve nourricière vers tous les points du végétal où le besoin s'en fait sentir. Dès l'instant où cette tâche est accomplie, où la séve ne doit plus circuler, les vaisseaux aériens demeurent inertes, du moins en apparence, et se contentent de conserver leur provision d'air.

Bien que l'aspect en soit généralement uniforme, ils présentent cependant des différences dont on a fait état pour les distinguer les uns des autres ; mais n'allez pas chercher dans le Dictionnaire de l'Académie la signification de tous les adjectifs qualificatifs dont on les a gratifiés ; ce serait peine perdue le plus souvent, car ils sont connus sous les noms fantastiques de vaisseaux *ponctués, rayés, réticulés* (marqués de nervures), *annulaires, spiralés, scalariformes* (en échelles) Pl. 15, fig. 12) ou *cribriformes* (en guise de cribles). — Quoi qu'on e puisse dire, en les voyant, il est impossible de ne pa songer à certaines conduites de drainage percées d toutes parts pour la répartition des eaux dans les ter rains secs et arides.

Cherchons maintenant, à l'aide du microscope, nous initier plus intimement à la conformation de ce vaisseaux.

Vous n'êtes pas apparemment sans avoir remarqu dans les buissons, dans les haies touffues de nos fer tiles campagnes, les sarments abrupts de la Clématit brûlante (*Clematis vitalba*). A distance même, son par fum âcre et pénétrant a dû souvent vous annoncer so voisinage. Mais saviez-vous que le suc de ce végétal es un poison corrosif? et saviez-vous surtout que ses feuille broyées fraîches et appliquées ainsi sur la peau, y déter minent une inflammation locale? — Si vous l'ignorez les mendiants de profession sont bien plus avancé et peuvent vous damer le pion, car ils ont le secre d'en tirer parti pour se gratifier d'ulcères artificiels e pour provoquer par ce spectacle hideux la charit des passants naïfs, sauf à se débarrasser de ces hor reurs quand le tour est joué, quand les gros sous on suffisamment, à leur gré, rempli les escarcelles. — Le peuple cependant ne s'y est pas laissé prendre et voulant prouver sa clairvoyance, il a nommé cett clématite, l'*herbe aux gueux*. — Il est plus mali qu'on ne pense, le peuple!

Prenons un fragment de la tige de cette *renon culacée;* essayons d'en isoler les vaisseaux (l'acid chlorhydrique fera notre affaire), et l'objectif 1, 3 N., 4, 5 H., nous permettra ainsi d'admirer ces tubes délicats, couverts des pieds à la tête de petits points mignons, d'où le nom de *vaisseaux ponctués* (Pl. 15, fig. 10). — L'aspect est des plus curieux, je vous assure.

Qui d'entre vous, dans ses promenades champêtres, ne s'est pas extasié devant l'effet charmant produit par les vulgaires Coquelicots (*Papaver rheas*), alors que leurs corolles d'un rouge éclatant, se mariant à l'azur des bleuets et au blanc mat des marguerites, viennent rompre l'uniformité des vertes prairies et des champs de graminées aux reflets d'or? Qui d'entre vous ne se souvient avec attendrissement et peut-être, hélas ! avec regret, de ces jours d'innocence où, ivre de joie, et tout heureux de pouvoir courir en liberté par voies et par chemins, enfant, vous composiez des bouquets de ces fleurs chéries, adolescent, vous en tressiez des couronnes et les posiez, timide et rougissant, sur la blonde chevelure de fillettes inconscientes de leur émotion? — Sans doute, la tige de ce pavot n'a rien de bien attrayant en soi ; mais, parvenez à obtenir une préparation de ses vaisseaux cachés, et ceux-ci se présenteront à vos regards émerveillés (obj. 1, 3 N.) sous forme de tubes parsemés, non de points ceux-ci, mais de lignes éparses souvent entre-croisées, ce qui leur a mérité la qualification de *vaisseaux réticulés,* se rapprochant d'ailleurs des premiers dont ils sont probablement une simple modification.

S'il est au monde une plante commune, c'est bien

certainement la Capucine (*Tropæolum majus*), *mastouche* comme l'appellent les ignorants. Cultiv partout dans les jardins et le plus souvent sur l'app des fenêtres de chambrettes haut perchées, habitatio modestes des ouvriers laborieux, ces braves ge aiment à se faire illusion et, en admirant les rayo du soleil tamisés par le gai feuillage de ce charma végétal, ils se figurent aisément respirer ainsi l'air p des champs. — Gardons-nous de les détromper! Lai sons-les à leur bonheur tranquille, et ne les troublo pas dans les soins donnés à cette facile culture dont l produits doivent les réjouir et augmenter leur bie être! — Ces fleurs brillantes aux teintes orangées, n viennent-elles pas en effet ajouter au frugal repas d la famille? et les jeunes graines, préparées au vinaigr n'équivalent-elles pas aux câpres exotiques servies s les tables les plus somptueuses? — Pour nous, indiff rents peut-être à ces joies paisibles; pour nous, occup en ce moment à dévoiler les mystères de la natu végétale, nous détacherons avec adresse un fragme longitudinal de cette Tropéolée, et, à l'aide de l'obje tif 1, 3, 5 N., 4, 7 H., nous y trouverons tout à la fo des *vaisseaux annulaires* et des *vaisseaux en spiral* (Pl. 15, fig. 11); chez les premiers, nous admireron des anneaux les plus mignons du monde, se suivant la file; et chez les seconds, des façons de ressorts offra une certaine analogie avec les trachées des insectes. — Au dire des savants, il n'y a même aucune différen entre les deux espèces de vaisseaux, les premiers éta tout simplement formés de spirales interrompues réduites en anneaux par une cause peu connue encore. Quoi qu'il en soit, il est impossible de rien imaginer de plus délicat et de plus gracieux à la fois. C'est tout bonnement ravissant.

L'observation de ces vaisseaux aériens recueillis sur les divers végétaux, présente un intérêt réellement considérable, et si vous êtes curieux, vous n'aurez garde de vous contenter de ce peu de spécimens. Mais je ne puis, moi, m'y arrêter davantage, car j'ai hâte de vous entretenir d'une autre espèce de vaisseaux bien différents, nommés *laticifères* par la science.

Ces vaisseaux-ci, à parois minces, jamais lignifiés, ne présentent en général aucune apparence de points, de raies, de spirales, d'anneaux; ils sont tout unis, ramifiés, et leur marche est sinueuse (Pl. 15, fig. 13). On les trouve dans l'écorce toujours, parfois dans la moelle, et presque jamais dans le bois. La science émet l'avis qu'ils proviennent de la fusion des fibres libériennes, sans cependant en être bien assurée. On les nommes laticifères parce qu'ils contiennent le *latex*, c'est-à-dire un suc laiteux, composé d'eau tenant en suspension des résines, des cristaux, des grains de fécule, des matières âcres ou amères et hélas! trop souvent aussi des poisons mortels.

Ce latex toujours blanc, jaune ou rouge, est un des produits les plus malfaisants ou les plus bienfaisants, suivant les espèces, de tout le règne végétal.

Voyons en premier lieu ses mauvais côtés: d'abord, les brigands de sauvages (ces gueux-là n'ont jamais une bonne idée) ayant reconnu la puissance délétère de certains latex, se sont avisés d'en imprégner l'extrémité de leurs flèches, de leurs javelots, afin de nous tuer plus sûrement, les mal-appris. C'est ainsi, par exemple, qu'ils ne craignent pas d'utiliser l'*Upas*, scientifiquement nommé l'*Antiaris toxicaria,* dont le suc blanchâtre est un des poisons les plus redoutables. Les habitants de Java, dit l'histoire, résistèrent longtemps aux Hollandais, en se servant, pour les combattre, d'armes préalablement trempées dans ce suc vénéneux. C'est ainsi encore que les nègres ont recours, pour envenimer les blessures causées par leurs armes primitives, au *Manioc amer* (*Janipha manioc*) dont la racine contient un poison d'une extrême violence. — Il est vrai que nos chassepots, nos albini, nos balles explosibles, et toutes les meurtrières inventions des peuples *civilisés* leur rendent avec usure le mal pour le mal. Mais que dire à cela ? — Dans ce bas monde on se garde comme on peut, et malheur à celui qui commence l'attaque ! — Chacun pour soi et Dieu pour tous ce sera en tout temps la même chanson.

Consolons-nous en montrant les bons côtés du latex L'industrie humaine, d'abord, a su tirer un parti considérable de plusieurs de ces sucs laiteux; elle en obtient l'opium, la gomme-gutte, le caoutchouc, la gutta-percha, etc., le premier, fourni par le *Papaver somniferum* d'Orient, la seconde par le *Garcinia morella* de l'île de Ceylan, le troisième par le *Jatropha elastica* de l'Amérique méridionale, et la dernière par l'*Inosandra gutta* (Hook) de la presqu'île de Malacca — Et ce n'est pas tout; Jean Chalon, dans son beau livre, *La Vie d'une plante,* fait mention de deux arbres de l'Amérique équinoxiale, l'un connu dans le pays sous le nom de *Palò de Vaca* (arbre à vache) découvert par le célèbre De Humboldt; et l'autre nommé dans la Guyane *Hya-Hya.* Le latex de ces deux végétaux a réellement toutes les propriétés du lait de vache; il exhale une odeur balsamique fort agréable; seulement, il est tant soit peu visqueux et colle aux lèvres; mais si l'on a la précaution de le mélanger avec du café par exemple, ce léger inconvénient ne se fait plus sentir. — Maintenant voulez-vous connaître les noms dont la science a affublé ces arbres précieux? Elle a imposé au premier, celui de *Galactotendron utile,* et au second la qualification de *Tabernœmontana utilis!* C'est, il faut l'avouer, l'abus du langage scientifique porté à sa dernière puissance.

Examinons au microscope l'un de ces vaisseaux merveilleux. Pour y réussir nous détacherons adroitement une tranche verticale d'un *Euphorbe.* — Vous les connaissez bien les Euphorbes, dont l'espèce originaire des Canaries et nommée pour cette cause l'*Euphorbia Canariensis,* est particulièrement cultivée dans nos serres. — Puis, nous ferons cuire cette tranche dans du chlorure de calcium afin d'en isoler les organes, et ceci étant parachevé, l'objectif 1, 2, 3 N., 4, 5 H., fera apparaître des tubes transparents, ramifiés, et, en outre, dans l'intérieur de ceux-ci, des résidus épars de ce latex, n'ayant pas été absorbés par la manipulation (Pl. 15, fig. 13). — Si ceci n'est pas la chose la plus belle du monde, elle n'en présente pas moins beaucoup d'intérêt.

XVI

ORGANES DIVERS

Sans plus tarder, cherchons à cette heure quelles images attrayantes les organes des végétaux peuvent nous présenter, alors qu'ils apparaissent dans leur merveilleuse agglomération.

Tiges. Bois. — Voici d'abord le *seigle* (*secale*), s méprisé autrefois de Pline le Naturaliste, mais dont les blonds épis nous enchantent aujourd'hui, parce qu'ils sont notre espoir et celui des cultivateurs laborieux — Les reines de nos salons, ces femmes charmantes, à qui l'aveugle Fortune sourit sur cette terre, montrent avec orgueil les riches dentelles dont leur lit somptueux est orné, et regardent en pitié les parias de la civilisation, les pauvres paysans condamnés à reposer leurs membres endoloris, sur quelques bottes de paille jetées au hasard sous un toit de chaume. Mais, qu'elles ne se fassent pas illusion! Ces rudes travailleurs, objets de leur commisération égoïste, dorment, la conscience tranquille, sur des tissus mille fois plus merveilleux. —Examinez en effet au microscope (obj. 1 N. 4 H.) une coupe transversale d'un fétu de cette paille dédaignée (Pl. 16, fig. 1) et dites-moi si jamais dentelle sortie des mains de nos plus habiles ouvrières pourrait lutter de finesse et d'élégance avec celle offerte ainsi à vos regards? Eh bien, cette coupe, représentant un cercle, un anneau d'une richesse inouïe, est uniquement composée de cellules. *Rondes* vers l'intérieur, *hexagonales* et *polyédriques* en se rapprochant du bord, elles prennent le nom de *fibres libériennes* ou *ligneuses* comme aussi celui de *cambium* (1) en s'accumulant à l'extrémité de ce cercle fantastique où elles simulent une broderie la plus ravissante du monde. Est-ce assez joli?

Après avoir admiré à souhait ces détails si curieux, déposez sur la platine (simple affaire de fantaisie) un fragment d'une vraie dentelle, la plus fine possible, et soyez-en prévenu, vous reculerez de surprise en apercevant une chose informe, d'une grossièreté à nulle autre pareille et que l'on croirait formée de câbles de navires. Sans doute, à l'œil nu, les rôles sont changés, mais, en fin de compte, la couche du malheureux *n'est pas ce qu'un vain peuple pense ;* elle aussi, nous la voyons ornée des tissus les plus splendides. A la vérité, *le pauvre en sa cabane où le chaume le couvre* ne s'en doute guère ; aussi, suis-je tout heureux de pouvoir lui révéler le luxe dont il jouit à son insu. Sous ce rapport du moins, il n'a rien à envier aux favoris de la Fortune.

Vous connaissez les joncs (*Juncus*) croissant en abondance sur les bords des canaux et des marais, et dont l'aspect assez peu flatteur n'empêche cependant pas les jeunes filles de nos campagnes d'en tresser des couronnes pour en orner leur front virginal; ces joncs, vieux comme le monde d'ailleurs, chantés déjà par le

(1) Le cambium est cette partie de la plante où réside la vie. La sève vient lui donner la nourriture nécessaire à la multiplication des cellules.

divin Homère dans sa Batracomyomachie, et dont c poète légendaire avait armé ses grenouilles, sachan par expérience peut-être (qui sait?) combien la point du *juncus acutus* est acérée et redoutable.

Eh bien, la tige du jonc des jardiniers (*Juncus effusus* ou *tenax*) finement striée, d'une souplesse incomparable et dont les horticulteurs ont su tirer parti en l'utilisant de préférence pour l'attache des végétaux nous montre des *cellules étoilées* d'une délicatess exquise. Examinez-en une coupe horizontale (obj 1 N. 4 H.) et vous aurez sous les yeux un disque charmant, dont le bord formé également de cambium e de fibres libériennes, simule à son tour une broderi délicate, tandis que le centre laisse apercevoir un fouillis d'étoiles rappelant d'assez près nos croix d'honneur (Pl. 16, fig. 2). — C'est ravissant, n'est-il pa vrai? — Si cependant, par trop curieux, vous prétendez pénétrer davantage dans les secrets de cette conformation, libre à vous, je ne m'y oppose pas; pou atteindre le but, il suffira même d'avoir recours à l'objectif 5 N. 7 H. — Mais aurez-vous lieu de vou féliciter? — J'en doute, car, vue ainsi, chacune de ce croix mignonnes va se transformer en une étoile à 4, 5 ou 6 rayons, fort irréguliers je vous assure, et se tenant gauchement par leurs extrémités aux rayon des *étoiles* voisines, ces cellules si bien dénommées pa la science (Pl. 16, fig. 3).

Gardons-nous de confondre avec ces joncs véritables appartenant à la famille des *Joncacées*, les badines dont nos petits crevés se servent avec tant de distinction, les portant dans la main horizontalement et en parfait équilibre. Ces derniers (je parle des joncs, non des petits crevés) ont l'honneur de faire partie de la classe des *Palmiers*, tout en différant beaucoup de ceux-ci. — Une coupe transversale du bois de ce végétal, vue à l'aide de l'objectif 1 N. 4 H., nous représente un réseau délicat, composé de cellules, de vaisseaux de toutes natures, accumulés et laissant entre eux des *méats* (des vides) en grand nombre, disposés avec une certaine régularité. — Ce n'est pas trop mal, il faut en convenir. — Mais il y a mieux encore ; ayons recours à l'appareil de polarisation, et nous verrons ainsi ce même réseau revêtir à l'instant les couleurs les plus brillantes de l'arc-en-ciel, alors que les méats, plongés dans une obscurité profonde, feront d'autant mieux valoir la splendeur des organes élémentaires dont ils sont environnés. — Dites-moi; avant d'avoir vu de vos yeux, eussiez-vous jamais pu supposer qu'une simple lamelle de cette *Lepidocarynée,* de l'épaisseur d'un sixième ou d'un cinquième de millimètre au plus, pouvait offrir un spectacle aussi attrayant ?

La *Pâquerette* ou petite Marguerite (*Bellis perennis*), de la famille des Synanthérées, est certainement l'une des plus jolies plantes champêtres dont nos prairies peuvent s'enorgueillir, alors qu'on la voit étaler au soleil son disque d'or entouré de rayons argentés, et briller comme une perle, d'où lui vient son nom (en latin *perle* se dit *margarita*). En l'absence de l'astre du jour, la frileuse se hâte de replier en dedans ses charmants pétales, de les abriter sou ses vertes sépales et, humble et discrète, de se con fondre, sous l'œil désenchanté, avec l'herbe vulgaire — Eh bien, une coupe horizontale de sa tige, observé à l'aide de l'objectif 1 N. 4 H., représente un disqu pouvant lutter d'élégance avec sa splendide corolle Formé de cellules pentagonales au centre, son pour tour montre d'autres cellules plus petites et plus ser rées, disposées en grappes de raisin et d'un aspec ravissant. Jugez donc ! une guirlande circulair contournant un réseau central! je vous laisse à décide si cela doit être joli!

Je me trouve parfois dans un bien grand embarras En ce moment j'ai là sous les yeux une coupe hori zontale de la tige du *Gunnera scabra*, et naturellement avant de la montrer, je voudrais pouvoir dire à quelle famille appartient ce végétal. Ah! bien oui! il m'es impossible de savoir à quoi m'en tenir. Si j'en crois les uns, les Gunnera forment un genre à part; si j'ajoute foi à la parole des autres, ils appartiennent à la tribu des Orties; tandis qu'un savant illustre, le célèbre Bennet, prétend qu'il n'y a aucune affinité entre ces deux végétaux. Qui donc a raison? Je n'en sais rien, mais cette coupe délicate, ceci je puis l'affirmer, étant déposée sous l'objectif 1 N., 4 H., offre une image des plus avenantes.

Sur un tissu formé de cellules irrégulières mais le plus souvent hexagonales, on admire, parsemés de ci de là, des disques également irréguliers et composés d'autres cellules mignonnes fort rapprochées sur le pourtour, mais se montrant un peu plus grandes et plus espacées au centre. Sans mentir, on dirait voir un réseau de dentelle orné de dessins capricieux. Et ne pas pouvoir classer un végétal recélant d'aussi jolies choses! N'y a-t-il pas de quoi se désespérer?

Qui n'a admiré cent fois en sa vie, le roi des végétaux de nos forêts, l'arbre de Jupiter Capitolin,

Celui de qui la tête au ciel était voisine
Et dont les pieds touchaient à l'empire des morts,

le *chêne* robuste, dont l'industrie sait tirer un si excellent parti dans les constructions navales et civiles, mais dont elle abuse trop souvent peut-être, pour encombrer nos salles à manger, nos fumoirs, nos cabinets d'étude, des meubles les plus sombres, les plus lourds, les plus tristes qui se puissent imaginer; le chêne dont la mode capricieuse assurait déjà au moyen âge le regrettable succès; le chêne enfin (*quercus robur*), dont les Druides farouches, armés d'une serpe *d'or* (?), enlevaient dans les forêts de la Gaule le gui mystérieux, et dont le vert feuillage récompensait chez les Romains les actions d'éclat?

Eh bien, demandez à l'habile père Bourgogne de Paris, une préparation de ce bois célèbre, une de celles surtout où il se plaît à réunir des coupes minces prises dans les trois directions, horizontale, verticale, diagonale (Pl. 16, fig. 4, 5, 6), et vous comprendrez la fécondité de la nature dans la formation des végétaux. — Par la seule combinaison des diverses cellules dont je viens de parler, elle nous offre, dans ces petits frag-

ments, des images réellement merveilleuses, et ce qu
est plus merveilleux encore, ce qui dépasse l'imagina
tion, c'est la prodigieuse variété de ces images, diffé
rentes pour chaque espèce de bois, bien que les même
éléments concourent à les produire.

Au surplus, en examinant la figure ci-jointe, que j
dois à l'obligeance de mon savant ami le Dr Van Heurck
et qui représente un faisceau fibro-vasculaire d'un
jeune branche de dicotylédone ligneuse, il devien
facile de se reconnaître au milieu de ce dédale :

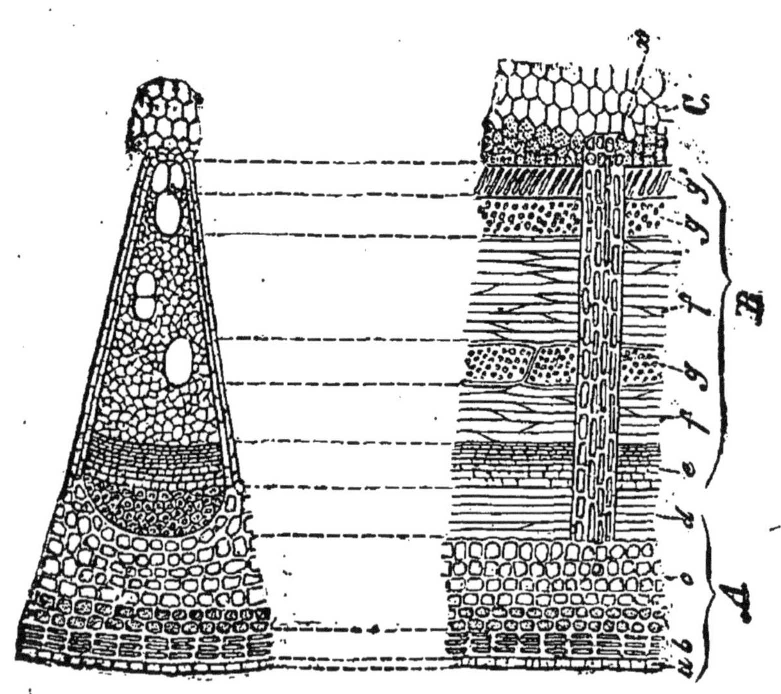

Nous avons ici : A le *système cortical* comprenant
a l'épiderme, *b* la couche subéreuse, *c* la couche cellu
laire herbacée, *d* le liber — B le *bois* comprenant
e le cambium, *ff* les fibres ligneuses, *gg* les vaisseau

ponctués, *g* la trachée de l'étui médullaire, *x* les rayons médullaires — C la *moelle*.

Et pour nous initier plus spécialement à la composition de l'*écorce*, jetons un coup d'œil sur la figure 7 de la planche 16, reproduction fidèle de l'image offerte par l'objectif 5. N. 7 H., de l'écorce du Roi de nos forêts.

Feuilles (1). — Avez-vous remarqué l'*Elœagnus angustifolia*, cet arbrisseau vulgairement nommé *Chalef*, déjà connu de Pline le Naturaliste, sous le nom de *Ziziphus Lappadocica* (2) et croissant dans les contrées voisines de la Méditerranée, comme aussi au Caucase et en Perse? — Il n'est pas, je pense, que votre attention n'ait été appelée un jour ou l'autre sur les feuilles de ce végétal, feuilles minces, lancéolées, satinées, d'un vert blanchâtre par-dessus et complétement argentées par-dessous. Tout ceci est fort intéressant sans doute, mais au microscope seul (obj. 1 N. 4 H.) est réservé l'honneur de nous initier aux secrets de la feuille de cette Eléagnée, de la faire apparaître à nos regards recouverte en entier de poils en écussons, (Pl. 16, fig. 8) serrés les uns contre les autres et formant pour ainsi dire tapis. Sans doute, au moment où l'on se livre ainsi à l'observation microscopique, le parfum des fleurs de cet arbuste, venant si bien nous rappeler celui des fraises embaumées, échappe à notre appareil olfactif; mais il y a compensation; et si le sens de

(1) Il est difficile de parler des feuilles isolément; aussi faut-il rapprocher ceci de ce qui est dit plus loin, pages 356 et ssq.

(2) Pline. *Histoire naturelle*. Liv. 21. Chap. 9.

l'odorat a le droit de se plaindre, celui de la vue peut se féliciter ; ne le pensez-vous pas?

Puisque nous y sommes, voyons encore la feuille des *Orchis.* La famille des Orchidées, vous ne pouvez l'ignorer, est devenue l'une des plus intéressantes de toute la flore cultivée en serre, et notre savant Linden a fait connaître à tout l'univers les espèces les plus rares, les plus brillantes, les plus embaumées de ces végétaux généralement parasites et vivant aux dépens des arbres ou des troncs en décomposition. Chacun de nous a pu admirer leurs ravissantes corolles disposées assez souvent en longs épis, affectant les formes les plus étranges et les plus élégantes à la fois, et nous rappelant parfois celles d'insectes bizarres se disposant à voltiger toutes ailes déployées. — J'ai là sous l'œil du microscope, (obj. 1 N. 4 H.) la préparation d'une feuille d'Orchis (je ne sais pas laquelle, par exemple) ; mais ses cellules fibro-spirales, placées irrégulièrement côte à côte et disposées de ci de là en étoiles, ont un aspect tellement extraordinaire que l'on est à se demander dans quel but la nature a imaginé ces détails compliqués, et cela en faveur d'une simple feuille que nous nous prenons à arracher par distraction, pour la froisser sous nos doigts inconscients.

Avant de pénétrer plus avant dans les secrets de structure des feuilles en général, il me prend fantaisie d'exhiber celle du *Platane.*

L'arbre majestueux, dont cette feuille est l'organe extérieur le plus remarquable, nous a été importé de l'extrême Orient, vers le milieu du XVIIIe siècle seulement; et cependant il était connu de toute antiquité. Déjà, à l'époque de la guerre de Troie, les Grecs, dit-

on, en avaient orné le tombeau de Diomède, et plus tard, Denis l'Ancien en avait ombragé le parc de son palais. D'autre part, Pline le Naturaliste rapporte (Liv. 12, 5) qu'il y avait dans l'Empire romain un Platane assez grand pour permettre au gros Caligula de dîner, sous l'abri de son feuillage, en compagnie de quinze convives!

A l'œil nu, cette feuille, dont l'image a été obtenue à l'aide d'un procédé fort connu à Vienne, en Autriche. sous le nom d'Autoglyphie, est déjà bien digne d'attention; mais si on l'examine au microscope (obj O. N.) on demeure émerveillé en apercevant une foule de granules englobés dans de charmantes cellules, le tout étant maintenu d'ailleurs par des nervures dont quelques-unes sont d'une grande délicatesse.

Épidermes et Stomates. — Dans le règne végétal, il est deux organes intimement liés dont il serait difficile de faire mention séparément, à savoir les *épidermes* et les *stomates*; les premiers formés d'une à trois couches de cellules incolores, entourant les végétaux principalement dans la tendre enfance et recouvrant toujours le vert feuillage; les seconds, parsemés sur les premiers à l'instar des étoiles du firmament, simulant des boutonnières, et ne ressemblant pas trop mal aux stigmates de l'entomologie dont, je l'espère, vous avez gardé le souvenir (Pl. 16, fig. 9). — S'il n'en était pas ainsi, je ne saurais à quel saint me vouer. — A l'exemple de ces derniers, les stomates s'entr'ouvrent, dit-on, pour donner accès à l'air dans les méats (les vides), et ils seraient ainsi les véritables organes de la respiration. — Je le veux bien, et la chose semble même se justifier parfaitement, puisque rien de ce qui a vie sur cette terre, ne peut exister sans respirer; les végétaux, tout comme les animaux, sont soumis à cette loi immuable de la nature.

Mais voyons d'un peu près ces organes complétement invisibles à l'œil nu. Voici le froment (*Triticum*):

Quand Dodone aux mortels refusa la pâture,
Cérès sut des guérets leur montrer la culture.

Les idées réveillées en nous par cette admirable graminée, sont fécondes. Pourrait-on s'imaginer l'état de l'homme à l'heure d'aujourd'hui, s'il en était privé ?— Suivant toute probabilité, il mènerait encore une vie nomade au milieu des sombres forêts ou sur les plaines arides, faisant la chasse aux animaux, aux oiseaux effarouchés, se nourrissant de leur chair comme aussi de racines, de glands doux, de fruits sauvages, vivant à la manière des Peaux-Rouges de l'Amérique, et transportant ses tentes ou bien élevant des huttes informes partout où le gibier ou le poisson lui permettraient de subsister. Les blés seuls, par leur culture inévitable, par le temps nécessaire depuis les semailles jusqu'à la récolte, l'ont astreint à se fixer ; grâce aux blés, les familles se sont réunies en peuplades et celles-ci en nations ; grâce aux blés, les hommes ont fini par se civiliser. Mais que d'essais, bon Dieu ! avant d'être arrivés au point où nous en sommes ! que de tâtonnements avant d'avoir appris à broyer le grain, à le réduire en mouture, à séparer le son de la farine et à faire cuire ce bon pain quotidien que, dans nos humbles prières, soir et matin nous demandons au Divin Créateur !

A un autre point de vue, quelle n'est pas notre joie intime à l'heure où, fuyant le murmure assourdissant des villes populeuses, libres un instant des soins et des soucis de la vie, nous pouvons parcourir les champs inondés des rayons du soleil, assister aux travaux des moissonneurs joyeux, compter les gerbes entassées une à une sur de lourds chariots, et suivre du regard le pas lent et mesuré des puissants chevaux de l'attelage jusqu'à l'entrée des granges spacieuses l'orgueil des fermiers, précieux abris des gages sacré de l'alimentation de l'avenir!

Voici bien des mots, bien des phrases, me direz vous, pour arriver à montrer l'épiderme invisible d la paille de blé, et vous m'accuserez à bon droit d faillir au précepte de Boileau :

N'allez pas dès l'abord, sur Pégase monté,
Crier à vos lecteurs d'une voix de tonnerre :
« Je chante le vainqueur des vainqueurs de la terre. »
Que produira l'auteur après tous ces grands cris?
La montagne en travail enfante une souris.

J'accepte la critique et m'incline devant sa toute puissance. Seulement, permettez : pouvais-je réussi à intéresser à la structure intime des céréales, en l plaçant brutalement sous les yeux sans même crie gare? — Tout au moins, m'est-il permis d'en douter — En rappelant d'abord les bienfaits du légendair Triptolème, n'ai-je pas au contraire fait naître en vou le désir de voir de très-près ces produits de la culture et eussé-je obtenu le même résultat par la simple exhibition d'un chétif organe isolé? — J'attends votre arrê avec une confiance entière.

L'objectif 1 N. 4 H. fait donc apparaître l'*épiderme de la paille de blé*, sous forme d'un petit réseau composé de mignonnes cellules quadrangulaires, plus o moins régulières, et parsemé de stomates les plu jolis du monde. — Sans doute, ce n'est pas grandiose comme les vastes sillons dont les produits son mûris par l'astre du jour, mais c'est léger, fort élégant et nous connaissons ainsi les merveilles cachées de celui des fruits de la terre féconde, auquel, créatures essentiellement sociables, nous devons le bienfait de la civilisation, et dont l'abondance peut seule préserver l'humanité des horreurs de la famine. — Ah ! que j'aime donc ces mots qui étaient inscrits sur la façade de la *Maison du Roi*, de notre splendide *Broodhuis*, et que l'on rétablira, je l'espère, aussitôt sa reconstruction achevée :

A peste, fame et bello, libera nos Maria Pacis.

« De la peste, de la famine et de la guerre, délivre-nous Marie de Paix. »

On le disait en 1625 ; nous pouvons hardiment le répéter en 1878.

— En mémoire de l'entrée triomphale du divin Sauveur à Jérusalem, chaque année, au jour du Dimanche des Rameaux, les fidèles s'en vont humblement dans nos églises recueillir quelques branches bénites de *Buis*, destinées à demeurer appendues aux chevets des lits, aux crucifix, aux bénitiers. — Les libres-penseurs, les hommes du progrès comme ils s'appellent, parlent avec une dédaigneuse pitié de cette coutume pieuse et naïve ; mais qui sait cependant s'ils ne donneraient pas gros pour échanger leur incrédulité malsaine contre la foi de nos pères ? car, on a beau vouloir s'étourdir, on a beau pérorer, vociférer, siffler, hurler au milieu de réunions appelées *meetings* dans ce français exotique et barbare usité de nos jours, la conscience est là, engourdie peut-êtr mais toujours vivante au fond des cœurs :

> Le remords monte en croupe et galope avec *soi*.

Jetons bien vite un voile sur ces erreurs de l'époqu actuelle, et parlons un peu de ce végétal sacré, nomm *Buxus* par la science. — Vous le savez sans doute, ce arbuste cultivé en parcs, en buissons, en haies, e bordures de parterres, et dont l'odeur aromatique peu ne pas plaire à tout le monde, donne un bois des plu durs, et l'industrie s'en est emparée pour fabriquer de instruments de musique, des ustensiles de ménage des jouets d'enfant, etc. ; mais le vulgaire ignore le secrets merveilleux des charmantes petites feuilles d ce triomphant végétal. — Convenablement préparée e vue au microscope (obj. 1 N. 4 H.), chacune de celles ci montre, indépendamment des nervures, deux *épi dermes* distincts, l'un supérieur, simple et brillant ré seau composé de cellules mignonnes ; l'autre inférieur offrant l'image d'un réseau semblable, parsemé de pe tits *stomates* d'une délicatesse inouïe. (Pl. 17, fig. 1 — Dites-moi : quand, devant vous, ces jolies feuille ovales viennent à jaunir et à se dessécher au somme du foyer, avez-vous bien la conscience de leur admira ble structure ? — Je ne le crois pas ; chez nous le m croscope est si peu répandu encore !

Le *Yucca,* originaire de la Caroline, est sans con teste l'un des ornements les plus gracieux de nos jar dins, alors que dépassant de toute la tête ses compagne herbacées, il vient à dresser ses longues hampes cha nues couvertes de fleurs d'un blanc verdâtre ressemblant à des tulipes renversées, et à étaler ses belles grandes feuilles lancéolées terminées en pointes aiguës. Grâce à cette dernière particularité, dans sa patrie les habitants construisent des haies entières de yuccas, haies infranchissables, car qui s'y frotte s'y pique, et dont l'aspect est réellement admirable ; mais chez nous c'est à peine si l'on rencontre quelques pieds isolés ou tout au plus de petits parcs d'un diamètre restreint.

Eh bien, l'épiderme de la feuille de cette *Asphodélée* est remarquable au suprême degré. Pour s'en convaincre, il suffit d'avoir recours à l'objectif 1 N. 4 H. Aussitôt, se montre à nos yeux ravis un tissu composé de cellules pentagonales et hexagonales disposées avec une certaine régularité et au centre desquelles viennent s'étaler trois, quatre et jusqu'à six petites rondelles les plus jolies du monde ; puis, sur l'ensemble, à des distances relativement assez grandes, surgissent de curieux et mignons stomates, ces mystérieux organes de la respiration déjà connus et qui prêtent à la préparation un charme indéfinissable. Vous le voyez, observée au microscope, la feuille du Yucca n'a rien à envier à la fleur.

Mais c'est surtout l'épiderme d'une feuille de Fougère (*Filices*) qu'il faut pouvoir analyser. L'objectif 1 N. 4 H. nous sert à souhait. Il ne s'agit pas ici, comme dans les végétaux phanérogames, de cellules carrées, pentagonales, hexagonales, plus ou moins régulières; pas le moins du monde ; ces cellules-ci forment un tissu bizarre émaillé de stomates ovoïdes, et découpé de façon à présenter dans son ensemble l'image d'une carte muette de géographie (Pl. 16, fig. 9) ou, mieux encore, d'un de ces jeux de patience confié aux mains des enfants quand les mamans veulent mettre fin à leur turbulence. — Il n'y a pas à le nier, si ces splendides cryptogames, ornements de nos forêts dont ils tapissent le sol dans leurs sombres réduits, sont privés de fleurs, notre magicien y sait faire découvrir des détails surprenants dont le divin Créateur, dans un but que j'ignore, a daigné les enrichir.

Avant d'abandonner ce sujet, il me plaît d'arrêter vos regards un instant encore, sur l'épiderme des *Prêles* (*Equisetum*), des *Queues de cheval* comme les nomme le vulgaire. Ces végétaux-ci diffèrent tellement des autres que la science en a formé un groupe particulier. A vous parler en toute franchise, je leur trouve un aspect assez chagrin; cette tige cylindrique et cannelée, ces gaînes membraneuses à bord dentelé, ces tristes rameaux d'une structure analogue à celle de la tige principale, ne me disent en somme rien qui vaille; mais, à l'encontre de tout ceci, l'épiderme de ce végétal est remarquable au plus haut degré; vu au microscope (obj. 5 N. 7 H.), il montre, en effet, des stomates les plus jolis du monde, de forme oblongue avec une ligne séparative longitudinale au milieu, et des façons de stries transversales, le tout offrant dans son ensemble l'image des *Amphora* (Diatomacées). Après cela, je souhaite de toute mon âme aux cultivateurs, de pouvoir se débarrasser au plus tôt de ces gourmands, ce qui n'est pas chose facile, je vous assure, car leurs racines atteignent une profondeur énorme. D'aucuns, il est vrai, prétendent que certaines espèces (l'*Equisetum fluviale* par exemple) sont fort recherchées par la race bovine dont elles sont même censées augmenter le lait (?); mais en revanche d'autres espèces (l'*Equisetum arvense* entre autres) passent généralement pour lui être fort nuisibles au point même de provoquer des avortements (?). S'il en est ainsi, mieux vaut ne pas nous arrêter davantage à ces végétaux lugubres dont la cinération, dit la science, fournit de la silice. Le beau miracle ! et en quoi ceci peut-il nous intéresser?

Les initiés, les fanatiques de notre instrument peuvent s'en donner ici à cœur joie, car les variétés des épidermes sont innombrables, tant les agencements des cellules dont ils sont composés diffèrent entre eux. — Si celles-ci sont planes, le végétal paraît glabre ou tout uni, lisse si vous aimez mieux; si elles se relèvent, il semble velouté.

Les Poils. — Mais il y a bien autre chose ; sur certaines feuilles, on voit poindre des cellules se prolongeant au dehors et, en pareil cas, elles prennent la dénomination de *poils*. Ceux-ci sont *simples* ou *ramifiés,* et leur rôle est, dit-on, de préserver le feuillage du contact immédiat des insectes et surtout de celui de la poussière; sans cette admirable précaution de la nature, les organes de la respiration pourraient être obstrués. Cependant, je dois bien en faire l'aveu, ils ne me semblent pas remplir constamment leur office d'une manière de tout point satisfaisante, car, apr de longs jours de sécheresse, nous voyons fréquen ment les végétaux laisser pendre tristement leu branches exténuées et flétries, preuve évidente qu'i ne respirent pas à pleins poumons; ne le pensez-vou pas ?

Dans nos climats tempérés, le poil le plus commu et le plus redouté, c'est assurément celui de l'Ort brûlante (*Urtica urens*) (Pl. 17, fig. 2); simple de s nature, il est uniquement formé de cellules, l'une trè allongée, pointue et presque toujours terminée pa une petite glande; les autres, fort menues, agglom rées à la base de la première, lui servant pour ain dire de piédestal et entourant un réservoir d'un ce tain liquide (de l'acide formique, dit-on), qui va s'écou lant si la pointe se brise ou bien quand elle pénètr dans un corps étranger.

Personne d'entre vous n'ignore apparemment le propriétés de cette mauvaise herbe employée autrefoi en médecine pour amener une éruption jugée néces saire par la docte faculté. Si vous n'en avez jamais ét les infortunées victimes, je vous en félicite de bie bon cœur, car le seul attouchement de ses poils déter mine des douleurs qui, sans être bien vives, n'en son pas moins intolérables. L'objectif 1, 2 N. suffit pou initier aux secrets de leurs méfaits.

Chez nous cependant, cette piqûre est, en somme une simple plaisanterie, et peu de minutes suffisen pour apaiser la douleur. Il est même facile, quand o sait s'y prendre, d'approcher la main de l'ortie san jamais rien ressentir; seulement, il faut user d'adresse; si vous n'y entendez rien, gardez-vous d'ajouter foi à la parole de mauvais plaisants venant dire *qu'en telle saison ça ne pique pas.* — Ne les croyez pas; c'est un mensonge; *ça pique toujours et en tous temps;* mais ces poils étant dressés sur la face supérieure de la feuille, si vous avez la précaution de passer la main le long de la face inférieure, ils ne peuvent évidemment vous atteindre; les doigts glissent là-dessus comme des gouttes d'eau sur une toile cirée, sans jamais être incommodés le moins du monde.

Ah! par exemple, dans les climats chauds, c'est une toute autre affaire, et la seule narration des maux dont la piqûre de ces poils est la cause, fait dresser les cheveux. — On y connaît en effet une ortie originaire du Bengale et baptisée du nom de *Urtica crenulata,* dont le simple attouchement présente un danger équivalent à celui de la morsure des serpents venimeux. Écoutez et frémissez :

Il y avait une fois un savant naturaliste du nom de Leschenault qui, s'en allant herboriser dans les environs de Calcutta, rencontra sur son chemin cette ortie redoutable. Désireux d'en enrichir son herbier, sans y prendre garde, il en cueillit une tige; atteint par les poils de cet infâme végétal, voici en quels termes il raconte ses souffrances :

« Je ne ressentis d'abord qu'une faible piqûre; il » était sept heures du matin; la douleur augmenta » progressivement; au bout d'une heure elle était » presque insupportable. Il me semblait qu'on me

» promenait sur les doigts une lame de fer rougie. I
» n'y avait cependant ni enflure, ni pustule, ni mêm
» inflammation. La douleur se propagea rapidemen
» tout le long du bras jusqu'à l'aisselle. — Je fu
» ensuite saisi d'un éternument fréquent et d'un flu
» aqueux par les narines comme si j'eusse eu un vio
» lent rhume de cerveau. A midi environ, j'éprouva
» une contraction douloureuse dans la partie posté
» rieure des mâchoires, qui me fit craindre un
» attaque de tétanos. — Je me couchai, espérant qu
» le repos me soulagerait, mais les douleurs ne dimi
» nuèrent point; elles persistèrent avec violence pen
» dant la nuit suivante presque entière; la contrac
» tion des mâchoires cependant s'était dissipée ver
» sept ou huit heures du soir. Le lendemain matin, le
» mal diminua sensiblement et je m'endormis. — Je
» souffris encore beaucoup les deux jours suivants, e
» les douleurs reprenaient pour un moment toute
» leur force quand je plongeais la main dans l'eau. —
» Elles se sont ensuite progressivement affaiblies
» mais elles n'ont entièrement disparu que le neuvième
» jour (1). »

Hein! qu'en dites-vous? — Est-ce assez effrayant? — Et cependant, il faut en convenir, ce récit ne sembl pas exagéré; il s'en exhale un parfum de sincérit naïve venant s'imposer malgré soi. — Tout de même c'est une bien drôle de chose qu'une simple piqûr produite par un vulgaire végétal et déterminant, outr

(1) Spach, *Histoire des végétaux phanérogames*, tome XI, page 27.

des douleurs cuisantes, une inflammation catarrhale de la membrane muqueuse des fosses nasales, scientifiquement appelée *coryza* et vulgairement *rhume de cerveau,* ni plus ni moins que chez les cinq ou six gendarmes du joyeux Odry. — Qui donc pourra expliquer ce mystère? — Ce n'est pas moi assurément.

Et nous n'avons pas fini : dans l'île de Java, il y a une certaine ortie, l'*Urtica stimulans,* dont la piqûre, au dire des experts, va jusqu'à déterminer la mort. — Voyez-vous ça! — Aurait-on jamais pu s'attendre à de semblables forfaits de la part de végétaux réputés inoffensifs? — Vilains hypocrites, va!

Je vous l'ai dit ; il y a des feuilles dont les poils, au lieu d'être simples comme ceux des orties, sont *ramifiés.* — Voici par exemple l'*Heritiera,* cet arbre croissant dans les archipels de la mer des Indes et dont le bois est utilisé pour les constructions. — Eh bien, ses feuilles, examinées au microscope (obj. 1 N. 4 H.), se montrent entièrement couvertes de poils en *écussons,* simulant des étoiles les plus charmantes du monde, (Pl. 17, fig. 3) et composées de cellules allongées venant se serrer les unes contre les autres en s'étalant en rayons sur un centre commun. — L'image est des plus gracieuses, je vous assure.

Mais le poil le plus remarquable peut-être parmi les ramifiés, c'est, suivant moi, celui du feuillage de certain arbrisseau importé des montagnes du Japon et connu de la science sous le nom de *Deutzia* (Pl. 17, fig. 4). — Parvenez à vous procurer un fragment complet de l'épiderme de sa feuille, et votre surprise sera grande, j'en réponds, en apercevant (obj. 1 N. 4 H un réseau couvert d'espace en espace d'étoiles mignor nes (ses poils à lui) s'étalant en cinq, six ou sept rayons — Vraiment ! on croit avoir ainsi sous les yeux un dentelle, mais là, une dentelle pour de vrai, enrichi de toutes ses applications ; l'attention la plus soutenu ne laisse guère découvrir de différence.

Vous le voyez, et je ne puis trop le répéter, le mi croscope sait nous révéler à chaque pas des merveille inattendues ; elles sont là, devant nous, à nos pieds sous nos yeux, et pourtant totalement perdues pour l vulgaire, plus désireux mille fois de scruter, d'enve nimer peut-être nos plaies sociales, que de pénétre dans les secrets enchanteurs de la nature invisible, d s'assurer si ceux-ci présentent réellement de l'intérê au double point de vue de la science ou de la simpl curiosité. Qu'y faire ?

Il fut un temps où l'abbé de Lamennais (qui depuis mais alors !...) publiait trois ou quatre gros volume pour combattre l'indifférence en matière de religion — Si j'en avais le courage et le loisir, j'en écrirais, m foi, tout autant pour chercher à détruire l'indifférenc en fait de microscopie. — L'indifférence ! ne m'en par lez pas ; en politique, en morale, en sciences, en toute choses, c'est la pire des infirmités humaines ; aussi, j l'aimerai longtemps, car je ne l'aime pas beaucoup à l fois, croyez-le bien.

Les Pétales. — Ah ! voici les *pétales*, les feuilles des *fleurs*, comme les nomment les ignorants, et dont l réunion concourt à la splendeur de ces dernières sous l'appellation charmante de *corolles*.

Depuis la Création, les fleurs ont fait l'admiration du genre humain ; dans la sainte Bible, le Cantique des Cantiques représente le *Lys* comme le symbole de la grâce et de la beauté ; Homère et Hérodote vantent les charmes du *Lotus* (Nymphœa Cœrulea) ; la mythologie préconise la *Rose* née du sang de Vénus, l'*Anémone* qui est le produit de ses larmes, l'*Adonis* (Æstivalis) dont l'apparition sur cette terre est due au sang du bel enfant victime de son amour pour la déesse de la beauté. Aristote et ses disciples ont fait des fleurs l'objet de leurs études de prédilection. A partir de notre ère, Dioscoride, Pline l'Ancien, Isidore de Séville, les ont dépeintes avec une ingénieuse curiosité, et, de nos jours, qui d'entre nous ne se souvient avec émotion des pages éloquentes et poétiques de J.-J. Rousseau et de Bernardin de St-Pierre écrites en leur honneur? — Mais ici, hélas! il n'est question ni d'éloquence ni de poésie ; le spectacle de la nature visible n'est pas l'objet de notre attention ; il s'agit seulement de nous initier aux secrets de structure de ces charmantes filles des quatre saisons.

Voyons d'abord le *Géranium*, dont le *Pélargonium* est une simple variété. Si, après la chute de la corolle, vous avez remarqué le fruit de cette *Géraniacée*, vous avez compris pourquoi le vulgaire lui a donné le nom de *Bec de grue* ou *Bec de cigogne*, car réellement on dirait voir un *long bec emmanché d'un long cou*.

Plusieurs espèces de ce végétal sont originaires de

nos climats, l'une surtout à petites fleurs couleu mauve et dont les feuilles sont fortement aromatisée mais le plus grand nombre nous viennent du Cap d Bonne-Espérance.

Tenez, voici un pétale de Géranium rouge commu déposé sous l'objectif 1 N. 4 H.; voyez ce tissu brillan formé de cellules plus ou moins régulières, pentago nales ou hexagonales le plus souvent, avec un noya central en forme de triangle (Pl. 17, fig. 5); substitue à cette préparation un pétale de Pélargonium, et re marquez les jolies petites perles dont ces cellules son formées, ainsi que la figure bizarre du noyau centr dont je viens de parler. Poussons plus loin nos inves tigations, et examinons ces deux pétales à l'aide d l'objectif 5 N. 7 H. Ah! c'est tout autre chose, n'est- pas vrai? sur le premier, les cellules considérablemen agrandies laissent apparaître, au centre de chacun d'elles, des façons de soleils entourés de rayons, tand que sur le second, se laissent tranquillement admire des nervures ayant l'apparence d'une passementeri dont la délicatesse est à nulle autre pareille (Pl. 17 fig. 6). N'est-ce pas intéressant?

Je vous ai parlé de l'épiderme de la feuille d *Yucca;* sachez donc que le pétale de sa fleur n'est pa moins remarquable; l'objectif 5 N. 7 H. le montre e effet composé de charmantes cellules mamelonnées plus ou moins rondes, se pressant les unes contre le autres et ornées de stries d'une exquise délicatesse Il faut en convenir, si à l'œil nu, ce végétal nou enchante par *son air noble et plein de grâce* (souveni du *Nouveau seigneur du village*), les détails invisibles de ses pétales méritent bien aussi d'être connus. N'êtes-vous pas de mon avis?

Et ne croyez pas que ces organes n'aient jamais qu'un épiderme unique. Voyez, par exemple, les *Phlox* (d'un mot grec signifiant *flamme*) originaires de l'Amérique septentrionale et dont vous avez si souvent admiré les fleurs charmantes dans nos parterres, ces fleurs disposées en panicules, en grappes, en corymbes (bouquets), aux couleurs variées, mais sur lesquelles, dans les belles variétés, le blanc et le rouge dominent. Eh bien, avec un peu d'adresse, leurs pétales peuvent être divisés et présenter deux épidermes distincts, dont l'un (obj. 5 N. 7 H.) est formé de cellules oblongues, irrégulières et striées, tandis que l'autre montre des cellules enchevêtrées, avec un noyau central d'où rayonnent d'autres stries encore. L'image en est réellement curieuse, et on peut le dire sans être taxé d'exagération, l'examen des pétales au microscope présente toujours beaucoup d'intérêt, car si, au premier coup d'œil, leur structure secrète accuse une certaine uniformité, il n'en est pas ainsi pour celui qui sait voir, pour celui surtout qui sait manier avec un peu de dextérité l'instrument révélateur, car toujours il y remarque des différences plus ou moins sensibles, et c'est ainsi que l'étude des pétales peut devenir la source de jouissances sans fin.

En voulez-vous encore un exemple? Voyez le pétale du *Glayeul :* au premier aspect, observé au microscope (obj. 5 N. 7 H.), il ressemble beaucoup à celui du

Yucca, et il est même facile de s'y tromper; cependant en y regardant de près, on ne tarde pas à remarquer que les cellules du Glayeul sont plus rondes et plus finement striées, et l'on n'est pas fâché d'ailleurs de connaître ainsi les arcanes de cette *Iridée* dont les plus belles espèces, importées du cap de Bonne-Espérance, attirent les regards par leurs longs épis ornés de ces fleurs charmantes purpurines ou rosées si connues, et par ces feuilles lancéolées ayant valu au végétal le nom caractéristique de *glaive* (du latin *gladiolus;* en grec *xiphion*..... un peu de pédanterie ne saurait nuire.)

Le Calice. — Cette enveloppe généralement verte des fleurs plus ou moins colorées, est le protecteur naturel de celles-ci, et, si je ne m'abuse, elle n'a pas d'autre rôle à remplir sur cette terre. Voyons cependant, et suivons de près les agissements de l'un de ces organes, du calice du vulgaire *Pissenlit,* ce voyou des végétaux scientifiquement nommé *Taraxacum dens leonis* ou *Leontodon palustre* (1). Si vous y avez prêté attention, vous aurez remarqué que la corolle de cette *Synanthérée* ne s'étale qu'aux rayons du soleil ou tout au plus en pleine lumière. Vient-il à pleuvoir ou bien la nuit s'avise-t-elle d'étendre ses voiles, aussitôt la frileuse rassemble ses pétales, les réunit en touffe, et, pour les abriter, le calice lui vient en aide

(1) Dans son histoire des végétaux phanérogames, Tome X, p. 47 Spach relève jusqu'à 42 noms scientifiques donnés au Pissenlit...... Grands d'Espagne, vous voici joliment distancés!

et charge ses *sépales* (les pétales du calice) de les envelopper avec le plus grand soin, conservant jusque-là toute sa verdeur. — Mais arrive le moment où la maturité des graines est complète, où celles-ci viennent s'étaler au dehors en formant cette jolie sphère sur laquelle les enfants grands et petits se plaisent à souffler ; à l'instant, le rôle du calice et de ses sépales est fini ; aussi, n'ayant plus rien à protéger, devenues inutiles, on les voit se recroqueviller, se dessécher et finalement tomber. Dites-moi, tout ceci n'est-il pas merveilleux ?

Eh bien, malgré leur condition si modeste, les calices vus au microscope présentent des détails d'un intérêt réel. Voici, par exemple, celui de l'*oseille*, scientifiquement nommé *Rumex acetosa*, de la famille des *Polygonées*. Voyez ses nervures curieusement striées (obj. 5 N. 7 H.), ses stomates d'une régularité parfaite, ses cellules irrégulières au centre desquelles se montrent des cristaux que j'estime être ceux de l'*oxalate de potasse*, nommé vulgairement *sel d'oseille*. Ce sel, vous ne pouvez l'ignorer, est utilisé par les lavandières pour enlever au linge les taches d'encre et de rouille ; mais ces dames ne se méfient peut-être pas assez de ce poison subtil. Quoi qu'il en soit, vous ne me ferez pas un crime d'avoir appelé votre attention sur l'organe qui le contient.

Les Étamines. — *Filet*. — *Anthère* et *Pollen*. — Portons nos regards sur les *Étamines*, ces organes mâles des fleurs, venant en général en occuper le cœur ou le centre, et entourer le plus souvent l'organe femelle. Si vous l'ignorez, je vous apprendrai que les étamines se composent de trois parties bien distinctes, le *filet* ou queue, l'*anthère* ou tête, et le *pollen* formé de la réunion des corpuscules fécondants. (Pl. 17, fig. 7.

Voici d'abord le filet du *Calla Æthiopica*, autrement nommé le *Richardia Africana*. Ce végétal est sans contredit l'un des plus splendides ornements de nos marais; sans en avoir la conscience peut-être, bien souvent vous avez dû en admirer la tige droite supportant une feuille plane disposée à la base d'un chaton de fleurs parfumées, d'un blanc éclatant. — Eh bien, une coupe de ce filet tout à fait insignifiant à l'œil nu déposée sous le microscope (obj. 1 N. 4 H.), vient nous révéler la présence de cellules irrégulières disposées en réseau d'un aspect charmant, grâce à la réunion en masses de ses petites cellules et à la disposition des grandes, sur lesquelles les premières semblent semées à l'instar des dessins d'une dentelle.

— Mais ce qui est surtout digne de fixer l'attention, c'est une coupe de l'*anthère* de l'*Helleborus fœtidus*, autrement dit *Griphobus*, ce triste végétal connu d vulgaire sous le nom de *Pied de Griffon*. — Un instant ! avant d'aller plus loin, rappelons un peu, pour nous distraire, la fable à laquelle cette elléborinée doit sa réputation :

> Ma commère, il vous faut purger
> Avec quatre grains d'ellébore,

a dit le bon La Fontaine, et ce n'est pas sans raison,

vous pouvez m'en croire. Hérodote, Pline le Naturaliste, Dioscoride, et bien d'autres peut-être, nous racontent que Prœtus, roi d'Argos, père de plusieurs filles, eut la douleur de les voir devenir subitement folles, mais là, folles à lier, se figurant toutes ensemble être changées en vaches. — En voilà-t-il une drôle de folie ! — Ne sachant à quel saint... pardon ! à quels dieux se vouer, ce souverain fit appeler un certain berger du nom de Mélampe, devenu médecin à l'exemple du joyeux Sganarelle, non après avoir reçu force coups de bâton, mais pour avoir expérimenté sur ses chèvres la puissance curative de l'ellébore dont nous parlons. Voici donc mon berger-médecin qui essaye son remède sur les jeunes filles et qui réussit à les guérir bel et bien. — Émerveillé de cette cure paraissant phénoménale, le roi accorda à l'humble chevrier la main de la plus belle de ses filles désensorcelées, et le peuple, dans son enthousiasme, éleva, dit-on, des temples en son honneur. Voilà où mène le succès ; dans ce bas monde il ne s'agit que de réussir.

Une coupe de l'anthère de ce végétal légendaire, d'un aspect assez chagrin il me faut bien en faire l'aveu, croissant dans les lieux incultes, montrant des fleurs verdâtres aux bords rougis, et des feuilles d'un vert sombre-pâle lancéolées ; cette coupe, dis-je, représente un 8 parfaitement conformé, séparé par une ligne médiane et composé de cellules, rondes à l'extérieur du trait formant l'image, et carrées à l'intérieur. (Obj. 1 N. 4 H.) Sans les avoir vus, on ne se douterait jamais de la présence ici de ces détails réellement curieux.

Pour en finir des Étamines, il nous reste à fai mention des *Pollens,* ces poussières fécondantes d végétaux, d'une couleur généralement jaune, blancl ou rouge, et venant se montrer à l'extrémité sup rieure de ces organes. Combien souvent dans m enfance et même plus tard (mon Dieu ! je n'en fais p mystère) ne m'est-il pas arrivé d'être victime d'u innocente plaisanterie à ce sujet ! — Flairez donc cet fleur, me disait-on ; le parfum en est si suave. — Sa défiance, j'approchais mon appareil olfactif ; on pou sait tout contre la jolie corolle, et sans m'en doute je me trouvais la face parfaitement jaunie... et l passants de me rire au nez, tant cette couleur me do nait un aspect drôlatique.

Le croiriez-vous ? chacun des grains imperceptibl de cette poussière microscopique, est composé de deu membranes distinctes, l'une extérieure appelée *exi* et l'autre intérieure baptisée du nom de *intine.* — (vous le demande, quel besoin avait-on d'inventer c noms barbares qui ne nous apprennent absolume rien ? Membrane intérieure ou intine, extérieure o exine, c'est tout un ; je n'y vois pas la moindre diff rence.) — Et nous ne sommes pas au bout. Dans cœur de ces atomes presque invisibles, se trouve u matière des plus menues connue sous le nom de *fovill* pouvant seule, la science l'assure, déterminer la féco dation des végétaux. (Pl. 18, fig. 1, 2.) — Sans secours du microscope, aurait-on jamais pu croire l'existence d'organes aussi nombreux dans un corpu cule pouvant tenir sur la pointe d'une aiguille et ne dépassant pas en dimension! Tout ceci est bien extraordinaire, il faut l'avouer.

Pour arriver à pouvoir plonger les regards dans ces arcanes mystérieux, il s'agit d'obtenir des tranches minces de ces granules. La chose semble impossible, n'est-il pas vrai, à cause de leur extrême ténuité? et cependant rien n'est plus facile. — Je vais vous dire ; vous allez comprendre sans peine. — Prenez un fragment de moelle de sureau; enduisez l'un des bouts d'une solution de gomme arabique; saupoudrez-le de pollen; recouvrez également celui-ci de gomme; doublez, triplez, quadruplez les doses, et laissez bien sécher le tout. — Ceci fait, armez-vous d'un rasoir évidé; tranchez hardiment à plusieurs reprises là où le pollen a été déposé, et immergez les tranches ainsi obtenues dans du chlorure de calcium. — Dès lors, le tour est joué, la gomme se dissout et, naturellement, elle laisse à votre disposition des sections de pollen plus ou moins réussies et pouvant présenter à vos regards surpris (obj. 5 N. 7 H.) des anneaux vides ou pleins, suivant la présence ou l'absence de cette *fovilla,* composée, la science le suppose, de granules d'amidon et de gouttelettes d'huile.

Voyons les choses d'un peu plus près. Connaissez-vous le *Bourdon de Saint-Jacques,* autrement nommé *Rose trémière, Guimauve,* et scientifiquement *Althea?* — Cet élégant végétal, originaire de l'Orient, se plaît chez lui sur les bords des ruisseaux ; cultivé dans nos jardins, la médecine s'en est emparée pour le réduire en pâte et le faire ingurgiter aux patients affligés d'une inflammation de la membrane muqueuse tapissant le bronches, autrement dit d'un rhume; ou bien, aprè l'avoir fait macérer, elle l'applique sur la peau pou combattre les irritations de celle-ci. Eh bien, le polle de cette *malvacée* se montre au microscope (obj. 5 N 7 H.) sous forme de roudelles, de disques pointillés (e réalité ce sont des sphères) dont le cercle paraît ain enrichi d'épines (Pl. 17, fig. 8) et si vous parvenez en obtenir de bonnes coupes, vous pourrez admire des anneaux composés de cellules carrées, et ornées su leurs bords extérieurs, de façons de rayons acérés. – Sans l'aide de notre objectif, tous ces détails élégant et compliqués étaient entièrement perdus pour la rac humaine, et c'eût été dommage.

Cherchons ailleurs :

Voici la Citrouille (*Cucurbita*), sœur des Melons par fumés, cousine germaine du Cornichon dont le nom es devenu une injure; je ne sais trop pourquoi pa exemple, car ce fruit n'est pas plus borné qu'un autre mais, que voulez-vous? les végétaux, les animaux, le hommes eux-mêmes doivent subir leur destinée... *habent sua fata.* Les Béotiens n'ont-ils pas toujour passé pour stupides malgré Épaminondas, malgr Pélopidas, ces deux illustres généraux Thébains? L'ân n'est-il pas encore envisagé comme le type parfait de bêtise, nonobstant sa bonté, sa patience, son courage sa prévoyance et sa sobriété? — Dans le règne végé tal, le cornichon n'a pas été mieux favorisé de la for tune, en dépit des services rendus à l'art culinaire pa cette Cucurbitacée; je m'en lave les mains.

Les grains impalpables du pollen de la citrouille se montrent à nos yeux (obj. 5 N. 7 H.) sous forme de rondelles semblables à celles de l'althea, mais avec cette particularité que, de distance en distance, il y a sur chacun de ces atomes des espèces de chapeaux, des couvercles s'emboîtant comme ceux de nos coquemars (Pl. 17, fig. 9). Au moment opportun, ces couvercles se lèvent spontanément et, par le petit orifice qu'ils cessent d'obstruer, s'échappe aussitôt cette *fovilla,* cette poussière impalpable destinée à la fécondation et qui, si le sort lui est contraire et l'empêche d'atteindre le pistil objet de ses amours, s'en va se dissipant en fumée. — Qui donc, sans les enseignements de nos objectifs, aurait jamais pu imaginer des phénomènes aussi stupéfiants, ayant pour théâtre un corpuscule à peine visible à l'œil nu?

Admirons encore le pollen du *Cobœa,* cette *Polémoniacée* dont le Mexique a daigné gratifier nos contrées septentrionales, afin de nous aider sans doute à cacher nos ignobles pignons, ces vilains murs qu'en peu de semaines ses tiges grimpantes, ses fleurs gracieuses, son feuillage enchanteur parviennent à dissimuler. — N'avons-nous pas vu aussi ce délicieux végétal s'élancer en guirlandes onduleuses d'une croisée à une autre? Ne l'avons-nous pas contemplé garnissant les berceaux de nos jardins en s'accrochant à tout par ses vrilles nombreuses? — Regardez au microscope (obj. 5 N. 7 H.) sa poussière fécondante; voyez combien ces petites boules sont jolies! Ne dirait-on pas voir un entassement de corolles mignonnes? Les savants prétendent même qu'il y en a 96 sur chaqu grain, les unes trouées pour laisser entrevoir leu double membrane, les autres qui ne le sont pas (Pl. 17, fig. 10.) — Et n'allez pas oublier le pollen de la *Passiflora cœrulea,* cette fleur charmante importée du Pérou, et dont chaque grain cou vert d'un réseau, est symétriquement divisé pa trois anneaux ou bandes plates circulaires (Pl. 17 fig. 11.) — Et penser que toutes ces jolies chose ne dépassent pas en dimension la pointe d'une ai guille!

La vie d'un homme, dût-elle être aussi longue que celle de l'antique Mathusalem, ne le serait pas asse pour arriver à connaître les structures variées de ce organes de la fécondation des végétaux. C'est réelle ment tout un monde nouveau offert à la curiosité humaine, car les divers grains de pollen diffèrent entre eux; j'en ai observé des centaines peut-être, et jamais il ne m'est arrivé d'en découvrir de parfaitement identiques. Les figures 12 à 21 de la Planche 17 donnent une idée de la variété des images offertes par ces corpuscules. Jugez donc de la richesse inépuisable de ce filon, alors que les espèces de végétaux se comptent aujourd'hui par je ne sais combien de milliers; on assure même que sur la surface du globe, il y en a 250,000! Aussi me garderai-je bien d'essayer d'épuiser le sujet, ce serait tenter l'impossible. C'est à vous, si vous êtes vaillant, à sonder quelque peu ce côté de la nature invisible; quant à moi, je dois me contenter d'indiquer le chemin, à peine de voir accourir de l'autre monde le vieux Boileau, me disant de sa voix austère : « Monsieur !

» Qui ne sut se borner, ne sut jamais écrire. »

Aussi je me tais.... quitte à recommencer bientôt.

Le Pistil. — L'organe femelle des Phanérogames, connu sous le nom de Pistil, se compose également de trois parties, l'*ovaire,* le *style* et le *stigmate.*

L'Ovaire me fait l'effet de constituer la matrice des végétaux, puisque c'est dans son sein que les graines vont se former et mûrir. Il est surmonté par le Style, filet plus ou moins allongé pouvant bien, à la rigueur, n'être qu'un simple prolongement du même ovaire. Enfin le style est couronné par le Stigmate, petit mamelon d'une forme indéfinissable, dont le rôle, dans l'œuvre de la fécondation, est, au dire de la science, le plus important de tous.

Presque toujours le Pistil se pavane au beau milieu et au cœur de la corolle ; s'il en est de fort courts, on en connaît d'une longueur relativement démesurée, et tout le monde a dû remarquer, entre autres, celui du Lys blanc (*Lilium candidum*).

Examinons en premier lieu l'Ovaire, et prenons pour exemple celui du *Canna indica.* Vous connaissez sans doute ce charmant végétal originaire de l'Inde, et vous savez aussi qu'il est également nommé *Arundo* et même *Cannacorus* par certains savants, outre qu'il appartient au genre *Balisier* connu des Anglais sous le nom de *Tous les mois*... (Quelle singulière idée de la part de ces fiers insulaires d'avoir donné un qualification française à ce végétal! mais c'est leu affaire et non la mienne.) — Si donc, comme j'aime le supposer, cette plante ne vous est pas inconnu vous aurez admiré son port élégant, ses belles larg feuilles satinées et d'un vert tendre le plus souven comme aussi ses fleurs éclatantes, d'une forme hétér clite, et vous ne pouvez ignorer qu'elle est cultivée p tous les amateurs dignes de ce nom.

Or, une coupe transversale de cet ovaire offi l'image d'une dentelle aux bords artistement découp et formés des cellules les plus jolies du monde. (Pl. 18 fig. 3. Obj. 1, 5 N. 4, 7 H.) Et l'on peut parfois distinguer, au centre, les *ovules* destinés à deven les graines, l'espoir de l'avenir.

Viennent ensuite le *Style* et le *Stigmate* qui en e le couronnement. Nous avons un excellent spécime de ces organes dans la *Belle-de-Nuit*, connue de l science sous le nom de *Mirabilis* ou *Nyctago jalap* bien que le jalap n'ait rien à voir ici. Pourquoi don me demanderez-vous, ses fleurs s'ouvrent-elles seul ment après le coucher du soleil? A vous parler en tou franchise, je n'en sais absolument rien. D'aucuns pr tendent, il est vrai, que le phénomène se produit e souvenir du pays d'origine, de la zone intertropica où le jour paraît quand chez nous la nuit étend s voiles. Mais, s'il en est ainsi, pourquoi donc les autr végétaux originaires des mêmes contrées ne se com portent-ils pas de la même façon? Et d'ailleurs je vo drais bien savoir si, chez eux, les *Mirabilis* attende le jour pour étaler au soleil leurs brillantes corolles. J'en doute un peu.

Quoi qu'il en soit, j'appelle toute votre attention sur les formes des Styles et des Stigmates, qui varient à l'infini. Les premiers sont simples ou composés et ressemblent parfois à des tubes accolés légèrement les uns aux autres et striés horizontalement. Les seconds offrent l'image, tantôt d'un corps ovoïde, d'un godet, d'un entonnoir, tantôt d'une coupe, d'un faisceau de poils, d'une crête, d'un croissant, etc. (Obj. 1 N. 4 H.) Vous pouvez m'en croire, l'observation de ces organes mérite d'être suivie.

Les Graines. — La nature, après s'être montrée si prodigue de détails pour orner les divers organes des végétaux phanérogames, ne pouvait certes négliger ceux qui en assurent la perpétuité, et si vous n'avez pas perdu le souvenir de la structure des feuilles des *Orchidées* dont j'ai fait mention, pour vous récompenser je veux également montrer celle des graines de ces mêmes végétaux. Hâtez-vous donc de déposer des spécimens de ces *semences* sous l'objectif 1 N. 4 H. Ce n'est pas que, par elles-mêmes, elles présentent des caractères autrement remarquables, et leurs disques granulés ne mériteraient guère peut-être d'attirer les regards, je suis le premier à en convenir ; mais le Divin Créateur, toujours bienveillant, voulant les préserver apparemment des atteintes du dehors, a pris le soin de déposer chacune d'elles dans un filet mignon, de forme oblongue, arrondi à l'un des bouts, aminci à l'autre, et composé de cellules ou mailles allongées, irrégulière et d'un aspect bien extraordinaire. (Pl. 18, fig. 4.) O dirait voir ces graines douillettes nonchalamment éten dues dans un hamac. Dites-moi, ceci n'est-il pas inté ressant ?

Le *Pauwlonia Imperialis,* cet arbre splendide de l famille des *Scrophularinées,* haut de 30 à 40 pieds s'étalant fièrement dans les villas somptueuses de favoris de la fortune, ce végétal à belles et large feuilles, dont les fleurs violettes rappellent par leu disposition celles de notre Marronnier d'Inde, nous a ét importé des contrées les plus chaudes du Japon. Mai pourrait-on s'imaginer, à moins de les avoir vues a microscope (obj. 1 N. 4 H.), que ses semences, attei gnant tout au plus deux millimètres, ont des ailes (?) oui, des ailes véritables, offrant une ressemblanc frappante avec celles des plus beaux papillons connus Seulement, au lieu d'être membraneuses et couverte d'écailles, ces ailes-ci sont composées d'un tissu d'un délicatesse à nulle autre pareille et formé de petites cel lules rondes, pentagonales et hexagonales. De mêm que chez les Lépidoptères, elles sont découpées ave une régularité plus ou moins capricieuse, et l'on peu distinguer parfaitement trois séries de dimensions dif férentes. Dans leur ensemble comme dans leurs détails ces simulacres d'ailes ont réellement un aspect de plus séduisants, et je me serais reproché de ne pas vou les avoir fait voir.

Et puisque nous en sommes à parler des graines, je ne crois pas mal faire en reproduisant ici l'image de certaines d'entre elles ornées des aigrettes les plus jolies du monde (Pl. 18, fig. 5, 6, 7). L'objectif 1 N. 4 H. suffit amplement d'ailleurs pour nous initier à leur ravissante structure.

Ah! combien je regrette de ne pas posséder l'un ou l'autre organe de la *Valisnérie!* C'est ça un végétal dont j'aimerais à vous entretenir; mais, hélas! j'ai seulement sous les yeux des gravures plus ou moins informes, et je n'ose me fier à la compétence des dessinateurs. Peu familiarisés sans doute avec nos lentilles, ils pourraient fort bien avoir pris le change, et ils me mettraient ainsi dans de beaux draps, alors que, plein de respect pour le crayon de ces messieurs, j'irais, au mépris de la foi jurée, vous montrer des organes de fantaisie.

Cependant, ayant tant fait que de nommer cette *Hydrocharidée,* l'une des plantes les plus miraculeuses du monde, je ne puis résister au désir d'appeler un instant sur elle votre bienveillante attention. — Si vous n'en avez jamais ouï parler, vous me saurez gré de cette petite digression; si vous la connaissez, vous la reverrez non sans plaisir, il n'y a pas à en douter.

Contrairement à la coutume généralement en faveur chez les Phanérogames, messieurs et mesdames les Valisnéries font lit et ménage à part. — Croissant au fond des ondes, principalement dans celles du Rhône, les premiers se dressent fiers comme Artaban au sommet d'un pédoncule droit, rigide, tout uni et haut d'un pied environ; les secondes, au contraire, se pavanent à l'extrémité supérieure d'une tige s'élevant à la même hauteur, mais tournée en spirale serrée. — Quand alors vient à sonner l'heure du berger, voici nos toutes belles qui déroulent doucettement leurs façons d'hélices jusqu'à atteindre la surface du liquide élément, et on peut les voir, de ci de là, balançant avec coquetterie leurs splendides corolles, se tenir à l'affût des poursuivants enamourés. — Comme vous le pensez bien, nos pauvres dupes se laissent prendre aisément à ces agaceries perfides ; mais ne pouvant, par suite de la maudite conformation dont j'ai parlé, se précipiter aux pieds de ces trompeuses sirènes, un beau jour ils prennent leur courage à deux mains, jettent leurs bonnets par-dessus les géants imaginaires de mon bon ami Don Quichotte, se séparent violemment de la tige précieuse dont ils tiennent la vie, et faisant fi de l'existence s'ils ne peuvent jouir du bonheur d'aimer, s'en vont impatients voguer à l'aventure au niveau de l'onde où, emportés par le courant et rencontrant bientôt ces fleurs charmantes dont leur cœur est épris, ils déposent dans le sein de ces belles naïades, le précieux pollen, destiné à les féconder.

— Satisfaits désormais d'avoir rempli leur mission sur cette terre, ces infortunés se laissent bénévolement entraîner jusqu'en plein Océan où ils vont se noyer, se décomposer et pourrir, si tant est que leur destinée ne soit pas d'être avalés par les poissons voraces. — A ce même moment vous croyez sans doute que mesdames les Valisnéries vont se désoler, se livrer au désespoir ? Pas le moins du monde ; indifférentes au sort fatal de ces amants dévoués, naïfs et crédules, elles rentrent nonchalamment leurs spirales et, sans le moindre remords, vont en silence mûrir sous les flots le fruit de ces phénoménales amours. — Dites-moi : connaissez-vous rien au monde d'aussi étourdissant ?

Les poils des racines des Valisnéries sont des plus curieux, du moins on l'assure. — Que je voudrais pouvoir vous en montrer ! Ils justifieraient une digression dont cependant vous ne me saurez pas mauvais gré, j'aime à l'espérer.

XVII

CRYPTOGAMES

Voici une appellation que, pour être logiques, Messieurs les savants pourraient bien rayer de leur dictionnaire. Que veut dire en effet ce mot *cryptogames ?* Il signifie *noces cachées,* et il a été imaginé dans l'enfance de l'art, alors que l'on ignorait complétement les procédés de reproduction de toute cette classe de végétaux. Mais aujourd'hui, la science prétend expliquer ces procédés de la manière la plus satisfaisante du monde, et dès lors, n'est-il pas vrai ? il n'y a plus de *noces cachées,* il n'y a plus de *cryptogames.*

Ici, dois-je le dire, je me trouve d'ailleurs assez embarrassé. Ayant pris l'engagement de ne rien omettre d'essentiel, en bonne conscience, je ne puis me dispenser de faire mention de ces cryptogames ; et cependant, si ce n'est au point de vue de la science, la plupart d'entre eux présentent un intérêt asse médiocre. Essayons pourtant : peut-être, en y regar dant de près, nous sera-t-il possible d'arriver à de résultats assez satisfaisants, sans même avoir recour au vocabulaire de la science. Mon unique souci do être d'appeler votre attention sur les curiosités d structure de toute cette classe de végétaux, et non pa de vous rabâcher les oreilles d'oosphères, d'oospores d'exospores, d'endospores, d'archégones, de gonidies de thalles, d'hypothésies, d'apothésies et de tant d'autre organes plus ou moins mystérieux.

Les Fougères. — Voyons donc d'abord les crypto games vasculaires ou supérieurs, ceux qui sont enri chis d'un brillant et vert feuillage. Au premier ran figurent les *Fougères,* ces végétaux somptueux qui tout en étant privés de fleurs, se font néanmoin remarquer par leurs frondes (feuilles) d'une grand élégance, découpées avec un art infini et dont, grâc au microscope, vous avez pu apprendre à connaître l structure secrète, (page 358).

Sans pénétrer dans les mystères de leur féconda tion, je ne crois pas cependant pouvoir me dispense de montrer ceux de leurs organes dont nos lentilles peu vent sans peine révéler la surprenante conformation

Si, la curiosité aidant, il vous est arrivé de retourner une feuille de ces fougères, ornements de nos forêts vous aurez aperçu, appliqués par dessous, de petit corpuscules, des façons de poireaux, disposés sur ce revers avec une régularité pour ainsi dire géométrique tantôt ce sont autant de taches isolées, jaunes, brunes, vertes, orangées, se suivant à la file ou contournant artistement les bords des découpures ; tantôt ces corpuscules se tiennent côte à côte et simulent dans leur ensemble un feston de broderie, etc. — La science signale ainsi une grande variété de dispositions. — Eh bien, vue au microscope (obj. 1 N. 4 H.), chacune de ces taches est une petite capsule ou *sporange,* contenant des sémicules ou *spores,* et cette capsule a tout à fait l'air d'une raquette (Pl. 19, fig. 1 à 4) dont le bord ou *anneau* est formé de cellules à parois membraneuses entourant un centre tout plein de ces mêmes sémicules.

Au moment de la maturité, l'anneau se déchire, se redresse, se tord, et laisse échapper les spores destinées à donner naissance à de nouvelles fougères, non sans avoir subi auparavant une foule de transformations.

— Là ! n'est-ce pas curieux ? Aussi, désireux peut-être de vous initier davantage à ces secrets, ne vous contenterez-vous pas de ce premier objectif, et voudrez-vous avoir recours à une lentille plus puissante ? Je ne suis pas d'humeur à m'y opposer ; mais, soyez-en prévenus, vue ainsi, l'image ne sera pas aussi attrayante à beaucoup près.

Je n'ai rien à dire ici des ÉQUISITACÉES dont je vous ai montré à l'occasion le curieux épiderme et les stomates plus curieux encore (page 359), ni des RHIZOCARPÉES dont les tiges rampantes émettent des feuilles roulées en crosse à l'instar de celles des Fougères, ni même des LYCOPODIACÉES, bien que ces petites plantes s élégantes fassent l'ornement de nos serres et de nos jardins. Si je garde le silence à leur égard, c'est que le microscope ne m'a rien révélé de leurs faits et gestes qui soit de nature à intéresser les simples curieux, et je me hâte d'arriver à une classe de cryptogames bien autrement remarquables, du moins à notre point de vue.

XVIII

LES MUSCINÉES

Il n'est pas besoin de vous demander si vous connaissez les *Mousses*. Tous, vous avez dû les apercevoir quand, réunies en masses, elles couvrent les troncs des arbres, les toits, les vieilles murailles, et jusqu'au sol des sombres forêts, et, suivant toute probabilité, vous leur avez prêté à peine une attention distraite, les jugeant indignes d'arrêter vos regards. Mais, si vous aviez connu comme moi les particularités cachées de ces avortons, certes, vous eussiez cessé de les mépriser.

Pour le moment, je veux me borner à exhiber les feuilles de celui de ces petits végétaux connu de la science sous le nom de *Mnium cuspidatum* (un objectif d'une certaine puissance, 5 N. 7 H. est ici tout au moins nécessaire) ; alors, mais alors seulement il nous est donné de nous convaincre que chacune de ces feuilles minuscules est formée de cellules hexagonales, d'une régularité parfaite pour la plupart (Pl. 18, fig. 8, 9), contenant, au milieu, une agglomération de grains de chlorophylle simulant dans leur ensemble des grappes de raisins. Vous avez ainsi sous les yeux un réseau à mailles régulières, enrichi, au centre de chacune d'elles, des corpuscules dont je viens de parler. N'est-ce pas curieux ?

— Oui, c'est assez intéressant, me direz-vous peut-être, mais en définitive ce sont toujours des tissus, des réseaux, des cellules, et vous nous en avez montré à satiété. Où sont donc les merveilles innombrables de ces produits de la création promises à notre curiosité ? Sans doute, les organes exhibés jusqu'ici ont leur mérite, mais le poète l'a dit :

L'ennui naquit un jour de l'uniformité.

— Voici ma réponse, et j'ose le dire, elle est victorieuse : L'uniformité ne se rencontre ici que dans les mots dont, faute de mieux, je suis bien obligé de me servir. Au microscope, tous ces tissus, ces réseaux, ces cellules, ont un aspect différent les uns des autres, si différent même qu'il est impossible de les confondre, et je suis tout heureux de pouvoir donner en ceci une idée de plus de l'inépuisable fécondité du Divin Créateur ayant su diversifier à ce point les organes des végétaux tout en ayant suivi un même plan pour les livrer à l'admiration de ceux dont les yeux savent voir. — Oui, cette diversité dans des choses semblables est un de ces phénomènes dont on a peine à se rendre compte, et si vous avez le bonheur de pouvoir vous livrer à cette étude, vous ne tarderez pas à en être convaincu.

Puisque nous y sommes, n'abandonnons pas de sitôt

ce sujet : voici les feuilles du *Sphagnum capillifolium* cette mousse blanchâtre formant la base principale de tourbes. Observée au microscope, chacune de ce feuilles apparaît composée de cellules irrégulières tra versées par des filaments donnant à l'ensemble une cer taine ressemblance avec les toiles d'araignée. Vues l'aide de l'objectif 1 N. 4 H. ces feuilles sont les plu charmantes du monde (Pl. 18, fig. 10, 11), toutefois, u grossissement plus fort (5 N. 7 H.) peut seul révéler le secrets de leur bizarre conformation.

Vous vous êtes plaints de l'uniformité des organes de végétaux ; voyons si, même en n'abandonnant pas le Mousses, je pourrai vous en montrer d'une natur entièrement différente. Le problème ne sera pas diffi cile à résoudre. Vous avez pu remarquer sur les vieille écorces, sur des pierres oubliées dans des chemins pe fréquentés, certaines mousses rougeâtres fort insigni fiantes en apparence. Mais combien les choses n changent-elles pas d'aspect sous l'œil du microscope En voici une de ces mousses nommée par la science, s je ne me trompe, *Fissidens bryoïdes* ; vue à l'aide d l'objectif 1 N. 4 H. on dirait avoir sous les yeux (Pl. 18 fig. 12) de vulgaires carottes rouges (*Daucus carotta*) avec cette différence remarquable, qu'au lieu d'avoi ses racines pivotant sur le sol à l'instar de celles don l'usage alimentaire est si connu, cette mousse-ci le porte dressées en plein soleil. Figurez-vous des carottes puisque carottes il y a, fichées en terre par le collet e se tenant la queue en l'air, droites comme des *i*. Pre nez ensuite l'objectif 5 N. 7 H., et vous serez tout sur pris d'apercevoir sur ces façons de racines aériennes, des détails d'une délicatesse inouïe; d'abord, vous les verrez coupées horizontalement de distance en distance par des lignes sombres, puis sillonnées verticalement, avec une régularité parfaite, par des stries d'une grande ténuité, dont chacune, si vous y regardez attentivement, se montrera composée d'une succession de mignonnes petites perles juxta-posées, d'un aspect ravissant. Êtes-vous satisfaits? et vous plaindrez-vous encore de la monotonie des organes secrets des végétaux?

XIX

LES HÉPATIQUES

Les *Hépatiques* se rapprochent tellement des Mousses que le célèbre Tournefort, pour se tirer d'affaire, les avait rangées tout bonnement parmi ces derniers végétaux. A l'imitation de ceux-ci, les Hépatiques croissent dans les lieux humides, sur la terre et parfois aussi sur les rochers. Autrefois on les disait propres à combattre les maladies du foie et des poumons, mais aujourd'hui tout le monde doute de leur efficacité, et tout le monde semble avoir raison, s'il faut en croire les leçons de l'expérience.

Suivant l'illustre Schacht, les feuilles des hépatiques consistent seulement en une couche de cellules. Ceci est-il bien de tout point exact? J'ai certain scrupule à ce sujet, il me faut en faire l'aveu, car si j'examine attentivement le *Ptilidium ciliare*, par exemple, je vois bien ses feuilles formées de cellules hexagonales, pl ou moins régulières, mais j'aperçois en outre, tout d long de leur pourtour, des corpuscules d'une granc ténuité, dont on peut à peine se rendre compte, mêm en utilisant l'objectif 5 N. 7 H., et qui certes n'ont rie de commun avec les cellules, mais sont bien plutôt de grains de chlorophylle auxquels, vous ne l'ignorez pa ces petits végétaux doivent leur couleur verte, et je m persuade surabondamment que chacune des cellules s relie à ses voisines par des attaches d'une nature ind finissable. Dans leur ensemble, vous pouvez m'e croire, ces organes des feuilles de ce Ptilidium présen tent une image des plus intéressantes.

Et il en est à peu près de même de presque toute les autres Hépatiques, du *Frullania* (Pl. 18, fig. 14 du *Lophocolea bidentata* (Pl. 18, fig. 15), de l'*Hypnun* (Pl. 18, fig. 13), etc., dénominations toutes charmante et euphoniques surtout, ne trouvez-vous pas ? Seule ment, les grains de chlorophylle s'y montrent généra lement agglomérés au centre de chaque cellule, et le feuilles présentent ainsi la plus grande analogie ave celles des mousses.

Vues à l'œil nu ou même avec le secours d'un objec tif d'une faible puissance, les hépatiques sont insigni fiantes pour ne pas dire assez laides. Pour en décou vrir les charmes cachés, il faut utiliser tout au moin l'objectif 5 N. 7 H. ; sans cela on n'arrive à rien.

En leur qualité de cryptogames, les procédés de re production des mousses et des hépatiques devraien être un mystère insondable ; mais la science moderne ne reculant devant aucune difficulté, n'a pas voulu renoncer à le pénétrer, et elle prétend même y être parvenue ; voulez-vous savoir comment? — En admettant dans les *Anthérozoïdes,* envisagés comme organes reproducteurs, la présence d'animalcules bien vivants, de véritables infusoires chargés par la nature de déterminer la fécondation, à l'exemple des grands insectes transportant le pollen d'une fleur à une autre.

Je veux bien admettre la vérité de ce système ingénieux, de ce phénomène stupéfiant ; mais ce sont là des arcanes dans lesquels je me garderai bien de pénétrer, de crainte de me fourvoyer, de lasser votre patience, et peut-être même, ce qui serait bien plus grave, de vous induire en erreur.

Les **Characées** qui vivent dans les étangs et dans les eaux tranquilles et pures, sous forme de végétaux filamenteux, ont joui à la fin du siècle dernier d'une réputation énorme, parce que, les premières je crois, elles ont révélé le phénomène de la circulation de la séve, autrement nommée circulation intercellulaire ou gyration (voir page 326). Mais depuis, des observations minutieuses ayant démontré qu'une foule d'autres végétaux partagent avec elles le même honneur, cette réputation a subi une rude atteinte. Quoi qu'il en soit, les Characées ne laissent pas de présenter sous ce rapport un grand intérêt. Pour vous en convaincre, prenez une tige de Chara, ayez bien soin de ne pas la ployer, et déposez-la dans un vase rempli de l'eau qui l'a vue naître; coupez alors un entre-nœud et placez celui-ci sur un porte-objet creusé a milieu et également humecté. Si alors, la préparatio a été convenablement nettoyée, en l'examinant à l'aid de l'objectif 1, 2 ou 3 N., vous verrez, dans l'inté rieur d'une cellule, certains globules verts circulan de façon à vous surprendre. Mais ceci dit, les Chara cées n'offrent pas aux simples curieux d'autre attrait et je n'ai à mentionner ici que l'anthéridie ou organ reproducteur qui, sous l'aspect d'une sphère d'u demi-millimètre de diamètre (obj. 2 N.) laisse aper cevoir des cellules irrégulières et ponctuées, assez ave nantes. Suivant les on-dit, leur couche corticale offr également de l'intérêt ; mais, n'ayant pu réussir à e obtenir une préparation, je m'abstiens d'en parler.

XX

LES CHAMPIGNONS

Les Champignons constituent tout un monde à par dans le règne végétal. Leur spécialité consiste en géné ral à éclore et à vivre sur des pourritures animales o végétales, si mieux ils n'aiment se greffer sur des corp vivants, au grand détriment de ceux-ci.

Privés de chlorophylle, les champignons ne réjouis sent jamais les yeux par cette belle teinte verte qu nous aimons tant à admirer. Ils sont habituellemen gris, jaunâtres, rougeâtres, noirâtres, et si l'on e connaît de fort grands, il en est aussi d'infinimen petits, si petits même qu'au microscope seul il es donné de les faire apercevoir.

Je ne m'arrêterai pas aux gros champignons, car j'a

là sous les yeux un fragment du tissu du *chapeau* de l'un d'eux, comme aussi une section transversale d'un *feuillet* du même végétal, et, il faut le dire, leur aspect sous l'objectif n'a rien de bien attrayant, au contraire.

Les petits champignons méritent-ils davantage d'attirer l'attention? Au point de vue de la science, la réponse doit être évidemment affirmative, et même, si j'ai bonne souvenance, un savant abbé obtint naguère en Belgique le grand prix des sciences naturelles, en récompense de son traité des champignons parasites, dont le héros avait été trouvé par lui sur ..... comment dirais-je?... Je ne suis pas un grand poète pour risquer le mot attribué à Cambronne, ni bien moins encore un Cervantès pour raconter les effets de la peur (voir l'aventure des Moulins à foulon). Aussi ne sachant me tirer d'affaire en homme de bonne compagnie, je laisse à votre sagacité à deviner la nature du *dépôt* sur lequel le savant abbé découvrit son précieux cryptogame.

Après tout, ces champignons parasites montrent au microscope une image fort peu avenante; ce sont, en général, des entrelacements très-irréguliers de filaments cellulaires, tantôt simples, tantôt ramifiés, et composés d'une seule cellule plus ou moins allongée, ou de plusieurs cellules placées bout à bout. Dans ce dernier cas, les filaments sont cloisonnés, et la science, de peur que l'on s'y trompe, leur a imposé le nom de *mycélium*.

Les germes ou spores reproducteurs, qui vont s'échappant de ces filaments, accusent toujours une forme ronde ou ovoïde et sont si petits (quelques millièmes de millimètre) qu'ils peuvent se nicher partout et c'est ce qui explique leur présence sur les insectes et même sur les végétaux qui semblent prêter le moins à leur invasion.

Qui ne se souvient d'avoir vu, de 1847 à 1850, les vignes auxquelles est dû ce bon vin imaginé par le Divin Maître *pour réjouir le cœur de l'homme;* qui ne se souvient, dis-je, d'avoir vu ces vignes tant aimées devenir la proie d'un misérable petit champignon baptisé par la science du nom de *Oïdium Tuckerii* ?

Vu au microscope (obj. 5 N. 7 H.), ce parasite se présente sous forme de filaments simples ou rameux (Pl. 19, fig. 5, 6), d'une finesse extrême, transparente, légèrement entre-croisés et cloisonnés. A un moment donné l'on voit apparaître des sporules reproducteurs ovoïdes, venant émettre de nouveaux filaments, en sorte que la multiplication aidant, et elle est rapide je vous prie de le croire, tout le végétal est bientôt envahi et meurt misérablement étouffé. Aussi voit-on tout d'abord les feuilles se marbrer de taches plus ou moins noires, se recroqueviller, se flétrir et, en fin de compte tomber desséchées, et cela au moment même où la peau du raisin devenue coriace, se déchire et se putréfie. Ah! c'est horrible, ma parole d'honneur!

Quelle est donc l'origine du fléau ? On ne sait; d'aucuns prétendent que le végétal malade donne naissance à l'oïdium ; d'autres, mieux avisés à mon sens, soutiennent que cette muscinée est la cause déterminante de la maladie. Vous le voyez, c'est encore et toujours la question de la gale et de son acarus qui revient déguisée sur le tapis, et suivant moi, la solution doit être la même. Jugez donc : pendant des siècles la vigne s'est portée le mieux du monde et l'oïdium nous était parfaitement inconnu ; mais voici qu'un vilain jour, ce parasite, venant on ne sait d'où, s'avise de se faire voiturer par les airs et tombe du ciel sur les vignobles où se trouvant très à son gré apparemment, il se met sans vergogne à exercer ses criminelles tentatives. Cette explication si simple, si naturelle, n'est-elle pas préférable à la supposition d'une maladie inhérente à la vigne, venant engendrer un cryptogame, et donnant ainsi naissance à une génération spontanée ? — Qu'un cryptogame existe de par le monde, que ses germes s'envolent voiturés par les airs pour chercher des proies à dévorer, cela se conçoit; mais ce qui ne se conçoit guère, c'est une maladie engendrant un végétal dont elle ne peut contenir les germes, par la raison toute simple qu'une maladie n'a pas la puissance de les produire. Quoi qu'il en soit, Dieu nous préserve à jamais d'une nouvelle invasion du fléau dont tous les remèdes imaginés jusqu'ici ont été d'une efficacité plus ou moins douteuse, malgré la réputation de spécifique souverain dont jouit la fleur de soufre!

Voici un autre de ces petits champignons tout aussi redoutable, si même il ne l'est pas davantage, car il s'attaque à l'un des aliments les plus utiles de la classe indigente et dont les favoris de la fortune eux-mêmes ne font pas fi. Je veux parler du *Peronospora infestans* qui vient trop souvent gâter et détruire la précieuse

Pomme de terre. Ce brigand de parasite a la form d'un tube unicellulaire couvert de filaments; ceux-c percent l'épiderme du végétal, s'insinuent entre les cel lules, s'y ramifient et projettent ensuite au dehor d'autres filaments qui, enrichis de germes ou spores gagnent de proche en proche pour étendre leur ravages. Là! n'est-ce pas affreux?

Avez-vous ouï parler des *Botrytis*? — Oui, apparem ment, car ces champignons s'insinuent et végèten dans le corps des Vers à soie dont ils détruisent le œufs. Ces parasites-ci ressemblent en miniature à un arbre dont les branches terminales sont couvertes d grappes de spores de forme ronde et d'une ténuit extrême (Pl. 19, fig. 7). Ah! les maris de nos élégante doivent bien exécrer les Botrytis, car ce sont ces cryp togames qui font renchérir le prix de la soie par leur affreuses déprédations dont des milliards de vers son les victimes infortunées, au point même que cette ter rible maladie a eu l'honneur de recevoir de la scienc une appellation spéciale, celle de *Muscardine,* dont je suis inhabile, et pour cause, à donner la signifi cation.

Que vous dirais-je enfin? les champignons parasites s'attaquent pour les détruire à tout ce qu'il y a de plus sacré, aux végétaux utiles, aux animaux, à l'homme lui-même;

Le *Claviceps* vit aux dépens du seigle;

Le *Puccinia* à ceux du blé;

L'*Empusa* ronge le ventre des pauvres mouches;

L'*Isaria* s'implante sur l'élytre des Coléoptères;

L'*Achorion* développe chez les enfants malpropres la terrible *Teigne,* cette maladie dégoûtante si jamais il en fut.

Et puis, vous avez tous vu les *Mucors,* vulgairement nommés *moisissures,* montrant leur teinte blanchâtre, jaune, verte ou brune, sur le pain aigri, sur les vieilles pâtisseries, sur les confitures fermentées, sur l'encre délaissée, etc., etc. Le savant Morren, professeur à l'Université de Liége, nous promet un traité complet sur la matière, et il nous dira sans doute quelle est la vraie nature du *Micoderma vini* (Pl. 19, fig. 8), de ce champignon qui se montre dans la levûre de bière; mais moi qui ne suis pas savant, je crois en avoir dit assez pour satisfaire la curiosité des indifférents et pour mettre les gens avides de s'instruire, sur la voie qui conduit à la science. Ici, il y a beaucoup à faire, la connaissance des champignons parasites est loin d'être arrivée à son apogée.

J'aurais bien voulu vous parler des Lichens; mais j'apprends à l'instant que ces infortunés végétaux courent, grand risque de perdre leur autonomie. Hélas oui! ces pauvres champignons croissant d'habitude sur les écorces ou sur les pierres, ne vivent pas isolés et sont toujours fixés sur certaines algues, d'où les savants, dans leur omnipotence, ont conclu que les Lichens sont tout uniment des ensembles de champignons parasites et de leur algue nourricière. Tout ceci est trop savant pour moi, et puis, dois-je le dire, si la science trouve son compte à connaître de près ces

végétaux, la simple curiosité n'y a rien à voir
Je n'en dirai pas davantage, et pour cause, des MYXOMYCÈTES, ces amas plus ou moins petits ou grands d'un gelée blanchâtre, venant se montrer sur les bois e décomposition, sur les écorces et sur le tan. Cett gelée, ne présentant au microscope aucun attrait, es cependant bien remarquable en ce qu'elle peut se mouvoir sans organes locomoteurs. La science peut-ell nous expliquer ce phénomène? Je n'en sais rien; me investigations ne m'ont rien appris à ce sujet.

XXI

LES ALGUES FLORIDÉES

Vous n'êtes pas sans connaître, de réputation tou au moins, le célèbre Golfe Arabique, vulgairemen nommé la Mer Rouge, et vous avez pu lire dans un foule de relations de voyages que, malgré son appellation, cette mer n'est pas rouge le moins du monde. Or s'il faut en croire les experts, c'est là une erreur capitale. Cette mer est parfaitement rouge; seulement pour la voir ainsi, il s'agit de la sillonner au bon moment. — Voulez-vous comprendre? — Promenez-vous au printemps, le long des bords du canal de notre *Allée-Verte,* jadis le rendez-vous favori de la bourgeoisie de Bruxelles, et dont une industrie envahissante a depuis détruit tout le charme. A certains jours vous verrez ses eaux tranquilles couvertes de lentille aquatiques (*lemna*), à ce point même de simuler u tapis vert, une façon de prairie. — Revenez-y peu d temps après, toutes ces lentilles auront disparu et vous n'aurez plus sous les yeux qu'une onde noire trop souvent infecte. — Eh bien, s'il faut en croire les habiles, il en est absolument de même de la Mer Rouge. Traversée à l'heure opportune, la surface apparaît nuée de cette teinte brillante, et cela sur des espaces évalués à plus de cent lieues, tandis qu'en tout autre temps, plus rien de semblable ne s'offre aux regards, l'onde amère ayant repris son apparence habituelle. Telle est du moins la donnée des savants, de ceux venant affirmer avoir vu, car, pour moi, je vous en préviens, jamais je n'y suis allé, et si j'en parle, c'est par ouï-dire.

Voici, au surplus, l'explication du phénomène, si tant est qu'il se soit jamais produit : des algues innombrables et microscopiques, colorées de rouge, nagent momentanément à la surface des ondes salées et disparaissent bientôt, après avoir rempli la mission dont le Divin Créateur les avait chargées ici-bas. — Vous le voyez donc bien, les affirmations et les négations de la couleur du Golfe Arabique peuvent se concilier de la manière la plus naturelle du monde.

Quant à la conformation de ces végétaux, dont je connais plus de cinquante espèces originaires pour la plupart de la Mer Rouge, elle est toute primitive et notre magicien peut seul nous initier à ses secrets. Il n'y a ici ni feuilles, ni fleurs, ni pistils, ni étamines, ni corolles, ni rien enfin de ce qui constitue les plantes phanérogames si connues ; non, des cellules et toujours des cellules, uniformes, entées les unes sur les autres, formant avec grâce des tubes ramifiés et se reproduisant par gemmes ou par sporules ou sémicules. — Rien au surplus n'est plus élégant et l'on irait loin pour retrouver des images aussi enchanteresses.

Voici, par exemple, le *Callithamnium plumula,* l'une de ces algues fleuries (*Florideous algæ*) charmantes entre toutes. Observée à l'aide de l'objectif 1 N. 4 H., on y distingue des tubes composés de cellules superposées, formant des tiges ou en ayant l'apparence ; de chacun des côtés de ces tiges ou soi-disant telles, s'échappent d'autres tubes de moindre dimension, donnant naissance à de nouveaux tubes plus menus de beaucoup encore, tous étant d'ailleurs formés de cellules placées bout à bout et contenant cette belle matière rouge ou rosée qui en fait tout le charme. Et puis, pour rendre l'aspect plus attrayant, d'espace en espace la nature a disposé des façons de fruits ou sémicules d'une délicatesse à nulle autre pareille. (Pl. 19, fig. 9.)

Dans son ensemble, l'image ainsi produite est réellement charmante, et si un fabricant s'était avisé de la copier sur ces modestes mousselines dont les reines de la mode, ménagères autrefois de la bourse des pauvres maris, aimaient encore à se parer, je n'hésite pas à le dire, son succès eût été grand, car jamais on n'eût admiré des dessins plus gracieux, des nuances plus délicates.

Voyons encore parmi ces mêmes algues, le *Ptilota elegans,* digne à tous égards de son appellation, car rien au monde n'est plus *élégant*. On dirait voir les tiges de ce brillant végétal, composées dans leurs ravissantes circonvallations, d'une succession de rubis enchâssés dans un cristal d'une limpidité parfaite. (Pl. 19, fig. 10, 10bis. — Obj. 1 N. 4 H.) Et ce qui ajoute à la grâce ineffable de cette algue charmante, c'est qu'elle sert de refuge à des diatomées, principalement aux *Isthmia,* dont les figures, régulières dans leur irrégularité, sont rehaussées de dessins d'un grand fini rappelant ceux des réseaux de nos plus belles dentelles des Flandres et du Brabant. — Et puis ne négligez pas les *Plocamium,* ces algues d'un rose éclatant, dont chaque façon de tige montre une succession de peignes échelonnés, semblables pour la forme à ceux des araignées fileuses. (Pl. 19, fig. 11.)

XXII

LES ALGUES CONFERVES

Avez-vous remarqué, nonchalamment étendus sur les ondes tranquilles, des filaments plus fins mille fois que nos cheveux, toujours réunis en masses peu attrayantes et d'une couleur verdâtre. (Pl. 20, fig. 1.) — Je ne crois pas, car la chose ne semble guère en valoir la peine. — Ne vous hâtez pas cependant de les juger ainsi, car ces filaments sont des *Conferves,* des *Zygnèmes,* des *Ulves,* etc., et le microscope nous révèle dans leur intérieur des beautés de premier ordre. — Voici d'abord parmi les *Zygnémacées,* le *Spirogyra quinina ;* vu à l'aide de l'objectif 1 N. 4 H., il se présente sous forme de tubes transparents, dans lesquels on aperçoit un ruban de granules de chlorophylle agglomérés et circulant en spirale (Pl. 20, fig. 2). L'aspect général est charmant ; mais, ne vous contentez pas de cette première image ; prenez l'objectif 5 N. 7 H et vous pourrez voir ainsi ce même ruban composé de tout petits corpuscules ronds se tenant les uns aux autres par deux mignons filaments centraux les plus jolis du monde. C'est intéressant au plus haut degré vous pouvez m'en croire.

Voyons encore les *Zygnèmes* proprement dits. Observés avec le secours de l'objectif 5 N. 7 H., ces végétaux aux formes également filamenteuses et habitant les eaux douces, nous offrent encore l'image de tubes transparents, mais dans lesquels, au lieu de spirales, on distingue des corpuscules de formes diverses, séparés par des cloisons et fort curieux, je vous assure. (Pl. 20, fig. 3.)

On nomme ces végétaux *conjugués,* parce que souvent ils s'accouplent en marchant de pair, et que leurs corpuscules venant à se rencontrer, passent, pour se rejoindre, d'un tube dans l'autre et déterminent ainsi la fécondation (Pl. 20, fig. 3, 3bis).

Il n'y a pas bien longtemps, on classait encore ces filaments dans le règne animal, sous prétexte que les corpuscules intérieurs sont doués de mouvement. Voilà-t-il pas une belle raison! Aussi la science moderne a-t-elle réduit ce système à néant, et aujourd'hui tout le monde semble d'accord pour ranger les Zygnèmes parmi les végétaux.

Voici un autre végétal se rapprochant de ceux-ci;

c'est un membre de la famille des *Nematophyceæ;* la science le désigne sous le nom de *Sphæroplea Braunii* ou *Annulina,* et on le rencontre dans les champs inondés de la Germanie. Vu à l'aide de l'objectif 5 N. 7 H., il représente également un tube d'une grande transparence dans lequel circulent des corpuscules indépendants formés d'un centre rond composé et entouré d'une espèce d'auréole à angles aigus. Rien n'est aussi joli, gardez-vous d'en douter. (Pl. 20, fig. 4.)

Au nombre de ces végétaux primitifs, je recommande spécialement à votre attention le *Merismopedia violacea,* de la famille des *Phycochromophyceæ* (En voilà-t-il encore des noms euphoniques, et faciles à prononcer surtout.) Si la chose peut vous intéresser, je dirai que ce mirmidon habite les falaises de France comme aussi la Saxe et la Moravie; sa structure est des plus singulières et jusqu'ici la science est inhabile, je pense, à expliquer son mode de reproduction. Figurez-vous des quadrilatères ornés chacun de 32 corpuscules rangés avec une régularité parfaite (Pl. 20, fig. 5) quatre par quatre, et formant ainsi huit petits groupes symétriques. Si les savants ne nous affirmaient sa nature végétale, il serait impossible de savoir à quoi s'en tenir au sujet de cette création dont l'objectif 8 N. 10 H. peut seul faire apprécier la surprenante conformation.

Pour en finir de ceci, disons quelques mots des *Nostocs* appartenant à la classe des *Chaodinées,* et qui croissent en peu d'heures sur la terre humide après

les pluies du printemps et de l'automne, pour dispa
raître aussitôt la sécheresse venue. Paracelse, ce tro
célèbre alchimiste ou plutôt ce charlatan du XVe siècl
venant se vanter de prolonger la vie à volonté, et qu
mourut à l'hôpital à l'âge de 48 ans ! Paracelse, c
précurseur de certains farceurs de nos jours, para
avoir été le premier à nous faire connaître ce singu
lier végétal; mais, charlatan toujours, il le donna
pour un excrément des étoiles, tombé du ciel pa
hasard sur la terre. C'était du propre, il faut en con
venir.

Eh bien, non, ce n'est pas un excrément; nous avon
tout bonnement ici un végétal composé de filament
agglomérés et serpentants, dont chacun est formé d
petites cellules disposées bout à bout (Pl. 19, fig. 12)
L'objectif 5 N. 7 H. ne laisse aucun doute à cet égard.

Jadis les Nostocs étaient tenus pour guérir les can
cers, les fistules, la toux, la phthisie pulmonaire (rie
que cela), les inflammations de la peau, etc.; mai
hélas! l'expérience nous a bientôt fait voir l'inanit
de cette panacée.

L'origine de ce nom de *conferves* est assez singu
lière pour mériter une mention. Il est dérivé du verb
latin *conferuminare* (souder) et Pline l'Ancien (1) suppo
sait que cette famille de végétaux avait la propriét
de souder les os fracturés ; il cite même l'exemple d'u
émondeur qui, tombé du haut d'un arbre et s'étan

(1) Pline XXVII. 45. 1.

brisé les os, fut guéri par une application de Conferves constamment arrosées. Comme ces végétaux allaient toujours s'échappant par suite de leur nature gluante, et qu'il fallait les renouveler sans cesse, je suis porté à croire qu'il s'agissait du *Batrachospermum moniliforma* dont la surface est réellement si visqueuse qu'il glisse sous les doigts comme une anguille. Vu au microscope (obj. 1 N. 4 H.), on dirait une succession d'éponges disposées bout à bout et enfilées sur un double et mince ruban. Toutefois, l'intérêt est médiocre, je ne puis le cacher.

XXIII

LES DESMIDIÉES

Les *Desmidiées* sont ainsi nommées, disent les savants, parce qu'elles ont la *forme de liens*. Or, je veux bien être momifié si, chez la plupart de ces atomes, invisibles ou peu s'en faut, j'aperçois l'ombre d'un lien quelconque. Sans doute, certains d'entre eux, étant réunis et observés à l'œil nu, représentent, si vous voulez, un filament, un cheveu d'une grande ténuité; il en est ainsi, par exemple, du *Didymoprium* simulant au microscope une série de charmants petits tonneaux délicieusement cerclés et placés bout à bout (Pl. 20, fig. 6); du *Rhynconema* formé d'un tube transparent dans lequel circule en spirale une façon de ruban orné de disques reliés par des cordons ; du *Sphœrozosma*, etc. (ce n'est certes pas moi qui pourrais jamais inventer des noms comme ceux-ci) (Pl. 20, fig. 7) ; mais les plus importants sous le rappor de l'élégance, ont un aspect tout à fait différent ; il figurent des rosaces plus ou moins allongées, ou bien des arcs grossièrement striés dans la longueur, etc. tous étant d'ailleurs bilobés, c'est-à-dire divisés en deux parties semblables et réunies pour former un seul tout homogène.

La nature végétale de ces atomes, je viens de le dire est incontestable, et la science est parfaitement fixée sur ce point. D'abord ils ne mangent pas et, bien qu'indépendants du sol et ayant une grande propen sion à se rapprocher de la lumière, jamais on ne les a vus marcher à l'exemple de leurs voisines les Diato mées ; conséquemment s'ils ne peuvent ni marcher n manger, ils ne sont pas des bêtes ; c'est clair comme le jour, ne le pensez-vous pas ?

Partout ils habitent les eaux pures et limpides, la principalement où prospèrent les *sphagnums* (mousses) mais on les voit aussi se grouper sur les végétaux inondés et dans les flaques des marais. L'enveloppe en est membraneuse, molle, flexible et se déforme par la dessiccation ; cependant l'habile père Bourgogne, de Paris, sait les préparer de manière à leur conserver tou les attraits dont la nature a daigné les doter.

Moins nombreux que leurs congénères, c'est à peine s l'on en compte 300 espèces, parmi lesquelles on distingue outre celles déjà nommées, les *Penium* ayant la forme d'œufs allongés, étranglés et couverts d'un bout à l'autre de lignes ou stries (Pl. 20, fig. 8) ; les *Closterium* simu lant des arcs striés dans le sens de la longueur et por tant de tout petits œillets sur les parties les plus sombres (Pl. 20, fig. 9); les *Tetmemorus* qui leur ressemblent mais dont la surface est entièrement granulée ; les *Euastrum* très-élégants et dont je suis inhabile à donner, par écrit, une image (Pl. 20, fig. 10); les *Micrasterias*... Ah oui ! parlons-en donc un peu des Micrasterias, ils en valent bien la peine. — Comme vous pouvez vous en assurer (Pl. 20, fig. 11, 11 bis), ce sont de délicieuses rosaces, dentées sur le pourtour, contenant une matière d'un beau vert, fort élégantes d'ailleurs et présentant un étranglement au milieu, lequel les divise en deux parties égales, en deux moitiés d'un seul tout. Quand le moment de la fécondation est arrivé, ces deux moitiés s'écartent légèrement et laissent entrevoir deux nouvelles et toutes petites autres moitiés attachées, l'une à droite, l'autre à gauche, aux anciennes. Au fur et à mesure que les jeunes grandissent, les vieilles se séparent davantage d'après les besoins et, en fin de compte, quand les bébés ont atteint la taille des pères ou mères, je ne sais quoi, ils forment avec eux deux desmidiées nouvelles. — C'est à peu de chose près, comme nous le verrons, le procédé de reproduction de certaines Diatomées, et sous ce rapport, la science a bien fait en ne séparant pas trop les unes des autres.

Si vous n'avez pas perdu le souvenir de la *Gyration* et si la chose a pu vous intéresser, vous pourrez observer ici le même phénomène. Au moment, en effet, où les jeunes Desmidiées apparaissent et grandissent entre les anciennes, on distingue dans les premières des corpuscules microscopiques en mouvement continuel affectant les allures des véritables Infusoires ; plusieu observateurs n'hésitent même pas à les tenir pour tel Cependant, à vrai dire, leur nature animale n'est p encore bien établie. Quoi qu'il en puisse être, po jouir de ce curieux spectacle, l'emploi d'un object puissant est indispensable (8 N. 9, 11 H.). Sans dout si l'on se contente d'examiner des Desmidiées adulte un grossissement moyen est bien suffisant (3 N. 7 H. Toutefois, même certaines d'entre celles-ci, le Did moprium par exemple, supportent parfaitement l'o jectif n° 7 de Nachet.

Avant d'aborder l'examen des célèbres Diatomée je ne crois pas pouvoir me dispenser de nommer tou au moins les *Psorospermies*. Il faut savoir que la na ture vraie de ces créations a été longtemps controver sée ; autrefois on les tenait pour des animaux, mai aujourd'hui on semble d'accord pour les ranger dan le règne végétal. En fin de compte, nous avons ici d simples petites cellules microscopiques enrichies cha cune d'un long filament enroulé en spirale et fort diffi cile à apercevoir (obj. 7, 8, N. 10 H.). Ces cellules, for mées de deux valves réunies par une bande annulaire vivent entre les membranes de la vessie natatoire de poissons. Pour les observer au microscope, il fau diviser cette vessie, en déposer un fragment dans un goutte d'eau, et chercher sur la face interne de l membrane. C'est peu joli, mais fort intéressant au yeux de la science.

XXIV

LES DIATOMÉES

Nous voici arrivés enfin au dernier des degrés de l'échelle végétale. C'est donc, à cette heure, aux *Diatomées* à faire leur entrée en scène, et elles ont à se bien tenir, car j'ai peur de vous ennuyer en parlant de ces objets de prédilection des amateurs fanatiques de microscopie, parmi lesquels je suis bien forcé de me ranger. Or, vous connaissez les conséquences d'une passion ; on en raisonne à tort et à travers sans jamais s'arrêter, sans aucune pitié pour les indifférents, et je laisse à juger s'il doit m'être facile de me renfermer dans de justes bornes, alors qu'il s'agit des objets les plus intéressants du monde invisible. — Oui, à mes yeux, je vous en préviens, les autres merveilles de la création ne sont rien en comparaison, et, pour moi, une Diatomée bien délicate l'emporte en valeur sur tous les Insectes broyeurs ou suceurs, sur les Acares, les Myriapodes, les Infusoires, les Foraminifères et les Polycistines connus ou à connaître d'ici à la fin du monde.

Et pourquoi cette prédilection, me demanderez-vous ? — Pourquoi ? — Parce que ces prodigieux atomes présentent de grandes difficultés à l'analyse, parce qu'ils nous révèlent des phénomènes incompréhensibles et que, le plus souvent, ils sont ornés de sculptures d'une ténuité et d'une élégance à nulle autre pareilles ; et vous ne pouvez ignorer de quel attrait sont pour l'homme curieux, un problème à résoudre, un mystère à dévoiler, une beauté à découvrir.

Et puis, chacun désire volontiers savoir si ses instruments sont bons ou mauvais, et certaines Diatomées peuvent lui donner tout apaisement à ce sujet. — Dans le principe, dans l'enfance de l'art, pour savoir à quoi s'en tenir, on avait recours aux écailles des ailes des Papillons, à celles des Podures ou des Lépismes aux poils de la larve du Dermeste, au pygidium de la Puce femelle, etc. ; mais les adeptes, à tort peut-être ont bientôt fait fi de tout ceci, et la plupart ne juren plus de nos jours si ce n'est pas les *stries* (lignes) des Diatomées.

Et cependant tout n'est pas rose ici ; ces *objet d'épreuve* organiques, ces *tests* pour les appeler pa leur nom, nous jouent souvent le mauvais tour de dif férer entre eux, et là où un observateur favorisé pa le sort parvient à voir facilement les détails les plu secrets, un autre moins heureux ne distingue rien ou entrevoit peu de chose, et cela par la seule raison que les préparations ne sont pas identiques.

Pour remédier à cet inconvénient, un homme habile du nom de *Nobert,* a imaginé et construit un instrument à l'aide duquel il est parvenu à tracer sur une lame de verre, des groupes de lignes de plus en plu rapprochées, dont le premier montre 443 et le dernie 3,544 lignes au millimètre (1) ! — Pouvez-vous com

(1) *Traité du Microscope*, par Ch. Robin, Paris 1871, page 548. — *L Microscope*, par le Dr H. Van Heurck, Bruxelles, 1878, page 110.

prendre un tour de force pareil? — Un seul millimètre divisé en plus de 3,500 parties! — C'est renversant, n'est-il pas vrai? — Dès lors cependant toute difficulté semble aplanie; grâce à la *plaque de Nobert*, chacun doit pouvoir s'assurer aisément du degré de perfection de ses objectifs, et si ceux-ci ne laissent pas distinguer les lignes les plus rapprochées, ils sont évidemment inférieurs à ceux pouvant les montrer à souhait.

Très-bien! mais nous voici cependant loin de compte encore; ces lignes menues gravées sur le verre d'une façon si miraculeuse, ne peuvent se voir, même avec les objectifs les plus puissants, si ce n'est en utilisant les ombres projetées par elles, et, pour y réussir, il faut avoir recours à la lumière oblique. Or, les raffinés soutiennent, non sans raison peut-être, que si la puissance de définition des lentilles est ainsi démontrée, l'épreuve ne prouve absolument rien en faveur de la force de pénétration d'une très-grande importance cependant et dont la lumière centrique peut seule donner une bonne solution. Aussi ces experts en sont-ils revenus à leurs premières amours, aux Diatomées. Du matin au soir et souvent du soir au matin, on les voit occupés de leur examen, négligeant tout le reste; consignant leurs observations dans des journaux spéciaux, des brochures et même des livres, se portant des défis et annonçant des résultats demeurés à l'état de mystères pour d'autres observateurs dont les expériences sont faites dans des conditions différentes et moins favorables.

Mais il est grand temps de faire connaître ces pro
duits merveilleux de la féconde nature. Mieux avisé
j'aurais même dû commencer par là.

Les Diatomées (du grec *coupé en travers*) sont de
corpuscules complétement invisibles à l'œil nu pou
la plupart, les plus grandes ne dépassant guèr
sept dixièmes de millimètre; elles affectent en géné
ral des formes géométriques, le carré, le triangle régu
lier ou tronqué, le quadrilatère, l'ellipse, la ligne
droite ou ondulée, la bande plate, le fil cylindrique
la bandelette brisée en zigzag, l'ovale, le disque, le
cercle, etc. Tantôt et le plus souvent elles sont isolées
indépendantes; tantôt on les voit agrégées, soudées
ensemble ou retenues en nombre par une façon de
pédoncule sur un corps quelconque, sur une plante
aquatique, une algue marine, etc.; ou bien encore
elles se tiennent l'une à l'autre par un de leurs angles,
ou demeurent accumulées et renfermées dans un tube
gélatineux et transparent.

Quand ces imperceptibles atomes sont vivants, on
les voit presque toujours briller d'une belle couleur
verte ou brune, distribuée d'abord uniformément sur
toute la surface, puis se divisant pour former de petits
globules assez jolis; mais après le trépas, les armatures siliceuses des Diatomées se montrent généralement toutes nues, et ce sont ces mêmes armatures
dont raffolent les micrographes, dont ils s'occupent le
jour, dont ils rêvent la nuit; vraiment ce n'est pas
sans motif, vous en conviendrez bientôt, je l'espère.

Aux yeux de la science, chacune de ces mignonnes

petites formes géométriques est une *frustule* (fragment) composée de deux *valves* (parties de coquille placées ventre à ventre et réunies par une ligne simple ou composée, appelée *cercle* ou *ligne de suture*. — Figurez-vous une tabatière sans charnière dont les deux moitiés se joignent. — Vue à plat c'est une valve seulement (*side view*); vue du côté du tranchant, ce sont deux valves se montrant de biais, mais alors la ligne de suture apparaît tout entière (*front view*).

Au moment solennel de la fécondation, cette ligne se dilate, les deux valves s'écartent un peu, et deux nouvelles valves se forment à l'intérieur pour se réunir aux anciennes et former avec chacune d'elles une autre frustule; ou bien les deux jeunes valves de l'intérieur s'échappent ensemble par un des côtés pour devenir, à elles deux également, une frustule nouvelle; ou bien encore, la multiplication s'opère par *conjugaison*: en d'autres termes deux frustules libres, couchées côte à côte, expulsent chacune une *masse* dont, après la réunion de celles-ci, on voit sortir une frustule semblable aux père et mère. — Et ce n'est pas tout ; au dire des savants, certaines Diatomées essaiment, et leurs façons de spores ou sporules, leurs germes si vous voulez, s'en vont s'éparpillant par les airs pour aller peupler d'autres contrées. — Au fait, s'il n'en était pas ainsi, comment pourrait-on expliquer leur présence dans les infusions artificielles?

Si vous n'avez aucune notion de ces ravissants atomes, vous voudrez bien me permettre d'exposer la manière dont il faut s'y prendre pour arriver à en avoir une idée bien exacte. — Écoutez : c'est très facile. — Vous demandez à Bourgogne père, à Paris ou à Topping, à Londres, une préparation de *Diato-mées en mélange,* dont le couvre-objet n'ait pas plu de 1 à 2 dixièmes de millimètre d'épaisseur. Aussitô en possession de celle-ci, vous la regardez d'abor attentivement à l'œil nu. — Qu'y voyez-vous ? — Rien n'est-il pas vrai ? ou tout au plus le verre vous sembl quelque peu souillé comme s'il avait été manié par de doigts humides. — Bien ! — Déposez maintenant cett même préparation sous le microscope armé en premie lieu d'un objectif très-faible (0. N. 2 H.). — Que dis-tinguez-vous ? — Des milliers de très-petites figure géométriques dont les contours sont seuls accusés, e dont parfois quelques-uns brillent des plus belles cou-leurs de l'arc-en-ciel. — Prenez maintenant l'objectif 1 N 4 H. — Déjà ainsi ces corpuscules devenus plus rare ont grandi, et vous pouvez deviner sur certains d'entr eux les sculptures dont ils sont décorés. — Continuez vissez sur le tube l'objectif 3 N. — Ah ! voici les des-sins d'un bon nombre venant se montrer dans tout leur gloire. — Ne vous arrêtez pas en si beau chemin substituez au n° 3, l'objectif 5 N. 7 H. — La foule diminué encore, mais les sculptures s'accusent davan-tage. — Enfin, et pour terminer, choisissez votr objectif le meilleur, le plus puissant (8 N. 9, 10, 11 15 H.) ; à peine ainsi reste-t-il dans le champ de l'ins-trument un ou deux de ces atomes, mais si vous ave eu la main heureuse, si vous avez su amener dan l'axe la valve isolée d'une diatomée de premier ordre vous pourrez admirer sur ce fragment considérablement grossi et sans aucun attrait auparavant, des stries ou lignes par milliers, disposées parallèlement ou en croix, en carrés, en hexagones, comme aussi des réseaux, des surfaces pointillées, des bordures d'une élégance inimaginable. — Il faut le voir pour le croire, diraient les charlatans.

Les Diatomées se trouvent partout ; elles croissent dans les eaux douces et salées au fond desquelles on les voit former des couches d'un brun fauve ou rougeâtre, ou bien adhérer aux plantes aquatiques, aux algues marines, comme aussi on peut les découvrir attachées aux mousses humides naissant au pied des arbres de nos forêts. — Les derniers sondages tentés au fin fond des Océans pour la pose des câbles télégraphiques en ont fait découvrir des variétés considérables, vivant en société avec les Foraminifères et les Polycistines. — Enfin on en trouve des amas énormes à l'état fossile dans les terrains tertiaires, et leur existence a dû précéder les dernières périodes géologiques. Le bonheur de notre père Adam avant l'aventure de la pomme, n'a donc pas été complet, puisque, n'ayant pas que je sache inventé le microscope, il n'a pu admirer les formes exquises de ces charmants produits de la création, dont les principaux gisements ont été découverts aux îles Bermudes, à Santa Fiora en Toscane, en Suède, dans la Nouvelle-Écosse, en Californie, à Richmond des États-Unis, à Oran en Algérie, en Irlande, etc. (1).

(1) Et à ce propos je ferai une observation assez importante peut-être, mais dont l'école de Darwin n'aura guère à se féliciter. Je possède des

Dans ces derniers temps, le Guano, cet engrais s préconisé de nos jours, est venu ajouter d'une manière bien inattendue à la somme de nos richesses sous ce rapport. Quand on dépouille cette matière fertilisante des substances terrestres et des autres saletés dont elle est composée, le microscope y fait découvrir des variétés nombreuses de Diatomées toutes plus charmantes, plus élégantes les unes que les autres, et dont plusieurs brillent de couleurs chatoyantes. — Comment expliquer leur présence ici? — Mon Dieu, c'es la chose la plus simple du monde ; sur la grève, des oiseaux ont récolté des *Fucus* et d'autres algues marines sur lesquelles vivaient ces Diatomées; ils on construit leurs nids à l'aide de ces végétaux ; parfois aussi ils en ont fait leur nourriture. Quand ensuite la putréfaction s'est déclarée, tous ces vieux nids délaissés, toutes les déjections de la gent emplumée, on formé un humus dans lequel nos atomes, grâce à leur nature siliceuse, ont pu se conserver inaltérés jusqu'à nous.

Et ne vous étonnez pas si je parle ici de silice; sans doute celle-ci n'entre pas en général dans la composition des végétaux parmi lesquels ces corpuscules son aujourd'hui rangés, mais il y a des exemples du contraire, et il me suffira, pour vous convaincre, de

Navicules et une foule d'autres Diatomées antérieures au déluge. Eh bien elles sont exactement pareilles aux navicules et diatomées vivantes que j'ai puisées dans nos mares; mes observations les plus minutieuses n'ont pu me faire découvrir la moindre différence. L'immuabilité des espèces ne serait-elle pas ainsi démontrée?

nommer l'*Equisetum*, la Prêle vulgaire de nos vertes prairies, dont la cinération laisse un résidu où la silice domine. — Par suite de cette nature pierreuse, de cette indestructibilité, telle Diatomée mise à l'heure même sous nos yeux a peut-être été témoin avec ses compagnons les Foraminifères et les Polycistines, des plus grands événements dont l'histoire et la tradition nous ont légué le souvenir.

Les sculptures phénoménales de ces invisibles atomes sont-elles des dépressions de la surface ou bien des fibres extérieures? — Les avis sont très-partagés sur ce point, et tout en étant partisan des fibres extérieures, je n'oserais pas encore me prononcer; il est si difficile, voyez-vous, de savoir à quoi s'en tenir quand on opère sur des objets infiniment plus petits que la pointe la plus effilée de la plus fine aiguille, et dont il faut pouvoir apprécier les milliers de dessins, alors que déjà l'on a la plus grande peine du monde de s'assurer si les lignes sont bien des lignes, un objectif puissant pouvant parfois les montrer composées d'une série de points. — Au surplus ceci intéresse peu le commun des martyrs : stries, lignes, ou points juxtaposés, dépressions ou fibres extérieures, les Diatomées n'en présentent pas moins d'intérêt.

Une autre question longtemps controversée est celle de savoir à quel règne de la nature appartiennent ces mêmes atomes. — Zimmermann, ce savant trop connu par son *Monde avant la création de l'homme*, les range encore parmi les animaux, et le docteur Mandl les envisage comme des Infusoires; mais cette opinion ne prévaut plus de nos jours; les Diatomées sont bel e bien des végétaux; le célèbre Pritchard, le savar docteur Carpenter, le docte Rabenhorst, les illustre auteurs du Dictionnaire micrographique anglai MM. Griffith et Henfrey l'affirment, et F. Dujardi s'élève vivement contre l'idée de les mettre au ran des *Infusoires*. — Mais à qui la faute, s'il vous plaît — A lui-même et à ses savants confrères, inhabiles imaginer une autre dénomination à mettre à la plac de cette dernière. — Dès l'instant en effet où, dans le *Infusions,* naissent miraculeusement autant de végé taux que d'animaux, il fallait, par des appellation différentes, éviter une confusion naturelle entre le uns et les autres, tous étant indifféremment *des chose plongées dedans*.

Après cela, il faut bien le dire, quand on suit atten tivement les allures de certaines Diatomées vivantes de celles surtout dont la forme rappelle la figure de fuseaux ou des barquettes (*navicula*), il y a de quo hésiter. On les voit en effet avancer majestueusement s'arrêter devant les obstacles ou s'en éloigner, se jete de côté, se retourner ou marcher à reculons, se com porter enfin comme tout animal intelligent et bien avisé.

Ehrenberg, partisan de la nature animale de ces atomes, explique ces mouvements par l'action de cils flagelliformes sortant des ouvertures rondes des valves battant l'eau et faisant nager; Thwaites, un autre savant, prétend avoir vu de nombreux cils vibratiles rangés sur chacun des côtés de ces corpuscules e agissant à la façon des nageoires. — Mais tout ceci a été réduit à néant par les contradicteurs ; les prétendues ouvertures d'Ehrenberg sont en réalité des protubérances ne pouvant livrer aucun passage à ses cils de fantaisie, et ceux de Thwaites ont été reconnus rigides et immobiles, ne pouvant ainsi aider en rien à la locomotion.

Très-bien ! mais alors expliquez-nous donc ce phénomène, Messieurs les savants. — Rien n'est plus aisé, disent-ils, c'est l'endosmose. — L'endosmose! qu'est-ce cela ? — Cela ? ce sont des courants de direction contraire venant se manifester entre deux liquides de nature différente, lorsqu'ils sont séparés par une cloison mince et très-poreuse. — Parfait !... mais d'abord avez-vous découvert un liquide quelconque circulant dans l'intérieur de ces corpuscules invisibles ? — A vous parler en toute franchise, votre explication me rappelle encore le *capricias arci thuram,* le *voilà pourquoi votre fille est muette* de l'immortel Molière. — Cependant, continuent ces Messieurs, les Diatomées ne peuvent en aucun cas être des animaux puisqu'elles ne possèdent pas les organes de la manducation. — Et où avez-vous appris qu'elles ne mangent pas? Ne peuvent-elles tout au moins se nourrir par absorption ? — Tenez, si vous consentiez à ne pas vouloir toujours expliquer l'incompréhensible, vous reconnaîtriez humblement que les Diatomées sont placées à l'extrême limite des deux règnes, animal et végétal, et que, suivant les espèces, elles tiennent tantôt du premier, tantôt du second. — Qui sait ? Un jour naîtra peut-être où vous serez tout surpris de voir classer définitive-ment les unes parmi les animaux et les autres parm les végétaux. — On ne peut répondre de rien.

A une certaine époque n'ai-je pas cru avoir trouvé à moi tout seul, le secret de cette mystérieuse locomo-tion! — Oui, j'ai eu cette croyance malheureusemen éphémère, et si j'en parle, c'est pour vous empêche de tomber dans le piége à ma suite. — Voici en quel termes je faisais part de ma prétendue découverte à mon savant ami le docteur Henri Van Heurck, l'un de micrographes les plus habiles et les plus passionnés d l'époque actuelle, toujours disposé à me venir en aid dans les cas embarrassants :

« J'avais sous les yeux, lui disais-je, une *Diatom vulgare* dont je m'amusais à suivre les singulière allures au moyen de l'objectif n° 2 de Nachet. Tantôt l diatomée avançait de droite à gauche, tantôt de gauch à droite; puis elle s'arrêtait et tout à coup faisait u soubresaut comme si elle avait eu peur. Ces mouve-ments désordonnés absorbaient toute mon attentio quand, à force d'y regarder de près, je vins à remar-quer un nuage mobile tout contre l'un des bords lon-gitudinaux de la petite algue. Ne pouvant distingue ce que ce pouvait être, j'enlevai le tube de l'instru-ment pour substituer au n° 2 le n° 5 du même cons-tructeur; en y joignant l'oculaire n° 3, j'obtenais ains 750 diamètres. — Comment, mon cher ami, vou dépeindre ma stupéfaction, quand alors mon œil déco-vrit de nouveau la même diatomée considérablemer agrandie? Le nuage n'était plus un nuage, c'était u rassemblement tumultueux de petits êtres d'une ténuité extrême, ayant une dimension équivalente à peu près à celle de l'extrémité de la patte d'un acare, sautant sur la diatomée et l'abandonnant tour à tour avec agilité, de manière à lui imprimer ce mouvement merveilleux jusqu'ici inexpliqué. Dès lors, mon imagination aidant, ce n'était plus une diatomée microscopique nageant dans une gouttelette d'eau, que j'avais sous les yeux ; il me semblait découvrir un grand lac ou bien une mer tranquille sur laquelle voguait une nacelle (*navicula*) montée par des marins se livrant, par un beau jour, au plaisir de la natation et qui, en remontant sur leur barque ou en l'abandonnant, lui imprimaient ce mouvement dont je cherchais à découvrir la cause. — Quels pouvaient être ces atomes si remuants? Voulant le savoir, je substituai au n° 5 le n° 8, afin d'arriver à 1,650 diamètres ; hélas ! plaignez-moi, mon cher maître, le couvre-objet n'était pas assez mince, la lentille frontale le toucha, et tout disparut comme un songe.

» Si cependant je n'ai pas été dupe d'une illusion, ce dont il vous sera facile de vous assurer en vous livrant avec votre habileté ordinaire à de nouvelles observations, les mouvements des diatomées s'expliqueraient de la manière la plus naturelle du monde, et les partisans du règne animal auraient perdu leur cheval de bataille, leur argument le plus sérieux.

» Mais, direz-vous, quel pourrait donc être, à votre avis, le rôle de ces petits animaux dans ces promenades des diatomées? Ils ne sont pas créés apparemment pour les pousser en avant ou en arrière? Non, sa doute ; ils ne s'en inquiètent pas le moins du mond mais, suivant toute apparence, ils sont très-friands cette belle matière verte ou brune dont les diatome sont pleines, et ils s'en donnent à cœur joie, sa ensuite, après s'être bien repus, à se livrer au plai de la natation. — Ce n'est pas leur faute à ces pauvr avortons si, en montant sur la navicule ou quand en descendent, leur turbulence la fait changer place. »

En homme prudent, mon ami accepta cette stup fiante révélation sous bénéfice d'inventaire; jugez do de ma joie lorsque, peu de temps après, il me dit avo constaté le même phénomène sur des *Amphora* (di tomées) puisées dans les fossés du château d'Héver près de Louvain. — Déjà, je me croyais sûr ainsi d succès et me disposais à emboucher les trompettes d la Renommée.—Hélas! tout est vanité dans ce mond — Les mouvements des diatomées se manifestent sa le secours d'aucun de ces parasites mystérieux; j'en depuis acquis la preuve la plus irrécusable. — Voi donc ma fameuse découverte tombée à l'eau! — Qu cet élément lui soit léger!

Les frustules libres ne sont pas les seules jouissar de la faculté de locomotion ; celles vivant en sociét dans un tube gélatineux nous montrent le même phé nomène ; on les voit en effet se porter en avant, e arrière, ou passer les unes par-dessus les autres pou revenir à leur point de départ. Vraiment, c'est miracu leux. — Et en être réduits à l'endosmose pour expli quer ce mystère ! N'y a-t-il pas de quoi se désespérer ?

Les variétés des diatomées sont innombrables; on en connaît aujourd'hui plus de 2,200 espèces, et, comme de juste, les savants ont donné un nom à chacune d'elles et essayé de les classer. Seulement, ils ne sont pas tombés d'accord sur ce point, et tous ont ici leur système à part : Pritchard les divise en 19 ou 20 familles comprenant 158 genres ; Rabenhorst a seulement 14 familles et 93 genres ; Griffith et Henfrey les parquent, eux, en 4 tribus et 100 cohortes.

Et puis, tout récemment, voici que nous arrive des États-Unis d'Amérique le célèbre Synopsis des Diatomées, par le professeur H.-L. Smith de Geneva (New-York), synopsis dont le docteur Van Heurck a eu la patience et le courage de donner une traduction dans son excellent traité du microscope. Le savant américain n'admet, lui, que 3 tribus divisées en 15 familles, comprenant 119 genres et environ 300 espèces.— Que nous importe après tout? — Quand nous examinerons les principales merveilles de ce règne *végétal*, la classification nous sera d'un intérêt secondaire ; famille ou tribu, genre ou cohorte, nous n'en admirerons pas moins ces produits invisibles de la Création, imaginés par le Divin Maître pour mettre notre patience à l'épreuve, pour nous donner une idée approximative de l'infini dont seul il a le secret, dont seul aussi il est la vivante image.

— Si jamais créature humaine s'est trouvée embarrassée, ce fut certainement moi quand je m'avisai (mettre la main à l'œuvre et de vouloir tenir cet eng: gement téméraire de parler de la famille des diatomé sans pouvoir les montrer en chair et en os. Ur nomenclature monotone, une description sèche aride! il n'y fallait pas songer, car personne au mond n'eût eu le courage de lire jusqu'au bout, et je suis pe soucieux, je l'avoue, d'ajouter aux imprimés soporif ques déjà connus.— Émailler la narration d'anecdote: d'historiettes plus ou moins attrayantes! Hélas! le suj n'y prête en aucune façon, nos invisibles cachant dar l'ombre et le silence leur vie, leurs coutumes et leu mœurs. — J'en étais donc réduit à chercher dans l recoins de mon cerveau, sans pouvoir l'y trouver, u remède héroïque de nature à me tirer d'affaire, quanc par une bonne fortune providentielle, la visite d'u ancien ami vint mettre un terme à ma perplexité. C vieux camarade, désireux de voir par ses yeux le merveilles de ce monde ignoré du vulgaire, s'install impatient devant ma table de travail et, penché sur l microscope, me posa, précisément au sujet des diato mées, une foule de questions accusant une facult d'observation tellement remarquable qu'il doit m suffire aujourd'hui, pour me tirer cette épine du pied de les reproduire dans toute leur simplicité.

—Voyons donc, me dit-il, ces fameuses diatomées don tu nous a chanté merveille, et procédons par ordre D'abord, qu'avons-nous ici? J'aperçois une forme arquée lignée délicatement dans sa largeur et dont les ligne sont ornées, de chaque côté, de façons de petites perles

— C'est l'*Epithemia turgida* (Pl. 20, fig. 12). On la trouve presque partout dans les eaux douces ou salées, mais surtout en Europe, en Asie et en Amérique. Pour ma part, je connais au moins quarante espèces d'Epithemia.

— Je t'en fais mon compliment bien sincère... Et comment nommes-tu cet autre corpuscule qui lui ressemble par la forme et par les sculptures dont il est orné ? seulement, le bord supérieur est ondulé régulièrement ; on dirait voir le devant d'un diadème.

— C'est l'*Eunotia tetraodon* (Pl. 20, fig. 13), et tu en juges tellement bien que certains savants lui ont donné le nom d'*Epithemia diadema*. Ces diatomées, dont on compte également plus de 40 espèces, vivent dans les eaux douces de l'Europe et de l'Amérique. Toutefois, on en rencontre aussi de fossiles.

— Je ne m'en inquiète pas le moins du monde... — Qu'avons-nous ici ? On dirait toutes petites battes d'Arlequin se tenant côte à côte, attachées par la base sur un filament très-fin légèrement tourné en spirale. L'ensemble ne figure pas trop mal un coquillage... Tu dis ?...

— Ceci te représente le *Meridion circulare* (Pl. 20, fig. 14), très-commun dans les eaux douces, surtout en France, mais dont on connaît peu d'espèces différentes, cinq ou six tout au plus.

— Une seule me suffit. Cherchons ailleurs : j'aperçois des frustules..... c'est ainsi que tu nommes ces choses-là, toi,..... rectangulaires, couverts sur les côtés les plus longs de petites lignes transversales, de stries comme tu les appelles. De ci, de là, ils se tiennent par un des angles de manière à former dans l'ensemble un dessin en zigzag. C'est?...

— Le *Diatoma vulgare*, vivant en famille dans toutes les eaux douces et salées de l'univers. Quand ces diatomées sont ainsi préparées, elles présentent un intérêt secondaire, mais c'est tout autre chose lorsqu'on les a en vie, car alors elles nous font assister au phénomène inexplicable de la locomotion spontanée. (Pl. 20, fig. 15.)

— Ah oui ! je me souviens, et je n'ai pas été peu surpris en lisant cette mention de plantes marchant comme des bêtes, au point même que, dans mon for intérieur, j'ai cru à une mystification.. Mais, dis-moi, qu'est-ce que cette espèce de cylindre curieusement pointillé, à côté duquel j'aperçois un tout petit disque dont le bord est orné de perles rondes ? On dirait voir une bague bien mignonne.

— Ce que tu prends pour une bague appartient au même cylindre et celui-ci est formé ainsi de plusieurs valves identiques, de frustules accumulés et placés alternativement dos à dos et ventre à ventre. C'est une *Melosira* (Pl. 20, fig. 16), vivant dans toutes les eaux douces et salées de l'Europe, et dont on connaît plus de 50 espèces.

— Vraiment !

— Oui, et l'on peut ranger dans la même famille cette autre valve circulaire que voici ; si tu veux y prêter attention, tu la verras entièrement couverte de stries rayonnant du centre vers le bord (Pl. 20, fig. 17), et celui-ci est orné de petites dents d'une grande délicatesse.

— Je distingue très-bien ces charmants détails : et comment baptises-tu cet animal... je veux dire ce végétal-ci ?

— Tu ne te plaindras pas cette fois de la rudesse des appellations scientifiques ; cette diatomée a nom *Stephanodiscus,* dont l'euphonie doit te plaire, et elle vit dans les eaux douces de l'Égypte et du Niagara.

— Je voudrais bien savoir comment tu connais tout cela, toi ?

— La belle demande ! et les livres des savants donc, les comptes-tu pour rien ? Après cela, tu sais, je n'y ai pas été voir, je crois ces messieurs sur parole.

— Et tu fais bien ; il faut toujours ajouter foi à la parole des savants. — Mais qu'avons-nous ici ? On dirait un petit pâté aux confitures, un gâteau en forme de barquette, ayant une grosse ligne venant le traverser par le milieu dans sa longueur, et plusieurs autres lignes horizontales disposées irrégulièrement.

— Un instant ! pour te montrer cette merveille d'une façon convenable, il me faut prendre un microscope à platine tournante, utiliser un objectif d'une grande puissance, et donner au réflecteur une position oblique, car nous avons affaire à la *Surirella gemma* (Pl. 21, fig. 1, 1bis), à l'une des diatomées les plus délicates, les plus difficiles à analyser, et dont les sculptures donnent lieu à bien des controverses. — Voici : — Regarde maintenant, pendant que, pour te la présenter sous toutes ses faces, je vais faire tourner platine. Vois-tu ?

— Comment ! c'est ça la même diatomée?... Qu'el a donc grandi, bon Dieu !... Entre les grosses lign horizontales, j'aperçois d'autres lignes moyennes di posées en grand nombre dans le même sens ; puis. oh! ceci est curieux. — Ne bouge plus. —Je distingu à cette heure une foule de mignonnes petites stri longitudinales venant couvrir toutes les autres à fois, grosses et moyennes. Puis..., qu'est-ce ceci ? I tout a l'air de se déformer.

— Oui, et tu dois voir des hexagones irréguliers très-aplatis.

— Ma foi, si j'en vois, je n'en vois guère. Peux-t les distinguer, toi ?

— Peuh ! je n'en suis pas bien assuré.

— Et pourtant tu y crois?

— Sans doute, puisque les plus habiles parmi l habiles m'en ont montré des dessins faits par eu seulement, je dois le dire, jamais épreuve photogra phique ne m'a donné ces insaisissables hexagones.

— Après tout, cela m'est bien égal. Ces diatomé vues comme je puis les voir sont déjà suffisamme jolies. Où peut-on les rencontrer?

— Dans les marais salins de l'Europe. Celles- viennent de Hull en Angleterre.

— Laisse-moi donc regarder à l'œil nu. — Il n'y rien ! — Ah oui !... j'entrevois de tout petits poin presque imperceptibles. —Et ce sont ces mêmes peti points qui viennent de se montrer grands comme d œufs de dinde ? et c'est sur ces infimes atomes que se dessinent ces sculptures innombrables ? Vraiment ! cela tient du prodige.

— Tu as raison, l'imagination de l'homme se refuse à comprendre ce mystère du monde invisible. Mais en voici assez de ce célèbre test ou objet d'épreuve ; revenons à notre premier microscope armé seulement d'un objectif moyen, du n° 5 de Nachet : vois-tu ces frustules prismatiques, droits, dont les valves soudées inégalement ensemble ont deux rangées longitudinales de jolies petites perles ? Ceci te représente le *Bacillaria paradoxa* (Pl. 21, fig. 2). A première vue, dans une préparation, ce n'est rien ou peu de chose, mais quand ces diatomées sont vivantes, elles nous font assister au spectacle le plus stupéfiant du monde. Tu connais cet outil dont les maîtres cordonniers font usage pour prendre la mesure des pieds de leurs clients, ces planchettes glissant l'une sur l'autre sans pouvoir se séparer ? Eh bien, cette Bacillaria est formée de même de plusieurs planchettes superposées, glissant également les unes sur les autres, tantôt en avant, tantôt en arrière, sans jamais se quitter tout à fait, et présentant ainsi, dans leur mobile agglomération, des figures géométriques changeant à chaque instant d'aspect.

— Ce doit être bien curieux. Et où peut-on s'en procurer de vivantes?

— Dans toutes les eaux salées de l'Europe ; le plus souvent elles sont attachées aux algues de la Méditerranée.

— Ce n'est pas moi qui irai les y chercher. — Maintenant qu'est-ce que cette grande machine se montran ici? On croirait voir une selle française piquée d'un façon assez drôle, mais privée de ses quartiers.

— C'est bien comme tu dis; il y a de la ressem blance. Cette diatomée est baptisée du nom de *Cam pylodiscus clypeus* (Pl. 21, fig. 3) et vit partout dan les eaux douces et salées. Elle paraît remonter d'ail leurs à la plus haute antiquité, car on en a découver à l'état fossile. Mais à mon avis, cette algue-ci offr peu d'attraits; ses sculptures grossières semblent ap partenir à l'enfance de l'art.

Je partage ton avis. Hâte-toi donc de me montre autre chose. Qu'est-ce ceci et comment nommes-tu ce jolies petites valves ovales, ayant une ligne au milieu et ornées sur toute la surface de stries horizontales composées de perles mignonnes? C'est très-élégant.

— Ce sont des *Cocconeis* (Pl. 21, fig. 5), très-com munes dans les eaux douces, surtout en Islande. O en connaît plus de 75 espèces, toutes également for jolies. Celle dont tu me parles, a reçu de la science l nom de *Cocconeis scutellum*.

— Me voici bien avancé!... et, plus loin, ces valve attachées à un filament très-fin, ressemblant, ma foi à des semelles de pantoufles informes, dont la surfac est couverte de stries transversales formées de petit points, et divisée chez les unes par une simple baud médiane et chez d'autres par une façon de croix Comment appelles-tu cela?

— Tu vois là des *Achnanthes* (Pl. 21, fig. 6). On e connaît environ vingt espèces vivant dans les eau salées de l'Europe, de l'Afrique et de l'Amérique. Celle dont tu as des exemplaires sous les yeux, est baptisée par la science du nom de *Achnanthes longipes*, à cause de ce long filament auquel elle est attachée.

Mais laissons cela, et viens voir sur le microscope à platine tournante, armé cette fois de l'objectif n° 6 à correction de Nachet, le *Gephyria incurvata* appartenant, dit-on, à la même famille. Cette algue est assez rare et on ne la trouve qu'à l'état fossile dans le guano de la Patagonie et de la Californie. Vue de front (*front view*), elle se présente, comme tu peux t'en assurer, sous une forme arquée, montrant sur deux de ses bords, les plus longs, une série de cellules juxtaposées, et divisée d'ailleurs au milieu par plusieurs lignes de suture arquées également. Mais ce qu'il y a surtout de remarquable, ce sont les petites stries, d'une délicatesse incompréhensible, venant couper ces longues lignes à angle droit. Les distingues-tu? as-tu jamais rien vu d'aussi élégant?

— C'est charmant! Et dis-moi, tout ceci est bien réel? Ces dessins ravissants que je viens d'admirer par milliers, se trouvent sur des atomes pour ainsi dire imperceptibles?

— Sans doute; ne viens-tu pas de t'en assurer?

— Oui, mais c'est à peine si j'ose en croire mes yeux. Et comment expliques-tu ce prodige?

— Je ne l'explique pas du tout. Dieu seul pourrait te répondre; lui seul pourrait te dire la raison d'être de ces créations ravissantes bien qu'invisibles, et jusqu'ici il n'a été donné à aucun d'entre nous de péné-trer le secret de leur présence en ce monde. — Et ce n'est pas tout; j'ai à t'exhiber d'autres diatomées d'une élégance et d'une richesse de dessin bien autrement admirables. Seulement, ce sera pour une prochaine occasion; tu dois être fatigué et je ne le suis pas moins.

— C'est cela; allons dîner, et, comme ont coutume de le dire les journaux en publiant les romans-feuil-letons : *la suite au prochain numéro.*

Continuant ce bavardage : Fais-moi donc voir, di mon vieil ami, ces diatomées supérieures promises à ma curiosité.

— Tu es bien pressé; je serai forcé ainsi de négliger une foule de choses charmantes; mais que ta volonté soit faite! Voici d'abord les *Actinocyclus Ralfsii*, fossiles très-abondants dans le guano du Pérou, et dont on rencontre également des exemplaires vivants dans les eaux salées de la Grèce, de la Sicile, de la Virginie et surtout près d'Oran, en Algérie.

— Quelles brillantes couleurs! et combien ces petits disques, curieusement peints et sculptés, sont mignons (Pl. 21, fig. 7).

— Sans doute; mais, pour juger de leurs ornements à dire d'expert, substituons à l'objectif n° 4 de Hartnack, le n° 7 du même constructeur. Tiens regarde :

— Eh bien, dois-je le dire? cette diatomée n'est plus aussi jolie. Sans doute ses détails se dessinent mieux les stries rayonnant du centre vers le bord paraissent, vues ainsi, composées de petites perles juxtaposées, dont les séries sont, de ci de là, interrompues, mais je n'aperçois plus ces belles teintes bleues, jaunes et vertes de tantôt, et je me demande ce qu'elles sont devenues?

— Tu me poses là un problème scientifique très-ardu. Dans l'une des anciennes livraisons de la *Revue des Deux-Mondes*, un savant a essayé d'en donner la solution. Suivant lui, les couleurs dépendent du rayonnement des atomes d'un même objet agissant les uns sur les autres. Quand donc un objectif assez puissant parvient à les isoler, le rayonnement cesse et la couleur disparaît. Cela semble logique.

— Tu crois? Pour moi je suis tenté de dire avec le chat de la Fable :

> ..... de toutes les merveilles
> Dont tu m'étourdis les oreilles
> Le fait est que je ne vois rien.

— Pardon! tu vois bien, mais tu ne comprends pas. Gardons-nous de confondre *autour* avec *dedans*.

— Malhonnête!... Que vas-tu me montrer maintenant?

— Une merveille entre toutes les merveilles, l'incomparable *Héliopelta*, autrement dit le *Bouclier du soleil* (Pl. 21. fig. 8). Jamais, depuis la création du monde, architecte ou peintre décorateur n'a imaginé une rosace aussi splendide, et, avantage inappréciable, il suffit d'un objectif moyen (5 N.) pour pouvoir en

admirer à la fois l'ensemble et les ravissants détail
Dis-m'en ton avis.

— Ton procès est gagné, mon ami. Oui, ceci dépas en beauté toutes tes exhibitions précédentes.... Et c'e là un atome invisible? Ce disque magnifique occupa en entier tout le champ du microscope est une diatom imperceptible? C'est à n'y pas croire! — Vois donc ces rayons tuyautés, partant de cette jolie étoile d centre pour aboutir au cercle, alternativement con vexes et concaves, ne sont-ils pas ornés de sculptur les plus variées du monde? Il y a là des réseaux, de pointillés, des tissus d'une délicatesse à nulle autr pareille. Et puis, le cercle lui-même ne montre-t- pas, sur un fond à mailles carrées, des lignes à dis tance, séparées par des façons de chandeliers d'autel
— C'est renversant.

— Tu as bien raison, et encore n'as-tu pas tout vu Il y a ici deux plans distincts et, pour pouvoir analyse les richesses diverses de cette triomphante diatomée dont jamais gravure ou photographie ne pourra don ner une image complète, il faut relever et abaisse insensiblement le tube du microscope. Tu pourra découvrir ainsi, sur le plan inférieur, outre les tissu dont tu viens de parler, de toutes petites rosaces divi sées en croix et d'une délicatesse inouïe.

— Tu dis vrai. De ma vie je n'ai rien rêvé de sem blable. Où peut-on trouver cette algue phénoménale

— Aux îles Bermudes et dans le guano. Elle est for rare.

— Comme tout ce qui est parfait en ce bas monde.

Après ceci, je crois pouvoir te défier de me montrer une diatomée plus belle, plus élégante surtout.

— Qui sait? Autrefois, avant la découverte de l'Héliopelta, la reine de la beauté était l'*Arachnoidiscus* ou *Disque-toile-d'araignée*, et aujourd'hui encore elle a ses partisans. Veux-tu voir? (Pl. 21, fig. 9).

— Ma foi, c'est ravissant. Ce disque occupant également le champ entier du microscope, a tout à fait l'aspect d'un cône renversé et montre des rayons concentriques divisés par d'innombrables cellules carrées ornées de perles. Au centre, j'aperçois une délicieuse couronne formée de façons de larmes disposées en rond. Rien au monde n'est plus splendide, et je ne sais à laquelle de ces deux diatomées décerner la palme de l'élégance. Où peut-on pêcher celle-ci ?

— Au Japon, en Afrique et en Amérique, comme aussi, à l'état fossile, dans le guano du Pérou... — Regarde à cette heure, toujours à l'aide du même objectif (5 N.), cet autre disque plus petit ; qu'en dis-tu ?

— Il est également merveilleux ; on dirait un bouclier légèrement bombé, couvert de perles sur toute la surface ; douze à quatorze rayons partant du centre aboutissent au bord, et celui-ci montre autant de protubérances rondes simulant des yeux séparés par des façons de sourcils renversés. C'est charmant. Comment nommes-tu cette algue ? et d'où vient-elle ?

— La science l'appelle *Aulacodiscus oregonus*. (Pl. 21, fig. 10.), et comme tu peux le deviner, elle nous arrive en droite ligne de l'Orégon, mais on la rencontre aussi dans le guano, mêlée aux *Aulacodiscus formosus* e *scaber* (Pl. 22, fig. 2).

— Et compte-t-on ainsi beaucoup de disques parm les Diatomées?

—Assez bien; il y a surtout l'*Asterolampra concinn* et l'*Asteromphalos Brookeü,* à fond de perles, portan au centre une espèce de clef-revolver pareille à cell des horlogers et dont les canons aboutissent au cercl (Pl. 21, fig. 11, 12); puis encore les *Coscinodiscus* s nombreux, si variés, présentant l'image d'un résea de dentelle ou d'une cornée de diptère. (Pl. 21, fig. 13 Pl. 22, fig. 1.)

— Je comprends. — Maintenant, dis-moi, n'en ai-j pas vu assez pour me rendre compte de cette fabuleus famille des diatomées ?

— Peut-être bien; cependant il me reste à te fair voir une préparation du *Licmophora splendida,* parc qu'elle diffère complétement de toutes les précédentes comme tu peux t'en assurer.

— Par exemple! voici qui est drôle! On dirait u arbuste portant, au lieu de feuilles, des éventails le plus mignons du monde. (Pl. 21, fig. 14.)

— Il en est ainsi; mais cet objectif est bien faibl (O. N.); si nous prenions le n° 5 N., les détails se distin gueraient infiniment mieux. Essayons.

— Oui, je découvre maintenant sur les frustule cunéiformes, placés côte à côte, arrondis à leur extré mité et rayonnant au bout d'une branche, des strie longitudinales et une matière brune dont je suis inha bile à déterminer la nature; mais je n'ai plus sous le yeux cette façon d'arbuste et son feuillage si original; il n'y a là qu'un éventail isolé. (Pl. 21, fig. 15.) A mon sens, l'ensemble est cent fois préférable.

— Tu peux avoir raison; seulement, les experts ne seront pas de ton avis.

— Hé que m'importe à moi!... Avons-nous encore des diatomées dont la structure diffère de celles-ci?

— Si nous en avons! je le crois bien! Les Diatomées, ne va donc pas l'oublier, se comptent par milliers, et toutes accusent des différences plus ou moins marquées. Quoi qu'il en soit, tu en aurais bientôt par-dessus la tête si je te les montrais toutes au microscope; aussi vais-je me contenter de t'en donner une notion superficielle, en te mettant sous les yeux les figures de plusieurs autres de ces algues.

Voici d'abord les *Triceratium,* originaires des ondes amères et présentant, vues dans un sens (front view), l'image de triangles, dans l'autre (side view) celle d'outres oreillées, et remémorant les sculptures des Coscinodiscus (Pl. 22, fig. 4, 4bis); tout à côté, se trouvent les *Eupodiscus* marins et fossiles si remarquables par le tissu finement pointillé qui en forme la base (Pl. 22, fig. 3). Ici se présentent les *Climacosphenia,* originaires de la Nouvelle-Hollande et de l'Afrique du Sud (Pl. 22, fig. 5). Puis, voici un spécimen des *Actinoptychus,* montrant avec orgueil leur croix trilobée (Pl. 22, fig. 6). Quant à cette algue-ci, aux formes hétéroclites, elle est connue sous le nom de *Biddulphia;* d'ordinaire, plusieurs sujets se tiennent ensemble par une de leurs façons d'oreille et ils sont tous sculptés avec un art infini (Pl. 22, fig. 7). Regarde ces *Isthmi* et leurs frustules en trapèzes révélant des dessin variés; n'est-ce pas curieux? (Pl. 22, fig. 8.) Et qu penser de la *Terpsinoé musica?* ne dirait-on pas voi un instrument de musique à pédales? (Pl. 22, fig. 9 Voici un *Podosphenia* délicatement strié en traver (Pl. 22, fig. 10), et une *Navicula didyma* dont l'obj. 5 N sait faire apprécier l'élégante structure (Pl. 22, fig. 11) Pour ce qui concerne les *Stauroneis* dont tu vois ic une espèce, c'est une autre affaire, et il faut parfoi avoir recours à un objectif d'une grande puissanc pour distinguer les stries horizontales qui les décoren (Pl. 22, fig. 12). J'appelle enfin ton attention sur ce *Amphiprora* (Pl. 22, fig. 12bis), comme aussi sur ce *Amphitetras* curieusement sculptés et se tenant pa la main en bons camarades qu'ils semblent être (Pl. 22 fig. 13) et enfin sur l'*Amphora* (Pl. 22, fig. 14); le *Callionella* (Pl. 22, fig. 15); les *Encyonema* circulan dans un tube diaphane (Pl. 22, fig. 16), et sur ce *Pinnularia* dont les stries sont si nettement accusée (Pl. 22, fig. 17).

— Merci, j'en ai assez; ces images sont, sans doute fort curieuses; mais, en réalité, il n'y a pas de compa raison à établir entre ces dessins et les diatomées vue à l'aide de tes lentilles.

— Tu as bien raison; les meilleures gravures, le photographies les plus parfaites, ne peuvent lutter d'élé gance avec les modèles; il faut savoir en prendre so parti. Et cependant, l'image la plus grossière est encor préférable à la description écrite la mieux réussie.

— Je le pense aussi. Maintenant, dis-moi, puis-je me vanter d'avoir une connaissance suffisante des Diatomées ?

— Peut-être bien en te plaçant au point de vue de la simple curiosité; seulement, il nous faudra encore une dernière séance pour l'examen de quelques-uns des tests les plus célèbres et les plus difficiles à résoudre; après cela, nous pourrons sans inconvénient dire adieu à ces minuscules végétaux, et pour un homme du monde, tu en sauras assez.

— Ah! te voici! — Tu es exact et je t'en fais mon compliment. Quant à moi, je t'attendais avec mes appareils mis en état comme tu vois, et je vais m'empresser de t'initier à ces mystères.

D'abord, il faut savoir que la tribu des Diatomées la plus nombreuse est celle des *Navicula,* ainsi nommées à cause de leur ressemblance naïve avec les barquettes de nos rivières, pouvant marcher comme elles, et dont on compte plus de 500 espèces si l'on y comprend les Pleurosigma, les Stauroneis, les Pinnularia, etc., qui s'en rapprochent beaucoup. La plupart de ces Navicules sont sculptées avec une grande délicatesse, et les amateurs admirent de préférence les *Navicula rhomboïdes, spencerii, affinis* (Pl. 23, fig. 1, 1 bis), *cuspidata, sigmoïdea, acus, strigosa,* comme aussi la *Vanheurckia viridula,* les *Pleurosigma balticum* (Pl. 23, fig. 2), *elungatum* (Pl. 23, fig. 3), *formosum* (Pl. 23, fig. 4); mais, en définitive, les armatures du *Pleurosigma angulatum* peuvent donner une idée de toutes les autres, et quand on connaît les premières, on n'a pl rien d'important à désirer.

— Voyons donc cette algue-type.

— Voici : Pour te faciliter l'observation j'ai mon l'objectif 10 H. sur un microscope à platine tournant en donnant au réflecteur une position oblique. Vois- une façon de S allongé, un *sigma* comme disent l savants, accusant au milieu une ligne longitudina avec un nodule au centre et un autre à chacune d extrémités? Distingues-tu les stries innombrables do toute la surface est ornée? (Pl. 23, fig. 5.)

— Parfaitement, elles partent diagonalement gauche à droite.

— Bien ! et maintenant ?

— J'en vois d'autres se dirigeant de droite à gauc et formant avec les premières de petits losanges. C'e fort joli.

— Regarde encore.

— Il y a de nouvelles stries, horizontales celles-ci d'une ténuité extrême; la valve entière semble ain couverte d'hexagones les plus charmants du monde bien marqués cette fois. (Pl. 23, fig. 5bis.)

— Et tu n'es pas au bout. Laisse-moi visser le n° de Hartnack... voici... Qu'aperçois-tu maintenant ?

— C'est singulier; les stries semblent formées points juxtaposés.

— Très-bien, et n'oublie pas que tu as là un aton absolument invisible à l'œil nu.

— Miracle des miracles! Et où va-t-on chercher végétal stupéfiant ?

— Dans toutes les eaux salées, et principalement dans celles de la Grande-Bretagne.

Passons à un autre test présentant à l'analyse plus de difficultés encore, à l'agaçant *Grammatophora subtilissima;* seulement, pour te faire mieux comprendre la chose, je crois convenable de te montrer auparavant deux des congénères de cette diatomée, dont la solution est bien moins rebelle et qui sont connues de la science sous les noms de *Grammatophora marina* (Pl. 23, fig. 7) et de *Grammatophora serpentina* (Pl. 23, fig. 6). Tiens; tu peux les voir ici réunies sur une même préparation; et quand tu te seras rendu compte de leur structure intime, tu n'auras plus de peine à distinguer celle de l'autre. Dis-moi, que vois-tu ?

— J'aperçois de petits quadrilatères portant chacun quatre façons de serpents disposés par couples en face les uns des autres, et ayant l'air de vouloir se manger. Sur les côtés les plus longs, il semble y avoir en outre deux systèmes de stries s'entre-croisant. C'est fort curieux vraiment... Où peut-on pêcher ces ravissants atômes ?

— Presque partout dans les eaux salées et l'on en connaît beaucoup de fossiles; le guano même en fournit par milliers. — Arrivons sans plus tarder à l'examen du *Gr. subtilissima* (Pl. 23, fig. 8) ; l'objectif 8 N. le montre assez bien; mais pour nous rendre parfaitement compte de ses sculptures enchanteresses, il ne sera pas hors de propos d'avoir recours à l'objectif 15 H. et à la lumière oblique. Voici : qu'en dis-tu ?

— Rien n'est plus délicat. Les stries qui se croisen sur les côtés sont d'une élégance incomparable. Jamai avant d'avoir vu, je n'aurais pu croire à tant de détail sur un objet absolument invisible.

— Tu es satisfait ? j'en suis bien aise. Terminon donc la représentation par l'exhibition de l'*Amphipleura pellucida*.

— Cette Diatomée fit naguère et fait bien souven encore le désespoir des amateurs de microscopie Regarde : la voici telle que peut la montrer l'objectif 8 N.

— Elle n'a rien de miraculeux, au contraire, et m rappelle tout bonnement une de ces petites navette dont se servait ma grand'mère pour faire ses éternel filets (Pl. 21, fig. 4).

— Au premier aspect ce corpuscule paraît en effe assez insignifiant, mais il faut savoir que, sur ce petites valves allongées, terminées en pointes au deux bouts, et montrant cette ligne séparative au milieu, il y a des stries horizontales d'une finess inouïe, au point même que la plupart des micrographes en nièrent longtemps l'existence. Et, de fait jamais mes appareils les plus puissants n'avaient pu me les montrer, lorsqu'un beau jour je réussis à m procurer l'objectif 1/5 *de pouce* du célèbre constructeur américain Tolles. Ses lentilles ont la réputation d'être douées d'une force de pénétration et de définition à nulle autre pareille; aussi, mettant à profit le premiers nuages blancs qui se montrèrent à l'horizon et dont on obtient toujours la meilleure lumière con nue, je fis un essai à tout hasard, et, juge de ma surprise, lorsque ainsi, sans aucune peine, je parvins à distinguer parfaitement ces stries phénoménales dont l'existence était si controversée.

Un de mes amis rit à chaudes larmes quand je lui parlai de cette découverte; selon lui, j'étais dupe de mon imagination, j'avais dû voir avec les yeux de la foi, et il ne devait pas y avoir là plus de stries que sur la main. Cependant je renouvelai l'observation dans des conditions identiques et chaque fois j'obtins les mêmes résultats. Pouvais-je douter encore? Non, n'est-il pas vrai? Toutefois ce me fut un grand soulagement quand le *Monthly microscopical Journal* du 1er septembre 1871 vint m'apprendre qu'un chirurgien américain du nom de Woodward avait fait la même découverte à l'aide précisément du même objectif 1/5 P. de Tolles. Il n'y a donc plus à le nier, l'Amphipleura pellucida est bien réellement ornée, des pieds à la tête, de stries horizontales.

— Tout cela est bel et bien; mais, en attendant, je ne les vois pas.

— Tu ne les vois pas, parce que les nuages blancs brillent pour le moment par leur absence; ce serait donc en vain que je monterais sur l'instrument l'objectif de Tolles; mais, pour t'indemniser, voici des figures que je dois à l'obligeance du Dr Van Heurck, mon savant ami.

La figure à gauche représente l'Amphipleura d'après Schumann; celle à droite est la reproduction d'une photographie obtenue par Woodward.

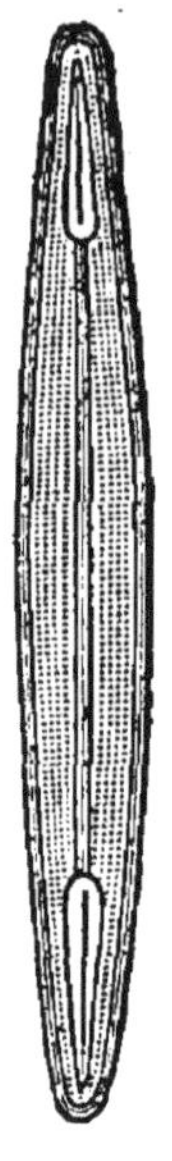

— Je te plains bien si tu ne peux voir ces men détails sans le secours de certains nuages.

— Oh! nous n'en sommes plus là; aujourd'hu tous les bons objectifs peuvent nous donner satisfa tion pleine et entière et, pour réussir, il s'agit to uniment d'utiliser les rayons solaires. Mais, tu le sa peut-être, c'est là une chose formellement interdi aux observateurs, sous peine de perdre la vue, rie que cela. — La difficulté consistait donc à pouvoir s'e servir impunément, et voici que ce même chirurgie Woodward a imaginé d'interposer entre ces rayons l'instrument, un liquide pouvant tempérer l'éclat de lumière et conserver cependant une quantité suffisan de celle-ci pour faire apparaître des détails demeur inaperçus jusqu'à ce jour.

Le procédé à suivre n'est pas des plus faciles, ma mon ami Van Heurck l'expose en termes clairs et pr cis, page 96 de son traité.

Voici son explication :

« Depuis quelque temps les micrographes, surtout » ceux qui s'occupent de l'étude des Diatomées, se » servent d'un éclairage spécial pour l'étude des stries » difficilement visibles. Ils emploient la lumière mono- » chromatique, c'est-à-dire, qu'ils ne font usage que » d'un seul des rayons du spectre, et c'est le rayon » bleu qui est préféré comme permettant d'obtenir le » maximum d'effet. La lumière monochromatique peut » s'obtenir de plusieurs façons : d'abord en décompo- » sant la lumière blanche par un prisme, ensuite en » tamisant la lumière à travers une cuvette contenant » une solution de sulfate de cuivre ammoniacal. On » installe dans la fenêtre une planche portant une » monture de microscope solaire dont on enlève l'ob- » jectif et le focus; on introduit dans l'appartement » un rayon de soleil que, à l'aide du miroir articulé » du microscope solaire, on fait tomber sur le miroir, » placé obliquement, du microscope d'étude. La cuve » est mise tout près du microscope solaire et la solu- » tion employée doit être d'un beau bleu suffisamment » foncé. C'est cette méthode d'opérer que nous avons » employée pendant longtemps, mais depuis que nous » possédons l'excellent condenseur du professeur Abbé, » nous n'avons plus besoin d'une installation aussi » compliquée. Nous nous contentons de placer le dia- » phragme aussi excentriquement que possible et de » recevoir les rayons solaires sur le miroir plan après » leur avoir fait traverser 3, 4 ou 5 verres d'un bleu » foncé que l'on place simplement à quelques centi-

» mètres de distance devant le microscope. Le nombr
» des verres bleus doit être proportionné à l'intensit
» de la lumière solaire, et l'on s'abrite de la lumièr
» superflue à l'aide d'un écran de carton. »

Toutefois il y a encore une difficulté à vaincre; l
globe terrestre, théâtre de nos misères, ne consentan
pas à demeurer en repos, à chaque instant ces aménagements sont bouleversés, et force nous est de modifier les combinaisons. — Que faire? — Ah! si u
héliostat n'était pas d'un prix aussi élevé, toute difficulté pourrait être aisément aplanie; cet instrumen
de physique, destiné à introduire un jet de lumièr
dans un lieu obscur, étant en effet pourvu d'un mouvement d'horlogerie qui lui fait décrire un cercle complet en 24 heures, suit nécessairement ainsi les incli-
naisons apparentes de l'astre du jour, et conséquemment le jet de lumière paraît frappé d'immobilité...
quod erat in votis.

Et puis voici venir un nouvel objectif construit tou
récemment par Carl Zeiss, de Iéna, et qui, dit-on, permet la solution des stries de l'Amphipleura sans l
moindre difficulté. Cet habile constructeur, s'aidan
des conseils de plusieurs savants, a imaginé de donne
à ses lentilles un angle d'ouverture considérable, et d
plonger la frontale, non dans l'eau distillée, comme o
a coutume de le faire, mais dans une goutte d'essenc
de cèdre (Genévrier de Virginie), ce qui permet mêm
de se passer de la correction.

Toutefois, cette essence, employée pure, ne paraî
pas devoir atteindre toujours le but, et il serait parfoi

utile de la mélanger par moitié avec l'essence de fenouil ou d'anis. L'huile d'olive peut même être utilisée pour ce mélange, et les essences de copahu et de santal semblent devoir donner également d'excellents résultats.

Mon savant ami, le Dr Van Heurck, a exposé cette découverte avec sa lucidité ordinaire dans le *Bulletin de la Société belge de microscopie,* d'avril 1878.

Quoi qu'il en puisse être de la valeur de l'innovation, tu en as maintenant assez et nous pouvons descendre le rideau.

— Enfin, je respire ! Nous en avons donc fini de ces innombrables Diatomées ! — Ce n'est pas malheureux.
— Seulement, permets-moi une observation : tu m'as dit l'autre jour ne pas pouvoir deviner la raison d'être de ces atomes ; j'y ai réfléchi depuis, et voici ce que j'imagine : Dieu, dans sa bonté inépuisable, a donné à toutes ses créatures les éléments du bonheur en ce monde, *bona si sua norint,* les moyens de satisfaire les sens dont il a daigné les doter. Si, dans ce but, il a créé pour nous le monde visible, n'a-t-il pu faire sortir du néant le règne végétal invisible, dans l'intérêt des infiniment petits, des infusoires microscopiques dont tu nous a parlé ? Chacun ici-bas aurait ainsi son lot.

— C'est peut-être ingénieux, mais absolument impossible, mon ami, puisque la plupart des infusoires n'ont pas d'yeux.

— Et comment peux-tu le savoir ? Tu ne vois pas chez eux les organes de la vision, et les savants, je ne l'ignore pas, en nient formellement l'existence ; mai ils n'apportent aucune preuve positive à l'appui d leur thèse, et qui sait si un jour des instruments plu perfectionnés encore ne feront pas reconnaître leu erreur sous ce rapport ? J'aimerais, vois-tu, à me figu rer le Dieu des chrétiens distribuant ses bienfaits toutes ses créatures sans distinction et, pour nous e tenir au règne végétal, nous ayant donné, à nous qu sommes de grands garçons, les roses, les lys, les fleur si variées de nos jardins, mais ayant créé pour le animaux-atômes, ces innombrables diatomées et le autres algues microscopiques — leurs fleurs à eux — dont ils peuvent admirer les étonnantes structures l'aide d'organes dont tu les prétends privés par l seule raison que tu ne les as pas découverts.

— A ton aise ! berce-toi de cette illusion. — Aprè tout cependant, peut-être un temps viendra où le mys tère sera dévoilé comme tu l'imagines ; mais, en atter dant, faisons nos adieux aux Diatomées, mettons ce instruments sous verre, et reposons-nous, heureux e contents, en bénissant le divin Auteur de toutes ce merveilles.

RÈGNE MINÉRAL ET INORGANIQUE

Pourquoi, me demandera-t-on, avoir adopté cett classification démodée des trois règnes? — Aujour d'hui, tout le monde doit le savoir, la science en re connaît seulement deux : l'*organique* comprenant le animaux et lès végétaux, et l'*inorganique* renferman les créations dépourvues d'organes. — Pourquoi? — Parce qu'il ne s'agit pas ici d'une œuvre scientifique parce que je dois avant tout me faire comprendre de personnes étrangères à ces études; or, la vieille classi fication est bien autrement éloquente que la nouvelle car tout le monde l'entend sans peine, tandis qu l'autre!.... — Et puis, cette dernière est-elle bien complète? Je me permets d'en douter, et si j'ai bonn souvenance, un savant dont le nom m'échappe, a d admettre récemment un autre règne nommé par lu *Psychodiaire* (vie divisée) dans lequel il a rangé toute les créations douteuses, les animaux-plantes o zoophytes, preuve indubitable qu'à ses yeux la divi sion moderne laisse à désirer.

Quoi qu'il en soit, la seule qualification de *minéra* donnée à ce 3e vieux règne, ne pouvait me satisfaire Parmi les créations n'ayant rien de commun ni ave les animaux ni avec les végétaux, il s'en trouve, e effet, qui ne sont évidemment pas des minéraux voyez, par exemple, certaines cristallisations, celles d la neige entre autres. Aussi me suis-je décidé à accoler au mot *minéral*, l'adjectif *inorganique* (privé d'organes).

Ceci dit, entrons en matière.

XXV

LES MINÉRAUX

Au point de vue microscopique, les minéraux ne semblent guère pouvoir présenter aux yeux de simples curieux un intérêt bien considérable ; d'abord, vous ne pouvez l'ignorer, loin de naître d'individus semblables à eux à l'instar des animaux et des végétaux, ils sont formés tout d'une pièce par des éléments hétérogènes. Complétement inertes d'ailleurs, leur structure est mécaniquement simple. En revanche, si les corps organisés sont composés de quatre éléments à peine, l'oxygène, l'hydrogène, le carbone et l'azote, les minéraux en comprennent jusqu'à soixante, la science l'affirme, et ils sont pour ainsi dire indestructibles ; mais ces avantages n'en augmentent pas pour nous l'attrait, car, privés de mouvement et d'intelligence, ils ne peuvent jamais devenir les héros d'aucune aventure, et si je m'appesantissais sur ce sujet, je risquerais fort de vous faire dormir debout, ce dont je n'ai pas la moindre envie, croyez-le bien.

Cependant le microscope pouvant nous aider à découvrir ici des particularités qui ne sont pas à dédaigner, je ne puis m'abstenir d'une manière absolue. Sans doute, je devrai me garder de définir la minéralogie et ses diverses espèces : physique, systématique descriptive, géognostique et technologique, ce qui vou amuserait tout juste assez pour vous faire jeter le livr au feu ; je ne pourrai non plus m'étendre davantag sur la mensuration des angles des cristaux, dont le savants font un si grand cas. Pour arriver à leurs fins ils ont même inventé un instrument spécial conn sous le nom de *Goniomètre*. L'illustre et spiritue Babinet en a fait construire un que l'on dit excellen quand il est utilisé à la lumière artificielle ; et le célè bre Wollaston en a imaginé un autre dont les miné ralogistes se servent de préférence parce qu'il donn de bons résultats en tous temps et avec toutes le lumières possibles ; mais, en définitive, que peuven nous importer l'ouverture plus ou moins considérabl des angles des cristaux ?

Non, je ne veux pas lasser votre patience en cher chant à résoudre ces problèmes ardus ; mon seul dési est d'intéresser quelque peu aux corps inorganiques, en faisant entrevoir leur structure et en initiant aux mer veilles de la cristallisation et de la polarisation.

Après cela, il n'y a pas à s'y tromper, le microscope tout perfectionné qu'il peut être, ne donne pas le der nier mot de l'énigme de la Création, et jamais il ne pourra atteindre à la limite extrême des choses. De même que le télescope dont l'objectif le plus puissant ne sait parvenir à sonder les profondeurs de l'incom mensurable Univers, de même le microscope ne sera jamais de force, je le crains bien, à montrer les molé cules les plus infimes de la nature. Voyez les pierres précieuses ; elles ne sont pas formées d'un seul jet, j'imagine; élaborées lentement dans le sein de la terre, elles ont dû y être produites, la science en est garant, par l'accumulation de molécules impalpables; mais qui donc a jamais pu voir celles-ci? assurément personne (1). Dans les deux autres règnes, animal et végétal, nos lentilles révélatrices font découvrir des détails

(1) « Qui ne sait, dit le savant Tyndall, qu'une foule de détails de la » structure des corps sont insaisissables au microscope, quoiqu'ils se » révèlent d'une manière indubitable par d'autres voies?... Quelques per- » sonnes semblent se former une idée imparfaite de la distance qui » sépare la limite microscopique de la limite moléculaire, et par une » conséquence nécessaire, elles emploient parfois une phraséologie que » l'on dirait calculée dans le dessein de tromper, lorsque par exemple » elles décrivent le contenu de cellules comme étant *parfaitement homo-* » *gènes et absolument sans structure*, parce que le microscope ne peut y » distinguer aucune structure. Alors, je le crois, le microscope com- » mence à jouer un rôle malfaisant. Une considération bien petite va » vous faire comprendre pourquoi cet instrument ne doit pas être écouté » dans la question réelle des germes organiques : l'eau distillée est plus » parfaitement homogène que le contenu de toute cellule organique pos- » sible ; quelle est donc la cause qui fait que ce liquide cesse de se » contracter à 4d· au-dessus du zéro, et qu'il augmente de volume jus- » qu'à ce qu'il soit congelé? C'est ici un mode de structure que le » microscope ne saisit pas et qu'il n'est pas apte à saisir quelle que soit » l'extension donnée à son pouvoir amplifiant... Et cependant il s'est » produit dans cette eau un changement profond et compliqué... Il existe » donc un monde de matière et de mouvement pour lequel le micros- » cope n'a pas de passeport et dans lequel il n'est d'aucun aide. Les cas » où ces mêmes conditions d'impuissance se retrouvent, sont tout sim- » plement innombrables. Le diamant, l'améthyste et les autres cristaux » sans nombre qui se forment dans le laboratoire de la nature et de » l'homme n'ont-ils donc aucune structure ? Assurément ils en ont une, » mais que peut en raconter le microscope ? Rien.— On ne saurait avoir » assez présent à l'esprit qu'*entre la limite microscopique et la vraie* » *limite moléculaire, il y a place pour des permutations et des combinai-* » *sons infinies.* »

(Citation de l'abbé Moigno dans ses *Actualités scientifiques* n° 24, p. 18-19, Paris 1872. — *Le Darwinisme*, par l'abbé Le Comte, p. 90 à 92. Bruxelles-Paris, 1873.)

secrets et réellement merveilleux, vous venez d'e juger, mais nous en dévoilent-elles les mystères le plus cachés? Il est tout au moins permis d'en doute Le trop célèbre Haeckel enseigne que généralement le cellules sont identiques; cette assertion, je dois le dir ne me donne pas une bien haute idée de sa comp tence en fait de microscopie, car, pour moi qui r suis pas savant, loin de là, mais qui crois savoir mani l'instrument avec un tant soit peu d'adresse, le diverses cellules soumises à mon examen se sont tou jours révélées avec des différences plus ou moir caractéristiques, ce qui ne ferait pas son affaire à M. Haeckel; mais que m'importe? et d'ailleurs, e fût-il autrement, toutes les cellules sans distinction s montrassent-elles à mes yeux absolument semblable les unes aux autres, encore me garderais-je bien d'a firmer qu'elles le sont en réalité, sachant par expe rience que les meilleurs microscopes ne peuvent jama dépasser certaines limites. Vous connaissez par la not que je viens de transcrire, l'opinion du professeur Tyn dall sur ce sujet; je vais plus loin : tous les animaux tous les végétaux connus sont hantés par des parasite ou des commensaux; or, a-t-on jamais découvert ceu des infusoires et des cryptogames microscopiques Non, n'est-il pas vrai? Et cependant qui de nous oserai affirmer que ces parasites invus n'existent pas? Soyon donc circonspects, et quand nous parlons des secret de la nature, ne prétendons pas pouvoir descendre jus qu'au fin fond des choses. Cette réserve admise, voyon jusqu'à quel point il nous est permis d'arriver.

L'Or. — L'Or, cette chimère, comme le nomme Scribe dans le chef-d'œuvre de Meyerbeer, l'Or nous est connu depuis la plus haute antiquité. Sans parler du tabernacle de la Sainte Bible, couvert d'or pur au dehors et au dedans, et surmonté d'une croix d'or; sans nous arrêter davantage aux deux Chérubins en or battu ét au chandelier d'or à six branches (Exode, chap. XXV), n'avons-nous pas, à l'appui de cette thèse, Pausanias venant assurer que les eaux du Styx corrodaient les vases d'or, bien que la rouille ne puisse jamais atteindre ce métal? (Arcadie, chap XVIII) et, plus loin, ne raconte-t-il pas que les Cyzicéniens, ces habitants de Cyzique, ville de la Propontide dans l'Asie-Mineure, depuis longtemps disparue, emportèrent la statue de Dindymène (lisez Cybèle), laquelle était en or? (Arcadie, chap. XLVI.) — Le divin Homère prisait beaucoup ce métal, et il rapporte que Glaucus, fils de Priam, peu soucieux de faire un bon marché, échangea des armes d'or valant cent bœufs, contre celles de Diomède qui en valaient à peine neuf (Iliade. VI, 234); mais Pline le Naturaliste ne partageait pas ce sentiment, et il demandait aux Dieux de délivrer la société de la maudite faim de l'or, *auri sacra fames* comme dit Virgile, de cet or découvert, disait-il, pour la perte de l'humanité.

Voici donc l'antiquité de ce minéral célèbre établie et prouvée à toute évidence. Que pouvons-nous y voir au microscope? ma foi, pas grand'chose, car, dans son état de nature, il apparaît seulement sous forme de petits grains ou de paillettes d'un jaune éclatant, ou bien, quand ces grains sont accumulés, il montre de masses nommées *pépites,* plus ou moins arrondies, dont l'œil nu peut parfaitement se rendre compte. est vrai, quand on parvient à l'obtenir cristallisé natu rellement ou artificiellement, c'est tout autre chose et l'on peut admirer alors des octaèdres, des dodé caèdres, des hexatétraèdres, dont les angles observé à l'aide de l'objectif 2 N. 5 H. et mesurés au Gonic mètre, sont fort appréciés des savants.

Dans les gisements, les paillettes d'or se trouven toujours mêlées à une foule d'autres minéraux, grain de sable, petits cailloux de toutes natures. Au micros cope, (obj. 1 N. 4 H. lum. réfl.), pour nous qui n sommes pas savants, rien n'est joli comme une pir cée de ce mélange ; il y a là des pierrettes de forme de couleurs variées sur lesquelles tranchent magnif quement les grains d'or venant nous éblouir par leu scintillant éclat. Somme toute, eu égard à son immens renommée, nous ne pouvons négliger l'observation d la chimère de M. Scribe.

Après cela, si nous voulions approfondir ce suje les experts nous mettraient parfois dans un cru embarras. Ainsi, suivant l'opinion de Bouillet, l'au teur si connu du *Dictionnaire des sciences, des lettre et des arts,* l'or ne serait pas très-tenace, et un fil d deux millimètres de diamètre viendrait à se rompr sous un poids de 68 kilogrammes ; mais Delafoss n'est pas de cet avis et il assure (*Minéralogie,* tome 2 p. 274) qu'un fil d'or de trois millimètres de diamèt supporte sans se rompre un poids de 250 kilogramme

Qui donc a raison des deux? Je ne sais et ne m'en inquiète guère.... et vous?

L'Aventurine. — L'orthose aventuriné, vulgairement nommé Aventurine, est également connu sous le nom de *Pierre du soleil.* Tout le monde sait probablement ce minéral par cœur, mais c'est à l'aide du microscope seulement (obj. 1 N. 4. H., lum. réfl.) que l'on parvient à distinguer les charmants détails de son ineffable structure formée de lamelles triangulaires de fer oligiste accumulées, toutes d'un beau brun de miel doré, et scintillant au moindre mouvement.

Cette pierre peu précieuse se récolte sur les côtes de la mer Blanche d'où on l'extrait pour la tailler en *cabochon* (drôle de nom, n'est-il pas vrai?), c'est-à-dire, en langage trivial, pour la polir sur sa surface. Ainsi préparée, on l'utilise à la bijouterie, mais comme son prix est relativement peu élevé, les reines du monde en font un cas médiocre. Ah! si ce même minéral était moins abondant, s'il dépassait en valeur celle des perles fines autant qu'il les dépasse en beauté réelle, ce serait bien une autre affaire, et toutes nos dames, pour lesquelles le coût des objets en fait seul le mérite, iraient s'aventurer à qui mieux mieux pour se couvrir d'aventurine. Ainsi va le monde, on n'y peut rien changer.

Le Diamant. — Déjà, du temps de Pline le Naturaliste, (Livre XXXVIII, 15, I) le Diamant était envisagé comme étant de toutes les choses de la nature, celle dont la valeur est la plus considérable. A l'en croire les Rois seuls, et même fort peu d'entre eux, pouvaien en posséder.... On n'en était pas plus malheureux j'imagine.

Dans ces siècles d'ignorance relative, la dureté d diamant était tenue pour telle que, placé sur un enclume, si un marteau d'acier venait à le battre celui-ci devait rebondir ou bien l'enclume se briser Oui vraiment; et de plus, notre pierre précieuse étai préconisée comme pouvant résister à l'action du feu.

Mais aujourd'hui nous sommes plus habiles et nou savons réduire le diamant en poussière comme auss le brûler le mieux du monde à l'aide du gaz oxygène Si nos ancêtres revenaient sur la terre, ils seraien bien surpris, ne le pensez-vous pas?

Le diamant se présente dans la nature sous form de cailloux arrondis ou de cristaux figurant des cubes des octaèdres, des dodécaèdres rhomboïdaux. Les plu anciennement connues de ces pierres précieuses nou viennent du Brésil, des Indes orientales et des mon tagnes de l'Oural. Mais voici qui devient matière réflexion : après bien des tâtonnements, on est arriv à constater que le diamant est tout bonnement.... quoi?.... du charbon pur! — Là! il y a bien vraimen de quoi s'extasier devant ses mérites!

Au microscope, ce minéral ne signifie absolumen rien. — Pourquoi donc en parler ici, me direz-vous — Pourquoi? parce que l'observation la plus minu tieuse vient démontrer la vérité de ce que j'avançai naguère en m'appuyant sur l'autorité des savant

Tyndall et Lecomte, à savoir que nos lentilles révélatrices, toutes puissantes qu'elles peuvent être, ne sont pas de force à nous initier aux secrets les plus intimes de la Création. Voyez vous-mêmes, essayez de toutes les façons, prenez vos objectifs les meilleurs, et jamais vous ne pourrez parvenir à entrevoir les molécules dont le diamant est évidemment formé. Voilà pourquoi j'ai tenu à vous entretenir de ce minéral mystérieux. Après avoir vanté les mérites, très-réels d'ailleurs, du microscope, ma conscience m'imposait le devoir d'assigner des limites à sa puissance.

L'Amiante. — Il y a peu d'années, par un beau jour d'hiver, je me trouvais à déjeuner en tête-à-tête chez un vieil ami, amateur fanatique de bibelots, de curiosités de toute nature; jadis, voyageur infatigable, il en avait ramassé dans divers recoins du globe.

A ce moment, le thermomètre marquait à l'air 15 degrés centigrades au-dessous de zéro; aussi le couvert avait-il été dressé tout auprès du foyer où de grosses bûches flambaient joyeusement. (C'est leur destinée aux bûches : pourrir ou brûler, il n'y a guère pour elles de milieu.)

Pendant le repas, un mouvement maladroit ou peut-être prémédité de mon amphitryon, ayant fait incliner la saucière, une partie du contenu de celle-ci alla se répandre sur sa serviette. Exclamation de ma part! mais lui, sans s'émouvoir le moins du monde, ramassa nonchalamment le linge souillé et, sans sourciller, le jeta résolûment au feu. — Que fais-tu là, bon Dieu ?

— Je lave ma serviette parbleu ! — Comment laver!.. en brûlant? — Sans doute ; tu vas voir.

Un instant après, à l'aide de pincettes, le linge fu retiré de la flamme et jugez de ma stupéfaction, c linge devenu blanc comme neige, ne conservait plus l moindre trace de souillure.

— Ah ça ! dis-je à mon ami, tu vas m'expliquer c mystère.

— Bien volontiers, j'aime assez à faire le pédant écoute : « Cette serviette-ci, vois-tu, est en toil d'amiante. L'amiante est un minéral appartenant l'espèce connue de la science sous le nom de *Trémo lite* ou *Grammatite ;* il est formé d'une substance fila menteuse à base de chaux et de magnésie. Découver au mont Saint-Gothard d'abord, puis un peu plus tar en Savoie, en Piémont et en Corse, il y tapisse de se filaments les roches magnésiennes.

» D'une couleur blanche ou grise, ce singulier miné ral, souple comme un gant, se présente sous form d'un tissu dont les fils déliés, longs et flexibles, pouvan se défiler le plus aisément du monde à la manière d chanvre, du lin, du coton, etc., se prêtent on ne peu mieux au tissage. Afin d'en rendre la manipulatio plus facile, on le mélange parfois au moment de l'opé ration, avec l'un ou l'autre de ces derniers produits et quand ensuite on désire posséder un tissu d'amiant pur de tout alliage, on se contente de le jeter au feu le lin ou le coton y sont promptement consumés comm tu peux le penser, et par ainsi le but est atteint san la moindre difficulté.

» Après cela ne vas pas supposer que l'amiante soit réellement incombustible ; sans doute, il résiste à la flamme de nos foyers, mais le feu du chalumeau le consume parfaitement bien.

» Quoi qu'il en soit, les Romains ayant pu s'assurer de son incombustibilité relative, en avaient tissé des linceuls dont ils enveloppaient les corps des parents ou des amis voués à la crémation et dont ils désiraient recueillir les cendres sans aucun mélange. Ils s'en servaient aussi pour en confectionner les mèches destinées aux lampes dites perpétuelles.

» De nos jours on ne s'est pas fait faute de chercher à tirer parti de ses propriétés, et l'on en a fait des vêtements à l'usage des pompiers. Par malheur, si le feu respectait l'habit, il ne respectait guère les hommes qui en étaient revêtus ; aussi le procédé dut-il être abandonné, comme tu le penses bien.

» Mais un jour, on crut avoir trouvé un emploi bien autrement utile de l'amiante. Les valeurs au porteur, en papier, encombrent les caisses publiques et particulières, tu ne peux l'ignorer ; mettre ces valeurs à l'abri de l'incendie, c'est là le grand souci de leurs heureux possesseurs. — Si nous fabriquions, se sont dit des malins, les billets de banque, les actions, les titres, avec du papier d'amiante, le feu ne pourrait les atteindre et nous pourrions dormir sur nos deux oreilles. Aussitôt ils se sont mis à l'œuvre ; des billets furent gravés, imprimés, lithographiés ; tout marchait à souhait et la réussite semblait complète ; mais quand vint la grande épreuve du feu, la déroute fut générale ; l'élément destructeur avait bien respecté le papier, mais il avait le mieux du monde consumé tout ce qui était dessus, caractères, images, signatures et le reste. A la place d'un billet de banque, il n'y avait plus qu'un chiffon sans valeur. — Ce fut encore là une illusion perdue. »

Pendant ce beau discours, le déjeuner avait pris fin; tout émerveillé encore de la narration dont je viens de vous fatiguer peut-être, je pris congé de mon savant ami, non sans avoir obtenu au préalable de sa munificence un petit fragment d'amiante naturel. J'avais hâte, on le comprend, d'examiner au microscope ce minéral singulier; aussi ne tardai-je pas à regagner mon laboratoire et à déposer ce trésor sur la platine d'un de mes instruments armé pour le moment de l'objectif 4 H. — Que vous dirais-je? Ce minéral n'en semblait pas être un le moins du monde; j'avais là sous les yeux, comme me l'avait dit mon ami, un tissu composé de cellules irrégulières mélangé de prismes aplatis. — Et c'est là un minéral! me dis-je à part moi. Oui, il doit bien en être ainsi puisque la science l'affirme (1). — C'est égal, il y a des créations bien extraordinaires dans la nature.

Pierres calcaires. — Tout ceci est assez curieux peut-être, mais, faisant mention des *minéraux*, puis-je, de bonne foi, passer sous silence les *pierres* proprement dites? Non, n'est-il pas vrai? Et cependant

(1) Delafosse. *Cours de minéralogie*. Tome 3, page 426. Paris Roret, 1862.

jugez de ma perplexité ; j'avais sous les yeux des pierres calcaires (lime stones) du mont Hymalaya, de la Germanie, des Indes orientales, et il m'était absolument impossible d'analyser leur structure. Je voyais bien des rosaces, des corpuscules de toutes formes, mais qu'était-ce en réalité? — Dans mon ignorance, à l'exemple de la cigale du bon La Fontaine, j'allai

. . . . Crier famine
Chez la fourmi *ma* voisine,
La priant de *me* prêter
Son savoir pour subsister.

Cet industrieux hyménoptère était représenté ici par un savant conservateur du Musée royal d'histoire naturelle. M. l'abbé Renard (qui ne se formalisera pas, je l'espère, de la comparaison, d'autant moins qu'il ne m'a pas envoyé *danser*), eut l'extrême bonté de me donner la clef de l'énigme, et voici ce qu'il voulut bien me faire connaître :

« Votre pierre de la Germanie, dit-il, est un calcaire » à foraminifères; la masse fondamentale cristalline » transparente, est du carbonate de chaux cristallisé. » De cette espèce de pâte, se détachent des sections » circulaires et elliptiques formées de couches concen- » triques me paraissant des concrétions inorganiques.

» Quant à votre pierre des Indes orientales, dans » une masse fondamentale composée de calcaire fine- » ment grenu, associé à des matières argileuses ou » charbonneuses, se trouvent enchâssées des formes » circulaires, fibro-radiées ou à couches concentriques. » Je considère ces formes comme inorganiques.

» Enfin votre roche de l'Hymalaya est composée de
» plages de calcaire gris-brunâtre qui, souvent, forme
» des sphérolithes, dont on voit les bandes concentri-
» ques dans la section. Avec ces concrétions et ces
» parties amorphes à grains fins, se trouvent des frag-
» ments de quartz (plages bleues, avec l'appareil de
» Nicol) et des filaments de mica à base de magnésie.
» Ce mica est représenté par des paillettes plus ou
» moins allongées qui changent de teinte lorsqu'on les
» observe avec un seul Nicol (le polariseur p. ex.) et
» qu'on le fait tourner sur son axe. »

Vous le voyez, les pierres les plus vulgaires ne sont pas *ce qu'un vain peuple pense,* et la science, aidée du microscope, y sait découvrir des éléments divers dignes de la plus sérieuse attention.

XXVI

LA CRISTALLISATION

Un des spectacles les plus curieux que puisse nous offrir la minéralogie sous l'œil du microscope, c'est bien certainement la cristallisation. D'abord, il faut le savoir, pour faire réussir l'opération, il convient, avant tout, de nettoyer la lame de verre ou porte-objet au moyen d'une dissolution de potasse caustique, afin d'enlever ainsi les moindres parcelles des matières graisseuses. Puis, après avoir fait dissoudre le minéral dont on désire voir se former les cristaux, soit dans de l'eau, soit dans de l'alcool comme je vais l'indiquer, on étend, au moyen d'un pinceau, une goutte de la préparation sur le porte-objet. Après un espace de temps plus ou moins long, l'évaporation commence et alors, là où il n'y avait rien, on voit apparaître spontanément des molécules qui, venant on ne sait d'où, attirées les unes vers les autres, finissent par former des cristaux, tantôt isolés, tantôt groupés en masses parfois fort élégantes.

L'Argent. — Ce rival de l'or n'offre d'intérêt sérieux au microscope qu'alors seulement qu'il est cristallisé. Pour le voir en cet état, il faut d'abord parvenir à le fondre, ce dont la lumière blanche vient aisément à bout ; aussitôt, on voit se former de petits cubes, et ceux-ci venant se réunir en séries capricieuses, se présentent alors sous la figure d'arbustes ramifiés ou de mousses d'une délicatesse extrême, brillant des plus beaux feux sous l'objectif 1 N. 4 H. utilisé à la lumière réfléchie (Pl. 24, fig. 1). De même, le nitrate d'argent se montre, grâce au même appareil, lui qui est composé d'acide nitrite et d'oxyde d'argent, sous forme de cristaux artistement disposés en rameaux et présentant beaucoup d'analogie avec l'argent pur cristallisé.

Les Romains faisaient fort souvent emploi de ce métal pour les usages domestiques. Indépendamment des vases d'argent qu'ils savaient ciseler en relief, ils recouvraient de plaques d'argent les lits des patriciennes et jusqu'aux voitures. Dans son livre XXXIII (nos 49 et suivants), Pline l'Ancien, après avoir fait mention de ces applications diverses, parle de plats d'argent du poids de cent livres, de siéges d'argent et même de statues en argent massif élevées en l'honneur de l'em-pereur Auguste !

L'Acide oxalique. — Il n'est pas que vous ne con-naissiez le *sel d'oseille* baptisé par la science du nom d'*acide oxalique,* poison violent s'il en fut et dont o ne se méfie peut-être pas assez, au moment où on l'uti-lise pour enlever les taches d'encre et de rouille don le linge est maculé, mais dont aussi, grâce à la scienc des habiles chimistes, nous savons combattre les effet délétères par une infusion de magnésie délayée dan de l'eau.

Quelques fragments de ce sel déposés dans un pe d'alcool s'y dissolvent avec rapidité ; ceci fait, un gouttelette du liquide étant étendue sur le porte-obje et observée au microscope (obj. 0 N. 2 H.), nous initi à un phénomène bien fait assurément pour donner réfléchir. D'abord on ne voit rien, mais là, rien d tout ; tout à coup, apparaissent spontanément de fine aiguilles branchues allant grandissant sous les yeu sans donner la clef du mystère, comme aussi des cris-taux réguliers striés, analogues à ceux du sel raffiné Et tout ceci, peut-on le concevoir ? est formé de molé-cules sortant du néant et dont, avant la cristallisation personne au monde ne se serait avisé. N'est-ce pa merveilleux ?

Le Bichlorure de mercure. — Ce minéral, vulgai-rement nommé *sublimé corrosif,* est un poison célèbr entre tous. La marquise de Brinvillers, si justemen peut-être, mais si cruellement aussi, mise à mort pour en avoir fait un usage criminel, a valu en son temps au sublimé corrosif le nom bien justifié de *poudre de succession*. Plus tard, au XVIIIe siècle, on l'utilisa à la recherche de la pierre philosophale, ce darwinisme d'un autre âge; mais, de nos jours, à l'exception des services rendus par ce minéral aux études scientifiques, grâce entre autres à son pouvoir dissolvant de l'or et de l'argent, il n'est guère utilisé si ce n'est à la destruction des punaises, des bêtes de four et autres animalcules malfaisants. Pour atteindre le but, et ici je m'adresse à nos ménagères, il suffit d'enduire les boiseries, les murs, les réduits infectés, d'une dissolution de ce minéral dont la puissance est telle que tous les insectes tombent aussitôt foudroyés.

Le pourrait-on croire pourtant? Il suffit d'un peu de blanc d'œuf pour en neutraliser les effets. Voyez-vous cela! et ceci ne nous remet-il pas en mémoire le petit moucheron parvenant à mettre le fier lion aux abois?

Après tout, ces détails-ci ne nous intéressent guère; ce qu'il nous faut savoir, nous profanes, c'est comment le Bichlorure de mercure se comporte sous le microscope. Or, dissous dans l'alcool, sa cristallisation très-active et pour ainsi dire instantanée, fait apparaître spontanément sous l'objectif 0 N. 2 H., des aiguilles d'une délicatesse charmante, striées transversalement, puis des façons d'arborescences du plus bel aspect, et même des cristaux octaèdres et rhomboïdodécaèdres (bientôt autant de lettres que dans tout l'alphabet). Somme toute, ai-je eu tort de vous en parler?

Le Bichromate de potasse. — La potasse, vous le savez sans doute, s'obtient par l'incinération de certains végétaux parmi lesquels les arbres occupent le premier rang. Elle est utilisée pour le blanchiment du linge, parce qu'elle a la propriété de dissoudre les matières organiques. Comme, en outre, son essence est d'être un alcali, elle a également le pouvoir de réduire à néant bien des pierres précieuses, entre autres le rubis et l'émeraude. Oh! la vilaine!

Le Bichromate de potasse ou sel acide, se fond dans l'alcool, assez lentement toutefois; l'opération exige même le plus souvent jusqu'à 24 heures; mais celle-ci étant achevée, une seule goutte du liquide ainsi obtenu, venant à être étendue sur le porte-objet et mise au point sous l'objectif 0 N. 2 H., se développe bientôt sous l'œil de l'observateur ébahi, en arborescences d'un beau rouge orangé entremêlées de cristaux d'un jaune brillant assez irréguliers, et présentent ainsi dans l'ensemble l'image la plus ravissante du monde.

L'Acétate de cuivre. — Ce minéral-ci est vulgairement connu sous les noms de *vert-de-gris* et de *verdet,* et c'est encore là, vous ne pouvez l'ignorer, un poison des plus redoutables. Il y a deux espèces de vert-de-gris, celui obtenu au moyen de lames de cuivre trempées dans le marc de raisin, et celui qui apparaît spontanément sur les pièces de monnaie, sur le bronze, etc., livrés à l'humidité.

Ce minéral dont on ne peut trop se méfier, est néanmoins d'un grand secours dans l'industrie, et on l'utilise fréquemment pour la fabrication des couleurs, si même la médecine ne réussit à en faire emploi pour guérir les maux de l'humanité. Je le lui souhaite.

Déposé dans l'alcool, l'acétate de cuivre s'y dissout lentement; quand l'opération est parfaite, une gouttelette du liquide étendue sur le porte-objet et déposée sous l'objectif 0 N. 2 H., ne tarde pas à faire surgir du néant des corpuscules les plus jolis du monde; on dirait voir les gemmules et les spicules d'éponges dont j'ai parlé; seulement ces gemmules-ci sont acuminées, moins rondes ou moins ovales, et puis le sommet en est d'un vert clair fort brillant. Cette image est réellement curieuse au suprême degré.

Vous pourrez ainsi, durant des heures, des jours, des mois, continuer ces observations, et le microscope vous réservera à chaque pas des surprises à n'en pas finir. Sans m'étendre davantage sur ce sujet réellement inépuisable, je recommanderai en passant les cristaux du sel marin, d'une régularité charmante, (obj. 0 N. 2 H. Pl. 24, fig. 6), ceux de la neige, d'une délicatesse incomparable (même obj. Pl. 24, fig. 5) et surtout certains mélanges, soit par exemple une dissolution très-concentrée de chlorure de cuivre mise en contact avec un tout petit fragment de zinc; et quand vous aurez vu se former sous vos yeux de belles branches rouges terminées par de jolis cristaux, vous m'en direz des nouvelles.

Essayez aussi d'insinuer une pareille lamelle de zinc dans une solution de trichlorure de bismuth, et vous ne tarderez guère à voir cette lamelle se couvrir de franges noires, et celles-ci devenir arborescentes et grisonner en grandissant. Que vous dirais-je ? Ce serai à n'en jamais finir.

XXVII

LA POLARISATION

Enfin nous voici parvenus à la dernière scène d'un spectacle sans doute beaucoup trop long à votre gré. Voulant toutefois suivre les exemples donnés de nos jours sur d'autres théâtres où le plaisir des yeux remplace trop souvent, hélas! celui de l'intelligence, il ne me plaît pas de baisser le rideau avant de vous avoir offert également une apothéose, et celle-ci, je la trouve tout naturellement dans le phénomène de la polarisation, dont déjà j'ai montré quelques rares applications.

L'entente de cette polarisation exige des connaissances spéciales dont je n'ai pas la prétention de faire montre en affichant ici une érudition d'emprunt. Pour avoir une idée de la chose, il suffit d'ailleurs de se figurer des cristaux venant absorber à leur profit exclusif, tous les rayons lumineux, les analysant, comme peut le faire le premier prisme venu, et offrant ainsi aux regards surpris une image brillant de toutes les couleurs de l'arc-en-ciel, tandis que le fond sur lequel elle scintille, demeure plongé dans une obscurité profonde. Je laisse aux plus indifférents à juger si cela doit être joli.

Voyons cependant les choses d'un peu près.

La Salicine. — Ce principe amer du saule, du tremble, du peuplier, dont l'efficacité contre les fièvres intermittentes, si préconisée autrefois, est aujourd'hui tout au moins douteuse, se cristallise d'une manière bien remarquable. Observées à l'aide du double appareil de polarisation et de l'objectif 0 N. 2 H., ses cristallisations se présentent sous forme de disques (Pl. 24, fig. 2.) dont le centre, en croix à quatre branches avec des intervalles rayonnants, est entouré de bordures du plus bel aspect, tandis que chacun de ces disques charmants repose sur des façons de feuilles d'acanthe d'une élégance extrême; oui, et tout ceci brille des couleurs les plus vives du monde. N'est-ce pas merveilleux ?

L'Asparagine. — Nous avons ici un principe chimique azoté, cristallisant en prismes à base rhomboïdale. — Découverte en 1805, d'abord dans les asperges qui eurent ainsi l'insigne honneur de lui donner leur nom, la présence de l'asparagine s'est révélée depuis dans la belladone, dans la betterave, et l'on suppose même qu'elle doit se rencontrer dans la plupart des végétaux. La médecine en a tiré parti pour combattre les battements du cœur alors qu'ils sont trop accélérés, et vous n'êtes pas sans avoir ouï parler de l'efficacité du sirop de pointes d'asperges. Mais ceci nous importe peu; ce qu'il nous faut admirer, ce sont les cristallisations de ce minéral observées à la lumière polarisée; rien de plus intéressant; tantôt on dirait voir un tapis orné de petites rosaces resplendissantes; tantôt, d'autres cristallisations de ce même minéral montrent des disques croisés en noir, striés délicatement en rond, et étalés sur une façon de guillochi (Pl. 24, fig. 3) ; et ce qui est surtout intéressant, c'est de suivre du regard les changements d'aspect de la préparation, en faisant tourner la partie de l'appareil posée sur l'oculaire. Donnez-vous la peine d'y regarder je ne vous dis que cela.

L'Agate. — Ce minéral est un *quartz,* dénomination scientifique de la silice, formé par des dépôts successifs de silice gélatineuse. On en connaît de plusieurs espèces; les onyx, les calcédoines, les cornalines, les sardoines, les saphirines, les chrysoprases, etc., sont tous des agates; mais l'une des plus curieuses pour l'observation à la lumière polarisée, c'est sans contredit l'*agate de Sibérie,* assemblage charmant de cristaux de cailloux variés, brillant des plus belles couleurs de l'arc-en-ciel, et dont les teintes se modifient suivant la disposition de l'appareil posée sur l'oculaire (obj. 1 N 4 H). Ce nom d'agate lui vient du fleuve Achates en Sicile, sur les bords duquel, dit-on, ce quartz a été trouvé pour la première fois. Vous n'ignorez pas d'ailleurs le parti que les bijoutiers et les graveurs sur pierre ont su et savent encore en tirer. Pas n'es besoin de nous y arrêter, le microscope n'y ayant rien à voir.

Spath fluor ou Fluorine. — Combien ce mot de *spath* ne m'a-t-il pas intrigué. Je ne savais réellement rien en faire; un jour pourtant, je parvins à savoir que les Allemands désignent ainsi tous les minéraux sans distinction dont la texture est lamelleuse. Vous voici édifiés à ce sujet.

Le spath fluor se montre disséminé en cristaux isolés, cubiques, ou sous forme d'octaèdres réguliers, dans les terrains de cristallisation comme aussi dans les sources minérales des Vosges, et l'industrie n'a pas tardé à s'emparer de ce minéral pour le façonner en vases, en coupes d'un très-bel effet et souvent d'une grande valeur.

Une particularité digne de remarque, c'est qu'après avoir été exposés à un jour vif, ces cristaux continuent à briller dans l'obscurité à l'exemple du phosphore, mais cela ne les empêche pas de fondre le plus aisément du monde, au point même de faciliter, par leur mélange avec d'autres minéraux, la fusion de ceux-ci.

Déposés sous le microscope (obj. 0 N. 2 H.), ces cristaux, grâce au double appareil de polarisation, apparaissent brillant de belles couleurs vertes, brunes, rouges. L'image et ses curieux détails sont forts intéressants à observer.

Les Pierres roulantes.— Les Anglais ont imaginé une singulière préparation nommée par eux *rolling* *stones*. Vous savez ou vous ne savez pas qu'au micros cope tous les mouvements sont renversés ; les manœu vres opérées de droite à gauche semblent faire marche les objets de gauche à droite, et celles dirigées de hau en bas paraissent les mouvoir de bas en haut. Eh bien les ingénieux insulaires ont tiré parti de ce renverse ment pour arriver à obtenir un résultat fort piquant Entre le porte-objet et la lamelle de verre qui l recouvre, ils ont ménagé un léger espace rempli e partie d'un certain sable de choix, pouvant ainsi s' mouvoir en liberté. Ceci fait, l'instrument est inclin jusqu'à prendre une position horizontale, la prépara tion étant tenue en respect par des *valets*, et aussitôt le grains de sable, soumis à la loi de la pesanteur, s mettent à descendre ; mais, au lieu de paraître se com porter ainsi, ils semblent monter, et si l'on a recour aux appareils de polarisation, ceux-ci donnent le spec tacle d'un feu d'artifice lançant dans l'air de petits caillou transparents qui, en tournoyant, prennent à tour d rôle les reflets prismatiques de l'arc-en-ciel. Pou cette intéressante observation, il suffit d'ailleurs d'uti liser l'obj. 0 N. 2 H.

Le Phosphate-ammoniaco-magnésien. — Rédui en prismes par la cristallisation et vu au microscop à la lumière polarisée, ce minéral nous offre égalemen un spectacle curieux ; tous ces petits prismes-ci (Pl. 24 fig. 4) présentent dans leur forme mignonne une imag charmante comme vous pouvez vous en assurer (obj 1 N. 4 H. ocul. fort), mais il n'y a pas à se fier à l'ap parence, car ces cristaux si gentils sont des scélérats sanguinaires ; ne s'avisent-ils pas de se former au bas de nos reins, au beau milieu de la vessie, de s'y développer en calculs urinaires, en concrétions plus ou moins volumineuses et, en fin de compte, de déterminer chez nous une maladie épouvantable nommée la *pierre?*

Le Bon Dieu, disait ce railleur de Voltaire, n'a-t-il donc pas assez de toute la croûte terrestre pour y produire ses minéraux, et lui faut-il encore, dans ce but, utiliser la vessie des pauvres humains? — Si je m'en souviens bien, l'austère Plutarque, parlant du suicide et condamnant cette maladie mentale si commune de nos jours, l'excusait pourtant quand on avait la pierre. De son temps, il est vrai, la taille et la lithotritie étaient inconnues, et toutes les victimes atteintes de ce mal cruel étaient fatalement condamnées à en mourir après avoir souffert des douleurs atroces. Dieu, dans sa miséricorde, vous en préserve à jamais ! C'est mon vœu le plus ardent, et pour vous et pour moi.

Le Sulfate de cuivre. — Ce minéral, autrement nommé *vitriol* ou *couperose bleue,* est également un poison violent composé de cuivre et d'acide sulfurique, et utilisé fréquemment pour chauler (tremper) les blés, pour fabriquer l'encre, etc. Rien n'est joli cependant comme ses cristaux parallélipipèdes vus sous le microscope à la lumière polarisée (obj. 1 N. 4 H.), car chacun d'eux reflète les nuances les plus variées et les plus brillantes à la fois ; les uns sont d'un beau vert, les autres bruns ou rouges, et tous, de grandeurs diverses, plaisent aux yeux par leurs formes géométriques d'une élégance parfaite. — Et penser que toutes ces choses charmantes concourent parfois à préparer les crimes les plus lâches, les plus odieux! — Vous souvient-il de ces attentats récents venant défigurer, aveugler les pauvres victimes d'une jalousie ou d'une cupidité effrénée? — C'était le sulfate de cuivre qui, lancé à la face par une main criminelle, se prêtait, inconscient, à ces atrocités. — Aussi suis-je tout heureux d'être arrivé à la fin de mon chapelet pour ne plus avoir à vous entretenir de semblables misères humaines.

Enfin, nous voici arrivés! — Dans ce long voyage entrepris à travers *le Monde invisible,* nous avons abordé à chacune des principales stations établies par la science, et nous avons pu apprendre ainsi à connaître une foule de créations inconnues du vulgaire. Sans doute le cadre de ces exhibitions eût pu être plus étendu, mais je crois en avoir dit assez pour ma part, tout heureux, en terminant, de pouvoir emprunter de nouveau au vieux Brantôme cette conclusion si naïve et si bien en situation :

« Je sçay bien que plusieurs me pourroient dire que
» j'ay obmis plusieurs bons mots et contes qui eussent
» mieux encore embelly et annobly ce sujet. Je le
» vois; mais d'ici au bout du monde, je n'en eusse
» veu la fin ; et, qui en voudra prendre la peine de
» faire mieux, l'on luy aura grande obligation. »

APPENDICE

Darwinisme, Atavisme, Transformisme, Évoluonisme, Adaptationisme, Sélectionisme et Barbarismes

Un jour, des savants ne pouvant se rendre compte de la Création, répudiant la foi et ne voulant pas, dans leur orgueil, admettre un Dieu que la science seule est inhabile à comprendre, imaginèrent d'expliquer les merveilles de la nature à leur façon.

Pour cela ils supposèrent les espaces infinis, remplis de temps immémorial de gaz divers, lesquels, mus par les deux forces centripète et centrifuge, se mirent à tourbillonner, à se diviser, et finirent, en se condensant séparément, par former tous les soleils, tous les astres grands et petits et conséquemment aussi le globe habité par nous (1).

Ce n'est pas, avouent humblement ces savants, que ce système de création soit parfaitement établi et démontré et que son auteur, l'illustre Kant, soit absolument dans le vrai; mais, jusqu'à ce qu'on en ait inventé un meilleur c'est encore celui dont la science peut seule faire état.

Vous remarquerez qu'il n'est pas dit un mot de l'origine de ces gaz tourbillonnants, ni de la puissance qui les aurait créés; la science ne s'arrête pas à ces bagatelles.

Mais revenons au globe sur lequel, quoi qu'on dise nous avons le bonheur de vivre. Les gaz dont il est form se refroidirent à la longue et se solidifièrent à la surface la croûte terrestre, tourmentée par le feu intérieur continuant d'y couver, eut à subir des hauts et des bas; l'eau sépara les continents; les montagnes, les vallées se dessinèrent, et enfin, au milieu de ce qui était jusqu'alors u

(1) Hæckel, *Histoire de la création des êtres organisés*, traduite de l'allemand par Letourneau. Paris, Reinwald, 1874, page 284.

vaste désert, la vie végétale et animale vint à se manifester spontanément, sans l'aide d'un Créateur, et cela sous la forme de *Monères*.

Les *Monères*, il faut le savoir, sont de petits corpuscules vivants, de la grosseur environ d'une tête d'épingle, ne méritant pas encore le nom d'organismes; ou plutôt ce sont des organismes sans organes (?); en d'autres termes nous avons en eux *des grumeaux mucilagineux, mobiles et amorphes, d'une substance carbonée albuminoïde*. Vous comprenez!

Comment cette *Monère* est-elle ainsi apparue spontanément? Mon Dieu, de la façon la plus simple du monde; par hasard, un peu de carbone s'est trouvé réuni à un peu d'azote, d'hydrogène et d'oxygène. Au premier moment il y a eu quelque hésitation; à l'exemple du statuaire de la Fable se consultant sur l'emploi d'un bloc de marbre :

> Qu'en fera, dit-il, mon ciseau?
> Sera-t-il Dieu, table ou cuvette?

Cet amalgame s'est demandé s'il serait animal, végétal ou minéral (1), mais le choix étant fait, une certaine température, de certaines conditions atmosphériques aidant, la vie animale s'est révélée sur la terre comme par enchantement.

Ce premier pas franchi, le reste n'a plus été qu'un jeu; grâce aux lois de l'évolution et des sélections, toutes les merveilles de la nature se sont suivies à la file comme les grains d'un chapelet, et, pour ce qui concerne le règne animal, les *Monères* ont produit les *Amibes*, ceux-ci les *Synamibes* lesquels enfantèrent les *Planéades*, etc., etc., jusqu'à ce qu'enfin, et après avoir passé par une foule d'autres formes et notamment par celles des *Marsupiaux* ou *Kanguroos* et des *Singes*, après des transformations successives commandées par ces belles lois des sélections compliquées de la loi d'adaptation et du combat pour la vie, l'*Homme* ait fait son apparition en ce monde.

(1) Hæckel, ouvrage cité, pages 293, 294.

Et c'est ici surtout que ces messieurs les savants font montre de facultés imaginatives incomparables. Écoutez et jugez :

Les singes ayant le plus de rapports physiques avec l'homme sont les Gorilles, les Chimpanzés, les Orangs-Outangs, tout le monde sait cela; cependant la distance est énorme encore, tellement énorme que ces messieurs ont désespéré de nous faire accroire que l'homme en soit descendu directement; non, ils ne l'ont pas même essayé, mais voici comment ils ont imaginé d'assurer leur triomphe. Il y a eu jadis, disent-ils très-sérieusement, une autre espèce de singe bien supérieure aux Gorilles, etc., et cette espèce ressemblait tellement à l'homme qu'il ne lui manquait que la parole; et c'est ce même singe qui, à grands coups de sélections, nous a procréés! — Et si la curiosité vous porte à demander où et quand ce singe-homme ou homme-singe a existé, les savants répondent carrément n'en rien savoir, mais qu'il *devait* habiter quelque part dans la *Lémurie*, pays englouti, disparu depuis des siècles, outre que les plus simples règles de la logique exigent suivant eux qu'il en soit ainsi (1). Si on n'en trouve pas de traces, ajoutent-ils, si on ne peut exhiber ni une mâchoire, ni un crâne, ni une colonne vertébrale, ni un humérus, ni enfin le moindre vestige de cet animal-phénomène, c'est que les recherches, les fouilles n'ont pas été poussées assez loin, c'est que les cataclysmes du globe ont tellement bouleversé la croûte terrestre qu'il a été impossible de tout explorer; mais, en fin de compte, et ceci doit être tenu pour certain, l'homme-singe a vécu autrefois sur cette terre; le nier, c'est nier l'évidence.

En voilà-t-il un raisonnement! Comment! à l'objection que la chaîne des êtres sur laquelle repose tout le fameux système d'évolution n'existe pas, que les lacunes sont nombreuses et immenses, on se contentera de répondre que ces lacunes sont seulement apparentes et l'on imaginera pour les combler une foule de créatures que personne n'a jamais vues et dont jamais on n'a trouvé le moindre ves-

(1) Hæckel, ouvrage cité, page 319.

tige! De bonne foi, est-il permis de se moquer du monde à ce point?

S'il pouvait être vrai d'ailleurs que le Gorille ou le Chimpanzé eût jadis enfanté l'homme-singe imaginé par messeigneurs les savants, comment se peut-il faire que, depuis tantôt 6,000 ans, ils n'ont plus jamais songé à en procréer de nouveau? Cette abstention de leur part me semble, à moi profane, tout au moins singulière.

Et c'est ainsi que ces messieurs ne sont jamais gênés. L'abbé Lecomte vient-il, par exemple, leur opposer la grande, la formidable objection de Gratiolet, tirée du developpement du cerveau s'opérant en sens inverse chez l'homme et chez le singe, alors que, dans leur système, il faudrait une identité parfaite, savez-vous comment ils se tirent d'affaire? Ils ne répondent rien du tout; c'est peu compromettant.

Mais ne nous arrêtons pas à mi-chemin et voyons comment la nouvelle école justifie ce beau système. La loi du Transformisme autrement nommée la loi d'Évolution, est la résultante des lois de Sélections, celle d'Adaptation ne venant en ordre utile que comme appoint; or, ces messieurs admettent trois espèces de sélection expliquant et démontrant la provenance de l'homme, de quadrupèdes, et ceux-ci d'êtres inférieurs. La première est la *sélection artificielle*, celle venant nous permettre d'améliorer, de diversifier les espèces des animaux et des végétaux. Nous en avons des exemples nombreux sous les yeux; par des croisements sagement entendus, nous avons obtenu des chevaux magnifiques, des bœufs sans cornes, des chiens de toutes sortes et de toutes dimensions, des pigeons de formes variées, plus de 5,000 roses différentes, etc. Or, si nous, pauvres humains, nous avons pu arriver à ces résultats, la nature bien autrement puissante ne peut-elle aller beaucoup plus loin et passer d'une espèce à une autre, d'un singe à un homme? — Permettez : dans toutes nos sélections artificielles, nous ne pouvons jamais franchir sérieusement le cercle de l'espèce; jamais, par exemple, l'on n'est parvenu à faire produire un Chien par un Porc, à faire porter des oranges par un poirier, et si, par le croisement du Cheval et de l'Ane, nous avons obtenu l Mulet, si nous possédons les métis du Lièvre et du Lapir du Loup et du Chien, du Chien et du Chacal, si nous avon même les produits hybrides de la Truite et du Saumon, il sont tous frappés de stérilité, sinon à la première géné ration, tout au moins à la 2e, 3e ou 4e (1), la nature s révoltant toujours et tôt ou tard contre le mépris de se décrets. Les sélections artificielles ne sont donc pas u argument sérieux en faveur du Transformisme comme l'er tendent les novateurs.

Viennent les *sélections naturelles;* celles-ci se combiner avec *la lutte pour l'existence.* Rien n'est plus facile à com prendre; vous ensemencez un champ ; toutes les plante les plus fortes étouffent les plus faibles; dans un troupea d'animaux abandonnés à eux-mêmes et n'étant pas proté gés par l'intérêt de l'homme, les plus robustes accaparen les proies, les plus chétifs meurent d'inanition. C'est *l combat pour la vie,* notre constante destinée ici-bas. Le êtres les mieux doués venant ainsi à l'emporter sur le plus faibles sont plus aptes à améliorer les races et, e fin de compte, à produire des espèces nouvelles. — Très bien; mais où et quand a-t-on vu ces nouvelles espèce ainsi produites? Que l'on me cite un seul exemple, je n'e demande pas davantage; mais jusqu'ici, quand on prome de me montrer le fruit incestueux d'une Carpe et d'u Lapin, j'en suis toujours réduit à me contenter du père e de la mère. C'est donc encore là un argument qui frapp à faux.

Mais c'est surtout la célèbre loi des *sélections sexuelle* qui est curieuse et pour le développement de laquell Darwin a prodigué des trésors d'érudition et fait preuv d'une richesse d'imagination peut-être sans égale. Vou allez en juger, mais surtout gardez-vous de douter, ca les savants de la nouvelle école ne vous le pardonneraien pas, si même ils n'allaient jusqu'à vous traiter de crétins

Il s'agit, pour ces Messieurs, d'établir que, par des amé liorations successives et constantes, les espèces arriven

(1) *Revue des cours scientifiques.* Paris, 1863-64. 1 vol., page 325.

insensiblement à en produire de nouvelles. Or, pour arriver à ces fins, il faut de toute nécessité que les femelles choisissent toujours les mâles les plus beaux, les plus robustes, les mieux doués sous tous les rapports ; aussi ces derniers ne se font-ils pas faute d'imaginer mille moyens pour déterminer ces dames à leur accorder la préférence. Citons quelques exemples ; ils sont des plus amusants :

Par une chaude journée d'été, au milieu des champs couverts de riches moissons, vous avez souvent entendu le cri strident de la Cigale et, dans votre ignorance, vous l'avez supposé inconscient ou constituant tout au plus un simple appel. — Erreur profonde ; nos habiles en savent long et, à les en croire, ce cri monotone est poussé par le mâle avec l'intention bien avérée de plaire à la femelle, ce qui, par parenthèse, ne témoigne guère en faveur du sentiment musical de celle-ci.

Un Papillon vient-il à se poser sur une fleur odorante en étalant ses ailes au soleil, c'est uniquement pour séduire la dame de ses pensées. Les savants sont ainsi toujours initiés aux secrets les plus intimes des Lépidoptères ; ils savent de bonne source combien cette coquette est sensible aux splendeurs des ailes de son amant ; mais n'allez pas demander d'où leur viennent ces notions, ils refuseraient de vous répondre.

Ces belles plumes tant admirées chez le coq flamand, ne vous avisez pas de les envisager comme un don de la nature ; ma foi, non ; le coq les a acquises à la longue et à grands coups de sélections sexuelles, afin de captiver les poules de son harem.

Quand les oiseaux sont bien amoureux, on les voit folâtrer auprès des femelles et laisser pendre et traîner les ailes. En agissant ainsi, l'école l'affirme, ils se figurent tout bonnement être les plus beaux du monde et pouvoir, par ce seul moyen, captiver aisément le cœur de l'objet de leur affection ! !

Voici du plus curieux encore : savez-vous quel est le singe qui plaît le mieux à la guenon ? C'est celui dont la face est ornée des plus beaux *favoris !!!*

De plus fort en plus fort, comme chez Nicolet : anciennement le rossignol ne chantait pas, c'était un vulgair Pierrot piaillant du matin au soir et du soir au matin ; mai un beau jour, s'étant aperçu que sa dame était sensible à l musique, aux chants mélodieux, désireux de lui plaire il s mit à essayer sa voix, à assouplir ses cordes vocales D'abord, ce furent des sons isolés et sans charme ; mais, d sélection en sélection, il parvint à les adoucir, à les diver sifier, à les combiner et à composer ce délicieux ramag dont nous sommes ravis, alors surtout que par une bell nuit de printemps, il se fait entendre dans une forêt silen cieuse. Tout ceci est bien extraordinaire, me direz-vous mais il en est ainsi ; puisque les savants l'affirment, il n' a pas à répliquer.

Pour en finir de toutes ces choses stupéfiantes, parlon encore du Paon et de sa queue. Si, dans votre simplicité vous vous êtes figuré l'oiseau de Junon, riche de cet orne ment depuis l'origine du monde des oiseaux, vous pouve faire amende honorable et confesser votre erreur ; c'est l désir de plaire, sachez-le bien, qui l'a déterminé à choisi cette parure inconnue à l'origine. Vous dire comment il s' est pris, je ne le puis, les savants m'ayant laissé dans un ignorance complète à ce sujet ; seulement, ils ont bie voulu me le révéler, cette queue n'a été d'abord qu'u chétif tronçon, et il a fallu des milliers et des millier d'années pour lui faire acquérir tout son développement.

Ainsi, pour captiver les regards de sa belle, le Pao antique aura imaginé de se donner cette queue splendide objet de l'admiration générale, et il n'aura pu y parvenir et jamais la dame de ses pensées n'aura pu la contempler Seulement, mû par le désir de doter sa postérité de c nouveau moyen de séduction, il se sera mis bravement l'œuvre, aura ébauché quelques petites plumes appelées grandir, et posé ainsi les bases d'une parure dont lui-mêm devait être privé toute sa vie. En voilà-t-il de la prévoyanc à perte de vue ! Et l'amour de la postérité peut-il jamai être poussé plus loin ? Mais ici rien ne doit nous surpren dre, ne sommes-nous pas dans le pays des Mille et un Nuits ?

Nos nouveaux savants ayant ainsi rangé l'homme et le

bêtes dans une seule et même catégorie et établi, à leur façon, que tous ces êtres procèdent les uns des autres, par une conséquence naturelle il devait en être également ainsi des facultés mentales, celles-ci tenant toutes d'une même nature. Seulement, suivant le milieu dans lequel elles se trouvent, leur développement est plus ou moins prononcé.

Rapportons encore quelques exemples cités par ces messieurs ; ils sont de nature à nous édifier :

Un grand chien agacé par un roquet, se contente-t-il de lever la patte sans daigner même le regarder, n'allez pas supposer qu'il méprise un aussi chétif adversaire ; non, mais il a le sentiment de la *magnanimité*.

Un oiseau voit-il son nid envahi par un écureuil ou par tout autre rongeur, et cherche-t-il à grands coups d'ailes et de bec, à chasser cet ennemi détesté, ne vous figurez pas que son courage est inspiré par l'amour paternel ou maternel : cet oiseau agit ainsi parce qu'il a la conscience de son *droit de propriété*.

Un babouin se met-il en colère lorsqu'un gardien s'avise de lire à haute voix auprès de sa cage, c'est qu'il juge sa *dignité* offensée par cette licence d'un domestique.

Voici une autre histoire dont on fait grand bruit au camp transformiste : Un jour, assure-t-on, certain chien est laissé seul auprès d'une ombrelle abandonnée toute ouverte à terre; ballottée par le vent, cette ombrelle tourne sur elle-même et le chien, surpris par ces mouvements désordonnés et sans cause apparente, du moins pour lui, gronde et aboie avec fureur. — A qui peut-il donc en vouloir ? — A mon avis et au vôtre aussi peut-être, le bruit fait par l'ombrelle en se déplaçant, a seul éveillé la vigilance de l'animal, et il agit ici comme il a l'habitude de le faire en entendant marcher ou frapper au dehors. — Eh bien, pas du tout; ce chien, d'après ces messieurs, se comporte ainsi parce qu'il croit aux *êtres surnaturels*, aux *esprits*, et il se fâche tout de bon contre ces invisibles venant s'aviser de toucher au parasol de sa maîtresse. Il a donc en germe, ajoutent nos savants, *le sentiment religieux*. — Voyez-vous ça? mais alors pourquoi les chiens n'aboyent-ils pas quand le vent vient déranger les poils de leur pelage?

Pour en finir de ces données abracadabrantes, je rappellerai l'opinion d'un élève distingué de cette école venant assurer que, pour le chien, *son maître est un Dieu!* — un Dieu qu'il sait très-bien mordre à l'occasion, et avec lequel il se permet pas mal de libertés. Si je suis un Dieu pour mon petit chien, il n'est pas le moins du monde dévot, je vous assure, car il prétend me commander en toutes choses, me soumettre à ses caprices, jouer s'il veut jouer, sortir quand bon lui semble, accaparer les meilleurs morceaux sur mon assiette, sauter sur mes genoux s'il veut se reposer. — Jamais libre-penseur ne s'est donné plus de licence avec l'Auteur de l'univers.

Et tout ceci, la nouvelle école l'a imaginé pour arriver à une conclusion la plus épouvantable, la plus monstrueuse, la plus désespérante du monde. Écoutez et voilez-vous la face :

« Il n'y a pas de Dieu; les créatures naissent sans lui; sa toute bonté est une vieille expression vide de sens; l'ordre moral ne règne nulle part; cette union tendre et paisible des hommes entre eux est bonne tout au plus à figurer dans les romans des modistes et des portières. Au lieu de ces billevesées, il n'y a sur la terre que passion, égoïsme, guerre acharnée et impitoyable de tous contre tous (1). »

(1) Hæckel, ouvrage cité, pp. 18 à 20. — Ce n'est pas à Darwin que je fais l'injure d'attribuer ces monstruosités, mais seulement à son école, des faits et gestes de laquelle il demeure plus ou moins responsable. Darwin, je le reconnais, est toujours courtois; il respecte plus ou moins les croyances de ses adversaires dont il combat les idées en se servant d'armes loyales et de son immense érudition; mais ses séides ne s'arrêtent pas comme lui à mi-chemin, et ils n'hésitent pas à pousser l'application du système jusque dans ses dernières et déplorables conséquences.

Si cependant ce M. Hæckel pouvait avoir raison, s'il n'y avait pas de Dieu, en ce cas je me permettrais de demander *pourquoi* toutes ces créations, ces animaux, ces végétaux innombrables, ces minéraux précieux ? *pourquoi* ce soleil et ces astres brillants dans l'Empyrée ? *pourquoi*, enfin, existe t-il quelque chose au monde? — Comment ! tout viendrait de rien et sans but arrêté ! — Mais alors, que faisons-nous ici-bas ? Nous n'avons pas, que je sache, demandé à vivre, et comme il y a, hélas ! plus d'infortunés que de gens heureux sur la terre, mieux vaudrait mille fois ne jamais ouvrir les yeux à la lumière. — Avec un Divin Créateur, avec l'espoir d'une autre vie, nous pouvons, sans mur-

Ainsi, pour ces prétendus savants, le dévouement admirable des sœurs de charité et des infirmiers, le courage déployé par les hommes en général pour venir au secours de leurs semblables dans les mille accidents de la vie, l'amour des pères et des mères pour leurs enfants, la vie patriarcale d'une foule de *ruraux*, etc., tout cela constitue une erreur de nos sens abusés; *on ne voit partout que guerre acharnée de tous contre tous!* Et c'est du haut d'une chaire universitaire que ces enseignements sont donnés à la jeunesse, que ces sentiments exécrables sont préconisés ou tout au moins justifiés! Et pour arriver à quoi? A établir que l'homme descend directement du singe! Vraiment, la chute est merveilleuse.

Après cela, suivant le célèbre Darwin, cette origine ne doit pas nous humilier le moins du monde ; les sauvages ne sont guère supérieurs aux singes et, à son avis, il n'y a pas plus de honte à avoir pour ancêtre un Gorille ou un Orang-outang qu'un affreux indigène de la Terre-de-Feu. Ecoutez son raisonnement :

« Je n'oublierai jamais, dit-il, la surprise dont je fus » saisi quand je vis pour la première fois une troupe de » naturels de la Terre-de-Feu sur une côte abrupte et sau- » vage, car la pensée qui me vint tout d'abord à l'esprit » fut celle-ci : *voilà nos ancêtres !* — Ces hommes étaient » absolument nus et barbouillés de peintures, leurs longs » cheveux en désordre, leurs bouches couvertes d'écume, » leurs physionomies farouches, effarées, défiantes. » Comme des bêtes fauves ils vivaient de leur proie, n'a- » vaient aucune espèce de gouvernement et se montraient » sans pitié pour tout ce qui n'était pas de leur tribu. » Lorqu'on a vu des sauvages chez eux, on n'éprouve pas » grande honte à se sentir obligé de reconnaître que le » sang de quelque créature encore plus humble coule dans » nos veines...... »

Mon esprit doit être bien mal fait, car, à la place de

murer, accepter le sort qui nous est réservé; mais, sans *Lui*, il n'y a plus que désespoir, et, pour ma part, je n'imagine rien d'aussi effrayant qu'une puissance aveugle venant nous donner une vie sans destination et sortie du néant pour rentrer dans le néant.

M. Darwin, j'aurais tiré de la rencontre de ces sauvage une conclusion tout opposée, et pour moi ces ignobles créa tures eussent été des descendants dégénérés de l'homm tel qu'il est sorti des mains de Dieu, des parias n'ayan pas reçu le pain de la parole divine et tombés par cel même dans un état de dégradation physique et morale Darwin ne cite aucun fait à l'appui de sa thèse ; en voic un qui pourrait bien en démontrer le peu de fondement.

Tout le monde connaît l'histoire de l'Ecossais Selkirk o Selcraig, dont Daniel de Foë a su tirer un si excellent part dans son Robinson Crusoë. Pendant cinq années seulemen ce Selkirk avait été privé du contact de ses semblables or, voulez-vous savoir ce qu'il était devenu après un solitude d'une aussi courte durée ? Écoutez le capitaine qu le recueillit :

« Selkirk, dit-il, avait une figure étrange, bizarre ; so » aspect était farouche ; vêtu de peaux de chèvres, i » paraissait plus sauvage que les animaux dont il avai » pris la toison ; il ne pouvait plus manger des mets prépa » rés suivant l'usage, et avait presque oublié sa langue. »

Si donc un isolement de cinq années peut modifier à c point la nature de l'homme, quelle ne doit pas être l'in fluence d'un séjour prolongé sur une terre abrupte, d'un peuplade jetée là par un événement ou un cataclysme don la cause ou l'origine se perd dans la nuit des temps. Pour moi, il n'y a pas de doute ; les sauvages de la Terre-de-Fe sont nos descendants au même titre que l'Écossais Selkirk jamais je ne pourrai consentir à les tenir pour nos ancê tres.

Quoi qu'il en soit, tout ce fameux système imaginé depui longtemps par Maillet, Lamarck et Buffon, complété e développé de nos jours par Darwin et son école, repose uniquement sur des hypothèses, et ces messieurs ne s'e défendent même pas, au contraire. « Ce n'est que par des » *suppositions*, disent-ils, que les voies de la recherch » peuvent être tracées dans des domaines nouveaux (1). »

(1) *Revue des cours scientifiques de la France et de l'étranger*. 1er volume. Année 1855-1856. Page 311.

« Le genre humain ne vit que d'*hypothèses* et souvent
» arrive par l'erreur à la vérité. Malheur aux siècles, aux
» nations, aux hommes qui ne se trompent pas ainsi ! Ils
» sont frappés de stérilité et ils manquent d'idées de peur
» d'avoir des systèmes (1). »

De cette façon, toutes les élucubrations des rêveurs seraient donc respectables, fussent-elles les plus absurdes du monde, et nous serions tenus de les accepter ! — Ceci me semble dépasser la plaisanterie. Comment ! laissant de côté les enseignements de l'expérience, des faits, du sens commun, nous ne pourrons les invoquer pour faire tout au moins nos réserves, et nous ne pourrons rire un peu des queues de paon, de la barbe des singes, du chant des cigales, etc. ? — Ah ! gardons-nous de rire, car la horde de ces savants, ayant becs et ongles comme certains animaux qu'ils acceptent si volontiers comme ancêtres, ne nous le pardonneraient pas et viendraient, du haut de leur grandeur, décliner notre compétence, sous prétexte que pour discuter avec eux, il faut avoir reçu une éducation philosophique et connaître à fond la biologie, la morphologie, la physiologie des organismes, l'anatomie comparée, l'évolution embryologique, l'évolution paléontologique, la zoologie, la botanique, l'histoire naturelle, etc. (2). — A la bonne heure ! voici qui est péremptoire ; tous les mortels à qui une seule de ces sciences innombrables est étrangère, n'ont pas le droit d'émettre un avis, et comme je suis du nombre de ces ignorants, me voici tenu de croire ces messieurs sur parole, de les suivre les yeux bandés dans la voie qu'il leur a convenu de tracer, en d'autres termes d'avoir en eux *la foi* la plus entière. Eh bien, s'il doit en être ainsi et si *la foi* seule peut me sauver, j'aime mille fois mieux celle de mes pères ; celle-ci du moins est raisonnable ; vous pouvez juger si on en peut dire autant de l'autre.

Je prévois l'objection : on va m'opposer de nouveau les éternelles histoires de Copernic et de Galilée et me dire

(1) *Revue des cours scientifiques et de l'étranger*, n° du 11 juillet 1876, page 35. — Voir aussi Hæckel, ouvrage cité, page 358.

(2) Hæckel. OEuvre citée, pages 65, 261, 560, 630.

que, sans rien connaître à l'astronomie, tout le monde aujourd'hui croit à la terre tournant autour du soleil. — Cela est vrai, mais les astronomes nous donnent chaque jour des preuves palpables de leur science et de sa réalité. Ne nous prédisent-ils pas les éclipses du soleil et de la lune? et leurs prédictions ne se réalisent-elles pas au jour dit, à la minute, à la seconde? Tous les phénomènes astronomiques ne sont-ils pas annoncés par eux avec une précision mathématique? Le doute ici n'est donc plus possible pour personne, tandis que le transformisme repose uniquement sur des hypothèses dont jusqu'ici rien d'acceptable n'est venu démontrer le fondement.

Il y aurait bien des choses à dire encore; je pourrais par exemple chercher noise à l'illustre Hæckel venant affirmer que toutes les cellules primordiales sont identiques (1), preuve évidente de son peu d'habileté à manier le microscope; je pourrais aussi démontrer que, contrairement à ses allégations (2), bien des fleurs très-compliquées l'emportent en beauté et en élégance sur les fleurs les plus simples, ce dont personne au monde, à l'exception de ce savant, n'a jamais douté; mais à quoi bon? L'orgueilleux qui ne veut pas admettre un Dieu créateur dont l'incommensurable puissance l'humilie, l'être *fini* qui veut dominer par la pensée *l'infini* dont il ne pourra jamais avoir la moindre idée, celui-là restera toujours sourd à la raison, se complaisant dans son erreur, car comme le dit excellemment le grand fabuliste :

Chacun tourne en réalités,
Autant qu'il peut, ses propres songes ;
L'homme est de glace aux vérités,
Il est de feu pour les mensonges.

Laissons donc tous ces messieurs s'ingénier à expliquer l'inexplicable et n'allons pas tomber aux pieds de la femelle du singe, sous prétexte d'une origine commune tout au moins problématique et dont ils n'apportent aucune preuve palpable à l'appui.

(1) Hæckel, ouvrage cité, page 365.
(2) *Ibidem*, page 252.

Un jour, m'étant avisé d'exposer le célèbre système à l'un de mes amis, en ayant l'air de faire miennes les observations des promoteurs, mon brave camarade, après m'avoir écouté avec patience jusqu'au bout, prit enfin la parole : *Et puis vous vous réveillâtes*, me dit-il en riant de tout son cœur ! — Pour être emprunté à un conte de Voltaire, ce mot, il faut en convenir, n'en trouvait pas moins en cette circonstance une application parfaite. Au résumé, c'est encore la seule critique à opposer à toutes ces facéties, quelle que soit d'ailleurs la science profonde et incontestée de l'illustre Darwin.

LES GÉNÉRATIONS SPONTANÉES

De tout temps, les hommes se sont plu à forger des systèmes ; je ne parle pas des prétendus miracles, du baquet de Mesmer, ce charlatanisme éhonté; des convulsionnaires de saint Méry tués par le ridicule ; des tables tournantes qui faillirent me brouiller avec un excellent ami indigné de mes plaisanteries à leur sujet ; non, je fais uniquement allusion aux systèmes sérieux imaginés par des savants de premier ordre pour expliquer des phénomènes incompréhensibles. Ces messieurs veulent pénétrer tous les secrets de la nature ; ils n'admettent pas qu'un seul puisse leur échapper, et c'est ainsi que, ne pouvant se rendre compte de l'apparition dans l'air, sur la terre, dans l'eau, d'êtres invisibles à l'œil nu, ils ont inventé les *Générations spontanées*.

Remarquons-le tout d'abord ; cette expression *génération spontanée* est impropre; elle donne une idée fausse de la question si savamment débattue entre MM. Pouchet et son successeur Joly, d'une part, et l'éminent Pasteur, de l'autre. Jusqu'au moment où cette discussion prit naissance, on ne s'était pas encore avisé de prétendre que la vie peut se manifester là où il n'y a rien; que des êtres animés peuvent naître spontanément du néant pour ainsi dire ; non, il ne s'agissait pas de cela le moins du monde ; l'école Pouchet s'est contentée et se contente toujours de soutenir que tout ce qui a eu vie, peut, après la mort, donner spontanément naissance à des êtres différents des pères et mères. Prenez, disent les partisans de ce système, un animal ou un végétal ayant cessé de vivre, ou bien des fragments de l'un ou de l'autre ; faites macérer, et, après peu de jours, ce végétal ou cet animal, ou bien ces fragments ayant participé à la vie de l'ensemble, transmettront celle-ci sans autre intermédiaire, à des créatures n'ayant rien de commun avec celles auxquelles elles ont appartenu, en d'autres termes à des infusoires, à des cryptogames. On ne songeait pas alors à faire naître un homme, un singe, un oiseau, un poisson, un mollusque, d'êtres différents de ceux-ci, mais les novateurs dont je parle ont soutenu et soutiennent encore malgré leurs échecs, qu'un doigt coupé, une feuille de rose arrachée, peut donner naissance à des êtres qui ne sont ni des hommes ou des rosiers, ni des doigts ou des roses, mais qui tiennent la vie de celle qui s'est trouvée auparavant dans l'homme, dans le rosier, dans le doigt, dans le pétale de la rose. Ce système est connu sous le nom d'*Hétérogénie (autre race)*, et le savant Pouchet fut pendant sa vie réputé son plus habile défenseur.

M. Pasteur combat ces idées avec une persévérance convaincue qui lui fait honneur et une érudition profonde dont je suis jaloux ; suivant lui, aucun animal, aucun végétal, sans nulle distinction, ne peuvent naître si ce n'est d'animaux, de végétaux semblables à eux ; personne, dit-il, ne conteste cette vérité pour les êtres d'un ordre supérieur, et si nous n'en sommes pas aussi convaincus pour ceux d'un ordre inférieur, pour les infusoires et les cryptogames microscopiques, la faute en est uniquement à l'imperfection de nos organes. Tenez du reste pour certain que les germes produits par les pères et mères de ces créatures invisibles, vont s'échappant partout dans l'espace, se répandant dans l'univers entier, toujours prêts à éclore, aussitôt qu'ils atteindront un milieu convenable. Tel est, bien en abrégé, le système de M. Pasteur, auquel système on a, pour ce motif, donné le nom de *Panspermie (germe universel)*.

A l'appui de leur opinion, les hétérogénistes allèguent ce fait que, partout où il y a une matière animale ou végétale en macération, il naît spontanément des infusoires, des cryptogames microscopiques. Or, comment cela peut-il se faire ? L'imagination se refuse à admettre les germes de ces infiniment petits, répandus dans l'univers en telle abondance qu'ils puissent se trouver présents en tous lieux, à heure fixe, à point nommé, prêts à féconder. Essayez d'isoler cette matière, ajoutent-ils, prenez toutes les précautions imaginables pour assurer cet isolement; détruisez par la chaleur tout ce qui peut ressembler à des germes, rien n'y fera ; après peu de jours, les cryptogames, les infusoires apparaîtront.

M. Pasteur ne se donne pas pour battu, loin de là ; il croit aux germes par cela seul que la nature, nous ayant montré ses procédés de reproduction pour les êtres d'un ordre supérieur, il ne nous est pas permis de supposer, sans preuves, des procédés différents pour les animalcules microscopiques ; or, ces preuves, on ne les possède pas, on ne les possédera jamais ; les germes invisibles, au contraire, nous sont révélés par une déduction toute logique procédant du connu à l'inconnu. D'ailleurs, si vous isolez réellement la matière, si vous détruisez les germes d'une manière efficace en employant de bons procédés, tous les doutes se dissiperont et vous aurez la conviction que, sans germes, il n'y a pas de cryptogames, d'infusoires possibles.

Ainsi acculée, l'école Pouchet n'a d'autre parti à prendre que de contester l'efficacité des expériences de son adversaire; vous avez détruit les germes, dit-elle, je le veux bien, et je m'en inquiète peu, puisque je n'y crois pas ; mais en même temps, par vos procédés chimiques, vous avez enlevé au milieu dans lequel se trouve la matière à expérimentation, les conditions nécessaires à la vie; il n'est donc pas surprenant que cette vie ne se manifeste pas; c'est le contraire qui devrait nous étonner; un enfant qui sortirait du sein de sa mère au moment où celle-ci expire asphyxiée par le charbon, risquerait fort, dans cette atmosphère suffocante, empestée, de ne jamais ouvrir les yeux à la lumière.

Tels sont, au demeurant, les termes de la question, question à tout jamais insoluble au point de vue où s'est placé l'école Pouchet ; elle veut voir les germes, et comme on n peut les lui montrer, comme ils échappent aux regards pa leur ténuité, elle entonne un chant de victoire. M. Pasteu demande à son tour qu'on lui mette sous les yeux les mys tères de la génération spontanée, telle que l'entendent se adversaires, et comme on le peut bien moins encore, i embouche la trompette du triomphe. Les généraux d'ar mée, à la suite d'une action d'éclat sans résultat positif n'agissent pas différemment.

Examinons pourtant. Aucune discussion, tout le mond le reconnaît, n'est plus possible sur les procédés de re production des mammifères en général, des oiseaux, de reptiles, des poissons, de tous les vertébrés ; nous savons sans pouvoir en douter, qu'ils ont tous un père et un mère semblables à eux ; le temps n'est plus où un Va Helmont s'avisait de prétendre que l'herbe de basilic pilé engendrait des scorpions, et qu'une souris pouvait naîtr d'une chemise sale (1). Pourquoi cette unanimité, ce accord sur ce point ? Parce que, tous, nous pouvons voir parce que la vérité nous saute aux yeux, et qu'il y aurait de la folie à nier l'évidence. Mais quand nos organes impar faits se refusent à nous laisser pénétrer plus avant dan les secrets de la Providence, à l'instant nous doutons, e notre esprit inventif se plaît à créer des systèmes plus ou moins ingénieux, dont la nature n'a qu'à s'arranger comme elle peut.

Devant l'inconnu, qu'y avait-il cependant de plus simple à faire que d'imiter M. Pasteur et de raisonner d'après le connu ? Mais non ! les Needham, les Pouchet, ne parvenant pas à apercevoir les germes des infiniment petits, ont pris

(1) Creusez un trou dans une brique, dit Van Helmont, mettez-y de l'herbe de basilic pilée, appliquez une seconde brique sur la premièr de façon que le trou soit parfaitement couvert ; exposez les deux bri ques au soleil et, au bout de quelques jours, l'odeur de basilic agissan comme ferment, changera l'herbe en véritables scorpions.

Si l'on comprime une chemise sale, dit-il encore, dans l'orifice d'u vaisseau contenant des grains de froment, le ferment sorti de la che mise sale, modifié par l'odeur du grain, donne lieu à la transmutatio du froment en souris, après 21 jours environ.

le parti d'en nier tout bonnement l'existence, et ils ont imaginé des procédés de production tout nouveaux, qu'ils ne peuvent admettre que par supposition, ne l'oublions pas, et qu'ils établissent avec plus ou moins de talent et d'ingéniosité, sans pouvoir jamais administrer la moindre preuve positive de la réalité des faits sur lesquels ils ont échafaudé leur invention.

Leur grand argument, leur cheval de bataille, c'est comme je viens de le dire, l'impossibilité d'imaginer les espaces tellement encombrés de germes que, partout, à chaque instant, ils soient toujours prêts à éclore. Mais n'y a-t-il pas dans la nature une foule de phénomènes que nous ne comprenons pas, et est-ce là un motif pour les nier? Nions-nous, par exemple, l'aimant, le magnétisme, l'électricité ? Dieu ne nous a pas révélé tous ses secrets, tant s'en faut. Et d'ailleurs, ne voyons-nous pas les germes, bien connus ceux-ci, de certains végétaux, se répandre en tous lieux ? Le *Triticum repens*, le vulgaire Chiendent, ne se trouve-t-il pas à peu près sous toutes les latitudes ? et partout où il y a un lopin de terre, ne voit-on pas apparaître cet éternel Triticum, l'effroi de l'amateur des jardins? Ces germes-là, on ne les niera pas sans doute.

Le jour donc où le microscope nous montrera également ceux des Infusoires, il ne sera plus permis d'en contester l'existence; eh bien, ce jour viendra, je le crois, j'en suis presque convaincu, et ce n'est pas sans motifs ; soyez assez bons pour m'écouter :

Il y a peu de temps, j'observais une goutte d'eau puisée dans un petit aquarium, où, grâce apparemment aux germes répandus dans l'espace, je parviens à faire naître des Infusoires; je me servais pour cette observation d'un objectif d'un mérite exceptionnel, du n° 15 à immersion et à double correction, construit par le célèbre opticien Docteur Hartnack ; employé avec l'oculaire n° 3, cet objectif me donnait un grossissement de 2,800 diamètres (7,840,000 en surface !). Examinant ainsi ma goutte d'eau mise de niveau au moyen d'un couvre-objet d'un dixième de millimètre d'épaisseur, je vis, indépendamment de quelques conferves, plusieurs corpuscules cylindriques, ronds, ovoïdes ;

il y en avait de blancs, de verts, de rouges, de gris, de jaunes ; d'abord tous étaient immobiles ; mais, insensiblement, quelques-uns d'entre eux qui se trouvaient pour ainsi dire agglomérés, s'agitèrent, se mirent en mouvement comme s'ils étaient tourmentés à l'intérieur, et j'eus beaucoup de peine à les maintenir dans le champ du microscope. Y ayant réussi, jugez de ma surprise: voici que ces corpuscules donnent issue à des espèces de Vibrions, de filaires, de façons de petits serpents qui, à peine éclos, frétillèrent avec rapidité et échappèrent ainsi bientôt à ma vue.

Si donc je n'ai pas été dupe d'une illusion, ne peut-on, ne doit-on pas admettre que ces jolis corpuscules-là sont les germes de M. Pasteur? Quant à moi, je les tiens pour tels, et je n'hésite pas à proclamer que, si nous pouvions suivre tous ces atomes de couleurs variées, si surtout, placés sous le microscope, ils pouvaient toujours s'y trouver dans le milieu nécessaire à leur développement, à leur transformation, nous aurions bientôt la clef de toutes ces générations, et l'adjectif *spontané* pourrait être rayé du dictionnaire de l'histoire naturelle.

Mais nous n'y sommes pas encore, tant s'en faut; quand les hommes ont imaginé un système, ils y tiennent et il n'est pas facile de les en détacher ; or, le nombre des Infusoires, des Végétaux microscopiques, étant incalculable, en admettant même que l'on parvienne à montrer les germes de quelques-uns d'entre eux, il restera tous les autres auxquels les Pouchet et consorts continueront à appliquer leur belle invention ; nous en avons ainsi pour des siècles... Après tout, si cela les amuse, je n'ai rien à y redire : chacun prend son plaisir où il le trouve.

Cependant, il faut bien le reconnaître, c'est une assez singulière métempsycose que celle imaginée par M. Pouchet et son école ; autrefois, du temps des anciens, il fallait mourir en entier pour renaître sous une autre forme. Un homme décédé aujourd'hui, reparaissait demain dans la fourrure d'un Renard ou sous la peau d'un Chien, ou même, comme dit la chanson, après avoir un beau jour rendu le dernier soupir, il était tout surpris de se retrou ver le lendemain sur l'appui de sa fenêtre, métamorphosé en un plant de giroflée. Dans le système Pouchet, il s'agit bien d'une autre affaire ; il vous arrive un accident à la main ou à la jambe, l'amputation d'un doigt ou d'un orteil est jugée nécessaire: Eh bien, la partie de vous-même que vous avez perdue, engendre aussitôt des êtres qui, sans vous ressembler en rien, jouissent de la vie en même temps que vous; c'est donc votre chair, votre sang, ce sont donc vos enfants, vos frères! Drôle de famille que celle-ci et dont assurément personne ne sera tenté de se vanter. Il est vrai que ces singuliers parents sont si petits, si petits, que peut-être ne vaut-il pas la peine d'en parler. C'est égal, la démangeaison d'inventer doit être bien grande pour imaginer, quand on n'y est pas obligé, un système aussi... comment dirai-je?... un système aussi bizarre... il faut toujours être poli.

LA GUERRE DES FOURMIS

« Le 17 juin 1804, dit Huber, me promenant aux environs de Genève, entre quatre et cinq heures de l'après-midi, je vis à mes pieds une légion d'assez grosses fourmis qui traversaient le chemin. Elles marchaient en corps avec rapidité ; leur troupe occupait un espace de huit à dix pieds de longueur, sur trois ou quatre pouces de large ; en peu de minutes elles eurent entièrement évacué le chemin ; elles pénétrèrent au travers d'une haie fort épaisse et se rendirent dans une prairie où je les suivis ; elles serpentaient sur le gazon sans s'égarer, et leur colonne restait toujours continue malgré les obstacles qu'elle avait à surmonter.

» Bientôt elles arrivèrent près d'un nid de noir-cendrées dont le dôme s'élevait dans l'herbe à vingt pas de la haie. Quelques fourmis de cette espèce se trouvaient à la porte de leur habitation. Dès qu'elles découvrirent l'armée qui s'approchait, elles s'élancèrent sur celles qui se trouvaient à la tête de la cohorte ; l'alarme se répandit à l'instant dans l'intérieur du nid, et leurs compagnons sortirent en foule de tous les souterrains. Les fourmis rousses, dont le gros de l'armée n'était qu'à deux pas, se hâtèrent d'arriver au pied de la fourmilière; toute la troupe se précipita à la fois et culbuta les noir-cendrées, qui, après un combat très-court mais très-vif, se retirèrent dans leur habitation. Les fourmis rousses gravirent alors les flancs du monticule, s'attroupèrent sur le sommet et s'introduisirent en grand nombre dans les premières avenues ; d'autres groupes de ces insectes travaillèrent avec leurs mandibules à se pratiquer une ouverture dans la partie latérale de la fourmilière. Cette entreprise leur réussit, et le reste de l'armée pénétra, par la brèche, dans la cité assiégée. Elle n'y fit pas un long séjour : trois ou quatre minutes après, les fourmis rousses sortirent à la hâte par les mêmes issues, chacune tenant à la bouche une larve ou une nymphe de la fourmilière envahie. Elles reprirent exactement la route par où elles étaient venues, et se mirent, sans ordre, à la suite les unes des autres : leur troupe se distinguait aisément dans le gazon par l'aspect qu'offrait cette multitude de coques et de nymphes blanches portées par autant de fourmis rousses. Celles-ci traversèrent une seconde fois la haie et le chemin dans le même endroit où elles avaient passé d'abord, et se dirigèrent ensuite dans des blés où j'eus le regret de ne pouvoir les suivre. Je retournai vers la fourmilière qui avait subi cet assaut, et j'y trouvai un petit nombre d'ouvrières noir-cendrées perchées sur des brins d'herbe, tenant à leur bouche quelques larves qu'elles avaient sauvées du pillage; elles ne tardèrent pas à les rapporter dans leur habitation. Je retournai le lendemain, à la même heure, sur la route où j'avais vu passer l'armée des fourmis rousses, dans l'espoir de retrouver quelques traces du phénomène dont j'avais été témoin, et je découvris bientôt la retraite d'une de ces hordes belliqueuses.

» Je vis à la droite d'un chemin une grande fourmilière couverte de fourmis rousses; elles se disposèrent en colonne, partirent toutes ensemble, et tombèrent sur une fourmilière noir-cendrée où elles s'introduisirent presque sans opposition; une partie d'entre elles ressortirent de là, tenant entre leurs pinces des larves qu'elles avaient dérobées; les autres, moins heureuses, ne rapportèrent aucun fruit de leur expédition; elles se divisèrent en deux troupes : celles qui étaient chargées reprirent le chemin de leur demeure; celles qui n'avaient rien trouvé se réunirent et marchèrent en corps sur une seconde fourmilière noir-cendrée dans laquelle elles firent un ample butin d'œufs de larves et de nymphes. L'armée entière formant deux divisions, se dirigeait du côté où je l'avais vue partir.

» J'arrivai avant les fourmis rousses auprès de leur habitation; mais quelle fut ma surprise en voyant à la surface un grand nombre de fourmis noir-cendrées! Je soulevai la couche extérieure de l'édifice : il en sortit encore davantage, et je commençais à croire que c'était aussi une de ces fourmilières pillées par les fourmis rousses, lorsque je vis arriver à la porte du nid, la légion de celles-ci chargées des trophées de la victoire. Son retour ne causa aucune alarme aux noir-cendrées; les fourmis rousses descendirent avec leur proie dans les souterrains, les noir-cendrées ne parurent pas s'y opposer, j'en vis même quelques-unes s'approcher sans crainte de ces fourmis guerrières, les toucher avec leurs antennes, leur donner à manger, prendre quelques-uns de leurs fardeaux et les emporter dans le nid. Les fourmis rousses n'en sortirent plus de toute la journée; les noir-cendrées restèrent encore quelque temps dehors, mais elles se retirèrent avant la nuit.

» Jamais énigme ne piqua plus vivement ma curiosité que cette singulière découverte... J'étais impatient de connaître les relations de ces deux espèces de fourmis; pour y parvenir, j'ouvris une de leurs fourmilières : j'y trouvai un très-grand nombre de fourmis rousses au milieu de noir-cendrées, et je commençai à acquérir quelques notions sur leurs rapports mutuels.

» Les noir-cendrées s'occupèrent tout de suite à rétablir les avenues de la fourmilière mixte; elles creusèrent des galeries et emportèrent dans les souterrains les larves et les nymphes que j'avais mises à découvert. Les rousses, au contraire, passèrent indifféremment sur les larves sans les relever, ne se mêlèrent pas aux travaux des noir-cendrées, errèrent quelque temps à la surface du nid, et se retirèrent enfin, pour la plupart, dans le fond de leur citadelle.

» Mais à cinq heures de l'après-midi, la scène change tout à coup; je les vois sortir de leur retraite; elles s'agitent, s'avancent au dehors de la fourmilière : aucune ne s'écarte si ce n'est en ligne courbe, de manière qu'elles reviennent bientôt au bord de leur nid. Leur nombre augmente de moment en moment; elles parcourent de plus grands cercles; un geste se répétant constamment entre elles, toutes ces fourmis vont de l'une à l'autre en touchant de leurs antennes et de leur front le corselet de leurs compagnes; celles-ci, à leur tour, s'approchent des fourmis qu'elles voient venir et leur communiquent le même signal: c'est celui du départ; l'effet n'en est pas équivoque ; on voit aussitôt celles qui l'ont reçu se mettre en marche et se joindre à la troupe. La colonne s'organise; elle s'avance en ligne droite, se dirige dans le gazon; toute l'armée s'éloigne et traverse la prairie; on ne voit plus aucune fourmi rousse sur la fourmilière. La tête de la légion semble quelquefois attendre que l'arrière-garde l'ait rejointe ; elle se répand à droite et à gauche, sans avancer; l'armée se rassemble de nouveau en un seul corps et repart avec rapidité. On n'y remarque aucun chef; toutes les fourmis se trouvent, tour à tour, les premières; elles semblent chercher à se devancer. Cependant quelques-unes vont dans un sens opposé; elles redescendent de la tête à la queue, puis reviennent sur leurs pas, et suivent le mouvement général; il y en a toujours un petit nombre qui retournent en arrière, et c'est probablement par ce moyen qu'elles se dirigent.

» Arrivées à plus de trente pieds de leur habitation, elles s'arrêtent, se dispersent et tâtent le terrain avec leur antennes, comme des chiens flairent la trace du gibier ; elles découvrent bientôt une fourmilière souterraine. Les noir-cendrées sont retirées au fond de leur demeure ; les fourmis rousses ne trouvant aucune opposition, pénètrent dans une galerie ouverte; toute l'armée entre successivement dans le nid, s'empare des nymphes et sort par plusieurs issues; je la vois aussitôt reprendre la route de la fourmilière mixte. Ce n'est plus une armée disposée en colonne, c'est une horde indisciplinée ; ces fourmis courent à la file avec rapidité ; les dernières qui sortent de la fourmilière assiégée sont poursuivies par quelques-uns de ses habitants qui cherchent à leur dérober leur proie, mais il est rare qu'ils y parviennent.

» Je retourne vers la fourmilière mixte pour être témoin de l'accueil fait à ces spoliatrices par les noir-cendrées avec lesquelles elles habitent, et je vois une quantité considérable de nymphes amoncelées devant la porte : chaque fourmi rousse y dépose son fardeau en arrivant, et reprend la route de la fourmilière envahie. Les noir-cendrées, quittant leurs travaux, viennent relever les nymphes une à une et les descendent dans les souterrains; je les vois même souvent décharger les fourmis rousses après les avoir touchées amicalement avec leurs antennes, et celles-ci leur céder sans opposition les nymphes qu'elles ont dérobées.

» Suivons encore la troupe pillarde. Elle retourne à l'assaut de la fourmilière qu'elle a déjà dévastée, mais ses habitants ont eu le temps de se rassurer et de placer de fortes gardes à chaque porte. Les rousses, en trop petit nombre d'abord, fuient lorsqu'elles voient les noir-cendrées en défense; elles retournent vers leur troupe, s'avancent et reculent à plusieurs reprises, jusqu'à ce qu'elles se sentent en force; alors elles se jettent en masse sur une de ces galeries, chassant, mettant en déroute les noir-cendrées; toute l'armée s'introduit dans la cité souterraine et enlève une grande quantité de larves qu'elle emporte à la hâte; mais on ne voit jamais les rousses emmener d'insectes parfaits : c'est aux larves seules qu'elles en veulent.

» A leur retour à la fourmilière mixte, les larves reçoivent encore le meilleur accueil; les noir-cendrées ont serré la première récolte; chacune des rousses pose, de rechef, sa nymphe à l'entrée de l'habitation, ou la remet immédiatement à quelque noir-cendrée, et celle-ci s'empresse de la porter dans l'intérieur du nid. Le lendemain eurent lieu de nouvelles expéditions sur d'autres fourmilières qui eurent toutes le même succès. »

EXPLICATION DES PLANCHES

Planche 1.

FIGURE 1. Disques rouges et blancs du sang de l'homme. — FIG. 2. Fragment de poumon humain. — FIG. 3. L'os radius. — FIG. 3bis. Fragment du même, très-grossi. — FIG. 4. Cheveux. — FIG. 5. Fragment de muscle volontaire. — FIG. 6. Moelle épinière du singe. — FIG. 7. Un oiseau-mouche. — FIG. 8. Fragment d'aile.

Planche 2.

FIGURE 1. Ecaille de Sole.—FIG. 2. Ecaille d'Anguille. — FIG. 3. Coupe de fanon de Baleine. — FIG. 4. Le Cyclops quadricornis.— FIG. 5. Le Canthocamptus minutus. — FIG. 6. Le Nebalia bipes. — FIG. 7. Le Moina rectirostris. — FIG. 8. Le Daphnia pulex. — FIG. 9. Anatomie de l'insecte. — FIG. 10. Organes buccaux des Coléoptères. —FIG. 11. Trompe du Cousin.

Planche 3.

FIGURE 1. Trompe de Calliphora vomitoria. — FIG. 2. Trompe de Papillon. — FIG. 2bis. Autre trompe de Lépidoptère.

Planche 4.

FIGURE 1. Trompe avec lancette, de Diptère. — FIG. 2. Trompe d'Abeille. — FIG. 2bis. Fragment de la même, grossi. — FIG. 3. Antenne de Hanneton. — FIG. 4.

Antenne de Papillon. — Fig. 5. Trachées d'une aile de Guêpe.

Planche 5.

Figure 1. Antenne de Lépidoptère. — Fig. 2. Cornée d'un œil à facettes. — Fig. 3. Aile de mouche. — Fig. 4. Aile de Libellule. — Fig. 5. Ecaille d'aile du papillon Hipparchia. — Fig. 5bis. Fragment très-grossi de la même écaille. — Fig. 6. Ecaille d'aile du papillon Pontia rapæ. — Fig. 7. Id. de l'Attagenus pellio. — Fig. 8. Id. du Pâris. — Fig. 9. Patte du Calathus. — Fig. 10. Patte de mouche domestique.

Planche 6.

Figure 1. Patte d'Acilius. — Fig. 2. Ventouse de la patte de Dytiscus. — Fig. 3 et 3bis. Dytiques mâle et femelle. — Fig. 4. Un Notonecte, et ses pattes différentes pour marcher et pour nager. — Fig. 5. Pattes très-grossies de la puce. — Fig. 6 Patte d'Abeille. — Fig. 7. Patte d'Araignée fileuse.

Planche 7.

Figure 1. Un Stigmate. — Fig. 2 et 2bis. La larve du Hanneton. — Fig. 3. Stigmate du Hanneton. — Fig. 4. L'aiguillon de l'Abeille. — Fig. 5. L'aiguillon de la Guêpe. — Fig. 6. Le pygidium de la Puce. — Fig. 7. Fragment du même très-grossi. — Fig. 8. La larve, le mâle et la femelle du Dermeste. — Fig. 9. Un de ses poils. — Fig. 10. L'Anobium. — Fig. 11. Deux filières d'Araignée.

Planche 8.

Figure 1a à 1d. Formes diverses d'œufs d'insectes. — Fig. 2. Le mélophage du mouton. — Fig. 3. Une Ephémère. — Fig. 4. Le Tetranychus. — Fig. 5. L'Hydrachna scapularis. — Fig. 6. L'Hydrachna cruenta. — Fig. 7. Le Gamase des Coléoptères. — Fig. 8. Le Gamase bordé. — Fig. 9. Le Tyroglyphe du fromage. — Fig. 10.

L'Acarus de la Gale. — Fig. 11. Le Simonea. — Fig. 12 Le Pou de tête. — Fig. 13. Le Pou des chèvres. — Fig. 14. La Podure. — Fig. 15. Une écaille de Podure

Planche 9.

Figure 1. Puce femelle. — Fig. 2. Id. mâle. — Fig. 3 Fragment très-grossi d'une écaille de Podure. — Fig. 4 Un Lepisme. — Fig. 5. Une écaille du même. — Fig. 6 Fragment très-grossi de cette écaille. — Fig. 7. Un Chilopode. — Fig. 8. Sa tête très-grossie. — Fig. 9. Langue de Patelle. — Fig. 10. 10bis. Fragments d'écailles de Mollusques. — Fig. 11. 11bis. Fragments d'écaille de Pinna.

Planche 10.

Figure 1. Fragment très-grossi d'écaille de Pinna. — Fig. 2. 2bis. Fragments d'écaille de Terebratula. — Fig. 3 3bis. Surfaces interne et externe d'une Avicule perlière — Fig. 4. Section d'un piquant d'Oursin. — Fig. 5. Spicules de Synapta vittata. — Fig. 6. Roues du Chirodota violacea. — Fig. 7. Spicules de l'Uraster glacialis — Fig. 8. Une petite Astérie. — Fig. 9. Tête de Cysticerque. — Fig. 10. 10bis. Crochets de sa bouche.

Planche 11.

Figure 1. Une Trichine adulte. — Fig. 2. Une Trichine aukystée. — Fig. 3. Fragment d'éponge brute contenant encore les spicules. — Fig. 4. Spicules d'éponge divers — Fig. 5. Sertulaire. — Fig. 6. Trois spécimens de Lepralia.

Planche 12.

Figure 1. Une goutte d'eau très-chargée d'Infusoires. — Fig. 2. Bactéries. — Fig. 3. Vibrions divers. — Fig. 4 Spirilles. — Fig. 5. Protées. — Fig. 6. Actinophrys. — Fig. 7. Goutte d'eau contenant des Monades. — Fig. 7bis. Monades très-grossies. — Fig. 8. Volvox glo bator. — FIG. 8bis. Deux des corpuscules formant le filet de ce Volvox.

Planche 13.

FIGURE 1. Le Pérydinien. — FIG. 2. Trois Noctiluca miliaris, et, sur le fond noir, un de ces infusoires très-grossi. — FIG. 3. Deux Trichodiens. — FIG. 4. Deux Kéroniens. — FIG. 5. Un Leucophryen. — FIG. 6. Deux Paraméciens. — FIG. 7. Un Bursarien. — FIG. 8. Le Stentor. — FIG. 9. Vorticelles. — FIG. 10. Le Stephanoceros. — FIG. 11. Un Rotifère. — FIG. 12. Un Tardigrade.

Planche 14.

FIGURES 1 à 11. Des Foraminifères. — FIG. 1. Nodosaria. FIG. 2. Textularia. — FIG. 3. Quatre foraminifères spiralés. — FIG. 4. Six variétés id. — FIG. 5. Orbitolite. — FIG. 6. Polystomella. — FIG. 7. Faujasina. — FIG. 8. Noniona. — FIG. 9. Nummulina. — FIG. 10. Rotalina. — FIG. 11. Rhizopode. — FIGURES 12 à 14. Des Polycistines. — FIG. 12. 12bis. Haliomma. — FIG. 13. Lithocamptus. — FIG. 14. Encertidium ou la boule chinoise.

Planche 15.

FIGURES 1 à 3. Des Polycistines. — FIG. 1. Astromma. — FIG. 2. Rhopalocanium. — FIG. 3. Pterocanium. — FIG. 4. Quatre cellules végétales isolées. — FIG. 5. Cellules agglomérées. — FIG. 6. Cristaux isolés. — FIG. 7. Cristaux agglomérés. — FIG. 8. Raphides. — FIG. 9. Fibres. — FIG. 10. Vaisseaux ponctués. — FIG. 11. Vaisseaux spiralés et annulaires. — FIG. 12. Vaisseaux scalariformes. — FIG. 13. Vaisseaux laticifères.

Planche 16.

FIGURE 1. Section horizontale d'un fêtu de paille. — FIG. 2. Cellules étoilées du jonc des jardiniers. — FIG. 3. Les mêmes très-grossies. — FIGURES 4, 5 et 6. Coupes dans diverses directions, de bois de chêne. — FIG. 7. Ecorc très-grossie, id. — FIG. 8. Poil en écusson. — FIG. 9 Trois épidermes avec stomates.

Planche 17.

FIGURE 1. Epiderme supérieur, nervures; épiderme infé rieur de la feuille de Buis. — FIG. 2. Poil piquan d'Ortie. — FIG. 3. Poils en écusson de l'Heritiera. — FIG. 4. Poils étoilés de Deutzia. — FIG. 5. Pétale d Geranium. — FIG. 6. Pétale de Pelargonium. — FIG. 7 Anthère de Mirabilis. — FIG. 8. Pollen d'Althea. — FIG. 9. Id. de Citrouille. — FIG. 10. Id. de Cobœa. — FIG. 11 Id. de Passiflore. — FIGURES 12 à 21. Diver autres pollens.

Planche 18.

FIGURE 1. Pollen de Citrouille laissant échapper la fovilla — FIG. 2. Id., sous un autre aspect. — FIG. 3. Coup d'ovaire de Canna. — FIG. 4. Graine d'Orchidée dan son hamac. — FIGURES 5, 6 et 7. Graines en aigrettes — FIG. 8. Feuille de Mnium. — FIG. 9. Fragment de l même, très-grossi. — FIG. 10. Feuille de Sphagnum. — FIG. 11. Fragment de la même, très-grossi. — FIG. 12 Fissideus. — FIG. 13. Hypnum. — FIG. 14. Frullania — FIG. 15. Lophocolea.

Planche 19.

FIGURES 1 à 4. Organes de la fécondation des fougères sporanges, spores. — FIG. 5. Oïdium. — FIG. 6. Or ganes de fécondation et développements du même. — FIG. 7. Botrytis. — FIG. 8. Levure de bière, micoderma — FIG. 9. Callithamnium, algue floridée. — FIG. 10 Ptilota, id. — FIG. 10bis. Fragment grossi du même. — FIG. 11. Plocamium, id. — FIG. 12. Le Nostoc.

Planche 20.

FIGURE 1. Goutte d'eau contenant des conferves. — FIG. 2

Le Spirogyra quinina. — Fig. 3. 3bis. Des Zygnèmes. — Fig. 4. Sphœroplea. — Fig. 5. Merismopedia. — Fig. 6. Didymoprium. — Fig. 7. Sphœrozosma. — Fig. 8. Deux Penium. — Fig. 9. Closterium. — Fig. 10. Euastrum. — Fig. 11. 11bis. Micrasterias et ses développements. — Fig. 12. Epithemia. — Fig. 13. Eunotia. — Fig. 14. Meridion. — Fig. 15. Diatoma. — Fig. 16. Melosira. — Fig. 17. Stephanodiscus.

Planche 21.

Figure 1. Surirella gemma. — Fig. 1bis. Fragment très-grossi de la même Diatomée. — Fig. 2. Bacillaria. — Fig. 3. Campylodiscus. — Fig. 4. Amphipleura pellucida. — Fig. 5. Cocconeis. — Fig. 6. Deux Achnanthes. — Fig. 7. Actinocyclus. — Fig. 8. Heliopelta. — Fig. 9. Arachnoïdiscus. — Fig. 10. Aulacodiscus. — Fig. 11. Asterolampra. — Fig. 12. Asteromphalos. — Fig. 13. Coscinodiscus. — Fig. 14. Licmophora. — Fig. 15. La même plus grossie.

Planche 22.

Figure 1. Coscinodiscus. — Fig. 2. Aulacodiscus. — Fig. 3. Eupodiscus. — Fig. 4. 4bis. Triceratium. — Fig. 5. Climacosphenia. — Fig. 6. Actinoptychus. — Fig. 7. Biddulphias. — Fig. 8. Une Isthmia et un fragment plus grossi. — Fig. 9. Terpsinoé. — Fig. 10. Podosphenia. — Fig. 11. Navicula didyma. — Fig. 12. Deux Stauroneis. — Fig. 12bis. Deux Amphiprora. — Fig. 13. Divers Amphitetras. — Fig. 14. Deux Amphora. — Fig. 15. Gallionella. — Fig. 16. Encyonema. — Fig. 17. Pinnularia.

Planche 23.

Figure 1. Navicula affinis. — Fig. 1bis. Fragment de la même, très-grossi. — Fig. 2. Pleurosigma balticum. — Fig. 3. Pleurosigma elungatum. — Fig. 4. Pleurosigma formosum. — Fig. 5. Pleurosigma angulatum ne montrant qu'une seule série de stries. — Fig. 5bis. Fragment de la même diatomée, très-grossi et accusant les hexagones. — Fig. 6. Grammatophora serpentina. — Fig. 7. Grammatophora marina. — Fig. 8. Grammatophora subtilissima, très-grossie.

Planche 24.

Figure 1. Argent cristallisé. — Fig. 2. Salicine. — Fig. 3. Asparagine. — Fig. 4. Cristaux de phosphate ammoniaco-magnésien. — Fig. 5. Cristallisations diverses de la neige. — Fig. 6. Sel marin.

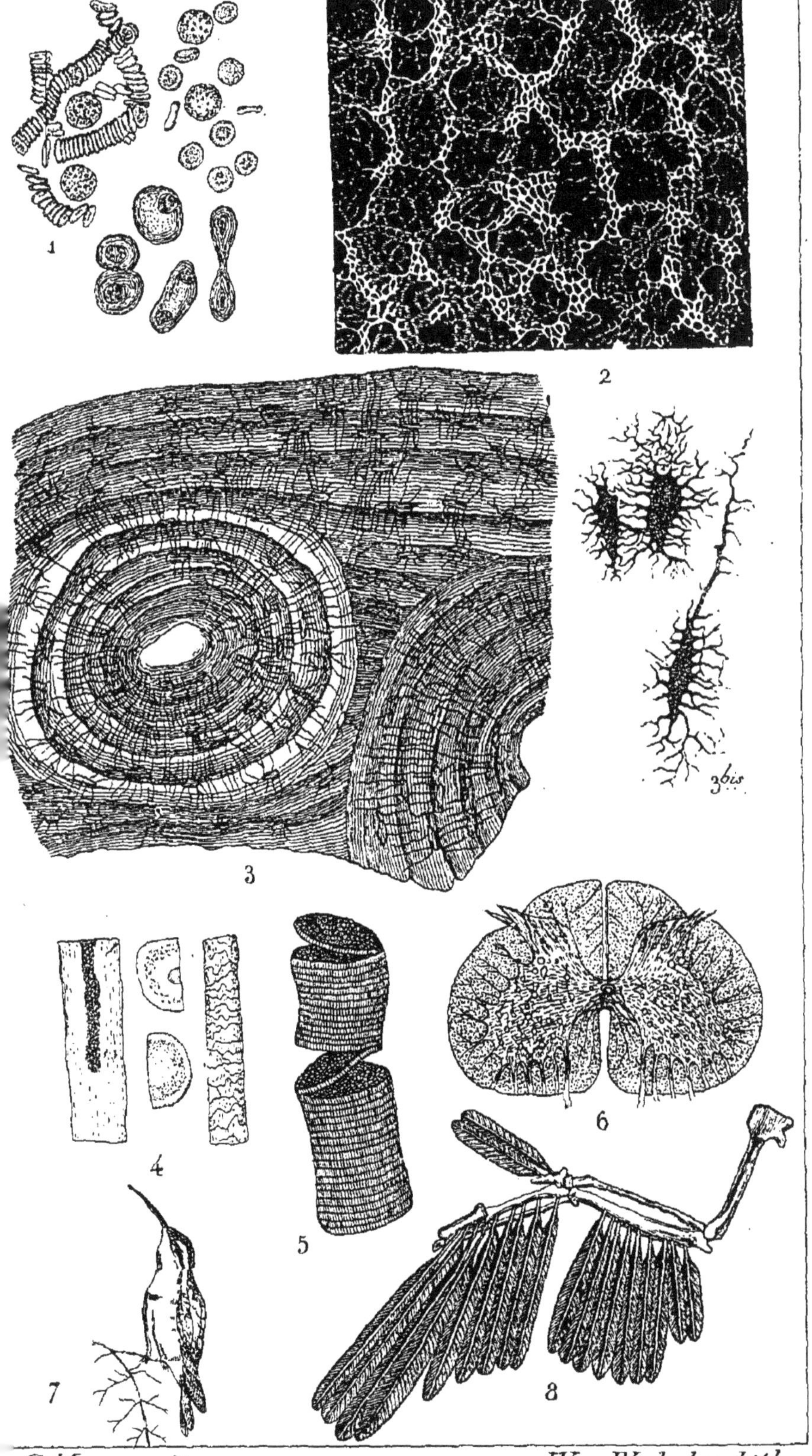

C. Muquardt. J. Van Wichelen Lith.

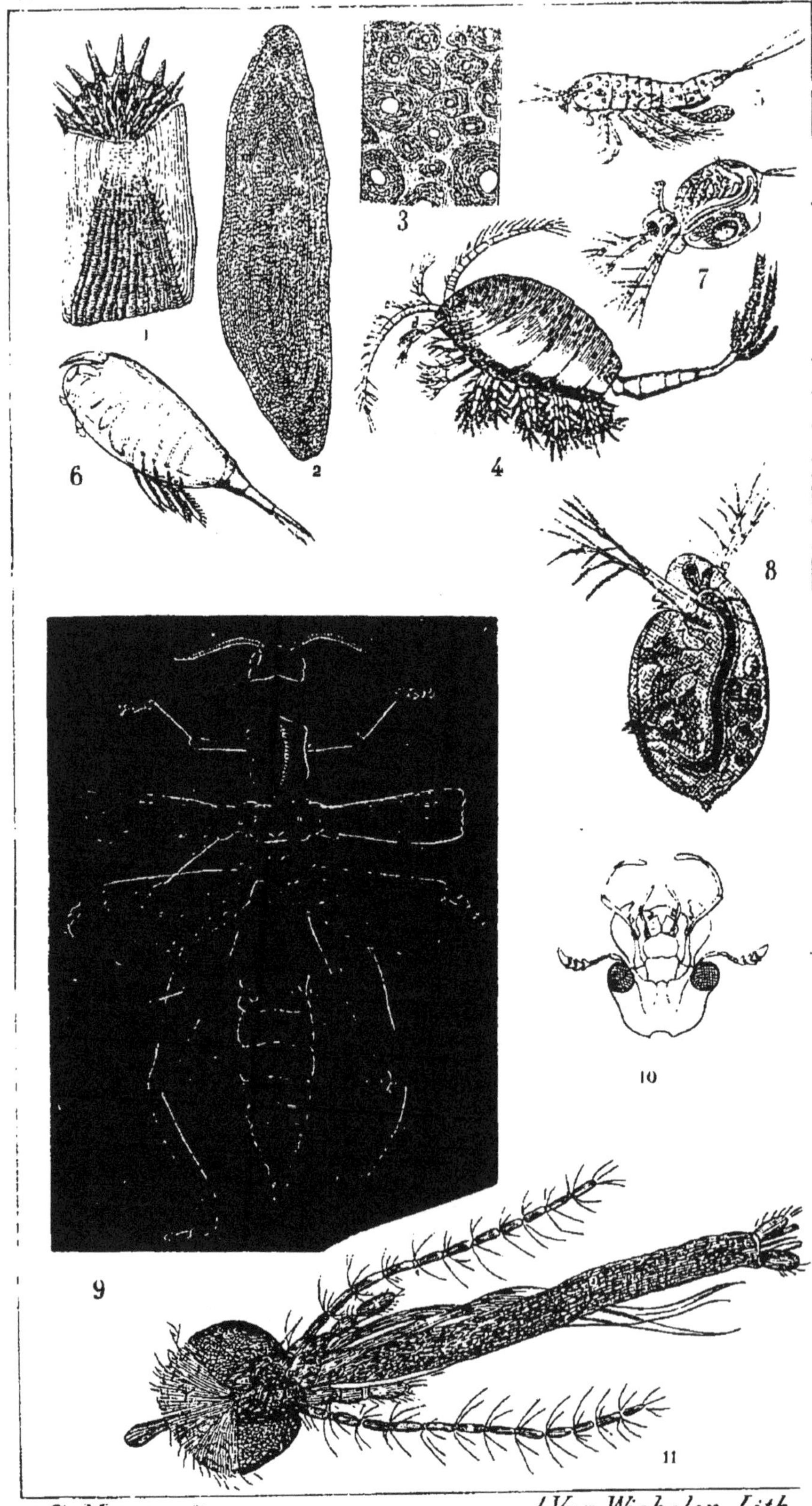

C. Muquardt. J. Van Wichelen, Lith.

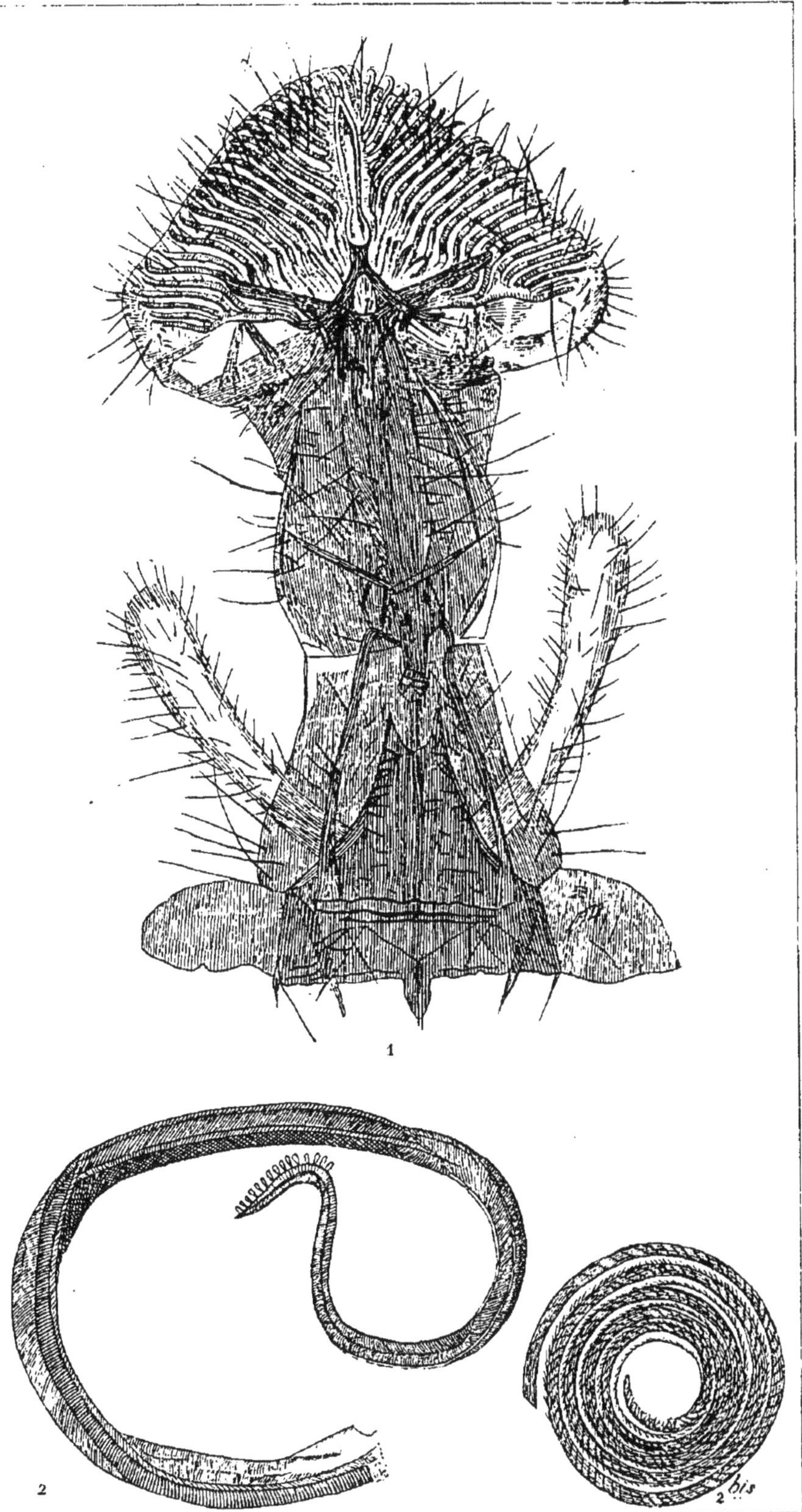

C. Muquardt. J. Van Wichelen, Lith.

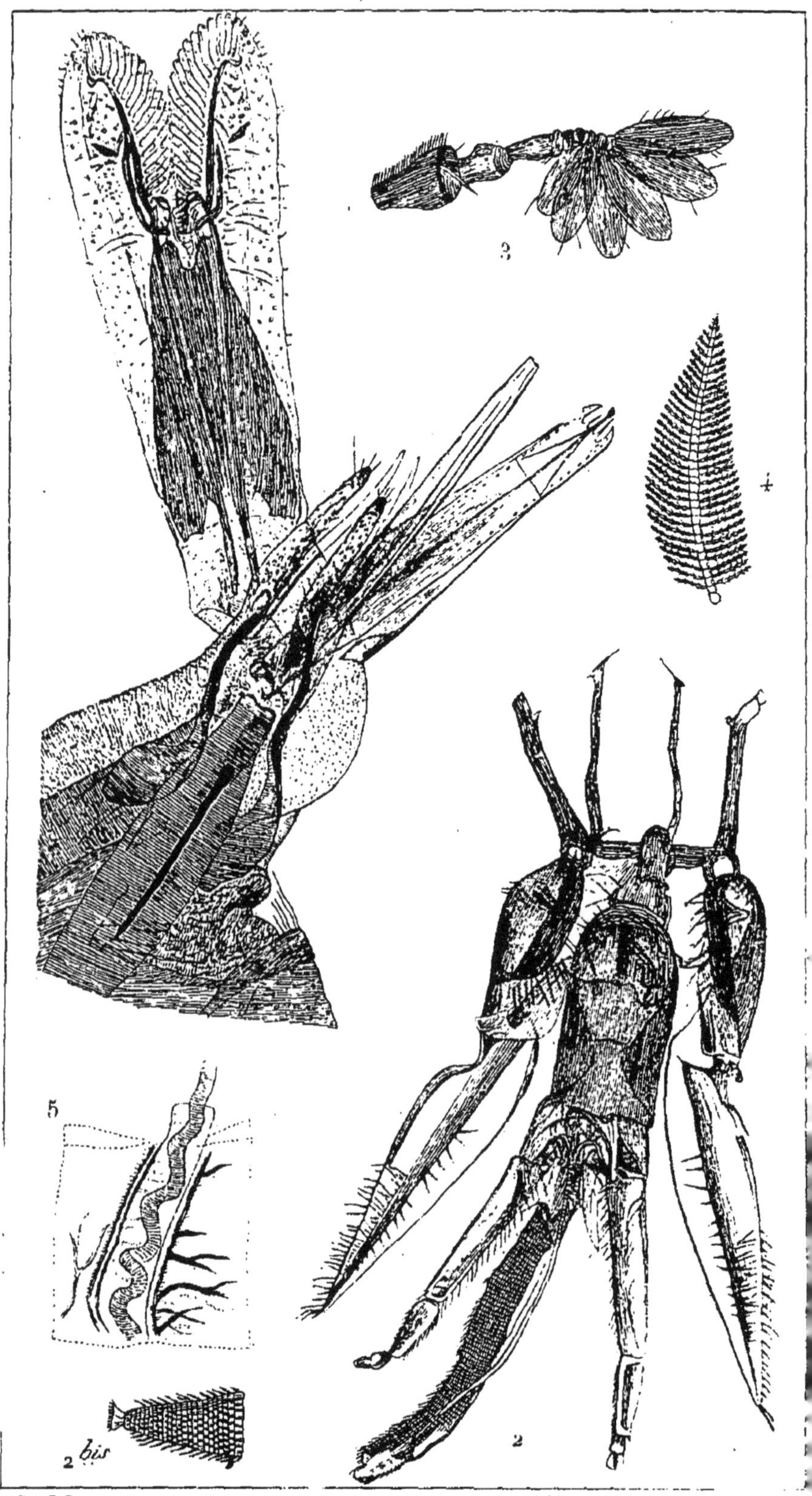

C. Muquardt. J. Van Wichelen, Lith.

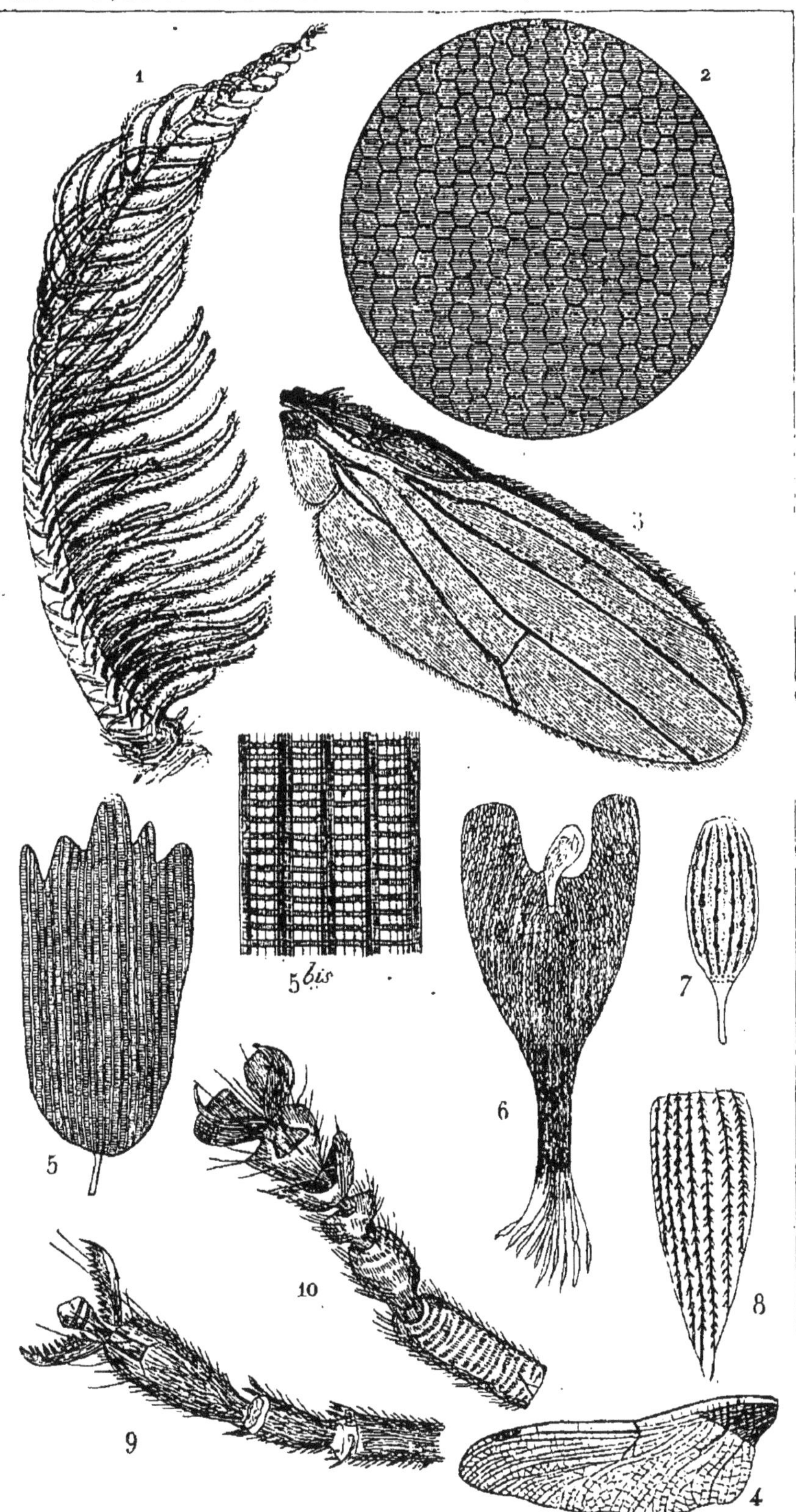

C. Muquardt. J. Van Wichelen. Lith.

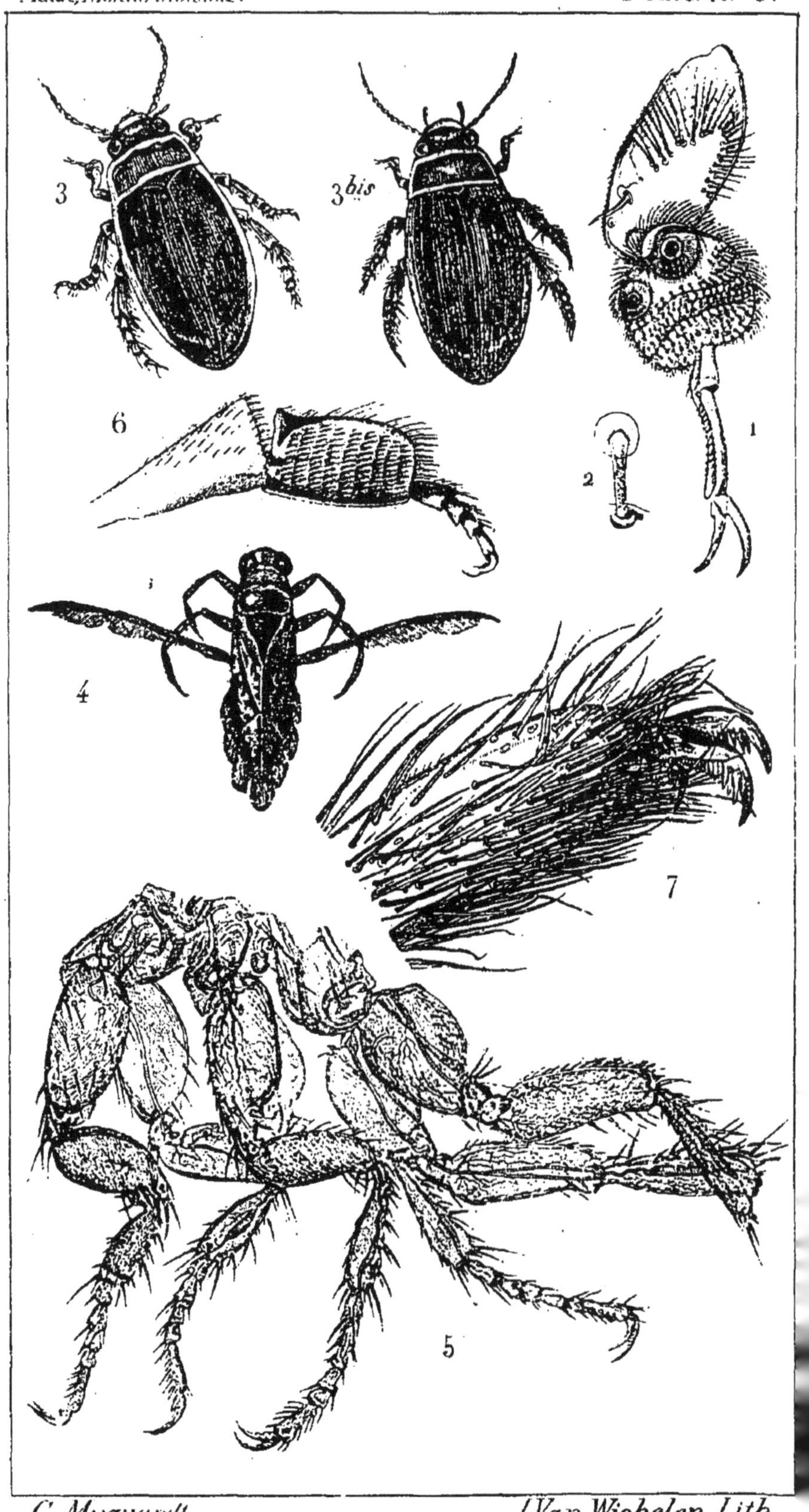

C. Muquardt   J. Van Wichelen, Lith.

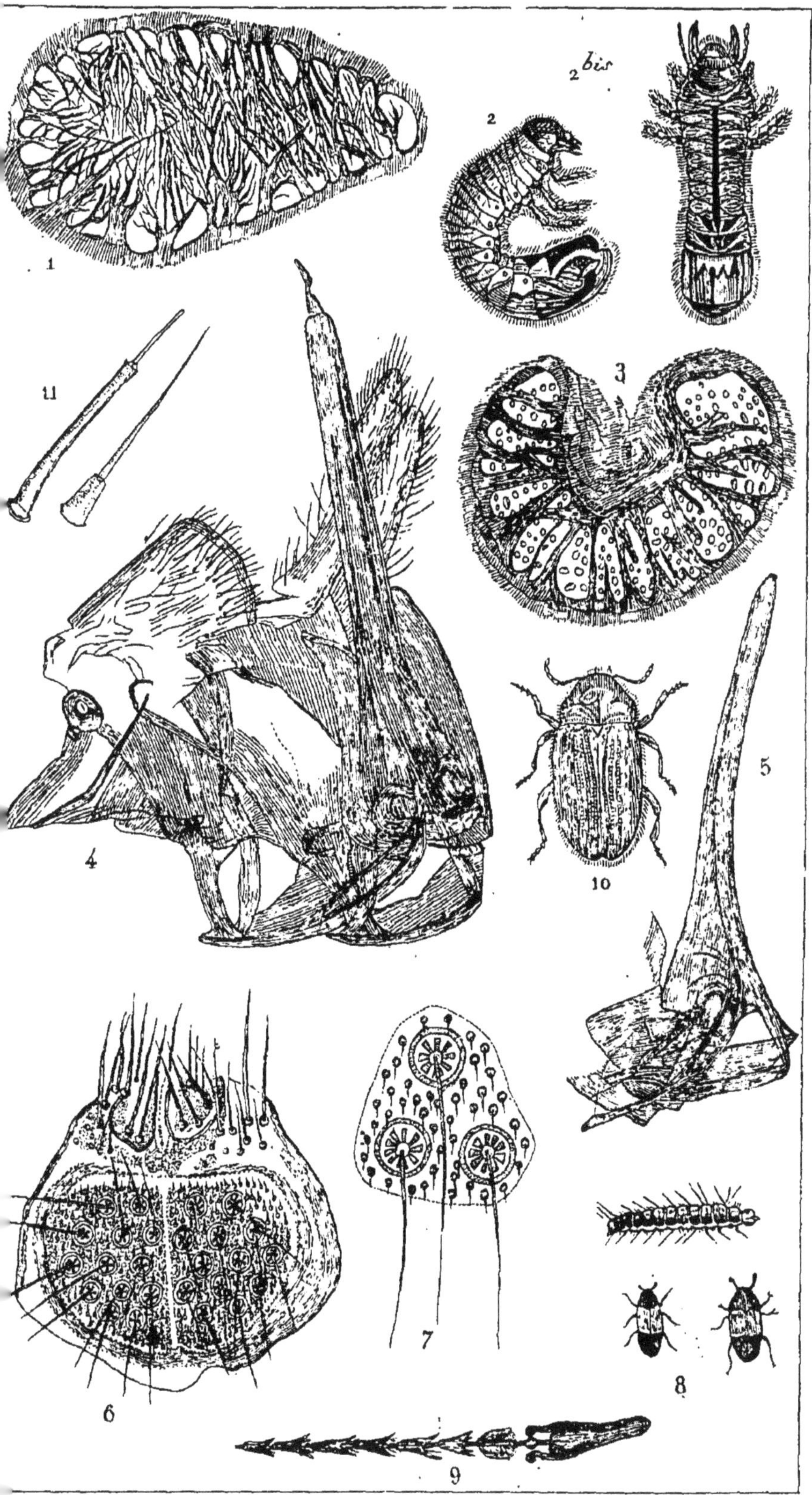

C. Muquardt J. Van Wichelen. Lith.

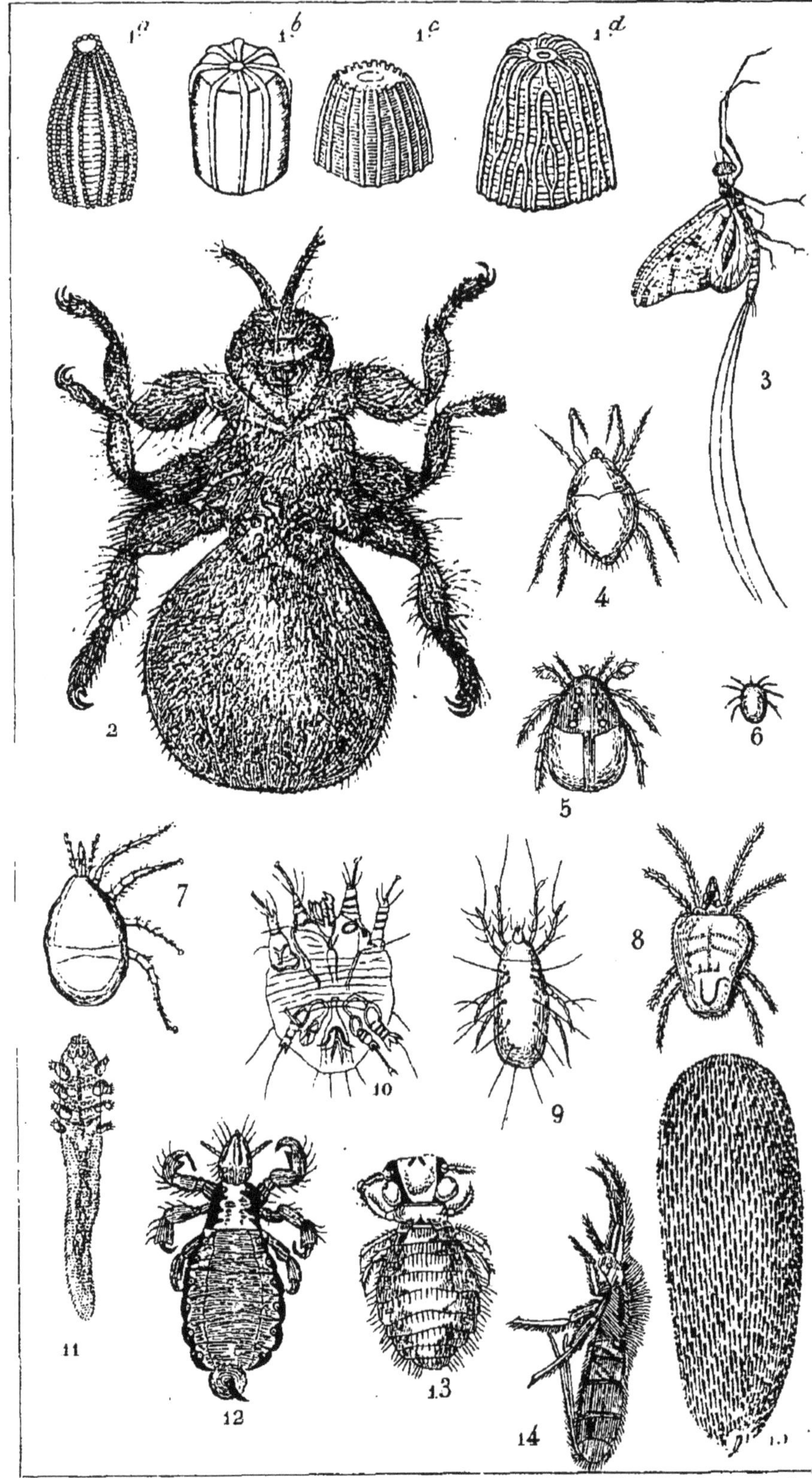

C. Muquardt. *J. Van Wichelen, Lith.*

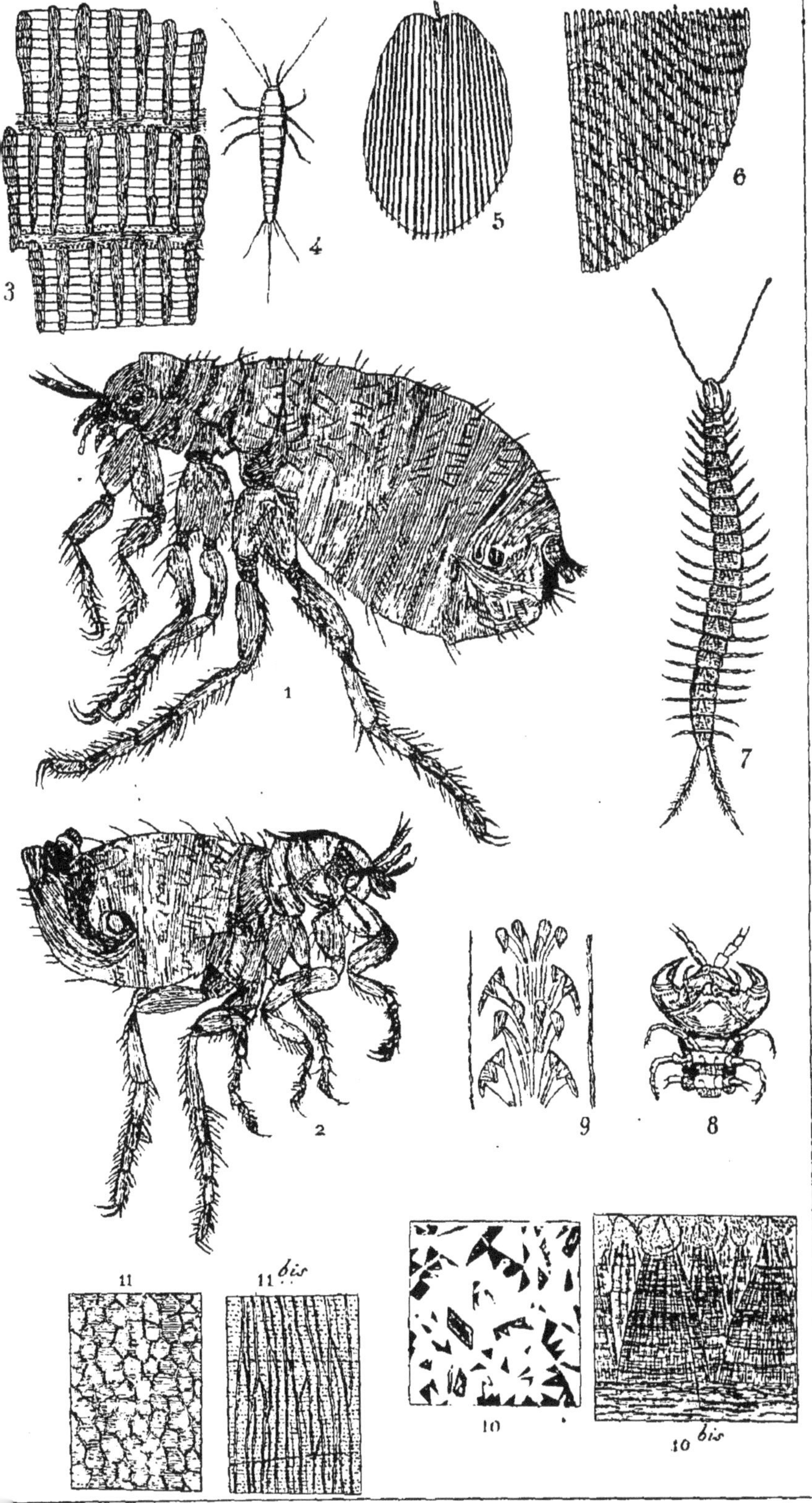
3
4
5
6
1
7
2
9
8
11
11 bis
10
10 bis

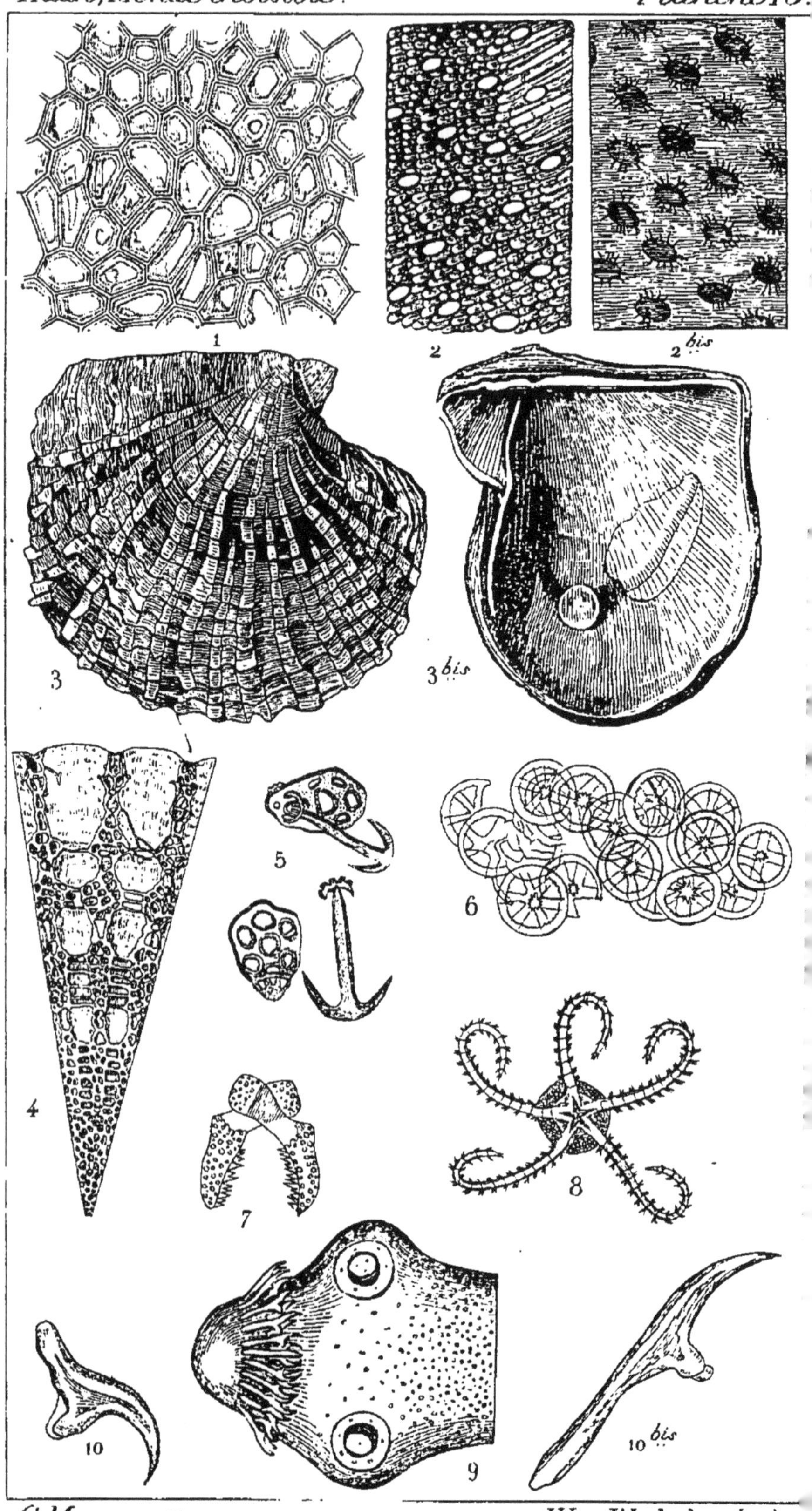
1
2
2 bis
3
3 bis
4
5
6
7
8
9
10
10 bis

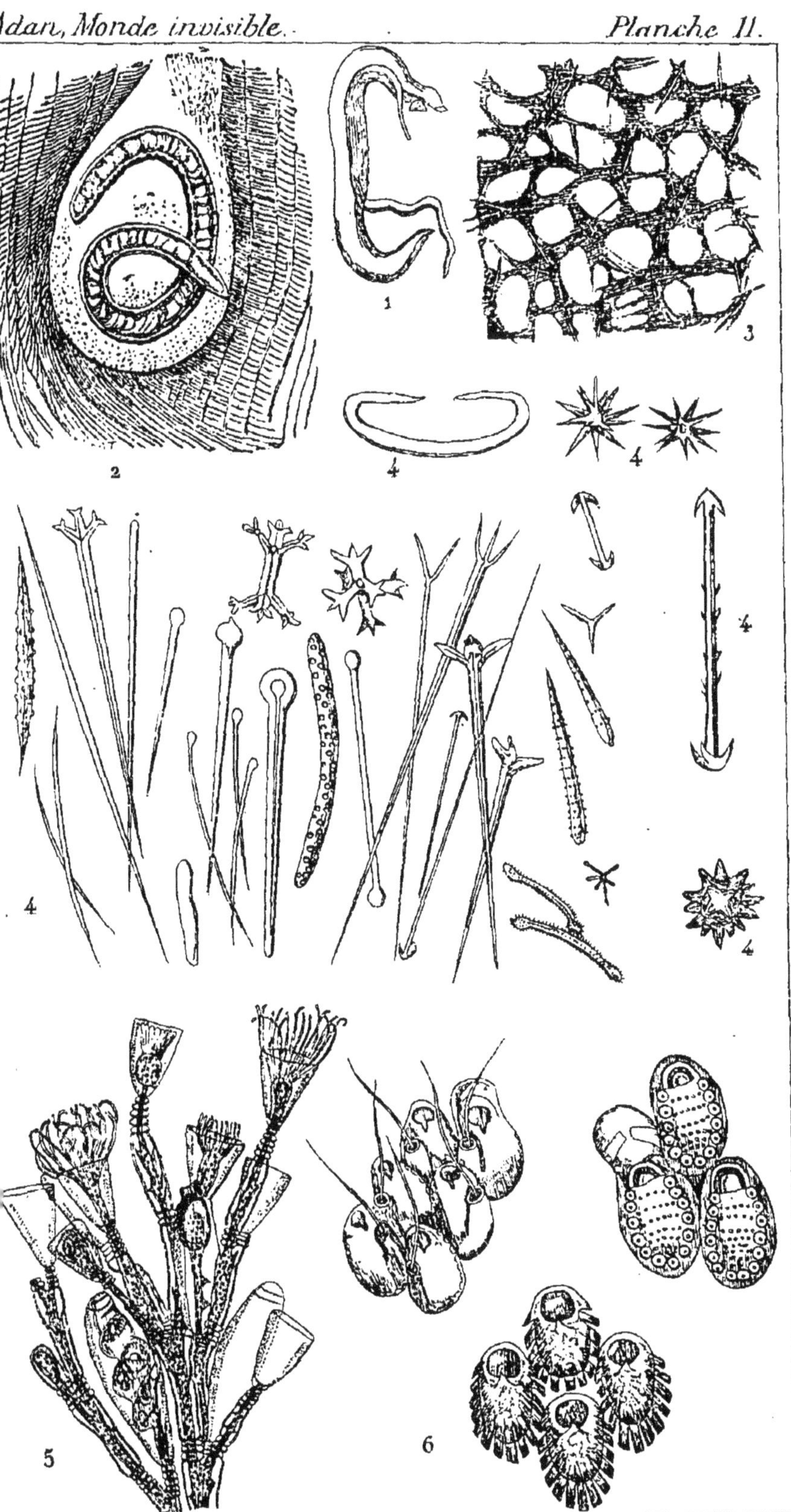

C. Muquardt. J. Van Wichelen Lith.

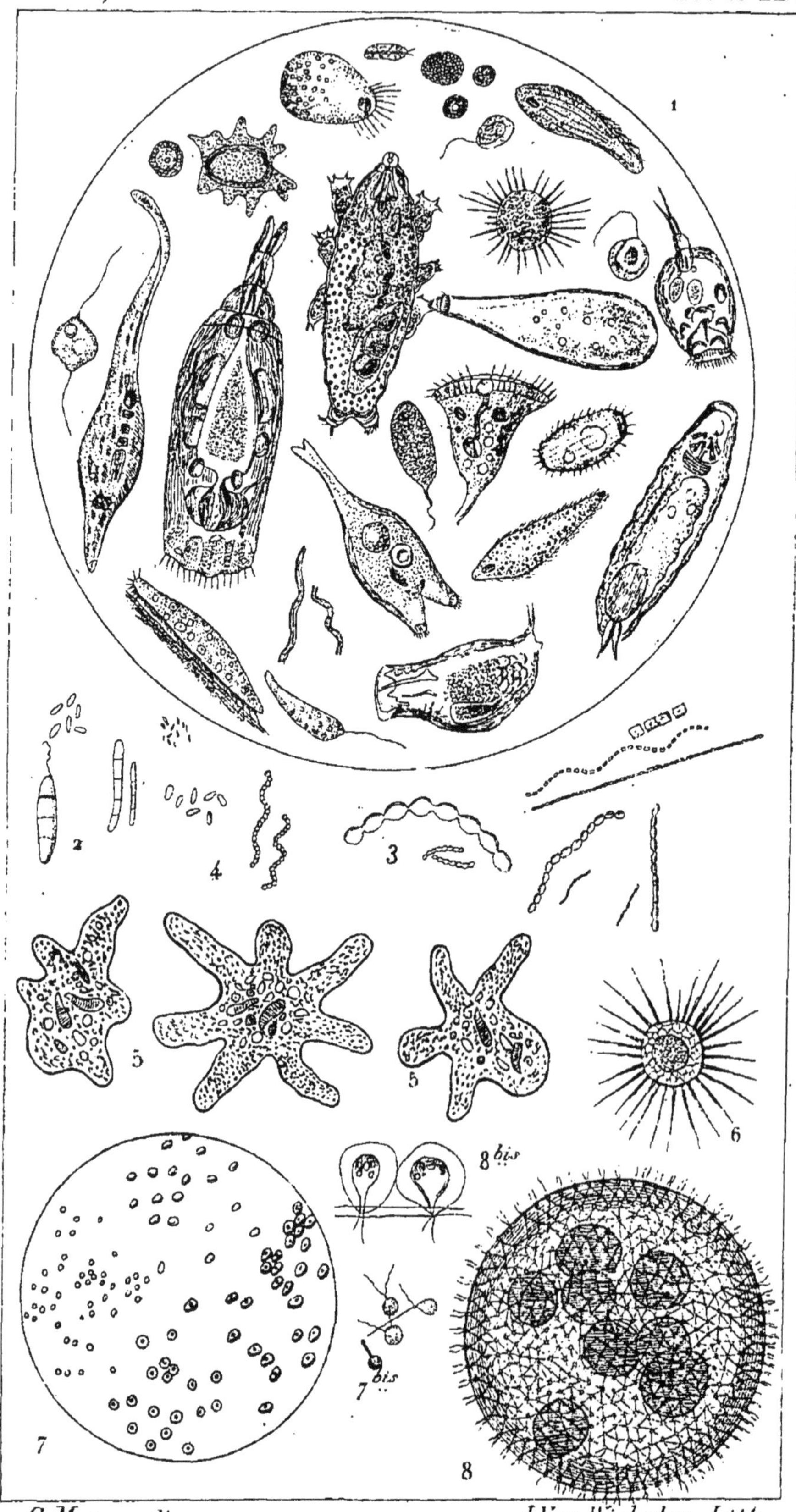

C. Muquardt. J. Van Wichelen Lith.

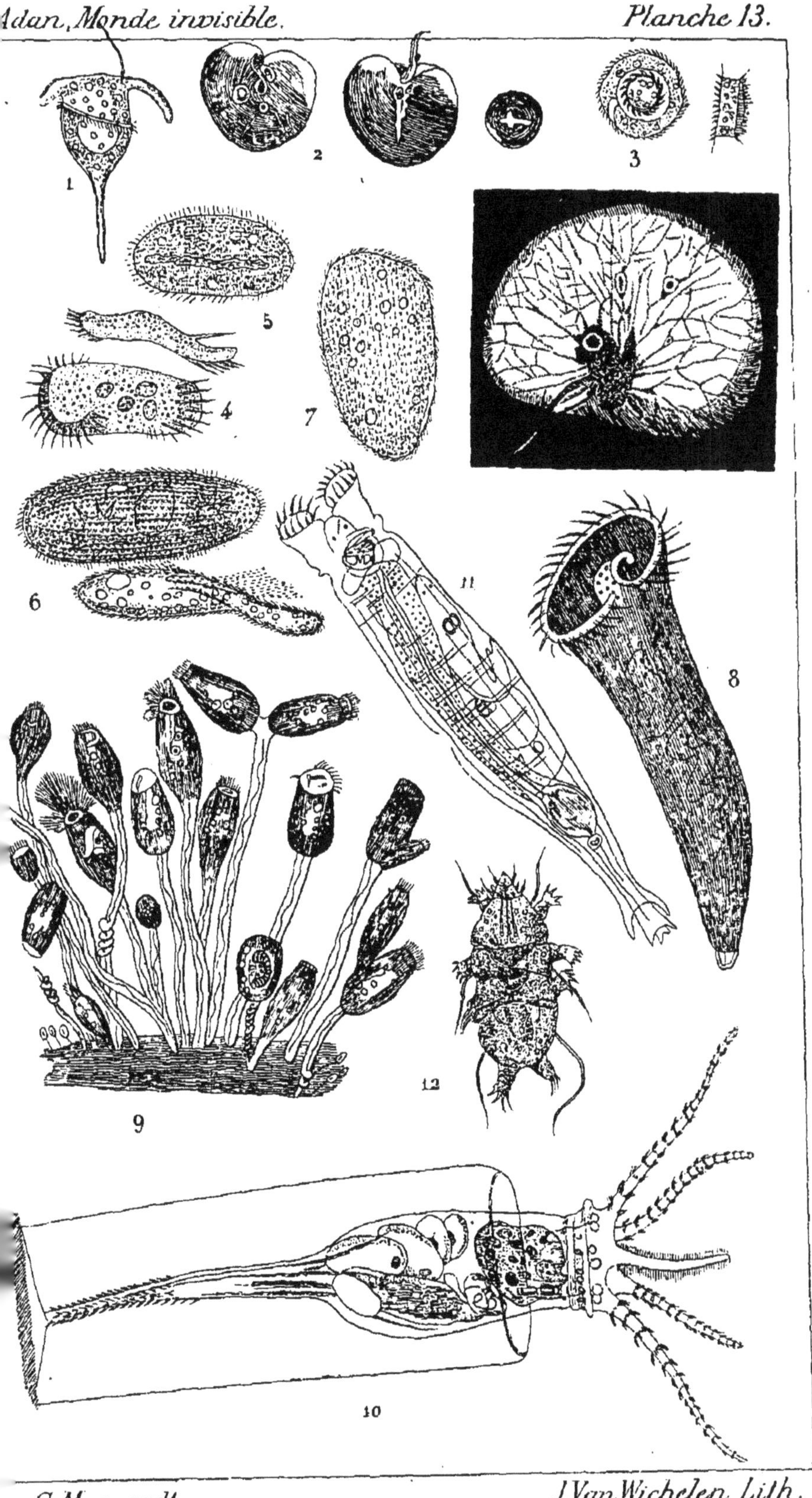

C. Muquardt. J. Van Wichelen Lith.

1 3 3 4 3 4

3 4 4 2 4 4

5 6 7 8 9 10

11 12

14

12 bis 13

C. Muquardt. *J. Van Wichelen Lith.*

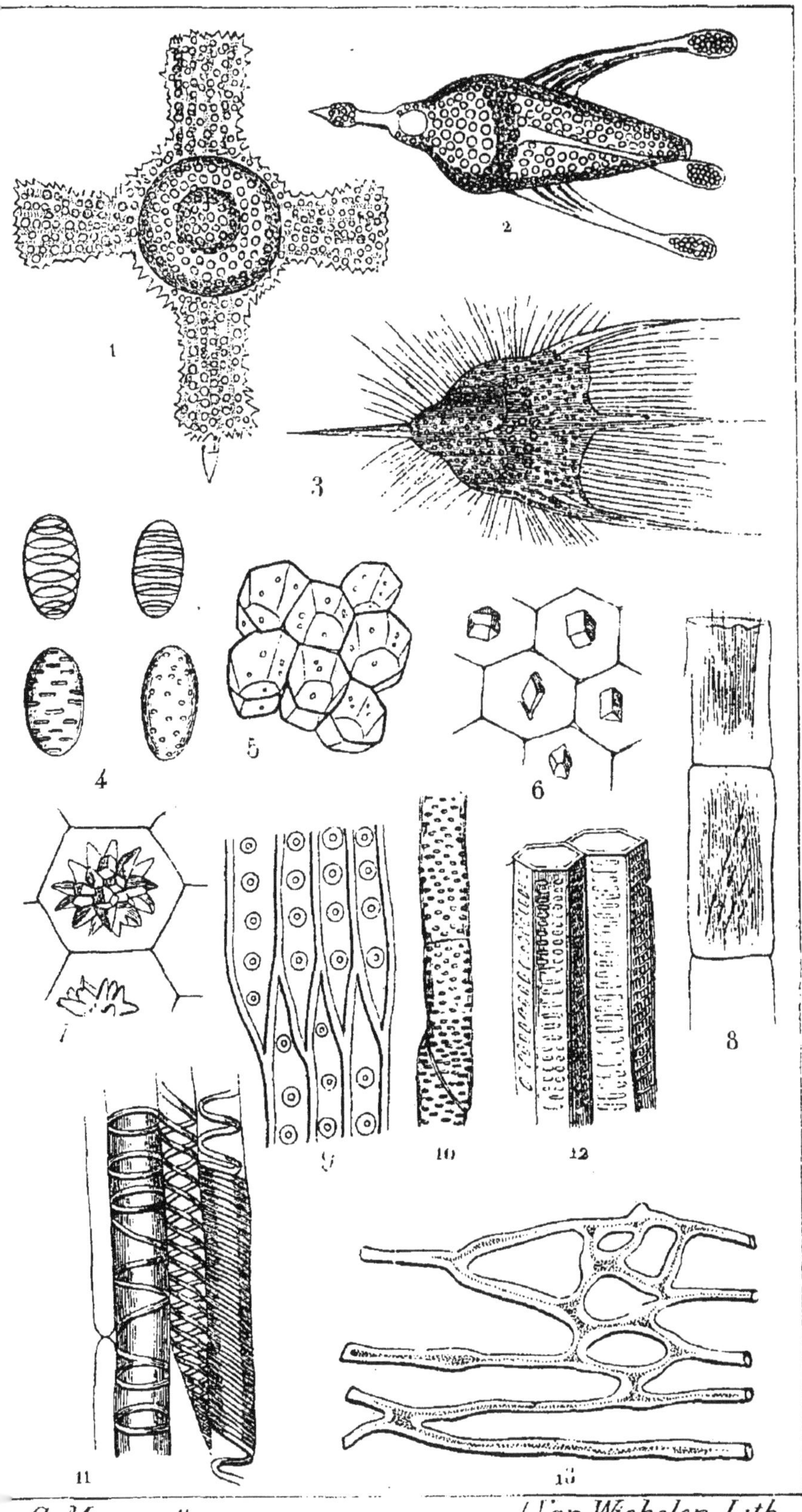

C. Muquardt J. Van Wichelen, Lith.

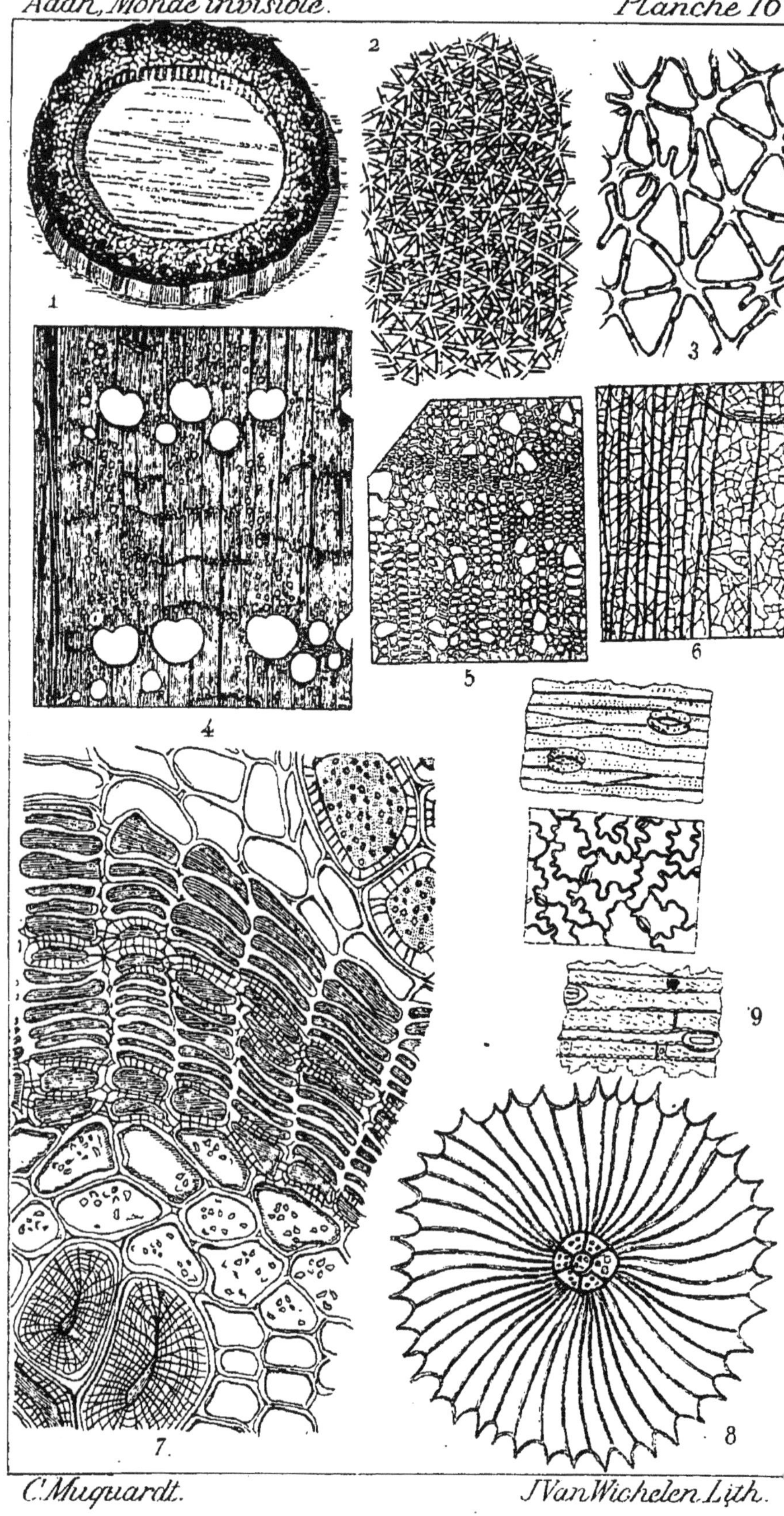

C. Muquardt. J. Van Wichelen. Lith.

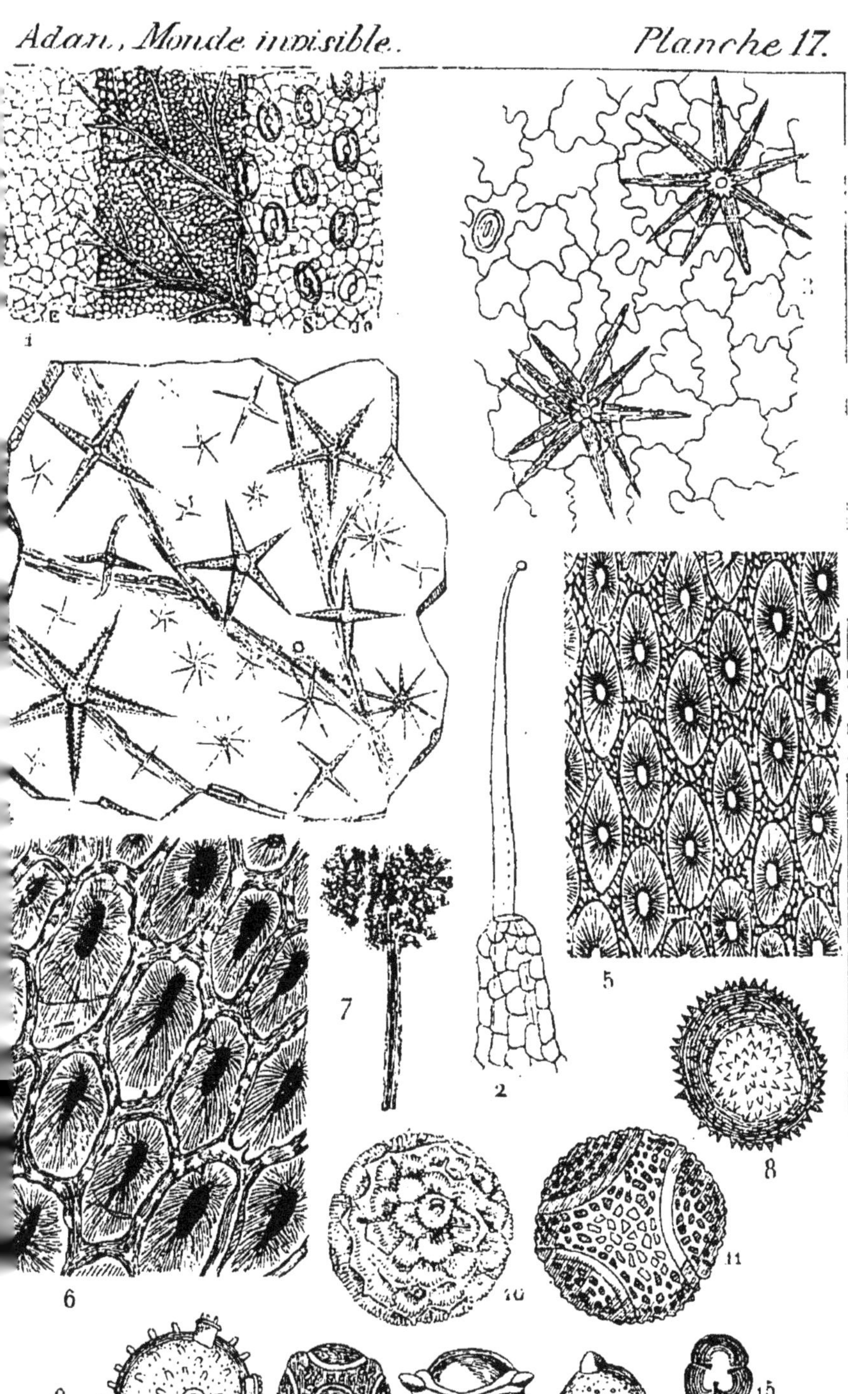

Muquardt. J. Van Wichelen, Lith.

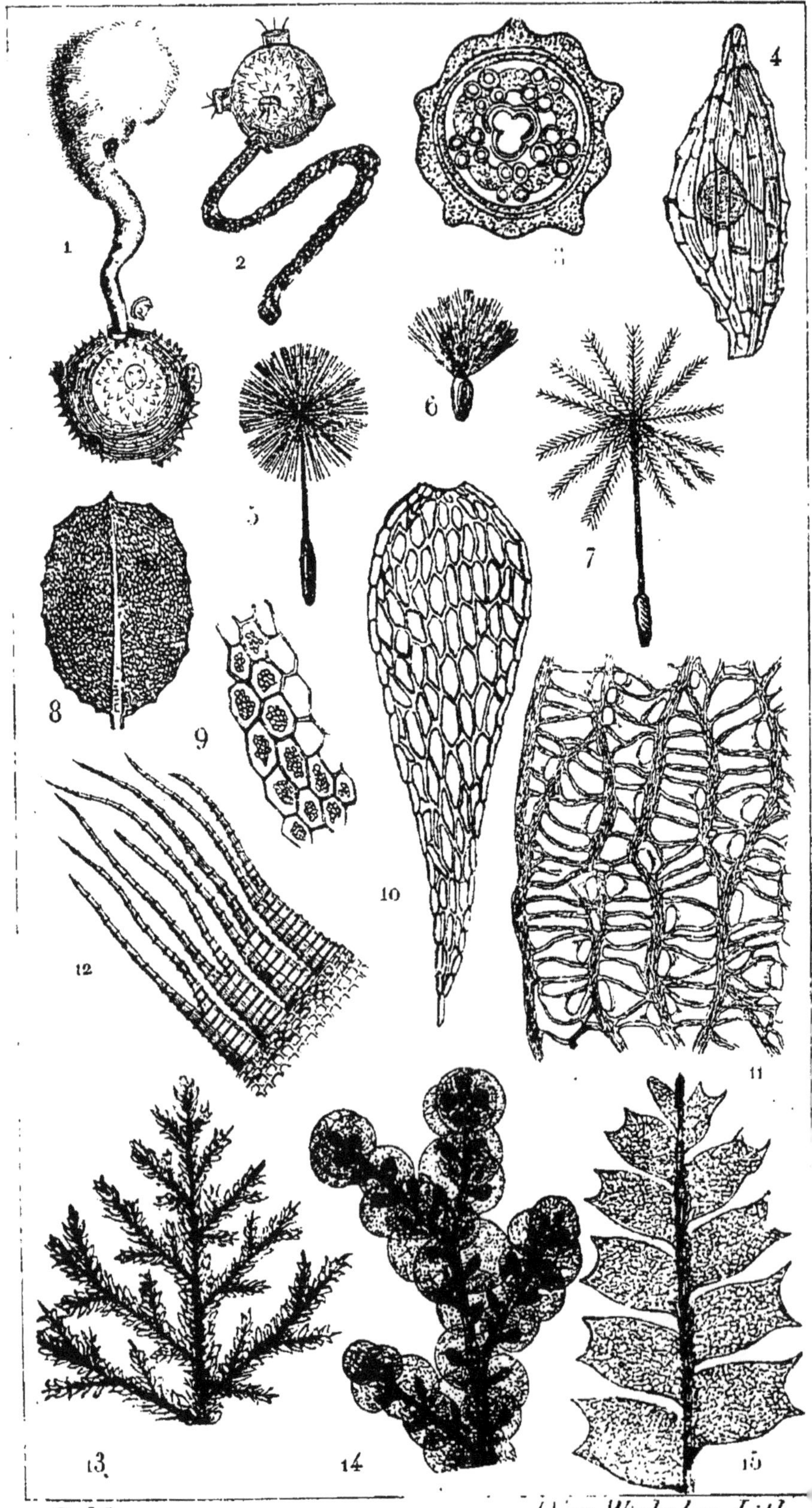

C. Muquardt J. Van Wichelen, Lith.

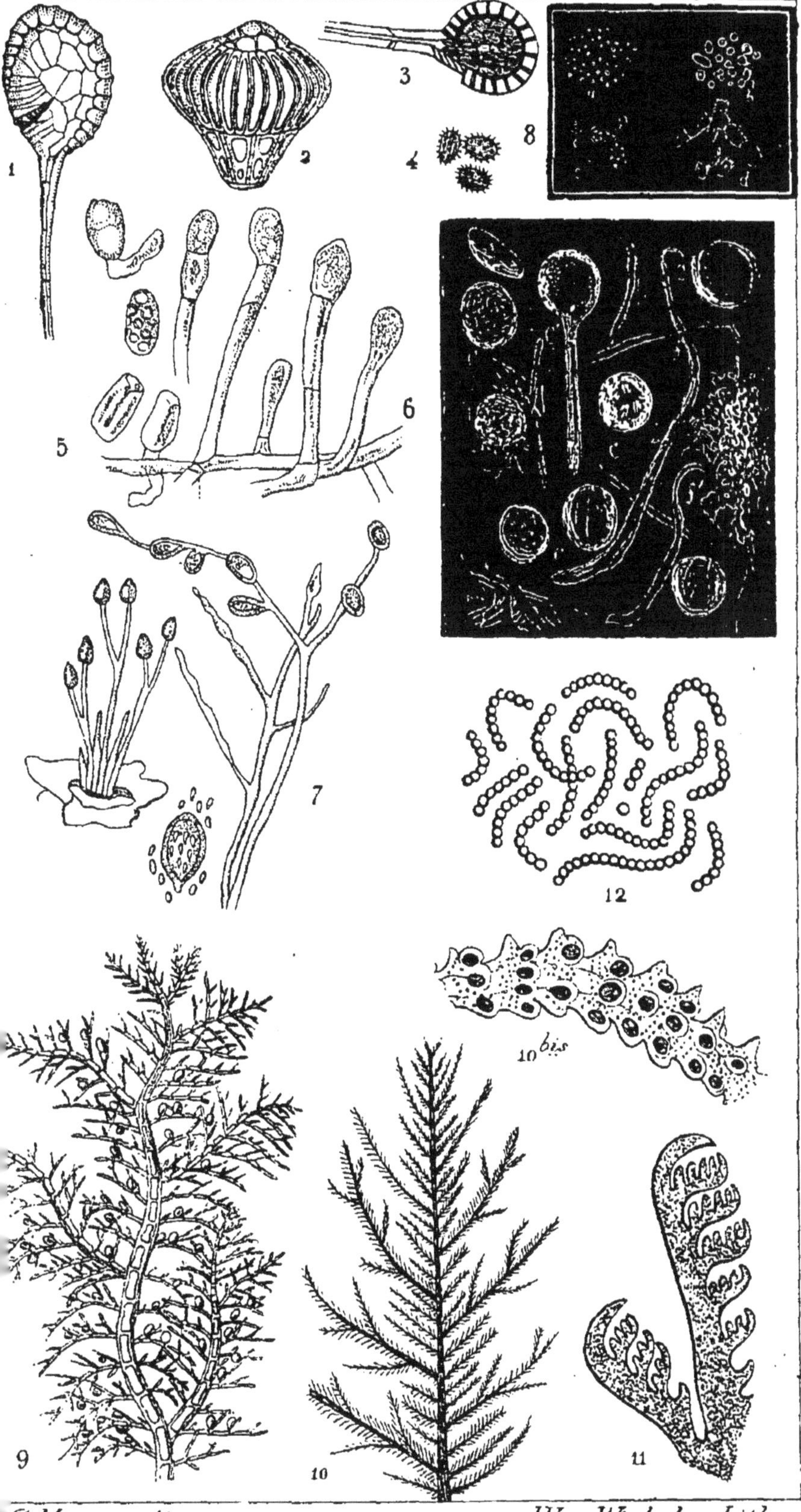
1
2
3
4
8
5
6
7
12
10 bis
9
10
11

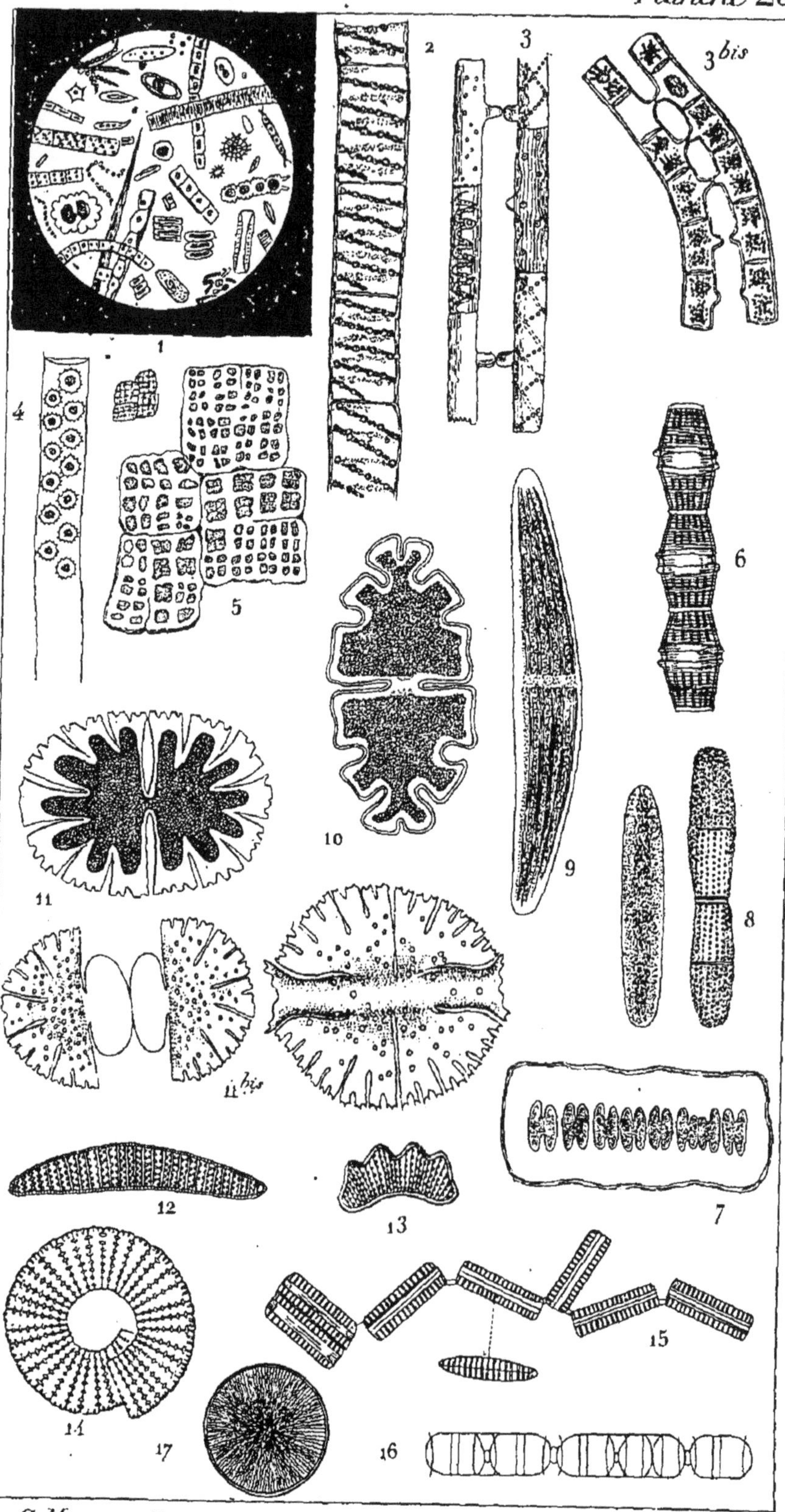

C. Muquardt.

J. Van Wichelen Lith

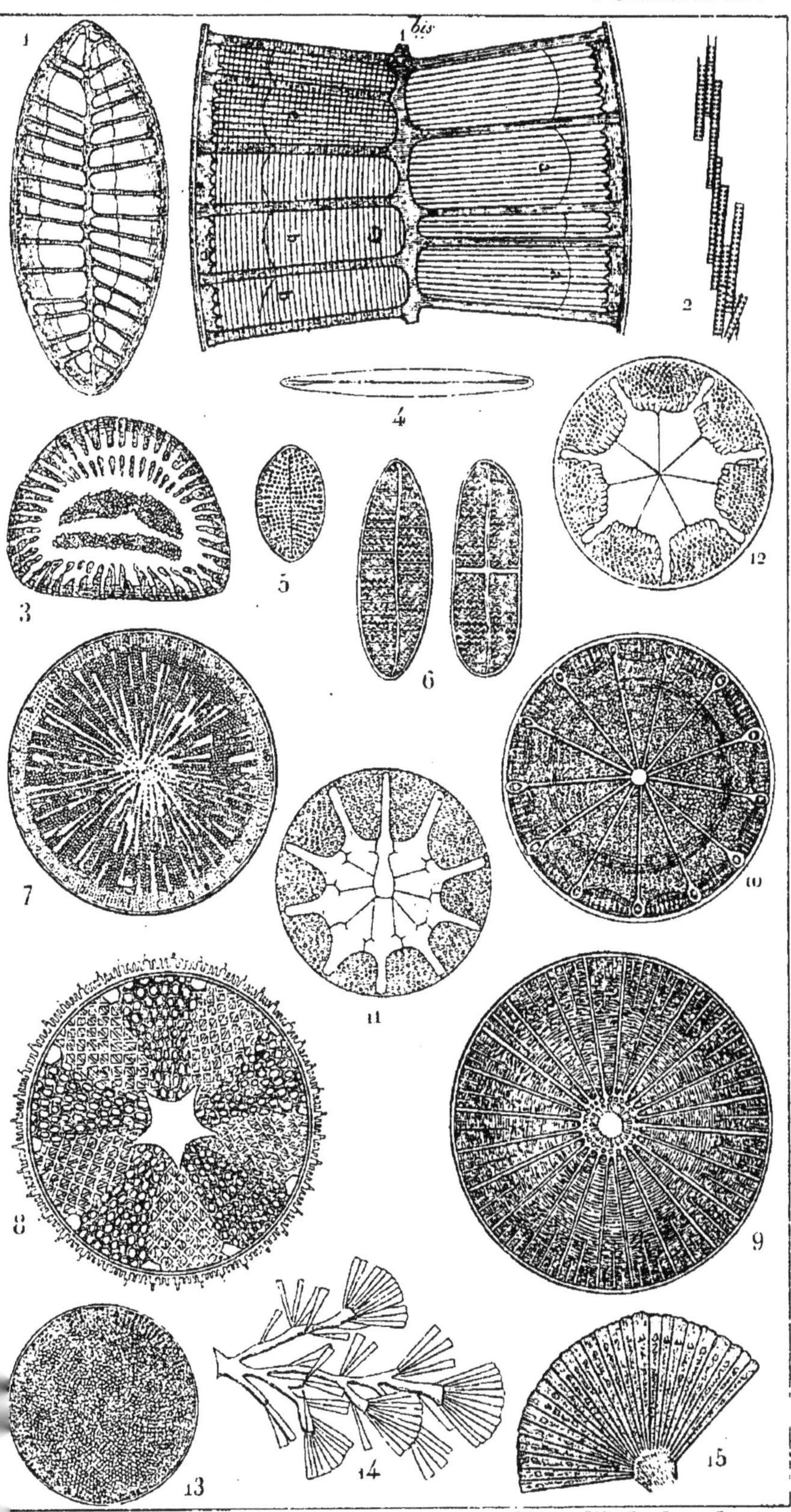

C. Muquardt J. Van Wichelen, Lith.

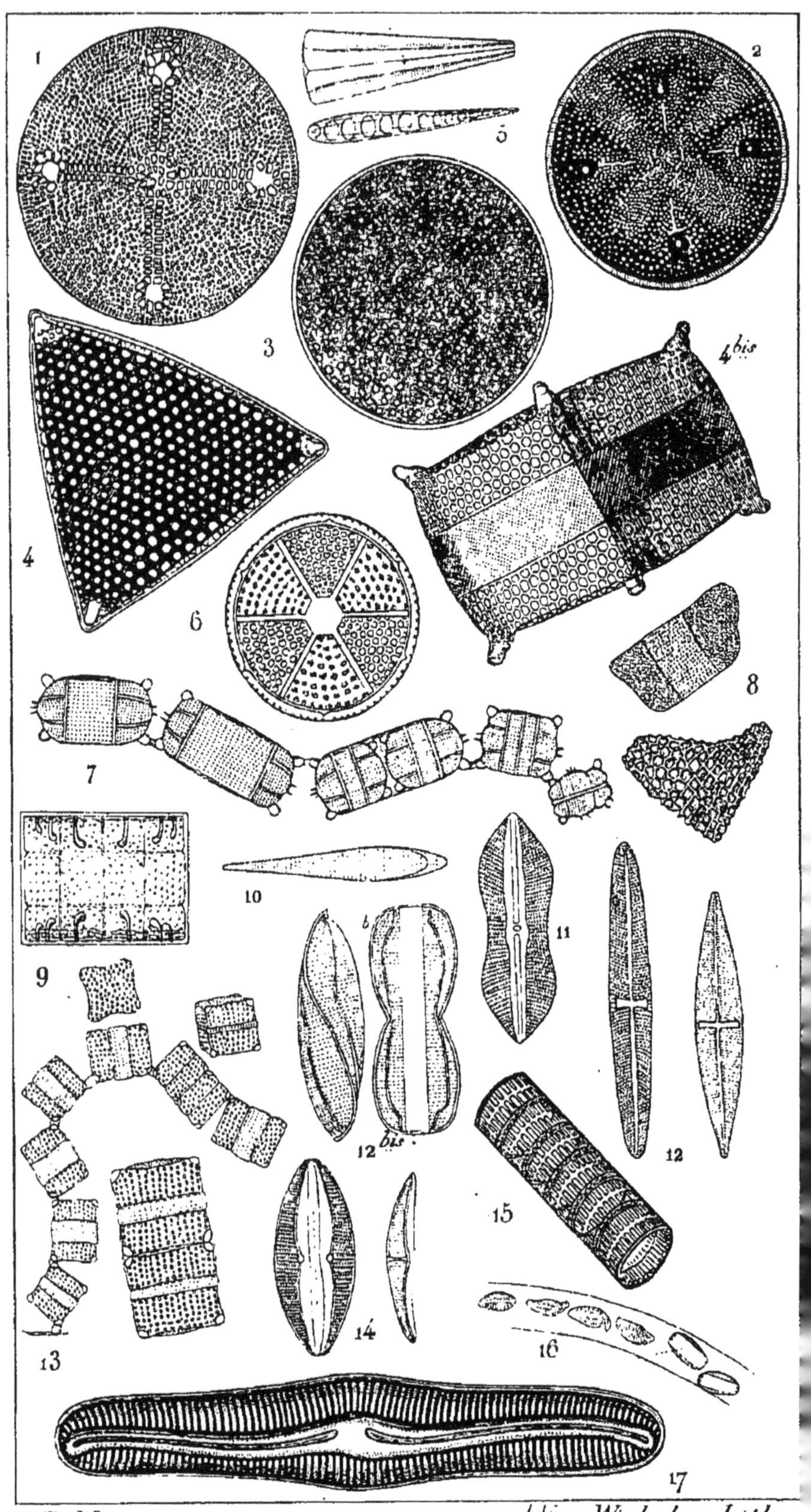

C. Muquardt. J. Van Wichelen, Lith.

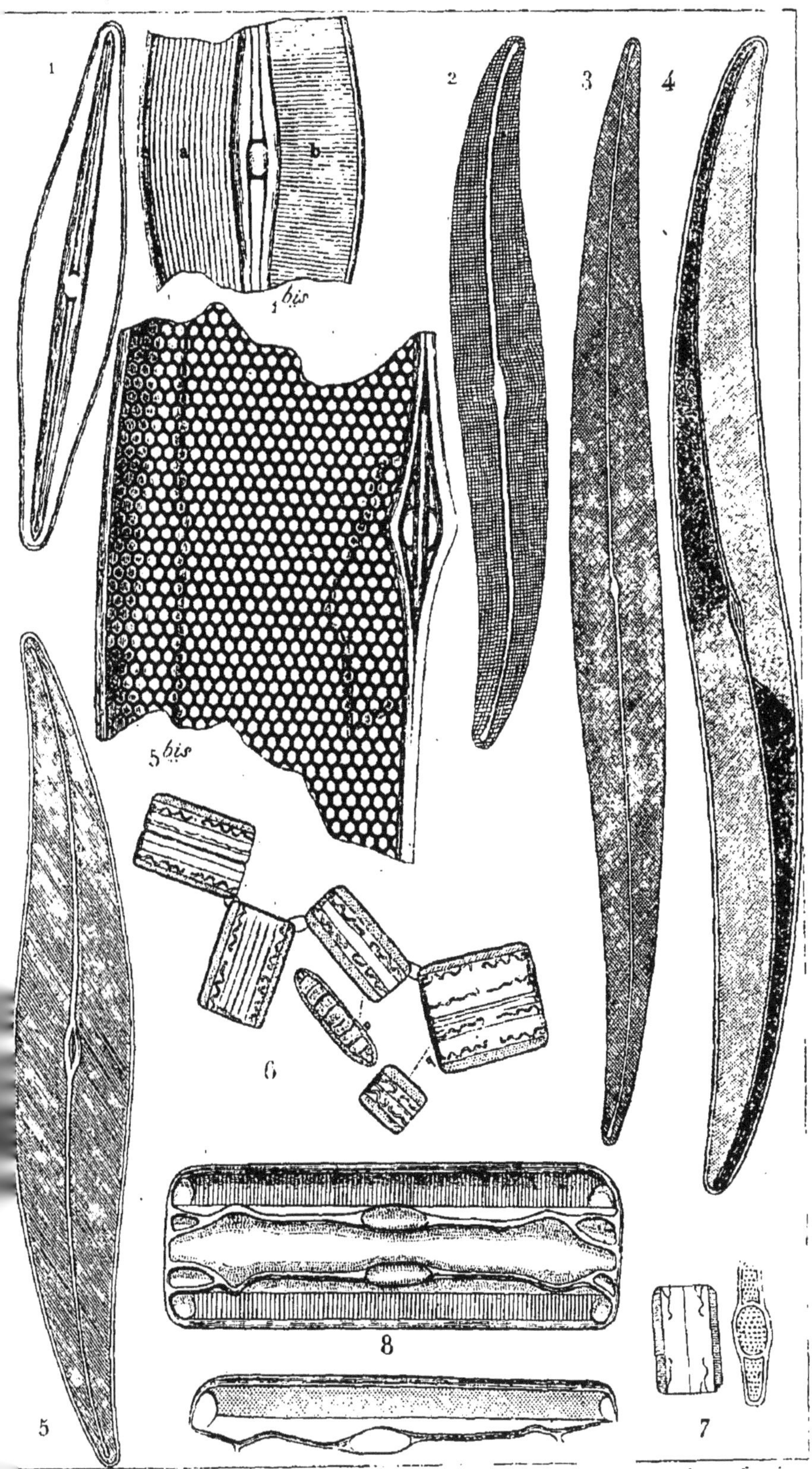

Muquardt Van Kuchelen, Lith.

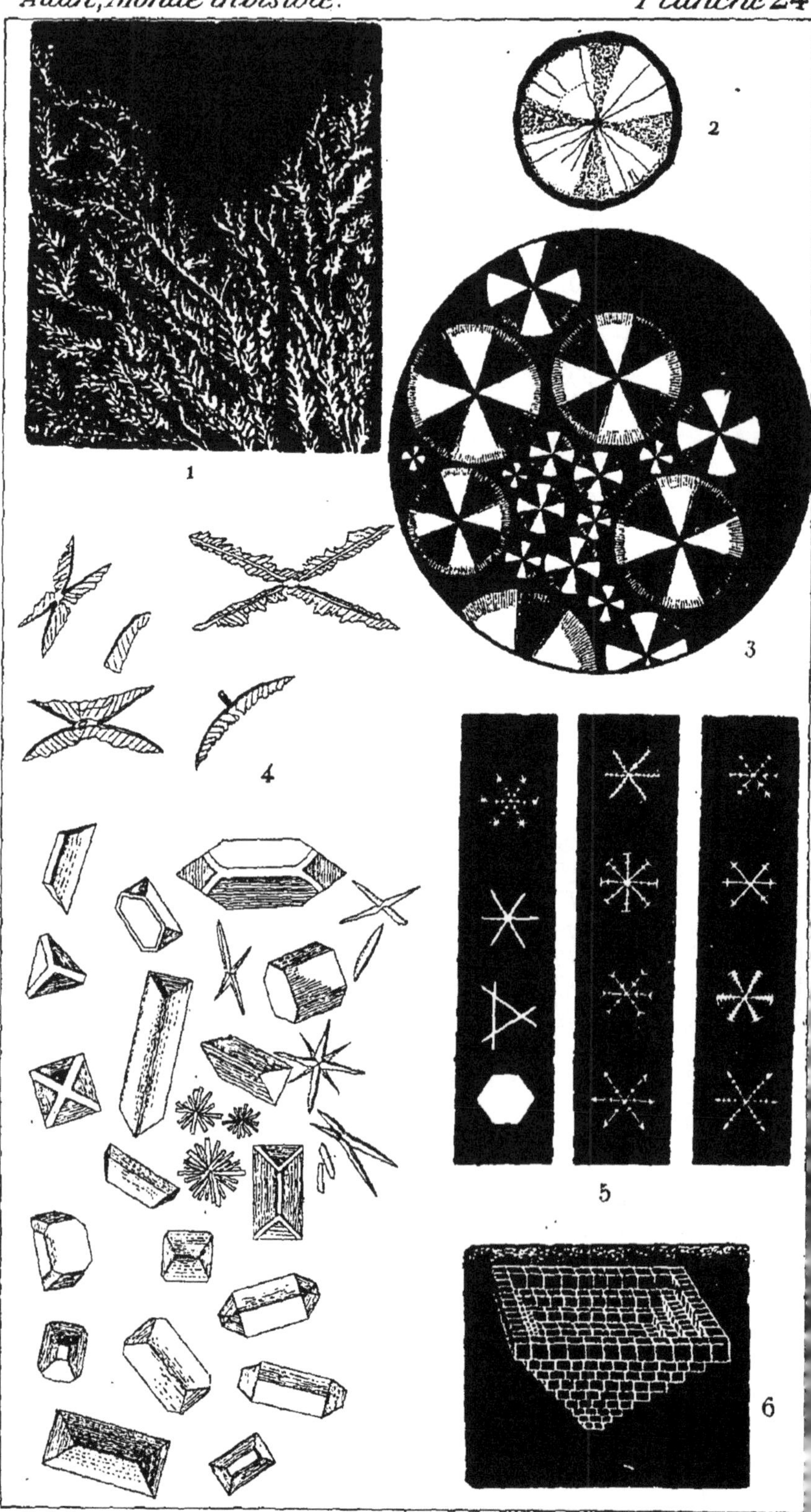

C. Muquardt. J. Van Wichelen Lith.

www.ingramcontent.com/pod-product-compliance
Ingram Content Group UK Ltd.
Pitfield, Milton Keynes, MK11 3LW, UK
UKHW021901260726
13966UKWH00006B/114